근대건축미학

신태양 저

태림문화사

목 차

머리말

이 책은 근대건축미학에 관한 연구서로 15 · 16세기 르네상스 시대부터 현대에 이르는 미와 예술에 관한 여러 가지 견해, 특히 건축미나 건축예술에 관한 이론들을 살펴보려고 한다.

고대부터 근세에 이르기까지 미에 대한 사고의 일반적인 경향을 살펴보면 각 시대 사람들의 희망적인 견해를 표명하여 왔다. 예를 들면 고대 사상계의 중심 과제는 도덕과 정치이며, 건축미에 관해서는 「수(數)에 따른 비례와 형식미」를 기본적인 사고를 가지고 있었다. 그리고 중세에는 기독교가 사상계의 중심 과제이며, 건축미에 대한 사고는 「自然 = 美」 또는 「神 = 美」라는 형태를 취하였다.

15 · 16세기 르네상스 시대부터 종교개혁기를 거쳐 자연과학과 철학이 발전하는 17 · 18세기에는 다시 「數理 = 美」 라든지 「자연법칙 = 미」라는 형태로 전개되었으나 문제는 근세 이전에는 어떠한 시대에서나 미를 각 시대의 최고의 가치에 부수되는 종속적인 가치로 간주하려 했으며, 이러한 생각이 다시 검토되고 부정되기까지는 아직 상당한 시간이 필요했다. 즉 미적 가치가 다른 모든 가치와는 독립된 별개의 가치영역에 속한다는 것이 입증된 것은 18세기 말, 즉 근대에 이르러서 현재 우리들이 접할 수 있는 건축미학의 기본이 확립된 것이다.

그러면 왜 이러한 연구가 필요할까? 그 목적은 다음과 같다.

1. 공통 언어를 찾아내기 위하여

현대의 여러 학술 분야를 살펴보면, 자연과학 · 사회과학 · 인문과학 등 각 분야에 있어서는 눈부신 성과를 얻고 있다. 그러나 미와 예술에 관한 학문적 연구만은 가장 늦어지고 있다고 생각된다. 도대체 그 이유는 무엇일까?

그 원인의 하나는 미와 예술이 인간정신의 고도의 산물이라고 하는 점이다. 다시 말하면 일반적으로 자연계의 현상은 인간계의 현상에 비교해서 그 성질이 단순하며, 이 때문에 자연과학에 대한 연구는 일찍 시작되었고 그 업적도 풍부하다. 또한 같은 인간계의 현상 중에서도 인간의 생존이나 실생활에 직접 관계가 있는 문제에 대한 연구, 즉 이른바 下部構造에 관한 연구는 사회학이나 경제학으로서 비교적 빠르게 체계가 잡혀졌다.

그러나 언어 · 종교 · 예술 등 이른바 上部構造를 연구 대상으로 하는 인문과학은 비교적 늦게 발달하였다. 이 중에서도 미나 예술을 엄밀한 과학적 연구의 대상으로 하는 학문 분야의 개척은 가장 뒤졌다. 이것은 미나 예술이 인간정신의 기능 중에서도 가장 복잡하고도 미묘한 고도의 산물이라는 것, 따라서 과학적인 연구가 쉽지 않았기 때문이기도 하다.

또한 이러한 학술적 연구가 뒤떨어져 있는 데는 또 다른 원인이 있다. 이것은 예술에 얽힌 神秘

主義가 정당한 연구의 발전을 저해하였던 것이다.

대체로 미나 예술에 관한 설명이나 논의는 거의 그 정확한 뜻을 모르겠다고 하는 것이 지금까지의 일반적인 사람들의 생각이다. 저자로서도 실제로 그렇다고 느껴질 때가 가끔 있다. 예를 들면 내가 어떤 저명한 건축가의 이야기를 들은 적이 있는데, 도대체 무슨 이야기를 하려는지 전혀 이해되지 않은 적이 있었다. 그가 말하고 있는 것은 분명히 건축에 관한 사항이며, 또한 내가 전혀 모르는 내용도 아니었지만 이해하기 어려웠던 기억이 있다.

그러면 왜 이러한 현상이 일어나는 것일까?

거기에는 이유가 있다. 즉 어떤 예술가는 자기가 천재인양 주위 사람들에게 인상을 심어주지 않으면 안 된다고 생각하고 있는 듯하다. 이 때문에 보통 사람들이 이해되지 않는 것을 이야기하려고 하는 것이다. 자기 주위에 될 수 있는 한 두꺼운 연막을 쳐서 보통 사람이 쉽게 접근하지 못하도록 방어해야 한다고 생각하는 것이다. 이렇게 생각해 보면 예술가가 가끔 불확실한 말을 하는 이유에는 그들의 독선적인 신비주의가 있다는 것을 알 수 있다.

이러한 연유로 지금도 예술의 세계에서는 신비주의가 상당히 큰 세력을 형성하고 있다. 이곳에는 마치 중세와도 같은 神의 使者나 예언자, 혹은 마법사가 활개치고 있는 듯하다. 그리고 이것이 미와 예술에 관한 여러 가지 의견들을 알기 어렵게 하고 있을 뿐만 아니라, 오해나 허위를 만들어 내는 원인이 되고 있다. 그래서 성실한 사람들이 미와 예술에 관한 견해 전반에 대해서 불신하게 되는 것이다. 그리고 더 나아가서는 미와 예술에 대해 진지하게 생각하고, 성실하게 논의하는 것 마저도 불가능하게 만들어 이러한 주제에 대한 조직적인 연구가 뒤떨어지게 되었던 것이다.

그렇다면 이러한 상태가 지속되어도 과연 괜찮을 것인가?

예를 들어 회화나 문학의 영역에서는 그래도 상관없을지 모른다. 화가나 문학가의 일이라고 하는 것은 원칙적으로 개인 작업이며, 협력자나 지지자와 협의하거나 토의할 필요는 없다. 어디까지나 자기 고유의 세계를 자기 의지와 능력만을 가지고 추구하고 전개해 가면 그만이며, 작품만이 자기표현의 전부이므로 자기 작품을 해석하거나 변호할 필요도 없다.

그러나 건축은 사정이 다르다. 건축가가 일을 하기 위해서는 언제나 많은 사람들과 대화가 필요하다. 먼저 무엇보다도 건축주(혹은 거주자 · 이용자)와의 상담이 전제가 되며, 자기의 생각을 설명하지 않으면 안 되는 경우가 많다. 그리고 또 설계 과정에서도 구조기술자나 다른 협력자와의 의견 교환이 필요하며, 더욱이 시공단계에서는 시공기술자와의 협의가 필수적이다. 즉 건축은 언제나 공동 작업으로 이루어진다. 이 때문에 언어에 의해서 자기 의도와 생각을 정확히 전할 수 있도록 해야 한다.

건축에서는 고려해야 할 여러 가지 측면이 있다. 건축의 실용적인 측면이나 기술적인 측면에 관해서는 이미 말하는 방법이라든지 생각하는 방법의 기초가 확립되어 있으나, 건축의 미적인 측면이나 예술적인 측면에 관해서는 그렇지 않다. 즉 실용적인 측면이나 기술적인 측면에 대해서는 각각 수학이나 자연과학에서 도입된 定義나 定理에 의거하여 만인공통의 언어와 기본적인 사고가 확립되어 있으나, 예술적인 측면에 관해서는 공통의 언어나 기본적인 논리도 없어 상호 의견교환이라고 하는 것은 거의 불가능하다.

이러한 상태를 극복하고 건축의 미와 예술성에 관하여 올바르게 생각하고 성과 있는 대화나 토론을 진행시켜 나가기 위해서는 어떻게 해야 하는가?

여기서 먼저 제안하고 싶은 것은 예전 사람들이 건축의 미나 예술성에 관하여 어떻게 생각하여 왔는가를 살펴보는 것이다.

즉 고대에서 현재에 이르기까지 많은 현인들이 대체로 미와 예술에 대해 어떻게 생각하였는가? 그리고 특히 건축미와 예술에 관해서 어떤 생각을 갖고 있었는가 하는 점을 살펴보는 것이다. 이렇게 하면 그들의 의견 전부가 서로 관계없는 별개의 것이 아니라, 가끔 공통의 문제점을 갖고 같은 생각을 하고 있다는 것을 알 수 있다. 또한 이러한 서양인의 이론이 「사람들이 알지 못하게 하기 위한 발언」이 아니라 다른 사람에게 알 수 있게 하기 위한 것이므로 거기에는 당연히 공통의 용어와 개념이 있으며, 또한 공통적인 사고의 순서, 즉 논리가 있다. 더구나 그들의 용어와 논리라고 하는 것은 오랜 세월 동안 쓰라린 시련에 견디어 왔던 것이 대부분이므로 이미 이에 상응하는 타당성과 보편성을 획득하고 있을 것이다. 우리가 그들의 용어나 개념, 그리고 논리 중에서 우리에게 도움이 될 만한 것을 취합하여 현재 우리들의 대화나 논의에 이용한다면, 혼란 상태는 크게 개선 될 수 있을 것이다.

2. 선인들과 같은 오류를 반복하지 않기 위하여

우리가 미나 예술에 관한 근대적인 사고의 변천을 기술하려고 하는 두 번째 목적은 「선인들과 같은 오류를 반복하지 않기 위하여」라는 점이다.

현재 미와 예술에 관한 이제까지의 견해를 조사해 보면, 이 중에는 서로 비슷한 것이 많으며, 또한 같은 생각이 반복되는 경우도 있다. 이 때문에 인간이 생각할 수 있는 것은 과거나 현재나 그다지 다르지 않다는 인상을 받는다. 예를 들면 20세기 전반에 건축계에서는 「기능주의」 사상이 널리 유행하였다. 이것은 간단히 말하면 「기능적인 것은 아름답다」라고 하는 이론이다. 즉 실용적인 목적을 충족시키기는 것만을 생각하여 설계하면, 그 건물은 자연히 아름다워진다고 하는 생각이다. 이것은 당시의 새로운 건축, 이른바 「근대건축 Modern Architecture」의 기본이념으로 유포되어 당시 신선한 이론으로서 널리 받아들여졌다.

그러나 여기에서 주의할 것은 이 기능주의와 동일한 사고방식이 기원전 5세기의 그리스에도 있었다는 점이다. 즉 소크라테스의 제자 크세노폰은 스승의 가르침으로서 「쇠똥 망태기도 그 역할에 알맞은 것이면 아름답고, 황금 방패도 그 역할에 맞지 않으면 보기 흉하다」라는 말을 전하고 있다.[1] 이 사상은 기능주의와 거의 동일하다. 더욱이 당시의 그리스인은 벌써 이러한 기능주의에 대

1) 크세노폰(Xenophon. B.C. 430~350)은 유명한 군인이며, 도의를 중시하는 행동형의 인물로 플라톤과 같은 사색형은 아니었지만 여러 가지 저작이 있다. 이 중에서도 스승 소크라테스에 관련된 것으로는 『추억 Memorabilia』이 있는데, 『추억』에는 다음과 같은 일절이 있다.
- 소크라테스 「그러면 그대는 선 αγαΘον 과 미 καλον 가 각각 별도의 것이라고 생각하고 있는가? 그대

한 견해가 사실에 합치하지 않는다는 것을 깨달았으며, 플라톤도 이 기능주의를 부정하고 있다. 따라서 기능주의의 사상은 결코 20세기가 되어서 처음으로 나타난 것이 아니라, 이때보다 2,300년 전에 그리스 시대부터 있었으며, 이미 그리스 시대에 검증이 끝난 상태였던 것이다. 그럼에도 불구하고 이것을 20세기가 되어서 전혀 새로운 사상인양 내세웠던 것은 이상한 일이다. 그 원인은 결국 20세기 초기의 건축가가 미학사에 대하여 전혀 알지 못한 점이다. 만약 당시의 건축가가 미나 예술에 관한 예전의 견해에 조금이라도 주의하고 있었다면, 이처럼 과거에도 있었던 그릇된 견해를 새삼스럽게 다시 들고 나오는 일은 없었을 것이다.

앞의 예에서도 알 수 있듯이 우리가 통상 갑자기 떠올리는 정도의 의견은 대부분 예전 사람들도 역시 한번은 생각해 왔던 것이다. 또 한편 누구든지 한번은 범하기 쉬운 잘못이라고 하는 것도 있다. 이 잘못을 알아차리게 되었을 때에 그때마다 수정해 가면서 우리의 지혜는 진보해 왔던 것이다. 따라서 만일 선인들에 의해 이미 논의되어 검증이 끝난 견해를 이제 다시 들고 나와 논의하고, 그 결과 간신히 그 잘못을 깨닫게 된다면 이것은 전혀 도움이 안 되는 쓸모없는 일이다. 우리는 이처럼 쓸모없는 노력을 하지 않기 위해서라도 반드시 미와 예술에 관한 이제까지의 생각들을 검토할 필요가 있다.

3. 우리 자신의 건축미학을 확립하기 위하여

마지막으로 가장 중요한 세 번째 목적을 살펴보기로 하자.

장래 건축가가 되려고 하는 사람은 대체로 미와 예술에 관해서, 특히 건축의 미와 예술적인 면에 관해서 확실한 기본적 견해를 갖고 있어야 한다. 왜냐하면 건축은 다른 예술과 달라서 미적인 목적 외에 실용적인 목적을 동시에 충족시켜야 하며, 또 고도의 기술적 수단에 의존하는 경우가 많기 때문이다. 따라서 예술적인 측면과 실용적인 측면의 관계나 예술적인 측면과 기술적인 측면의 관계를 잘 생각해서 여러 가지 검토를 하지 않으면 안 된다.

예를 들면 새로운 주택을 건설하는 문제에 관해서 생각해 보자. 그 주택의 건축주이며, 동시에 거주할 사람이기도 한 어떤 사람이 그 주택에 만족하고 있다고 가정하자. 이 경우 건축주가 만족하고 있는 원인이 어디에 있는가는 반드시 건축주 자신에게 있어서 명확하다고 한정할 수 없다. 그가 만족한 것은 방의 배치가 편리하게 되어 있기 때문일까? 모양이나 색이 아름답기 때문일까?

는 동일한 것에 대해 모든 것이 "美이면서 善"인 것을 알지 못하는가? 인간의 신체도 인간이 사용하는 여러 가지 것들도 모두 가장 유효하게 사용되는 점에 있어서는 "美이면서 善"으로 생각할 수 있는 것이다.」

• 아리스팁포스 「그렇다면 쇠똥 망태기도 아름답다는 말인가?」
• 소크라테스 「그 독자적인 역할에 적합하도록 만들어져 있으면 물론이다. 그리고 황금 방패도 역할에 맞지 않으면 추한 것이다.」(Ⅲ-viii-5,6)

이 대화에서는 선과 미는 동일한 것이며, 또 실용적 기능을 만족하는 것이 바로 미라고 하고 있다. 즉 「선 = 미」 혹은 「유용성 = 미」라고 보는 것이다.

구조가 튼튼하기 때문일까? 아니면 공사비가 저렴했기 때문일까? 건축주는 이러한 것에 대해 명확히 대답할 수 없는 경우가 많을 것이다. 건축주에게 있어서는 실제상 그 주택이 전체로서 훌륭하며, 전반적으로 만족하면 그만이다. 그러나 주택건설에 관계하는 건축가나 기술자가 그러면 곤란하다. 그들은 그 주택을 평면계획, 재료 · 구조, 미적(예술적) 가치, 경제성 등 여러 가지 측면을 고려하여 각 측면에 대해서 평가해야 한다. 그렇지 않으면 그 주택의 결점을 보정할 수 없으며, 질을 향상시킬 수도 없다.

앞에서 언급하였듯이 건축계에서는 20세기 중반까지 기능주의 사상이 유행하였기 때문에 건축은 우선 실용적인 목적을 충족시키고, 공학적인 기술을 충분히 응용하면, 자연히 아름답게 된다는 식의 생각이 널리 유포되었다. 이 때문에 건물의 미적 가치를 다른 모든 가치와 명확히 분리하여 미적 가치 그 자체에 대해 충분히 검토하는 경우는 없었다. 그리고 논의하는 경우에도 미의 문제는 언제나 회피되고, 애매한 채로 방치되었다. 그러나 이것은 결코 사람들이 미에 관하여 무관심하게 되었다는 것을 의미하는 것은 아니다. 사실 일반 사람들도 건축가와 마찬가지로 언제나 건축미에 대해 강한 관심을 갖고 있으며, 이것은 예전이나 지금이나 변하지 않고 있다. 건축에 있어서 미를 추구하는 행위가 지속되고 있는 것은 우리의 현실 경험이며, 누구도 이것을 부정하지 못한다. 단지 건축가가 미나 예술이라는 말을 사용하는 것을 피해 미나 예술에 관해 공공연하게 떠드는 것을 꺼리게 되었던 것이다. 그러나 「미」나 「예술」이라는 말을 사용하지 않고서 미나 예술에 관한 논의를 하는 것은 불가능하다.

가끔 기능주의 이론에서는 실용성이나 구조적 합리성과 미적 효과의 사이에 어떠한 필연적인 관계가 있는 것처럼 이야기하였기 때문에 그들 상호의 구분이 한층 더 애매하게 되어버리는 경우가 많다. 그래서 실제로는 미를 목적으로 하는 것임에도 불구하고 실용적 목적을 위한 것이라고 하거나 구조상 필요한 것이라고 우겨대는 건축가도 생기게 되었다. 미나 예술의 문제를 이렇게 애매한 채로 방치하면 아무것도 명확하게 해결할 수 없다. 이러한 것들이 건축의 전반적인 문제 가운데에서 어떠한 위치를 차지하며, 어떠한 의의를 갖는가라는 점에 대해 확실히 할 필요가 있다.

그러면 어떻게 하면 미나 예술에 관한 견해를 정리할 수 있을까? 그렇게 하기 위해서는 먼저 미와 예술에 관한 이제까지의 여러 생각들을 살펴보는 것이 가장 좋을 것이다. 물론 이러한 생각들 중에는 지금은 통용될 수 없는 것도 있을 것이며, 현재 우리들 입장에서 보면 찬성할 수 없는 것도 많을 것이다. 이러한 견해는 과감히 버리지 않으면 안 된다. 또한 이러한 견해 중에는 서로 모순되고 대립되는 것도 많을 것이다. 따라서 어느 한 편을 선택하지 않으면 안 된다. 이렇게 취사선택한 결과 우리에게 도움이 될 만한 것을 골라내서 모순되는 점이 없도록 조합하여 시대에 부응하는 형태로 수정해야 한다. 다시 말하면 우리는 과거의 견해를 근거로 하여 새로운 건축미학이나 건축예술론을 확립할 수 있는 것이다.

이 책의 역할은 이러한 근거를 독자에게 제공하는 것이다. 이것을 기초로 하여 새로운 견해를 발전시키는 작업은 독자들에게 맡기도록 한다.

여기서 다시 한 번 이 책의 목적을 요약하면 다음과 같다.

1) 우리가 건축의 미나 예술성에 관하여 생각하고 말하고 논의하고 연구해 가는데 있어서 서로가 통할 수 있는 기본적인 용어와 개념, 그리고 논리를 여기에서 찾아내어 공통 기반을 만들기 위하여.
2) 선인들과 같은 잘못을 반복하지 않기 위하여.
3) 과거의 여러 가지 생각이나 이론을 근거로 하여 새로운 건축미학이나 건축예술론을 확립하기 위하여.

제1장 근세건축미학

1. 인본주의에서 과학시대로

이 장에서는 15 · 16세기의 르네상스 시대에서 18세기 중기까지를 다루기로 한다. 유럽에 있어서 중세부터 근세까지의 사상 · 문화의 변혁은 일거에 일어나지 않았다. 그 과정에는 다음과 같은 세 단계가 있다.

1) 예술상의 르네상스(소위 문예부흥기) : 15세기 전후

2) 종교 개혁기 : 16세기 전후

3) 자연과학과 철학의 발전 : 17 · 18세기

즉 근세는 먼저 감각에 눈뜨는 것에서부터 시작되었다. 이것이 문학에 있어서의 르네상스 Renaissance(再生)로 문학과 회화에서는 먼저 14세기부터 시작되었다. 단테(Dante Alighieri, 1265~1321)의 문학이나 지오토(Giotto di Bondone, 1267?~1337)의 회화는 그 선구이다.

15세기에는 기베르티(Lorenzo Ghiberti, 1378~1455), 브루넬레스키(Filippo Brunelleschi, 1377~1446) 등에 의해 조각 · 건축에도 새로운 기운이 고조되고, 각종 예술이 일제히 찬란한 꽃을 피웠다. 이 문예부흥의 사상적 기초를 이룬 것은 인문주의 Humanism 라고 부른다.[1] 인문주의는 고대 로마와 그리스의 학문과 예술을 부활시키는 것이며, 또한 인간중심의 세계관을 수립하는 것이다. 전자는 무엇보다도 먼저 고전, 즉 성서 이외의 고대 문헌이나 유물을 탐구하고 연구하는 것을 중시하였다. 그리고 후자의 인간중심의 세계관이라는 것은 말할 것도 없이 신을 중심으로 한 중세의 세계관에 대립하는 것으로, 지금까지 천박스러운 것으로 여겨온 인간의 자립성과 존엄을 되찾으려는 사상적 경향이다.

이와 같은 사상적 경향은 먼저 우리들이 자신의 감각에 의해 인식하는 현실 세계의 미나 육체의 미를 긍정적으로 받아들이려는 태도에 나타났다. 예를 들면 르네상스 회화에는 중세와 마찬가지로 기독교 소재를 다룬 것이 많지만, 그것이 중세 회화와 구별되는 것은 자연이나 인체에 대한 화가의 견해(그리는 수법)가 이전과는 다르기 때문이며, 거기에는 중세에서는 볼 수 없었던 활기와 희열이 넘쳐있다. 다시 말해 르네상스 예술가는 누구보다도 빨리 새로운 시대의 도래를 그들의 감각에 의해 예감하고 있었던 것이다.

다음의 종교개혁 Reformation 은 종교자체의 반성으로 로마법왕이 통솔하는 가톨릭교회의 부패

---

1) 이 경우 「휴머니즘」이라는 말에 들어 있는 「인간」은 서민이라기보다 오히려 영웅 · 권력자 · 천재 등을 의미하는 경우가 많다. 카스테리오네(Baldassare Castiglione)의 『궁정인』, 마키아벨리의 『군주론』 등 참조.

에 대한 반동이다. 이 운동은 먼저 위클리프(John Wyclif), 후스(Jan Hus), 사보나롤라(Girolamo Savonarola)에 의해 시작되었고, 16세기에 들어와서는 루터, 칼빈 등의 활약에 의해 북서 유럽 일대에 퍼졌다. 그리고 이에 대항하여 남서 유럽에서는 예수회를 중심으로 한 반종교개혁의 움직임도 일어났다.

이처럼 유럽 전역은 지금까지 사람들의 정신을 지배해온 종교의 대변혁과 이 변혁에서 발단된 전란 사이에서 세월이 흘렀다. 이 때문에 두드러진 사상과 학문상의 업적은 거의 없다. 오히려 그 효과는 소극적인 것이며, 오래된 교파에 대립하는 새로운 교파가 생겨났다고 하는 것은 종교 그 자체의 절대성을 뒤흔들었고, 그 권위나 지도력을 감소시킨 원인이 되었다.

그러나 사상과 학문상 가장 중요한 것은 자연과학의 발전이며, 이것은 특히 17세기에 들어와서 눈부신 진보를 이루었다. 자연계의 현상을 면밀히 관찰하고 연구하려는 태도는 이미 레오나르도 다빈치의 과학 · 기술적 업적과 코페르니쿠스의 지동설 등에서 나타나지만, 그와 같은 지식이 체계화된 것은 17세기부터이다. 예를 들면 지동설은 케플러, 갈릴레오에 의해 조직적인 형태로 통합되고, 그 위에 뉴턴에 의해 미적분학을 사용한 포괄적인 역학으로서 체계가 잡혔다.[2] 이 지동설은 성서의 천지창조설을 부정하는 충격적인 주장이었으나, 생물학 · 화학 등의 분야에서도 아리스토텔레스 이래의 통설을 재검토하게 만든 새로운 발견이 잇따랐다.

이와 같은 자연과학의 진보에 대응해서 철학에 있어서도 새로운 기운이 일게 되었다. 먼저 자연과학을 신학과 결부시켜 종래의 스콜라철학에 대체하는 철학체계를 수립하는 것이 이 시기의 과제였다. 그것들은 철학 · 신학 · 자연과학뿐만 아니라, 윤리학 · 정치학 · 역사학 · 심리학까지를 포함하는 일관된 조직을 가진 점이 특색이었다. 그로 인해 철학사상 그 시대는 「大體系의 시대」라고 부른다. 그 시대를 대표한 사람은 베이컨, 데카르트, 라이프니치이다.

영국의 베이컨(Francis Bacon, 1561~1626)은 우리들의 실제 경험을 모든 지식의 근원이며, 이러한 경험적 지식을 종합(歸納)함으로서 진리에 도달할 수 있다고 했다. 즉 그는 「經驗主義 Empiricism」의 대표자로, 먼저 중세 이래의 네 가지 우상을 파괴해야 한다고 주장했다.[3]

1) 種族의 偶像 idola tribus
   인간의 본성에 의거한 편견, 즉 착각. 자연에의 의인관 등.
2) 洞窟의 偶像 idola specus
   개인적인 편견에 사로잡혀 넓은 세계를 있는 그대로 보지 않는 것.
3) 市場의 偶像 idola fori
   말에 집착하여 언어를 사물 그 자체라고 생각하는 편견.
4) 劇場의 偶像 idola theatri
   자기 자신의 사색에 의지하지 않고 요술과 같은 권위나 전통에 의지하려는 편견.

1천년에 걸친 긴 중세의 사조에서 탈피하기 위해서는 먼저 이와 같은 준비 작업이 필요하였던

2) Sir Isaac Newton, Principia, 1687
3) Francis Bacon, Novum Organum, 1620

것이다. 그리고 베이컨이 주장한 경험주의는 토마스 홉스, 존 로크, 데이비드 흄 이하 그 후 영국 사상의 기조가 되었다. 프랑스의 데카르트(René Descartes, 1596~1650)는 인간의 이성을 가장 중시한 사람으로 이성주의 철학의 대표자이다. 그는 물질을 「연장 extension」으로서 파악하고, 해석기하학을 창시하는 한편, 「나는 생각한다. 고로 존재한다. Cogito, ergo sum」라는 명제에서 출발하여 사색을 전개(연역 deduction)하고, 영혼불멸과 신의 존재의 증명에까지 도달한 것은 유명하다. 그의 사상은 파스칼, 스피노자 등 많은 사람에게 영향을 주었다.

독일의 라이프니치(Gottfried Wilhelm Leibniz, 1646~1716)의 철학은 가장 다면적이면서도 종합적이다. 그는 미적분학을 만들고, 물질계에 있어서 「연속의 법칙」을 발견하였고, 이 법칙을 인문·사회현상에서부터 신학에 이르기까지 적용하여 하나의 종합적인 체계로 정리하였다. 라이프니치의 사상은 크리스천 볼프(Christian Wolff)를 거쳐서 바움가르텐에게도 전해졌다.

그러나 이러한 사상체계에 있어서는 일반적으로 미나 예술에 대해 깊이 연구한 것은 거의 없다. 체계적으로 정리된 저작으로서는 바움가르텐(Alexander Gottlieb Baumgarten, 1714~1762)의 『미학』이 있을 뿐이다. 일반적으로는 오히려 미나 예술에 대해서 소극적인 태도를 취한 경우가 많았다. 앞에서 서술한 경험주의 내지 합리주의를 기초로 한 진정한 의미에서의 미학이나 예술론이 성립한 것은 다음 단계이다.

이에 관해서는 다음 장에서 서술하기로 하겠지만, 15·16세기의 르네상스 시대의 건축미학을 살펴보기 위해서는 그 이전에 반드시 살펴보고 넘어가야 할 두 가지가 고대 로마시대의 건축가 비트루비우스의 건축미학과 르네상스 시대의 일반미술론의 영향이다.

2. 비트루비우스의 『건축서』

크세노폰의 저서 『추억』에는 다음과 같은 내용이 있다. 청년 유티데모스(Euthydemus)가 책을 모으고 있는 것을 소크라테스가 보고 「너는 장래 무엇이 되고 싶은가?」라고 묻고, 의사·건축가·천문학자·수학자·시인 등 각종 직업을 열거했는데, 의사 다음으로 건축가를 거론하여 이 직업 또한 박학다식할 필요가 있다고 하였다.[4] 또 비트루비우스에 의하면, 건축가는 문필·소묘·기하학·역사·음악·의학·법률·천문학 등의 학술에 능통해야 한다고 하였다.[5] 이와 같은 기록에서 보면 고대 건축가는 단지 목수의 우두머리 정도가 아니라 극히 지식적인 직업이었다는 것을 알 수 있다.

또 당시 건축에 관한 책이 상당히 있었다는 것은 앞의 크세노폰의 기술에서도 알 수 있지만, 비트루비우스는 건축에 관한 저작을 남긴 그리스 건축가 24명의 이름을 열거하고, 두세 가지 로마시대의 건축서에 관해서도 언급하고 있다.[6] 그러나 이러한 저술은 모두 분실되어 오늘날까지 전해지고 있는 것은 비트루비우스의 『건축서』 단 한권이다.

---

4) Xenophon, Memorabilia, Ⅳ- ii -10,11
5) Vitruvius, De architectura, Ⅰ- i -12
6) Ibid, Ⅶ-Pref., pp.11-14

2.1 『건축서』의 성격

비트루비우스의 『건축서』(구체적인 이름은 『건축에 관한 十書』)[7]의 감사의 글에 의하면, 카이사르(Julius Caesar)와 아우구스투스(Augustus)를 섬기면서 받은 은총에 감사하고 있으며, 동시에 황제에 대한 감사의 글 형식으로 되어 있다. 그러나 그 구체적인 목적은 건축의 「학문의 모든 체계를 공개한다」(Ⅰ-Pref. 3)는 것이었다. 즉 이것은 지금의 「건축학 편람」 혹은 「건축학 핸드북」이 될 것이다.

이 책은 이후 중세에도 일부 사람들에게 알려져 있어 사전류에도 인용되었으며, 특히 중시된 것은 르네상스시대에 고대의 학예부흥 기운이 왕성해지면서이다. 즉 1416년 스위스의 聖카렌 수도원에서 이 책이 재발견된 후에 건축의 근본문헌으로서 성서와 같이 존중되고, 각국어로 번역되어 후세의 서양건축계에 커다란 영향을 미쳤다.

이 책의 내용을 살펴보면, 건축사 · 건축미학 · 재료 · 구조 · 계획 · 장식 · 설비 · 도시계획 등 모든 분야를 망라하고 있고, 그 위에 성벽 · 해시계 · 물을 이용한 오르간, 대포를 만드는 방법까지 기술하고 있다. 이것은 본문에서 「건축 부문은 다음 세 가지가 있다. 집을 짓는 일 aedificato, 해시계 만드는 일 gnomonice, 기계 만드는 일 machinatio 이다」(Ⅰ-iii-1)라고 하여 당시의 건축술의 범위가 지금보다도 더 광범위하였다는 것을 전한다. 그러나 여기서 주의할 것은 이 책의 내용이 지금의 건축학의 학과목을 거의 전부 포함하고 있는 점이다. 다시 말하면 현대 건축학의 체계나 로마시대 건축학의 체계는 기본적으로 변함이 없다.

그러나 가장 주의해야 할 것은 그의 논리 전개가 전반적으로 이론적이며, 조직적이라는 점이다. 즉 무슨 일이든지 기초 이론부터 설명하기 시작하여(예 : Ⅸ 해시계의 제작법), 이따금 역사적인 연혁을 밝히거나(예 : Ⅱ-ⅰ-1~7 주거의 역사, Ⅳ-Pref. 3~10 세 가지 오더의 기원), 혹은 다른 사람의 설을 비판해 가면서 자기의 주장을 전개한다(예 : Ⅰ-ⅰ-12~15 건축가의 교양에 관해서). 이러한 것은 이 책이 그리스 이래의 자연학, 논리학을 배양해온 전통적인 학문적 기반 위에 세워져 있다는 것을 입증하는 것이며, 이것은 동시에 동양의 오래된 건축서와 현격한 대조를 이룬다.[8]

또한 그는 로마인이며, 『건축서』는 라틴어로 쓰여 있지만, 그 내용은 로마 건축의 독자성에 대해 언급하는 경우는 거의 없고, 언제나 그리스 건축을 규범으로 하여 이것을 소개하는 데에 주력하고 있다. 이것은 당시 로마 문화가 거의 그리스 문화의 답습에 지나지 않았다는 것을 나타낸다. 한편 그가 전하는 건축사적인 사항은 오랫동안 사실로써 믿어져 왔지만, 근대의 고고학적 연구에 의해 수정된 점이 적지 않다는 것에도 또한 주의해야 한다.

---

7) Marcus Vitruvius Pollio, De architectura libri decem, ca, B.C. 25-23 ; 오덕성역, 『建築十書』, 기문당 1994.

8) 동양과 서양의 건축서를 비교하기 위해서 중국의 건축서에 관해서 살펴보면, 완전한 형태로 전해지고 있는 중국 최고의 건축서는 北宋 元符3年(A. D. 1100)에 李明仲이 완성한 『營造法式』 全34권이다. 그 내용은 대단히 넓고 상세하며, 건물이나 부재의 형식 · 치수 · 등급, 사용재료의 종류 · 수량, 공사품 · 공임 등을 열거한 것이다. 즉 官營工事의 표준시방서라고 할 수 있는 성격을 갖고 있어 비트루비우스의 건축서와는 전혀 성격이 다르다.

2.2 비트루비우스의 건축미학

비트루비우스에 의하면, 먼저 건축의 미는 실용성이나 강도와는 구별되어, 이 두 가지와 동등하게 다루어진다.

> 건축은 또한 强 firmitas, 用 utilitas, 美 venustas 의 원리가 계속 유지되도록 해야 한다.(I –iii–2)

이렇게 유용성과 미가 각자 독립적인 가치를 갖고 병렬되어 종속관계에 놓여 있지 않은 점은 고대 철학자와 다르며, 실제적인 문제에 입각한 건축가다운 사고가 여기에 나타나있다. 그리고 미의 원리는 다음과 같다.

> 건물의 외관이 경쾌하고 우아하며, 건물 각부의 치수관계가 올바른 균제비례를 이루고 있는 경우에 얻어지는 것이다.(Ibid.)

여기서는 미의 주된 요인으로서 균제비례를 들고 있는데, 이에 관해서는 다음에 살펴보기로 한다. 그 다음에 보다 상세한 조형 원칙이 일반적인 설계 원칙에 포함되어 설명된다. 이 원칙은 다음 여섯 항목이다.(I –ii–1~9)

1) 오르디나티오 ordinatio
2) 디스포지티오 dispositio
3) 유리트미아 eurythmia
4) 심메드리아 symmetria
5) 데코르 decor
6) 디스트리부티오 distributio

이 가운데 6) 디스트리부티오는 재료·토지의 섭리와 공사비 결정과 배분에 관한 것이므로 생략한다. 그러나 이 외의 다섯 항목의 개념 구분도 명확한 것은 아니고, 학자에 의해서 해석이 가지각색이다. 각 용어의 의미에 관해서 해석해 보기로 한다.

1) 오르디나티오 ordinatio

이것은 건물에 관한 量의 문제로 모듈러스 modulus(척도·규범·단위)를 활용하는 것이라고 설명되어 있는데, 이는 동시에 심메트리아에 적합한 비례를 마련하는 것이기도 하므로, 이것은 심메트리아의 하위원칙이라고 할 수 있다.

2) 디스포지티오 dispositio

이것은 質에 관한 문제로 건물을 적절한 위치에 배치하는 것이라고 하므로, 제도나 창의적인 사고에 연결된다.

3) **유리트미아** eurythmia

건물 각부의 폭과 높이, 길이와 폭이 서로 어울려야 한다. 이는 비례에 관한 언급이며, 결국은 심메트리아에 들어맞을 것이라고 하므로 1)과 같이 심메트리아의 하위원칙이다(현대어의 「리듬」과는 무관함).

4) **심메트리아** symmetria

이것은 처음에 말한 미의 3원칙에 대한 설명에서도 문제 삼고 있듯이, 이 책에서 가장 중시되고 있는 원리이다. 상세한 설명은 신전 설계의 항목에 있다.

> 신전의 구성은 심메트리아에 의해서 결정된다. …… 이것은 그리스인이 아나로기아 analogia 라고 부르는 비례에서 얻어진다. 비례라고 하는 것은 어떤 경우라도 건물의 각 부분과 전체에 일정한 치수를 할당하는 것이며, 이에 의해 심메트리아의 법칙이 실현된다.(Ⅲ-ⅰ-1)

그는 이것을 인체의 비례에 의해 설명한다.

a. 인간의 신체 치수는 간단한 비례를 형성한다. 안면은 턱에서 이마 위 머리카락이 있는 부분까지로 신장의 1/10, 손바닥은 손목에서 장지 끝까지로 팔 길이의 1/10, 머리는 턱에서 머리끝까지로 신장의 1/8…….(Ⅲ-ⅰ-2)

b. 인체는 간단한 기하학적 도형에 들어맞는다. 사람이 손과 발을 펴고 드러누웠을 때 컴퍼스 선단을 배꼽에 놓고서 원을 그리면 손과 발끝이 이 원주선에 닿는다. 또 양발을 붙이고 양손을 펼치면 정방형이 된다.(Ⅲ-ⅰ-3)(그림1)

자연은 인체를 이처럼 전체적으로 비례에 맞추어 만들었으므로 우리도 신전을 이처럼 만들어야 한다고 설명한다. 그리고 양손의 손가락이 열개가 있는 것으로부터 10을 완전수라고 부르고, 또 6 혹은 16을 중시한 설에 대해서도 언급한다.(Ⅲ-ⅰ-4~9)

다음으로 신전의 구체적인 설계에 관해서는 원주 하부직경을 모듈러스로 정하여 신전 각부의 치수는 이 단위의 정배수 아니면 간단한 분수치가 되도록 지정된다. 正柱式에서는 기둥 간격은 2와 1/4 모듈러스, 전후 중앙의 기둥 간격은 3 모듈러스, 기둥 높이는 9와 1/2 모듈러스 …….(Ⅲ-ⅲ-6~7) 그 위에 세부 비례에 관해서 이오니아식 · 코린트식 · 도리아식에 대해 모듈러스를 단위로 하여 상세히 규정하였다.

이상을 요약하면 심메트리아라고 하는 것은 「건물 각부 치수의 비가 간단한 숫자로서 나타나는 것」이다. 그리고 손발을 펼친 인체가 원이나 정방형에 내접하는 점에 대해 언급하고 있는데 물론 이것도 간단한 수의 관계로 환원된다(이 심메트리아는 「대칭 symmetry」과는 무관계).

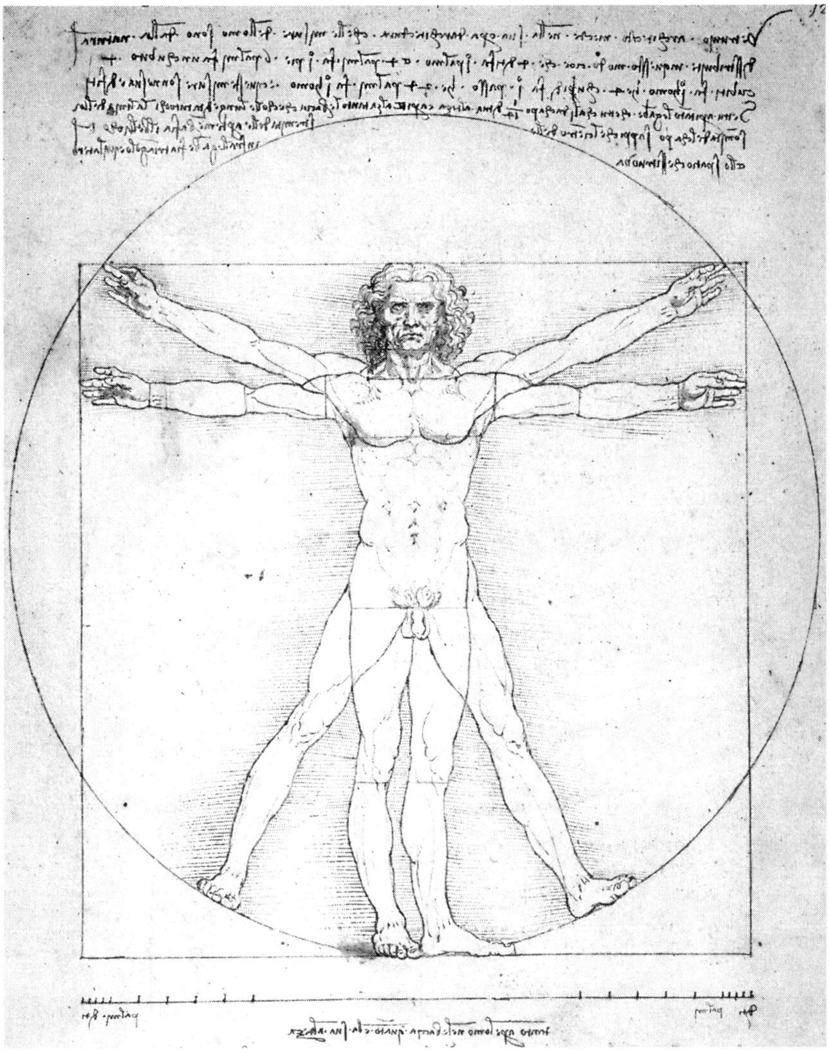

그림 1 레오나르도 다빈치, 비트루비우스 설에 의한 인체비례도

5) 데코르 decor

이것은 세 경우가 있다. 正則, 습관, 자연이다.(Ⅰ-ⅱ-5~7)

a. 定則 statione

신전에는 그곳에서 모시고 있는 신의 성격에 어울리는 건축 형태를 채용할 것. 예를 들면 천둥과 번개의 신인 쥬피터 신전에는 노천식, 미네르바·마르스·헤라클레스 신전 등은 남자다운 용맹성을 나타내기 위해 도리아식, 쥬노·다이아나·박카스 등과 같은 부류의 신은 중간적인 성격의 이오니아식, 비너스·플로라를 위한 신전은 코린트식 등이다.

b. 習慣 consuetudine

내부가 화려한 건물에서는 현관도 우아한 모습을 갖추지 않으면 안 된다. 도리아식 엔타블러처의 코니스에 齒形裝飾이 조각되어 있거나, 이오니아식의 엔타블러처에 트리글리프 triglyphs가 표현되어 있으면 안 된다.

c. 自然 natura
위생적인 관점에서 살펴 본 부지, 수질, 채광의 문제.
이러한 세 항목 가운데 c는 여기서는 무관하므로 제외하면, a와 b는 모두 「적정화」에 관한 원칙이며, 「요소의 조합에 관한 親緣性의 원칙」이다(이 「적정함」이라고 하는 decor의 의미가 변화하여 현대어의 「장식 decoration」으로 되었다.)

이상을 종합해보면 다섯 항목의 상호관계와 의미내용은 다음과 같다.

데코르	디스포지티오	조형 요소의 조합과 배치
심메트리아	유니트미아	일정한 비례
	오르디나티오	비례가 간단한 수치일 것

즉 비트루비우스의 조형원칙은 조형요소의 조합과 배치에 관한 원칙(데코르로 대표된다)과 비례에 관한 원칙(심메트리아로 대표된다)의 2개 군으로 나눌 수 있고, 이러한 2개 군의 원칙이 고전건축 조형의 근간을 이루고 있다는 것은 건축사적인 관점에서도 확인된다. 예를 들면 각종 오더는 무엇보다도 먼저 원주의 주두 · 주신 · 주초와 그 위에 있는 수평재의 조합, 그리고 이러한 것들에 적절한 장식을 조각하는 것에 관한 원칙이다.

다음으로 중요한 것은 비례관계이다. 예를 들면 각종 원주의 두께와 높이의 비는 어떤 일정한 범위 내에 있으며, 그 외 세부에 관해서 또 건물전체에 관해서 언제나 비례관계가 중시되고 있다. 이 「비례 중시」라고 하는 것은 서양의 고대 · 근세를 불문하고, 고전적인 건축문화의 최대 특색이라고 하여도 좋을 것이다(반면에 이러한 것은 절대 치수, 즉 인간의 크기와의 관계에 대한 경시로 나타난다).

그런데 여기서 주의하지 않으면 안 되는 것은 그의 주장이 단지 「비례 중시」라든가 「일정한 비례의 중시」라고 하는 것뿐만 아니라, 그러한 비례가 간단한 정수나 간단한 분수로서 표시되어야 한다는 점이다. 비례가 간단한 수치면 기억하기에도 편리하고, 설계나 시공에도 용이하였을 것이다. 예를 들면 『건축서』에서 중노포의 경우는 포의 구멍을, 선박에서는 노의 간격을 각각의 모듈러스로 설계하도록 지시하고 있는 것은 그러한 기술적인 편의에서 유래되었다고 생각된다.(Ⅰ-ii-4)

그러나 건축에 관해서는 심메트리아는 단순한 기술상의 편의만을 위한 것이 아니라, 가장 중요한 미의 원리로 역설되고 있다. 그런데 간단한 비례가 왜 미를 만들어내는 것일까라는 점에 대해서는 언급하고 있지 않다. 따라서 이것은 비트루비우스가 피타고라스학파 이후 「수」에 대한 신앙을 그대로 이어받고 있다는 것을 나타낸다.

마지막으로 비트루비우스의 『건축서』에서 거론되는 微量變形과 錯視矯正說에 대해서 살펴보기로 하자. 여기서 미량변형이라고 하는 것은, 예를 들면 건축물을 구성하는 직선을 약간 배부르게 하거나 혹은 수직선을 약간 기울어지게 하는 것이다. 또 착시교정이라는 것은 형태가 비뚤어져 보이는 것을 방지하기 위해 이와 같은 미량변형을 미리 가한다는 설이다. 『건축서』에서 거론된 내용들을 정리하면 다음과 같이 된다.

① 기단은 중앙부에서 높일 것. 왜냐하면 만일 수평으로 만들면 눈에는 오목하게 보이기 때문이다.(Ⅲ-ⅳ-5)

② 아키트레이브도 기단이 부풀음에 대응하도록 한다.(Ⅲ-ⅴ-8)

③ 기둥은 성긴 곳에서는 두껍게, 그리고 밀집한 곳에서는 가늘게 한다. 또 모퉁이 기둥은 주위의 트인 공간에 의해 더욱 가늘게 보이므로 직경의 1/50 정도 굵게 한다.(Ⅲ-ⅲ-11)

④ 좁은 장소나 막힌 공간에서 홈의 수를 늘리면, 약간 가는 기둥을 세워도 좋다. 그것은 사람의 눈이 다수의 밀집된 물상을 보면 더욱 넓은 시계를 갖기 때문이다.(Ⅳ-ⅳ-3)

⑤ 모퉁이 기둥과 그에 연속된 측면 기둥은 신전 몸체에 면하는 쪽은 수직으로, 바깥쪽은 시각보정을 위하여 윗부분으로 갈수록 가늘게 한다. 이렇게 하면 건물 전체가 약간 위로 오므라들게 보인다.(Ⅲ-ⅴ-4)

⑥ 시선이 높아질수록 공기가 엷어져 대상을 명확히 파악하기 어렵다. 이 때문에 높은 곳에 있는 건물이나 거대한 건물에서는 비례를 얼마간 더 가산하도록 한다.(Ⅲ-ⅴ-9)

⑦ 주두 위에 있는 모든 구성요소는 정면에서 각각 높이의 1/21만큼 앞으로 기울어지게 한다. 그 이유는 정면을 향해 서 있을 때 건물의 밑면에 닿는 시선보다도 정상부에 닿은 시선이 더 길므로, 위를 바라볼 때 더 길게 보여서 이 부분이 뒤로 기울어져 보이기 때문이다.(Ⅲ-ⅴ-13)

이렇게 착시를 교정하기 위해 미량변형을 가하는 발상은 고대인의 조형감각이 어느 정도 예민했는가를 말해주고 있으며 이 점은 감탄할 만하며, 이 이론은 후세에도 오랫동안 존중되었다. 또 각 항목 중에는 현재에도 유용한 것이 있으나 사실에 부합하지 않는 것도 있다.

한편 그리스 파르테논 신전 등에서는 실측 결과 기단 중앙부의 만곡이나 내측으로 경사진 원주 등 미량변형이 실제로 행해져 있다는 것이 확인되었다(그림 2).

건축물을 구성하는 직선을 약간 배부르게 하거나 혹은 수직선을 약간 기울어지게 하는 미량변형은 우리나라에서도 예전에 자주 사용하였다. 긴 수평선이나 수평면은 늘어져 보이기 때문에 경험적으로 중앙을 약간 올려서 수평으로 보이도록 하는 「불림」 수법으로 천장이라든가 긴 다리 등은 가운데를 들어 올려서 만들었으며, 지붕의 대들보에 구부러진 나무를 쓰거나 처마 끝의 곡선을 직선부분이 없는 미묘한 곡선으로 만든 것도 수평선의 느슨함을 느끼지 않게 하는 효과가 있다.

그리고 기둥의 부푼 정도인 엔타시스(배흘림)는 실제로 그리스나 로마의 신전에서는 약간만 더하여 거의 느껴지지 않을 정도이나 역학적인 안정감에 기여하고 있어 우리나라의 전통건축에서도 자주 사용하였던 수법이다.

그림 2 파르테논신전의 동측 입면과 기단의 부풀음

3. 일반미술론

르네상스시대의 미술서에는 자연의 관찰 · 모사를 장려하고, 투시도법 등 과학적 수단에 의해 모사법을 가르치는 것이 많다. 이하 오래된 미술 관련서에 대해 살펴보기로 한다.

1) 첸니노 첸니니(Cennino Cennini, 1370~?) 『美術書』[9]

이 책은 화가를 위한 핸드북으로 직업상의 마음가짐이나 기법에 관해 기록했다. 다른 그림을 복사하는 것은 될 수 있는 한 피하고 자연을 규범으로 삼도록 주장했다.

2) 로렌쪼 기베르티(Lorenzo Ghiberti, 1378~1455) 『覺書』[10]

기베르티는 피렌체 대성당 세례당의 청동문 부조를 만든 조각가이며[11], 이 책은 자서전적인 내용이지만, 고대미술과 지오토를 칭찬하고 중세 말 북방의 건축양식에 대해 「야만적인 고트족의 양식」이라고 하는 의미로 처음으로 「gotico」라는 말을 사용했다. 또 아라비아 과학도 소개하고 있다.

3) 피에로 델라 프란체스카(Piero della Francesca, 1416?~1992) 『투시화법』[12]

그는 화가로서 투시도법(원근법)을 가르쳤다. 이 책은 회화에 있어서의 기하학의 응용이다.

4) 프라 프란체스코 코론나(Fra Francesco Colonna, 1433~?) 『폴리필스의 몽상』[13]

저자는 베네치아 승려로, 이 책의 내용은 주인공 폴리필스가 꿈에서 고대 성지와 유적을 두루 돌아다니는 이야기이다. 인문학자로서 고대문화에 관한 지식과 중세풍의 기독교 신앙이 혼합되어 있고, 건축물에 관해서 자주 언급하나, 이것들은 극히 공상적이다. 예를 들면 이 책의 도판에 삽입된 할리카르나소스의 마우솔레움[14]은 거대한 피라미드 위에 오벨리스크를 높이 세운 것으로 표현하고 있나.

---

9) Cennini Cennino, Libro dell'arte
10) Lorenzo Ghiberti, I Commentarii
11) 이탈리아 초기 르네상스의 대표적 조각가. 1401년 피렌체 대성당의 聖죠바니 세례당 제2문의 청동부조 제작자를 선정하는 콩쿠르에 참가하여, 브루넬레스키와 함께 마지막까지 남았으나 브루넬레스키가 작품이 다른 두 사람의 공동제작에 반대하여 사퇴함에 따라 그가 당선되었다. 그는 1424년에 『예수傳』 28면으로 구성된 이 문짝을 완성하였다. 이 콩쿠르는 근대적인 설계경기의 효시로 볼 수 있다.
12) Piero della Francesca, De prospectiva pingendi
13) Fra Francesco Colonna, Hypnerotomachia Poliphili, 1467
14) Mausoleum 장대하고 위엄이 있는 묘. 터키의 할리카르나소스 Halicarnassus 에 있는 마우솔레움의 묘(BC4세기 중엽)에서 유래하는 말이다.

5) 프라 루카 파치오리(Fra Luca Pacioli, 1450~1520) 『神聖比例』[15)]

이 책의 저자는 탁발수도승의 수학자로, 이 책 외에도 『算數大全』이 있고, 피타고라스, 에우클리데스 등 고대 이래의 수학을 이탈리아어로 소개했다. 「신성비례」라는 것은 황금비를 말한다. 파치오리에 의하면 이것은 신과 같이 오묘한 비례로 「삼위일체」의 교리에도 합치하고, 산술적으로 글로 써서 나타내는 것이 불가능한 신비적인 무리수이며, 더욱이 유일불변의 것으로 5종의 정다면체와 4원소와도 관계가 있다고 한다.

이 저서의 후반부는 건축에 관한 논술이며, 원주 등의 비례에 관해서는 비트루비우스와 같이 인체와 건축이 서로 유사한 점을 중시하지만, 여기에서는 황금비에 관해서 언급하지 않는다. 레오나르도 다빈치가 묘사한 각종 입체 도면을 게재하고, 마지막에 이상적인 건축 예로서 「예루살렘의 미의 문」의 그림을 게재하였다.

일반적으로 고대에서 근세에 이르는 건축미학에 있어서 언제나 신성시 된 것은 간단한 정수비였으나, 단지 정수나 분수 이외의 특별한 수로써 어쩌다 $\sqrt{2}$의 비가 채용된 경우도 있었다. 이와 같은 상황에 대해 파치오리가 $\sqrt{2}$보다도 복잡한 무리수인 황금비를 거론한 점은 당시의 수학적 지식의 진보를 보여준 것이다. 그러나 그것은 다른 한편으로는 새로운 신앙의 대상이 되어 황금비를 미의 근원으로 하는 일련의 미학[16)]을 낳게 되었다.

6) 레오나르도 다빈치(1452~1519)의 遺稿

레오나르도 다빈치는 약 5천 페이지에 달하는 원고를 남겨 현재 각지의 도서관에 보존되어 있으나, 그 내용은 극히 광범위하여 미술 · 과학 · 공학 등 다방면에 걸쳐 뛰어난 스케치(그림 1은 그 예)를 남긴 것도 있다. 회화론 · 색채론 · 해부학 관계의 기술에는 그의 미술에 대한 시각이 나타나 있으며, 종종 중요한 대목을 발견할 수 있다.

> 명석한 판단은 명료한 이해에서 나오며, 명료한 이해는 건전한 법칙에 의해 만들어진 이론으로부터 온다. 그리고 건전한 법칙은 건전한 경험에 있고, 건전한 경험은 모든 과학과 예술의 공통분모이다.[17)]

이처럼 경험을 모든 지식의 근원으로 하는 경험주의의 태도는 베이컨과 같다. 그리고 레오나르도 다빈치에 있어서는 회화도 과학의 한 부분이다.

> 만일 화가가 다른 사람의 그림을 모방한다면, 가치가 없는 그림을 그리는 것이 되지만, 자연의 대상에서 배운다면 좋은 성과를 거둘 수 있지 않겠는가. …… 권위자의 작품을 배우기만

15) Fra Luca Pacioli, De divina proportione, 1509
16) 그 대표적인 예는 Adolf Zeising, Aesthetische Forschungen. 1855
17) Leonardo da Vinci, Codex Atlanticus, 221b

하고 자연의 작품을 배우지 않는 사람은 훌륭한 화가의 스승인 자연의 아들이 아니며, 그 후예에 지나지 않는다고 할 수 있지 않겠는가.[18)]

이는 경험주의를 회화에 적용한 것으로, 자연에 대한 직접적인 관찰을 장려한다.

당신이 사생한 자연의 대상과 당신의 그림이 완전히 일치하고 있는가를 검토하고 싶을 때에는 거울을 들어 실물을 비추어 보고, 그 영상과 당신의 그림을 비교하여 그 두개의 像이 바르게 일치하고 있는가를 확인해 보면 된다. 특히 거울에서 배우고, 거울을 지도자로 하지 않으면 안 된다.[19)]

이것은 아주 철저한 사실주의이다. 또 회화와 시를 비교해 회화가 더 훌륭하다고 주장하여 다음과 같이 적고 있다.

회화는 시보다도 한층 고귀한 감상(즉 시각)에 봉사하고, 자연의 제작물을 시인보다도 한층 더 성실하게 표현한다. …… 그 때문에 사랑하는 사람들은 그림에 묘사된 애인과 이야기하기 위해 그 초상을 마주본다. 또 사람들은 신과 비슷한 모습을 찾아내려고 애쓰지만, 동일한 신에 대해 글로 서술한 시인의 작품은 그만큼 열정적인 것은 되지 못한다.[20)]

즉 여기에서도 개념적인 것보다는 감상적 경험을 중시하는 그의 자세가 분명히 나타난다.

이외에도 알베르티(Leon Battista Alberti)나 듀러(Albrecht Durer)도 회화론과 조각론을 남겼고, 비례, 구도, 색채에 대해 언급했다.

역시 최고의 미술사 저서로 추앙된 것은 바사리(Giorgio Vasari, 1511~1574)의 『이탈리아에서 가장 뛰어난 건축가 · 화가 · 조각가의 전기』이다.[21)] 르네상스 시대의 미술가 157명 이상의 전기를 수록하였고, 우리들은 여기에서 건축 · 조각 · 회화를 미술의 3대 기둥으로 하는 서양의 전통적인 사고가 확립되어 있음을 살펴볼 수 있다.

4. 건축미학

15세기에서 18세기 중기에 이르는 동안 건축에 관한 저작은 작품집, 様式에 관한 책, 수필적인

---

18) Leonardo da Vinci, Codex Atlanticus, 141a
19) Leonardo da Vinci, Bibliothèque Nationale 2038, 24b
20) Leonardo da Vinci, Codex Vaticanus "Paragone," Trat, 14
21) Giorgio Vasari, Le Vite de' più eccellenti Architetti, Pittori et Scultori Italiani, 1550

것을 포함하면 상당수에 이른다. 특히 17 · 18세기로 시대가 내려감에 따라서 동판화를 포함한 대형 호화본이 잇달아 간행되었다. 그러나 건축미학의 측면에서는 그다지 변화가 없었다. 이 시대의 건축미학의 성격은 전반적으로 「고전주의 Classicism」라고 하는 말로 나타낼 수 있다. 고전주의는 고대(주로 로마)의 건축을 이상적인 것으로 보고, 그것을 재현하려고 노력하였다. 그런데 이러한 저작에서 건축미에 관련된 내용을 살펴보면 대강 다음의 세 항목으로 요약할 수 있다.

1) 비트루비우스의 『건축서』의 주석과 소개

2) 원주학

3) 투시도법

1)의 비트루비우스의 주석과 소개는 르네상스의 인문주의자가 모두 고대 문물의 연구에 전념한 것과 방법상 같으며, 건축에서 특히 강하게 오랫동안 지속되었다.

2)의 「원주학」은 원주와 이에 관련된 상부 엔타블러처 및 臺座 pedestal 의 형태에 관한 지식이다. 이것들을 구성하는 세부의 조합에 관한 원칙과 특히 이것들 간의 비례관계가 중요한 문제였다. 이미 비트루비우스에 의해서 도리아 · 이오니아 · 코린트의 세 가지 원주에 관한 기술이 신전 설계의 기본사항으로서 취급되고 있으나, 르네상스 이후 건축서에서는 이에 로마 기원의 토스카나식과 컴포지트식의 두 종류를 더해서 다섯 오더가 되었다.

오더 order 는 「질서」라고 하는 의미이며, 이들 오더는 모든 건축미의 유일한 근원인 것처럼 존중되었다. 그리고 이와 같은 신념은 18세기까지 건축계를 지배하고, 19세기가 되어서도 쉽게 사라지지 않았다. 우리 동양인이 보면 왜 원주만 그처럼 중요한 것인가 이상하게 생각되지만, 어쨌든 이와 같은 원주의 미에 대한 지대한 관심이 근세 400년간 서양건축 및 서양인의 건축관의 바탕이 되었던 것은 중요한 사실이다.

3)의 투시도법은 보조적인 부문으로 이것은 당시의 건축가가 종종 화가를 겸하였던 점, 건축가가 자신의 설계의도를 사전에 여러 사람에게 보일 필요성, 무대장치의 수요 등에서 발달한 것이다. 그러나 한편으로는 이것이 과도하게 중시된 경우에는 건축예술을 회화의 일종인 도면예술화 하는 위험성을 내포하고 있다.

이와 같은 건축서의 주된 내용은 15세기부터 18세기까지 400년간 거의 변하지 않았다. 17 · 18세기에는 남유럽을 중심으로 바로크, 로코코 등 고대건축과는 분명히 다른 건축양식이 있었지만, 그러한 건축양식에 대응하는 건축미학도 나타나지 않았다. 이 점에 대해서 슈마허(Fritz Schumacher)는 다음과 같이 기술하고 있다.[22)]

> 이러한 눈부신 이론적 역작(건축서)과 눈부신 실제 건물(바로크)을 이어줄 효과적인 연결수단이 참으로 부족했던 것을 알 수 있다. 실제로 놀라운 것은 이 시대가 건물에 실현한 그 특성을 본래의 의미에 있어서 전혀 자각하고 있지 못했다는 사실이다.(S.71)

---

22) Fritz Schumacher, Der Geist der Baukunst, 1938,

그러나 이와 같은 상황 가운데에서 다만 한 가지 주목할 것은 17세기에 있어서 클로드 페로에 의해서 비트루비우스의 이론과 원주비례론에 대한 비판적인 의견이 제시된 점이다. 이하에서 우선 15 · 16세기의 저명한 두세 가지 건축서에 대해 소개한다.

4.1 알베르티

레온 바티스타 알베르티(Leon Battista Alberti, 1404?~1472)의 『건축서』[23]는 르네상스의 최초의 건축서이며, 또한 가장 이론적이고 체계적이다. 비트루비우스를 규범으로 하여 동일하게 十書로 구성되어 있고 라틴어로 쓰여 있다.

第一書 디자인 일반
第二書 재료
第三書 구조 · 시공
第四書 도시계획
第五書 각종건축
第六書 장식일반
第七書 종교건축의 장식
第八書 공공건축의 장식
第九書 주택의 장식, 미의 이론과 건축가에 대해서
第十書 건물의 유지와 개수

이하 이 책에서 건축미학상 주의해야 할 점에 대해서 살펴보기로 한다.

1) 디자인의 정의

> 모든 건축술은 디자인과 구조로 이루어진다. 디자인의 모든 힘과 규칙은 건물 표면을 구성하는 선과 각을 정확하게 선정하고 결합하는 것이다. 건물과 그 모든 부분에 적절한 장소, 일정한 수, 올바른 비례, 아름다운 질서를 지정하는 것이 디자인의 특성이며 해야 할 일이다.(Ⅰ-ⅰ)

2) 미의 정의

> 미라는 것은 하나의 마음이 다른 마음을 즐겁도록 하는 것에 가장 필요한 조건이다. 미는 어떠한 것에 나타나든지 무엇을 더하거나 제거하거나 변경해도 더 좋지 않게 되고 마는 비례와 조합에 의해 통합된 모든 부분의 조화이다.(Ⅵ-ⅱ)

---

23) Leon Battista Alberti, De re aedificatoria, 1452

이 표현은 이 책에서 반복되며, 고전건축의 조형적 특색의 일면을 잘 나타낸다.

3) 미와 장식의 구별

미라는 것은 고유의 내면적인 전체에 걸친 어떤 바람직한 것이며, 또 장식이라는 것은 고유한 것, 내면적인 것이라고 하기보다는 무엇인가가 부가된 것이다.(Ⅵ-ⅱ)

4) 예술상의 규칙

사람들은 각각 자기의 의견에 따라서 미나 건물을 판단하게 되고, 造營物의 형식은 각자 고유의 취미와 공상에 의해 달라야 하며, 예술의 규칙에 얽매일 필요는 없다고 한다. 자기 자신이 이해할 수 없는 것을 경멸하는 것은 무지한 인간에게나 있을 수 있는 일이다.(Ⅵ-ⅱ)

5) 콘키니타스(Concinnitas, 調和, 영어의 congruity에 해당)

콘키니타스는 서로 성질의 다른 부재를 아름다운 전체를 형성하는데 협력할 수 있도록 조합하는 것이다. …… 따라서 이것은 적용 범위와 활약의 영역이 넓고, 인생의 모든 부분과 활동을 포함하며, 또 모든 자연의 소산은 콘키니타스의 규칙에 의해 지배된다.(Ⅸ-ⅴ)

6) 자연과 수

자연의 모방이라는 관점에서 결코 고대인은 구조물의 골격, 즉 원주나 隅角 등을 홀수로 하지 않았다. 이것은 우리가 동물에서 홀수 다리로 서서 걷는 것을 생각할 수 없는 것과 같다. 그러나 그들은 개구부를 항상 홀수로 했다. 이것은 동물의 귀, 눈, 코가 양측에 있지만 큰 개구부인 입이 한 가운데에만 있는 것과 같은 이치이다.(Ⅸ-ⅴ)

알베르티는 그 위에 「신성한 수」로써 홀수에서는 3, 5, 7, 9, 그리고 짝수에서는 4, 6, 8, 10을 든다. 그리고 이것을 주로 자연계에서 예를 들고, 아리스토텔레스나 히포크라테스 등을 인용하면서 설명한다.

7) 음의 조화와 수

자연은 일관되게 정확히 움직이며, 그 모든 작용에 있어서 일정한 유사성을 갖는다. 그래서 우리들은 다음과 같이 결론을 내릴 수 있다. 음의 조화에 의해 우리들의 귀를 즐겁게 하는 것

처럼 數 또한 우리들의 눈과 마음을 즐겁게 한다.(Ⅸ-v)

그리고 알베르티는 이처럼 귀와 눈을 기쁘게 하는 비례로서 五度(3 : 2), 四度(4 : 3), 八度(2 : 1), 十二度(3 : 1), 十五度(4 : 1), 一全音(9 : 8) 등을 든다. 음의 조화와 絃 또는 笛의 길이의 비례와의 관계에 대해서는 피타고라스학파에 의해 일찍부터 알려졌으나, 이와 같이 음의 조화를 만들어 내는 것과 같이 비례가 형태의 미를 만든다고 하는 생각은 비트루비우스에게서도 찾아볼 수 없었던 것이다. 알베르티의 이러한 주장은 후세에 영향을 주었으나, 동시에 비판의 대상도 되었다.

4.2 필라레테

필라레테(Il Filarete, 1400?~69?)는 원래 피렌체의 금은 세공사였으나 후에 건축가, 도시계획가가 되었다. 그의 저서 『건축론』[24)]은 밀라노의 권력자 용병대장인 프란체스코 스포르차(Francesco Sforza)와의 대화 형식으로 이루어져 있으며, 그 구성은 대체로 알베르티의 『건축서』와 비슷하지만, 그만큼 조직적이지 못하며 잡다한 내용으로 되어있다. 다만 스포르차를 위해 계획한 이상도시에 관한 상세한 기술은 주목할 만한 가치가 있다. 전부 二十五書이며 각 장은 아주 짧다.

1~ 2書	건축개론
3~ 6書	이상도시론
7~21書	고대 건축에 관한 記述
22~24書	회화 · 조각론
25書	메디치가家에 대한 헌사

그는 먼저 고전건축을 칭찬하고 고딕양식을 부정한다.

> 나는 먼저 유명한 피렌체의 시민으로서 유능한 건축가이며, 다이달로스(Daedalus)[25)]의 훌륭한 후계자인 브루넬레스키를 축복한다. 그는 우리 피렌체에 고대의 건축 양식을 부활시켰으며, 그 때문에 오늘날 교회당이나 公私의 건물에 다른 양식이 사용되지 않게 되었다. …… 그래서 나는 누구에게도 근대양식(고딕)을 버리고, 그와 같이 조잡한 방식을 사용하는 장인들에게 귀를 기울이지 말도록 충고한다. …… 그러한 수법을 창안한 자는 저주를 받으리라! 이것을 이탈리아에 유입한 사람은 야만인들이다. …… 이것은 문학에서도 마찬가지이다. 이것은 마치 키케로나 베르길리우스의 言文과 삼사십년 전의 言文과의 관계와도 같다.(Bk.Ⅷ)

필라레테는 이와 같은 관점에서 고전건축의 원형아치와 고딕건축의 첨두아치를 비교하는데, 이 비교에서는 시각심리학적 해석이 나타나므로 흥미롭다.

24) Il Filarete (Antonio Averlino), Il Trattato d'Architettura, 1451~61, 25 Bks.
25) Daedalus 그리스 신화에 나오는 천재적인 장인, 건축가 겸 발명가.

원형아치가 첨두아치보다도 아름다운 이유는 분명하다. 그것은 선 위에 무언가 시선의 연속적인 흐름을 방해하는 것이 있으면, 아무것도 없는 경우보다 아름답지 못하기 때문이다. …… 원을 볼 때 우리의 시선은 그 원을 한번 얼핏 보아도 일주하게 되어 있고, 시선의 흐름을 방해하는 것은 아무것도 없다. …… 그러나 첨두아치에서는 그렇지 않다. 왜냐하면 시선이 아치의 정상에서 일순 고정되어 반원의 경우와 같이 자유롭게 진행할 수 없기 때문이다. 그러므로 첨두아치는 완전한 것이 될 수 없다.

다음으로 이상도시 계획안에 대해서 보면, 필라레테가 스포르차를 위해 계획한 도시 「스포르친다 Sforzinda」는 유토피아라기보다는 밀라노의 개조안으로, 1460년에 定礎의 예정이었으나 실현되지 못하였다.(Bk. Ⅷ)

도시 부지는 인다강이 흐르는 비옥한 평지로, 사방이 산으로 둘러싸여 있고, 열풍을 막기 위해 남쪽의 산이 높고 북쪽이 낮은 곳을 선택했다. 도시의 주위에는 원형의 수로를 파고, 그 내접하는 곳에 八角星形의 성벽을 만들었다(그림 3). 星形의 돌출점에 탑을 세우고 관입점에는 성문이 서있다. 탑과 성문으로부터 마을의 중심을 향하여 방사상 도로를 만들고, 그 중간쯤에 환상도로를 설치했다. 마을 중심에는 직사각형 광장을 만들고, 광장 동쪽에 대교회당, 서쪽에 궁정, 남쪽에 식품시장, 그리고 북쪽에 상인광장을 설치하고, 마을 부근에 각종 공공건축을 배치하였다. 필라레테는 이러한 개개의 건물들을 각각 그림으로 나타내었다. 이러한 그림에서는 예를 들면 성벽 탑의 높이는 365피트로 하고, 창의 개수도 365로 하는 수의 조작도 볼 수 있다.

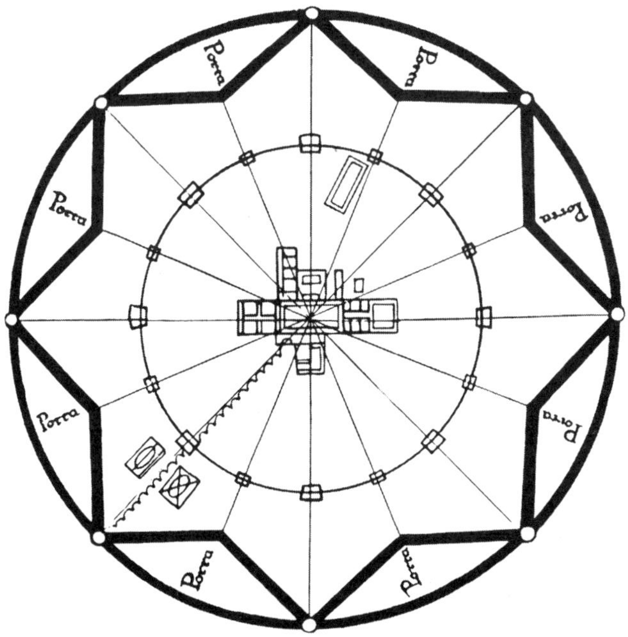

그림 3 필라레테의 「스포르친다」 평면도

이와 같은 정다각형 형태의 도시는 그 후 18세기경까지 이상도시안으로서 여러 번 나타나며, 또 실현된 것도 적지 않지만, 필라레테의 안은 최초의 예로써 중요하다.

4.3 팔라디오

알베르티의 『건축서』가 15세기를 대표하는 건축서이면, 안드레아 팔라디오(Andrea Palladio, 1508~1580)의 『建築四書』[26]는 매너리즘 Mannerism 시대, 즉 고전주의가 안정되고 정형화된 시기를 대표하는 건축서이다. 팔라디오는 비트루비우스와 고대 로마의 유적을 상세하게 연구하고, 그 위에 알베르티, 바사리, 산소비노(Jacopo Sansovino) 등의 의견을 참고로 하면서 자기의 이론을 정리하여 고대건축의 진정한 계승자가 되었다. 그리고 이 책은 유럽에 널리 유포되어, 17·18세기의 프랑스·영국 건축의 기초가 되었다. 그는 이 책을 더욱 더 발전시켜 대 저작으로 만들 예정이었으나 간행된 것은 다음의 四書이다.

一書　총론 (재료, 구조, 원주론)
二書　사적건축 (주택)
三書　도시계획, 공공건축
四書　신전건축·교회당

여기에서는 일반적인 내용의 소개는 생략하고, 건축미학상 흥미로운 약간의 문장을 살펴보기로 한다.

1) 러스티카(rustica, 거친 석조 표면마감)에 대해

> 그러나 실제로 러스티카로 할 것인가 아니면 더욱 더 부드럽고 아름답게 할 것인가는 건물의 크기와 성질에 따라야 한다. 고대인은 건물의 크기를 생각하여 그에 필요하다고 인정되면 러스티카를 사용하였다. 우리는 작고 아담한 건물을 깔끔하게 마무리하고 싶을 때는 이것을 흉내 내면 안 된다.(Ⅰ-10)

이것은 오늘날에도 도움이 되는 디자인상의 충고이다.

2) 자연의 규칙에 대해서

> …… 그래서 말할 수 있는 것은 건축은 (다른 모든 예술과 같이) 자연의 모방에서 얻어진 규칙에 의해야 하며, 자연이 만물에 부여한 질서에 어긋나거나 혹은 그에 관계없는 것은 허락

26) Andrea Palladio, I Quattro Libri dell'Architettura, 1570

되지 않는다고 하는 것이다.(Ⅰ-20)

팔라디오에 의하면 기둥의 위가 차츰 좁아지는 것은 나무줄기의 형태에서 유래한 것이며, 柱礎의 부풀어 오른 몰딩은 하중의 작용을 나타내는 것이므로 모두 자연의 질서에 따르는 예이며, 카르투슈 cartouche(渦形裝飾)나 분열된 파풍은 자연에 거스르는 예라고 한다.

3) 원의 우수성

(신전의 평면에 대해서) …… 그러나 가장 아름답고, 가장 규칙적인 형태는 원과 직사각형이며, 다른 모든 형태의 치수도 이에 의해 확정된다. …… 우리들은 신전을 원형으로 해야 한다. 왜냐하면 이 형태는 시작도 끝도 없으며, 양자의 구별도 없다. 그리고 어떠한 부분도 한결같으며, 어떠한 부분도 전체에 관여하며, 또한 중심에서 동일한 거리에 있다. 따라서 이것은 신의 유일성, 무한의 본질, 균일성과 정의를 나타내기에는 가장 적합한 도형이다.(Ⅳ-2)

그리고 둥근 것의 실례로써 해 · 달 · 지구를 들 수 있지만, 이와 같은 원에 대한 선호는 이미 살펴본 필라레테의 원형아치에 대한 선호와 상통하는 것으로, 르네상스의 조형 감각의 일면을 잘 나타내고 있다.

4.4 비뇰라와 그 후의 건축서

비뇰라(Barozzi da Vignola, 1507~1573)의 『건축의 다섯 오더의 규칙』[27]은 원주학에 한정된 책이다. 1542년 로마에 설립된 비트루비우스 학회의 위촉에 의해 고대 로마 유적의 실측 결과를 사용해 편찬한 것으로 서문에 의하면,

고대의 유구를 정밀하게 실측하여 전반적으로 고찰한 결과, 우리들의 눈에 가장 아름답고, 가장 우아하게 보이는 것은 일반적으로 일정한 관계와 가장 단순한 수로 이루어진 비례를 가질 것, 즉 가장 작은 부분에서 보다 큰 부분을 정확히 추측할 수 있는 것이라는 사실을 발견했다.

이와 같은 견해는 비트루비우스의 심메트리아에 대한 생각을 그대로 계승한 것이다. 다섯 오더의 규칙을 다룬 저작으로서는 이 이전에 세를리오(Sebastiano Serlio, 1475~1554)의 것이 있고, 이미 토스카나, 도리스, 이오니아, 코린트, 컴포지트의 각 오더를 병렬적으로 다루고 있다. 비뇰라의 책은 원주에 관한 부분만을 독립시켜 내용을 한층 더 정리한 것이다. 전32판 가운데 29판의 도판

27) Barozzi da Vignola, Regola delli cinque ordini d'architettura. 1562

을 주체로 하고, 각 도판에 해설을 덧붙이고 있으며, 다섯 종류의 오더에 대해 각각 열주, 측주를 붙인 아케이드, 초반, 주두, 엔타블러처 등을 제시하고 있다. 이 책에 의해 오더는 완전하게 확립되어 소위 원주학의 규범이 완성된 것이다. 또한 이 책은 앞에서 말한 대로 비교적 간소한 책으로 이론서라기보다는 様式書의 성격을 띠고, 실제 설계에 즉시 도움이 되도록 되어 있다. 이 때문에 상당히 널리 유포되어 세계 각국어로 번역되고, 19세기까지 곳에 따라서는 20세기 초기까지 건축학의 교과서로 사용되었다.

이에 덧붙여 비뇰라 이후부터 18세기 중기까지 유럽 각국에서 출판된 건축서에 대해 간단하게 살펴보기로 하자.

이탈리아에서는 비뇰라에 의해 정비된 원주학이 스카모치(Vincenzo Scamozzi, 1552~1616)에 의해 한층 더 그 권위가 강화되었다. 그의 저서 『일반건축의 이념』[28]은 2부 전6서로 된 건축 개설서로 여러 가지 내용을 포함하고 있지만, 그 기본적인 태도는 당시의 바로크적인 조형에 반대하여 엄격한 고전주의를 지키려는 것이다. 그에 의하면 「질서 ordine」라는 것은 신에 의해 정해진 세계와 자연의 작용 원리, 즉 「宇宙의 機構 Machina del Mondo」이며, 건축 오더도 이 원리에 기초하고 있기 때문에 영구불변이라고 하는 것이다.

> 그런데 우선 먼저 말해 둘 것은 모든 사물에는 질서가 존재하며, 만일 그렇지 않으면 혼란에 빠져 모두가 아낙사고라스(Anaxagoras)의 공상적 혼란이나 시인이 지어낸 것처럼 지속성이 없게 되기 때문에 건축은 가장 뛰어난 과학처럼 합리적인 질서를 갖지 않으면 안 된다. 그리고 이것이 진실이라는 것 …… 에 대해서는 단지 다음과 같이 말하는 것만으로도 충분할 것이다. 즉 위대한 신의 주권이 모든 것의 최고의 완전성에 있어서, 또 보편적인 최대의 유용성과 편리함에 있어서, 그리고 마지막으로 최고의 미와 우아함에 있어서 언제나 최고의 적절함 decor 과 질서를 수반할 수 있도록 창조하였다고 하는 것이다.(Ⅱ-p.1)

다시 말해서 스카모치는 여기에서 오더를 신성시하고 절대화한 것이다. 이 스카모치의 책은 완벽하고 정교한 도판을 수록하였고, 비뇰라와 마찬가지로 후세에 큰 영향을 주었다(그림 4).

다음으로 프랑스에서는 17·18세기로 시대가 흐름에 따라 건축에 관한 언론활동이 활발하게 일어나고, 이탈리아를 능가하게 되었는데, 이것은 다른 문화 분야에 있어서도 마찬가지였다. 그러나 그 내용은 대체로 이탈리아의 고전주의 건축을 소개하는 정도에 머무르고 있다.

먼저 들로름(Philibert Delorme, 1510~1570)은 프랑스인으로서는 처음으로 한 권으로 정리된 건축서를 쓴 건축가이다. 그의 저서 『건축 제1권』[29]의 내용은 이탈리아 고전주의 건축의 소개에 자신의 견해와 연구결과를 추가한 것이다. 그는 원주의 비례로서 2·3·6·7 혹은 그러한 수의 積과 2승의 정수를 사용하도록 권하고, 이것은 구약성서에서 이끌어낸 「신의 비례」라고 설명하고 있다

28) Vincenzo Scamozzi, L'idea dell'architettura universale. 1615
29) Philibert delorme, Le premier tome de l'architecture. 1567

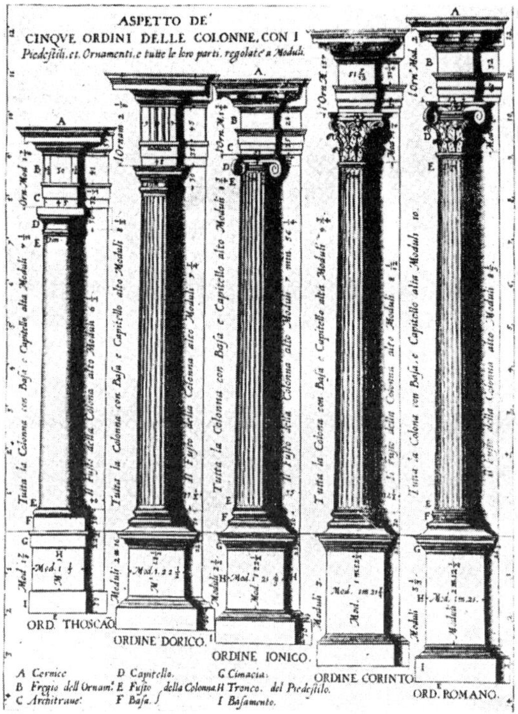

그림 4 스카모치의 다섯 오더 그림

(Ⅴ-30). 또 「프랑스식 오더」라는 것을 내세우고 있으나, 그것은 고전식 원주의 주신에 꽃무늬 장식의 수평띠를 몇 장 감아서 붙인 것이다(Ⅶ-13).

그 이후 프랑스인의 언론 활동 중에서 가장 중요한 것은 클로드 페로와 프랑소와 브롱델의 논쟁이다. 브롱델(François Blondel, 1628~88)은 본래 수학자로, 당시 창립된 왕립건축아카데미[30]의 대표자였다. 그는 이탈리아 건축가와 같이 특정수로 나타낼 수 있는 원주 비례의 중요성을 주장했다.

> 건축의 미와 우아함의 원인은 비례에 있다. 그리고 사람은 안정되고 항구적인 원리를 수학의 이 부분에 힘입은 바 크다.[31]

또 그는 음악에 있어서 조화를 만드는 것과 같이 數가 건축의 아름다운 비례를 만든다고 하는 알베르티의 주장을 지지했다. 이와 같은 브롱델의 의견에 대해 의사 겸 건축가인 페로는 강하게 반대했다. 그는 일정한 수치에 고집하는 원주비례론을 부정하고, 비트루비우스의 이론을 비판했다. 이러한 페로의 견해는 건축미학사상 특히 주의할 필요가 있으므로 따로 다음 항에서 기술한다.

그리고 브리쥬(Charles-Etienne Briseux, 1680~1754)도 브롱델과 같은 입장을 답습했으나, 그의

30) Académie royale d'architecture, 1671년 창립
31) François Blondel, Cours d'architecture, 1675~1683

저서 『여러 가지 예술에 있어서의 본질적 미의 이론』[32]에서는 고전적인 원주를 규범으로 내세운 한편 실내장식에서는 로코코적인 곡선디자인을 했고, 또 그가 「프랑스식 주두」로서 제시한 것은 견직물과 같이 섬세한 코린트식 주두이다. 거기에는 역시 시대감각이 잘 나타나 있다(그림 5).

다음으로 독일에서는 알브레히트 뒤러(Albrecht Dürer, 1471~1528)의 『마을, 성, 저택의 방어에 대한 강의』[33] 외에 약간의 원주학에 관한 저술이 있는 정도이다. 특이한 것은 18세기 초기의 오스트리아 건축가 피셔 폰 에를라흐(Fischer von Erlach, 1656~1723)의 저서 『역사적 건축의 계획』[34]으로, 이것은 비교건축사이며, 중국의 궁전 등을 소개하는 한편 솔로몬 신전의 복원을 시도하였다.

마지막으로 영국에서는 존 슈트(John Shute, ?~1563) 이래 각종 고전 건축서가 출판되었으나, 윌리엄 체임버스(William Chambers, 1723~1796)의 것이 가장 유명하다. 그에게는 중국건축에 관한 저서도 있고, 당시 유럽인들의 이국취미를 나타내고 있으며, 그의 원주학서인 『비군사건축의 장식적 부분에 관한 이론』[35]의 내용은 이탈리아, 프랑스의 원주학서와 거의 다를 바 없지만, 영어로 된 가장 권위가 있는 원주학서로 영어권에 널리 유포되었다.

그림 5 브리쥬의 프랑스식 주두

32) Charles-Etienne Briseux, Traité du Beau essentiel dans les arts. 1752

33) Albreht Dürer, Etliche underricht, zu befestigung der Stett, Schloβ und flecken. 1527

34) Johann Bernhard Fischer von Erlach, Entwurf einer Historischen Architektur. 1725

35) William Chambers, A Treatise on the Decorative Part of Civil Architectura. 1759

4.5 클로드 페로에 의한 비판

클로드 페로(Claude Perrault, 1613~88)의 본업은 의사로, 왕립과학아카데미의 회원이었으며, 의학과 동물학, 그리고 비교해부학에 관한 업적도 많다. 그리고 건축가로서는 루브르궁전의 동쪽정면의 설계에 참여했으며, 건축서로서 『비트루비우스의 建築十書』[36]와 『고대인의 방법에 의한 다섯 가지 원주의 질서』[37]가 있다. 전자는 비트루비우스의 프랑스어 번역이며, 후자는 자신이 쓴 원주학서이다. 그의 견해의 독자성이 뚜렷이 나타나는 것은 비트루비우스의 주석과 원주학의 서론이며, 특히 후자는 비교적 잘 정리된 건축미학이다.

먼저 원주학서 서론에서 페로가 생각한 건축미의 분류를 표로 정리하면 다음과 같다(Ordonnance, Préface p.6~8).

- 건축미
  - 근거가 있는 미
    - 규모의 장대함
    - 재료의 귀중함
    - 시공의 정확함과 깨끗함
    - 대칭성
  - 근거가 없는 미
    - 습관에 의한 미
    - 선입관에 의한 미

이 가운데 「근거가 있는 미 beautés positives」는 「명확한 이유에 의거한 미」이며, 구체적으로는 건물의 크기와 재료 · 시공의 좋고 나쁨 등을 가리킨다. 이것은 가장 초보적인 건축미의 요소이다. 페로는 그 외에도 대칭성과 원주의 직경을 楚盤의 폭보다도 작게 하는 것과 같이 명료한 이론적 근거를 가진 비례, 혹은 도리스식에서는 장식을 간소하게 하고, 이오니아식에서는 번잡하게 하는 것처럼 누구나 납득할 수 있는 세부의 조합도 근거가 있는 미에 속한다고 하였다.

다음으로 「근거가 없는 미 beautés arbitraires」는 습관과 선입관에 의한 미를 가리킨다. 이 가운데 「습관에 의한 미」는 페로가 가장 강조하고 있는 것으로, 이것은 요컨대 「어떤 것이라도 오랫동안 보고 있으면, 아름답게 보이게 된다」는 것이다. 예를 들면 특정 숫자로 정해진 비례와 같이 어떠한 근거도 없는 비례에서도, 혹은 번잡하게 꾸민 도리스식 처마와 같이 일반적인 양식에 반하는 조합에서도 오랜 세월 동안 사용되고 익숙해지면 미라고 느껴지게 된다.

다음의 「선입관 prévention 에 의한 미」라고 하는 것은 「가치를 평가할 수 있는 것에 대한 평가가 가치를 평가할 수 없는 것에 대한 평가에 개입되어 무의식적으로 양자를 동등하게 평가하는 현상」이다. 예를 들면 서민에게 있어서 궁정인의 의복과 언어 · 동작이 모두 아름답게 보이며, 또 일부의 건축가는 고대 건축물은 어느 것이나 무조건 뛰어나다고 믿는 것은 이 「선입관」에 의한 것이

36) Claude Perrault, Le4s dix livres d'architecture de Vitruve, 1673, 1684
37) Claude Perrault, Ordonnance des cinq espèces de clonnes selon la méthode des anciens, 1683

다. 페로는 이러한 「습관에 의한 미」와 「선입관에 의한 미」 모두를 「근거가 없는 미」라고 하였으나, 그것은 원래 이러한 것들이 사람들의 자유스런 의지에 의해 마음대로 만들어진 것이기 때문이다. 그리고 브롱델 일파가 주장하는 건축의 비례에 대한 복잡한 숫자적인 규칙은 모두 이 「근거가 없는 미」에 속하는 것을 강조한다.

한편 페로는 음악의 화음의 원리가 건물의 비례에도 적용될 수 있다고 하는 알베르티 등의 이론에 반대한다.

> 조화로운 두 絃의 비례의 결과로써 귀라고 하는 수단에 의해 우리가 얻을 수 있는 인식은 원주를 구성하는 여러 부분의 비례의 결과로써 눈이라고 하는 수단에 의해 우리가 얻을 수 있는 인식과는 전혀 다르다. 정신이 두 현의 비례를 알지 못하는데도 그러한 비례의 결과로써 발생한 것에 의해서 귀를 통하여 정신이 움직인다고 하더라도 귀는 이 비례에 관한 지식을 정신에 전할 수는 없다. 그러나 눈은 사람이 선호하는 비례에 관한 지식은 전할 수 있어도 눈이 이 비례 자체에 대해서 주는 지식에 의하는 방법 외에는 정신에 이 비례의 효과를 어떻게 느끼게 할 수는 없다.(Ibid. p.4)
>
> 프랑스 음악이 이탈리아 음악보다 뛰어난 것을 입증할 만한 이유가 없는 것과 같이 다른 것보다도 많거나 혹은 적게 돌출한 주두가 필연적이면서도 자연적으로 다른 것보다 아름다운 것을 증명하는 것도 불가능하다. 그러나 단순한 협화음에 대해서는 이와 다르며, 이 경우는 다른 絃의 절반보다 조금 더 길거나 조금 더 짧은 현이 그 외의 현과 함께 견디기 힘든 불협화음을 만드는 것은, 비례가 음조에 자연스러우면서도 동시에 필연적인 영향을 미친다고 하는 이유로부터 입증할 수 있다.(Ibid. p.5)

라고 하는 식으로 청각과 시각의 차이를 논한다. 그리고 이와 같은 근거에서 페로는 「건축에는 그 자체로서 합리적인 비례 등은 존재하지 않는다」고 단언한다.(Ibid. p.14)

또 한편 페로는 원주의 비례는 인체의 비례를 모방한 것이라고 하는 이론을 위시하여, 건축의 각 세부의 형태는 자연물을 모방한 것이라고 하는 이론이나 원시 오두막이나 그 외의 목공예품의 형태를 모방한 것이라고 하는 이론 등을 모두 부정한다.(Ibid. p.9) 그리고 착시교정설에도 반대했다. 예를 들면 원주를 벽 쪽으로 기울여 세우는 것은 이성과 양식에 위배되므로 유쾌하지 못하다고 한다. 또 높은 곳에 있는 건축부재는 치수를 크게 하여야 한다는 이론에 대해서는, 인간의 지각은 습관의 효과 때문에 먼 곳에 있는 것이 작게 보여도 결코 실제의 치수를 잘못 보는 경우는 없기 때문에 그와 같은 치수의 증감은 필요가 없다고 주장한다.(Vitruve, 1684, p.204)

페로의 원주학은 이와 같이 건축에 있어서의 비례는 절대적인 것은 아니라고 하는 견지에 입각하고 있다. 따라서 그가 제시하는 규범적 원주에서는 비례 수치는 단순한 도구라고 생각하며, 오로지 기억과 취급상에 있어서의 편의라고 보고 아주 대담하게 정리하고 있다.

이와 같이 페로는 비트루비우스에 역주를 달고, 원주학서를 저술하고 있는 점에서는 당시의 고전주의의 틀 속에 존재하는 인물이지만, 특정 비례를 절대시하는 당시의 건축사상에 강하게 반발하였고, 또 비트루비우스의 이론을 신성시하는 풍조에 대해 반성을 촉구한 것은 중요한 의의를 갖는다.

또 한편으로 그는 「근거가 있는 미」, 「근거가 없는 미」, 「습관에 의한 미」, 「선입관에 의한 미」 등의 개념을 제안하고, 건축에 관한 초보적인 미의식의 문제를 처음으로 거론하였다. 이러한 개념 그 자체는 검토의 여지가 많으나, 방법론적으로는 합리적인 과학적 미학의 선구적 업적이라고 할 수 있다. 그가 17세기라고 하는 이른 시기에 이와 같은 새로운 발상을 한 것은 의사 겸 생물학자라고 하는 그의 직업에 의해서 길러진 냉정한 관찰력에 기인하는 바가 크다고 생각된다.

이상에서 살펴본 것처럼 르네상스시대에서 18세기 중반에 이르는 건축미학은 비트루비우스학과 원주학에 일관된 것이라고 할 수 있다. 그 이론의 핵심은 원주의 비례에 있다. 그리고 일반적으로는 그러한 비례를 나타내는 수치가 간단한 정수, 혹은 분수여야 한다고 믿었다. 또 무리수도 거의 사용되지 않았다. 그리고 당시의 건축가는 이와 같은 간단한 수를 적용하는 것을 「수학적」이며, 「합리적」인 방법이라고 생각하고, 이것이 우주와 자연의 이치에 적합한 것이라고 믿었다. 또 이러한 신념은 그리스 신앙과 결부되었다.

그러나 이러한 생각은 결국 고대 그리스의 피타고라스학파와 고대 로마의 비트루비우스 사상과 조금도 다르지 않다. 이미 17세기 말에는 뉴턴과 니체에 의해 미적분학이 창안되었으며, 이것은 연속적으로 변화하는 「量」을 다루는 학문이다. 따라서 여기에서는 이미 산술의 경우와 다르고, 정수와 같은 특별한 「數」에 집착하지 않으면 안 되는 이유는 없는 것이다. 그럼에도 불구하고 동시대의 건축가는 끝수가 있는 수나 정확히 나뉘어 떨어지지 않는 수를 극단적으로 싫어하고, 고대 이래의 「단순한 수」에 대한 소박한 신앙을 계속해서 가지고 있었던 것이다.

5. 「眞理 = 美」의 사상

이미 언급한 바와 같이 17세기 전후는 자연과학의 발흥기이며, 이 자연과학은 인문과학과 사회과학에도 여러 가지 영향을 주었다. 그리고 그것은 당연히 미학과 예술론에도 영향을 주었다. 여기서 자연과학의 발전이 사람들의 미나 예술에 관한 사고에 어떠한 형태로 영향을 주었나 살펴보면, 대체로 다음 세 가지 유형으로 정리할 수 있을 것이다.

1) 미와 예술에 관한 사항은 철학 · 수학 · 자연과학 등과는 다르게 감각 · 감정 등 인간정신의 하위작용에 의한 것이므로 문제시할 필요는 없다고 하여, 미와 예술을 무시하거나 회피하려는 태도.
2) 미와 진리는 본래 동일한 것이며, 궁극적 미는 과학적 진리와 일치하며, 따라서 예술은 궁극에 있어서 과학과 일치한다고 하는 절충적 · 희망적인 견해.
3) 미와 예술에 관한 사항을 인간계에 있어서의 하나의 사실, 혹은 현상으로써 객관적으로 파악하고, 이것을 과학적인 눈으로 냉정하게 관찰하고 분석하여, 그 특성 · 원인 · 효과 등을 규명하려는 입장.

이 가운데에서 우선 1)의 생각은 말하자면 시대정신의 경향 혹은 분위기라고 할 수 있으며, 특별히 이러한 입장에 선 학설이 주장된 것은 아니다. 그러나 이와 같은 생각이 이 시대 사상의 저면에

흐르고 있었던 것은 여러 가지 점에서 알 수 있다. 일반적으로 이러한 생각은 어디까지나 소극적인 것으로 적극적인 학술적 의의를 갖지 못한다. 다시 말해서 풀기 쉬운 것만을 문제로 삼고, 풀기 어려운 것은 피해 지나쳐 버리려고 하는 문제회피의 태도이다. 따라서 이와 같은 태도는 본래의 과학적 정신에서 가장 관계가 먼 것이라고 할 수 있다.

다음으로 2)의 미와 진리가 일치한다고 하는 생각은 1)과는 다르게 상당히 유력한 학설로서 유행했다. 즉 「理性主義 美學」 혹은 「唯理的 美學」이라고 하는 것이며, 17 · 18세기 미학의 주류를 이루었다. 이러한 학설의 구체적인 내용은 사람에 의해 상당히 다르며, 사실이야말로 미의 근원이라고 하는 이론, 자연의 모방이 미와 진리를 결부시키는 방법이라고 하는 이론, 고전예술에서 배우는 것이 진리에 도달하는 길이라고 하는 이론 등 가지각색이다. 앞 절에서 서술한 건축의 비례설도 미와 수를 결부시키려고 한 것으로 가장 소박한 형태의 이성주의 미학의 일종으로 볼 수 있다. 그러나 이성주의가 일반 미학이론으로서 표명되게 된 것은 17세기부터이다. 즉 딜타이(Wilhelm Dilthey)에 의하면,

> (17세기의) 唯理的 美學은 미를 감성적인 것에 있어서의 논리적인 것의 표현으로서 이해하고, 예술을 조화적인 세계의 맥락에 있어서의 감성적 실현으로써 이해한다.[38]

이와 같은 이성주의 미학이 성행한 것은 18세기까지로, 다음 단계에서는 다음 장에서 기술하는 것처럼 부정된다. 그러나 미와 진리, 혹은 예술과 과학이 궁극적으로 일치한다고 하는 외침은 왠지 희망적인 반향이며, 낙관적인 매력이 있다. 이 때문에 근대에 이르기까지 다양한 형태로 변화하여 반복적으로 나타나는 것이다. 이 책에서는 이러한 사상을 「眞理 = 美」라고 하는 공식으로 나타내었다.

마지막으로 3)의 입장은 17 · 18세기에 발달한 자연과학의 기본정신을 가장 합리적인 형태로 미와 예술의 문제로 받아들인 것이다. 앞에서 서술한 페로의 건축미학은 이러한 미학설의 선구적인 업적이라고 할 수 있다. 그러나 이러한 업적이 많이 나타나게 된 것은 18세기에 들어와서이며, 이것이 칸트에 의해 체계적인 이론으로 통합된 것은 18세기 말이다. 그래서 이러한 학설에 대한 기술은 모두 다음 장으로 미루기로 한다.

따라서 이 항에서는 1)과 2)에 관련된 사항만을 나라별로 살펴보기로 한다.

5.1 프랑스

크로체(Benedetto Croce)는 17세기 프랑스의 데카르트 학파에 대해 다음과 같이 언급한다.

> 재기발랄함, 취미, 상상, 감정, 혹은 '왈 말하기 어렵다'[39]라고 하는 애매한 세계는 데카르트 철

38) Wilhelm Dilthey, Die drei Epochen der modernen Ästhetik und ihre heutigen Aufgabe. 1892
39) 당시의 프랑스인이 이탈리아 시인이 한 말(It "nescio quid")을 조소적으로 흉내 낸 말.

학에 있어서 탐구할 가치도 없고 안중에도 없었다. 그에 의하면 상상은 동물적인 정신이 흥분한 결과였다. 문예를 완전히 거부한다는 뜻은 아니지만, 그것은 지성에 의한 경우에만 존재가치가 있다. 지성이야말로 인간을 「상상력의 일시적인 생각」에서 구제할 수 있는 유일한 능력이기 때문이다. …… 이처럼 데카르트에 의해 프랑스에서 발전된 수학적 정신은 문예나 미에 대한 진지한 탐구를 전혀 불가능하게 만들었다.[40)]

이 말은 당시의 사상계의 분위기를 잘 전하고 있다고 생각된다. 또 한편 미를 진리와 결부시키려고 하는 경향은 시인 부알로(Nicolas Boileau, 1636~1711)의 「진리 이외의 미는 없다」라고 하는 말에 단적으로 표명되어 있다. 그는 이 이론을 저서 『시학』에서 전개하고, 예술에 있어서 이성의 의의를 강조했다.

그렇기 때문에 이성을 사랑하라. 여러분들이 쓴 것은 언제나 이성에서만 그 빛나는 가치를 빌려오도록 해야 한다.[41)]

또 스위스의 수학자 크루쟈(Jean-Pierre de Grousaz, 1663~1750)도 저서 『미의 이론』[42)]에서 미와 이성을 결부시키려고 노력했다. 그에 의하면 미는 감각과 감정에만 의존하는 것은 아니며, 이성의 작용에 의해서 관념에까지 환원된 것이라고 한다. 다시 말해서,

통일에 의해 무리 없이 표현된 다양성 · 규칙 · 질서 · 비례 등은 결코 망상이 아니다. 그것은 공상의 활동일 수 없다. 그것을 결정하는 것은 일시적인 생각은 아니다.(p.16)

여기서는 미와 이성을 결합시키는 매개로써 고전적인 미의 원리를 받아들이고 있다. 또 건축에 대해서는 고대의 「유용성 = 미」의 사상을 부활시키고 있다.

눈은 부당하게도 그 용도로부터 생각해도 용인될 수 없는, 또 실용성에 대해 아무런 확증도 없는 모든 것에 의해서 고통을 받고 있다.(p.18)

그리고 취미에 대해서는 다음과 같이 말하였다.

좋은 취미라는 것은 이성으로 명확하게 음미한 결과, 당연히 비난하게 되어 있는 것을 먼저 불쾌한 감정으로 거부하는 것이다. 또 나쁜 취미라는 것은 이와 반대로 이성이 승인할 수 없는 것

40) Benedetto Croce, Aesthetic. 1909, 인용은 1968년판, p.204
41) Nicolas Boileau, L'art poétique. 1674
42) Jean-Pierre de Crousaz, Traité des beau. 1715

에 유쾌함을 느끼는 것이다.(p.68)

그리고 그는 이러한 생각을 근거로 하여 수학과 생물학의 미에 대해서도 논하였다.

한편 샤를 바토우(Charles Batteux, 1713~1780)는 그의 저서 『동일원리에 환원되는 여러 예술의 이론』[43]에 있어서 「아름다운 자연의 모방」만이 모든 예술에 있어서의 유일한 원리라고 했다. 이것은 미와 이성의 매개로서 「자연」을 받아들인 것이지만, 이론의 전개 수법은 아리스토텔레스의 예술모방론과 거의 유사하다.

5.2 독일

미적분학을 창시한 라이프니츠는 「연속의 법칙」, 다시 말해서 「자연은 비약하지 않는다」고 하는 원칙을 믿었기 때문에 데카르트와 같이 미와 예술의 문제를 학문의 대상에서 도외시하지 않았으며, 자기의 철학체계 가운데에 그러한 것들을 포함시켰다. 그러나 그것들에는 비교적 낮은 지위밖에 부여하지 않았다. 즉 그에 의하면 인간의 인식에는 다음과 같은 종류가 있다.[44]

- 인식
  - 어두운 인식 cog. obscura
  - 밝은 인식 cog. clara
    - 혼란스런 인식 cog. confusa
    - 확실한 인식 cog. distincta

이 중에서 「어두운 인식」에는 꿈이나 환상이나 광기 등이 포함되고, 「밝고 확실한 인식」에는 철학과 수학과 자연과학이 포힘된다. 그리고 미와 예술은 앞의 두 가지 인식의 중간인 「밝고 혼란스런 인식」에 해당된다. 여기에는 다음과 같은 설명이 따른다.

> 화가나 그 밖의 예술가는 실은 명료한 인식을 가지고 있음에도 불구하고 명료하면서도 판연하지 못하다. 그것은 오늘날 우리들이 말하는 사상적 의식이지만, 추론적 의식은 아니다. 그리고 실제로 예술의 경우에는 후자는 존재하지 않는다.

즉 라이프니츠는 각종 인식을 확실함의 정도에 따라 직선적으로 열거하고, 미나 예술을 철학이나 과학보다 일단 정도가 낮은 것으로 차이를 둔 것이다. 또 그는 음악에 대해서 다음과 같이 말한다.

> (음악이라는 것은) 산술을 알지 못하는 사람이 남모르게 산술을 연습하는 것과 같다.[45]

---

43) Charles Batteux, Traité des beaux-arts réduits à un même principe. 1746
44) G. W. Leibniz, De cognitione, veritato et ideis. 1684
45) G. W. Leibniz, Epistolae, collectio kortholti, ep. 154, Vol. I 241

이 의미는 음악이나 산술 모두 같은 수리를 원리로 하는 것이기 때문이지만[46], 머리가 좋은 사람은 산술을 배우고 직접 수리를 터득할 수 있으나, 머리가 좋지 않은 사람은 음악을 연습하여 간접적으로 수리를 이해하는 수밖에 없다고 하는 말이다.

다음으로 바움가르텐(Baumgarten, 1714~1762)은 원래 수사학자이지만, 라이프니츠의 제자인 크리스천 볼프(Christian Wolff, 1679~1754)의 방대한 「지식철학 Verstandesphilosophie」에서 부족한 부분을 보강하기 위해서 『미학』[47]을 저술했다. 그에 의하면 「미학」은 다음과 같이 정의된다.

> 미학이라는 것은 감성적 인식의 학문으로, 자유예술의 이론, 저급한 인식의 형이상학, 아름다운 사색의 기술, 擬似理性의 技術이다.(§ 1)

다시 말해서 볼프의 이론이 이른바 고급인식능력만을 다루었으나, 바움가르텐의 「미학」은 저급인식능력, 요컨대 감각, 감정에 의거한 감성적 인식을 다루었다. 그것은 하나의 독립된 학문으로, 감성적 인식에 대한 규범을 부여한 것이며, 이 때문에 「당연히 있어야 할 완전한 감성적 인식」, 즉 「미」를 논한다. 그 반대는 「추함」이다. 이렇게 하여 논리적 완전성으로서의 「진리」에 감성적 완전성으로서의 「미」가 대응한다. 이와 같은 감성적 완전성의 조건은 다음과 같다.

1) 풍부함 ubertas
2) 위대함 magnitudo
3) 진실 veritas
4) 빛남 lux aesthetica
5) 그럴듯함 persuasio

이와 같이 이 책의 성립은 실로 미학의 독립선언이라고 할 수 있으며, Aesthetica라고 하는 표제의 채용과 함께 미학사상 최초의 대사건이었다. 그러나 그의 정의에서도 알 수 있듯이 미는 역시 「혼란스러운 진리」이며, 「疑似理性」의 산물이었다. 또 미적 진리에 대해서는,

> 미적 진리라는 것은 오히려 "진리인 듯한 것"이며, 완전한 확실성까지는 도달할 수는 없지만, 그럼에도 불구하고 분명히 잘못된 것은 조금도 포함하지 않는다고 하는 정도의 진리이다.(§ 483)

따라서 바움가르텐의 미학의 기본적 입장은 라이프니츠와 같이 미와 진리의 차이를 두 사람의 확실성의 정도의 차이라고 보는 것이며, 이 점에 있어서는 이미 언급한 이성주의 미학의 범위를 초월한 것은 아니다.

그리고 바움가르텐의 제자 마이어(Georg Friedrich Meier, 1718~1778)는 스승의 이론을 상식적인 방향으로 전개했으나, 그는 미적 기만과 저급인식능력의 천박함에 대해 다음과 같이 서술한다.

46) 서양 중세에는 음악은 산술, 기하학, 천문학과 함께 수학의 한 분과로서 다루어졌다.
47) Alexander Gottlieb Baumgarten, Aesthetica Ⅰ. 1750, Ⅱ, 1758

청춘의 장미꽃이 피어나는 미소녀의 뺨도 단지 육안으로 바라보고 있을 때는 아름답다. 그러나 그 뺨을 현미경으로 조사해 보자. 어디에 그 미가 있을까? 그 불결한 피부는 요철로 거칠게 벗겨지고, 모공은 먼지로 막히고, 여기저기에 털이 나있어 이것이 마음을 빼앗을만한 사랑의 매력이 있는 자리라는 것은 믿기 어려울 정도이다.[48)]

이것은 동양의 불교도의 설교까지도 능가하는 발언이다. 참고로 두개의 렌즈로 된 현미경은 이미 1590년 네덜란드인 얀센(Zacharias Janssen)에 의해서 발명되었다.

5.3 영국

베이컨 이래 영국의 경험주의는 미와 예술의 문제보다도 먼저 도덕과 정치의 문제에 관심을 기울였고, 실용주의적인 방향으로 발전하여 종교와 결합되었다. 그리고 미와 예술에 대해서도 동일한 관점에서 생각하는 경우가 많았다. 이 시대의 영국 사상가의 미와 예술에 대한 사고를 잘 나타내는 예는 섀프츠베리와 버클리 두 사람의 이론이다.

섀프츠베리(A. A. Cooper Shaftesbury, 1671~1713)는 존 로크의 경험주의를 플라톤주의에 결합시킨 사상가로 로크와 같이 감각을 내감각과 외감각으로 나눈다.

외감각은 우리들의 보통의 감각으로, 사물의 성질과 형태를 지각하지만, 내감각은 자기의 마음속에서 도의와 신을 직관하는 능력이다. 미에서는 다음과 같은 세 종류가 있다.

1) 제1의 미 - 신의 미 (내감각에 의해 직관된다)
2) 제2의 미 - 형식의 미 (외감각에 의해 지각된다)
3) 제3의 미 - 물질의 미 (외감각에 의해 지각된다)

그리고 이러한 세 종류의 미의 관계에 대해서는,

> 자연 가운데에 아름다운 것, 혹은 매력적인 것은 모두 제1의 미의 희미한 그림자에 지나지 않는다.(II-p.126)[49)]

이처럼 신의 미를 최고의 미라고 하는 점은 중세 사상 그대로이다.

> 아름다운 것은 조화적 · 均齊的이며, 조화적 · 균제적인 것은 진실이고, 미이면서도 동시에 진실인 것은 당연히 적당하며 알맞은 것이며, 또한 善이다.(II-p.268~269)

48) Georg Friedrich Meier, Anfangsgrünste und Wissenschaften. 1748~50
49) A. A. C. Shaftesbury, Characteristic of Men, Manners, Opinions, Times. 1699~1711 (인용은 1963년판에 의함)

라고 결론을 내렸다. 즉 섀프츠베리의 이론을 공식화하면 「神 = 美 = 眞理 = 善」이 된다.

다음으로 버클리(George Berkeley, 1685~1753)는 성직자로 경험주의를 신학과 결합시키려고 노력한 사람이며, 또 「도덕적 미」라는 것을 정의했다. 그리고 감각에 의해 파악되는 미도 도덕적 미와 같이 우리들의 이성에 의해 판단된다고 한다.

> 미는 본래의 의미에 있어서 시각적 대상이 아니라 이성의 대상이다.(Ⅲ-§ 8)[50)]

이것은 명백한 이성주의 미학이며 비례에 대해서도 마찬가지이다.

> 비례를 갖지 않는 미는 없지만, 비례는 특정용도 또는 특정목적에 관련될 때에만 정당하며, 또 진실이 될 수 있다. 그리고 비례의 근저에 있는 이 목적에 대한 적합과 종속이 비례를 바람직하고 매력적인 것으로 만드는 것이다.(Ⅲ-§ 9)

이와 같은 생각은 결국 「유용성 = 미」의 공식으로 귀결된다. 이러한 이론에 대한 호가스와 버크의 반론에 대해서는 다음 장에서 서술하기로 한다.

---

50) george Berkeley, Alciphron, or the Minute Philosopher. 1732

제 2 장 미의 독립과 예술의 자율

1. 계몽주의 · 비판주의 · 관념론

본 장에서는 18세기 중반부터 19세기 중반까지 약 100년간 미의 독립과 예술의 자율성 확립을 중심으로 전개되는 근대미학이론이 건축양식의 성립에 어떠한 영향을 미치게 되었는가 하는 점을 살펴보기로 한다. 이 시대는 유럽 문화사상 고대 그리스를 제외하면 가장 철학이 융성한 시기였으며, 칸트, 헤겔과 같은 유명한 철학자가 나온 것도 이 시대이다. 철학은 모든 학문의 근저이며 동시에 모든 학문의 종합으로써 의의가 크고, 또 철학자는 문화 · 사회에 대하여 강한 지도력과 영향력을 가졌다.

이 장에서 살펴 볼 구체적인 내용은 먼저 근대미학 분야에서 선구적 역할을 한 철학가의 예술론과 미학, 건축론에 대한 내용으로, 칸트, 헤겔, 셸링, 쇼펜하우어 등의 계몽주의, 비판주의, 관념론이다. 그리고 두 번째로 이러한 근대미학과 예술론이 그 이후에 성행하는 건축미학에 미친 영향이다.[1]

① 18~19세기 고대 그리스 · 로마의 건축 양식을 본뜬 것으로 균형 · 안정 · 위엄을 중시하는 신고전주의 건축[2]

② 기능과 구조, 재료의 역할을 고려해야 한다고 주장하면서 전통적인 형식주의자들의 태도를 향상시킨 합리적인 접근이 필요하다고 강조한 18세기 합리주의 건축[3]

③ 18세기 말부터 19세기 중반까지 개성이나 주관, 비합리성, 감성 등을 강조한 낭만주의 건축[4]

④ 보다 자유로운 개성적 표현을 추구하는 표현주의 건축[5] 등이다.

---

1) 이 주제와 관련된 저서로는
- 권태문, 2001, 건축미학과의 만남, Spacetime
- 보이시치 G. 레스니코프스키 지음, 박순관 · 이기민 옮김, 1993, 합리주의와 낭만주의, 도서출판국제
- 이해성, 1993, 근대건축의 흐름, 세진사
- 피터 콜린스 지음, 이정수 옮김, 1989, 근대건축의 이념과 변화, 태림문화사
- Dennis Sharp Ed., 1978, The Rationalists : Theory and Design in the Modern Movement, The Architectural Press ; Hanno-Walter Kruft, 1994, A History of Architectural Theory-From Vitruvius to the Present, Princeton Architectural Press
- Paul-Alan Johnson, 1994, The Theory of Architecture-Concepts Themes & Practices, Van Nostrand Reinhold, New York 등이 있다.

2) 계몽주의 이념을 바탕으로 한 신고전주의(Neo-classicism) 건축가는 로돌리(C. Lodoli, 1670~1761), 로지에(M. A. Laugier, 1713~69), 빙켈만(J. J. Winckelemann, 1717~68), 피라네시(G. B. Piranesi, 1720~78) 등이다.

3) 18세기 합리주의(Rationalism) 건축가는 블롱델(J. F. Blondel, 1705~74), 불레(E. L. Boullée, 1728~99), 르두(C. N. Ledoux, 1736~1806) 등이다.

4) 낭만주의(Romanticism) 건축가는 뒤랑(J. N. L Durand, 1760~1830), 비올레 르 뒤크(Viollet-le-Duc, 1814~79), 젬퍼(G. Semper, 1803~79) 등이다.

5) 표현주의(Expressionism) 건축가는 펠치히(H. Poelzig, 1869~1936), 베르크(M. Berg, 1870~1947), 타우

1.1 계몽주의(Enlightenment, Aufklärung)

이 시대의 철학을 중심으로 하는 사상의 흐름을 보면 크게 세 단계로 나누어 생각할 수 있다. 계몽주의 · 비판철학 · 관념론이다. 르네상스 이후, 특히 17세기 이후에 발달한 자연과학의 영향을 받아 성립한 사상으로 18세기 후반에 가장 활발하게 전개되었다. 이 사상은 철학 · 종교뿐만 아니라, 넓게는 인생 · 사회 · 문화의 각 방면에 걸쳐 발전하였으며, 대체로 상식적이면서도 현실적인 면에 특색이 있다.

이는 프랑스에서 디드로(D. Diderot)와 달랑베르(J. L. R. d'Alembert)가 편찬한 『백과전서 Encyclopédie』(1751~80)』[6]에 집성되고, 콩도르세(Codorce)와 미국인 토마스 페인(T. Paine)의 언론은 프랑스혁명의 추진력이 되었다. 영국에서는 존 로크(J. Locke), 데이비드 흄(D. Hume), 독일에서는 크리스티안 볼프(C. Wolf)가 이 경향을 대표한다.

계몽주의의 일반적인 특색을 요약하면 다음과 같다.

① 미신을 배척하고 이성을 신뢰하며 경험과 실증에 기초한 자연과학적 지식을 중시한다.

② 종교는 이성과 과학에 모순되지 않는 범위에서만 인정한다. 경우에 따라서는 종교를 그와 같은 형태로 수정한다.

③ 윤리에 대해서는 자유스러운 개인의 평등의 이익을 출발점으로 하고, 사회에 있어서는 최대다수의 최대행복을 지향한다.

④ 인류의 문화와 사회는 시대와 함께 진보한다. 역사는 부단한 진보의 과정이며, 이상의 경지는 미래에 있다고 생각한다.

이와 같은 특색 중에서 특히 주의할 필요가 있는 것은 ④의 「진보사상」이다. 인간은 시대가 내려오면서 타락하게 되었고, 문화는 퇴폐해간다고 하는 것이 중세 이래의 일반적인 생각이었다. 동양에서도 이상의 경지를 과거로 보는 사상이 일반적이었다. 르네상스 이후 서양인이 고대 그리스와 로마문화를 이상으로 삼고 모방하려고 한 것도 이와 같은 사상의 흐름의 일부로써 이해할 수 있다. 이러한 진보사상은 19세기 이후 서양인의 사상이나 행동에 현저한 특색을 부여하였다.

1.2 비판철학(Kritizismus)

칸트에 의해 대표되는 철학사상으로, 계몽주의를 기초로 하고, 영국의 경험주의와 프랑스의 이성주의를 도입하여, 이것들을 주도면밀하게 통합한 것으로, 그 이전의 철학의 종합이면서 동시에 그 이후 철학의 출발점이 되었다. 그 입장은 독단적 · 관념적인 사상을 배제하고, 인간의 사고와 지식과 신념의 타당성을 엄격하게 음미하는 것을 가장 중시하며, 이를 「비판주의」 또는 「선험적 철학」이라고도 한다.

트(B. Taut, 1880~1938), 슈타이너(R. Steiner, 1861~1925) 등이다.

6) Diderot et d'Alembert, Encyclopédie. 35 tomes, 1751~80

그의 저작 중에서 가장 중요한 것은 『3대 비판서』라고 부르는 다음 세 가지 저서이다.

① 『순수 이성 비판(Critique of Pure Reason)』(1781)[7)]

② 『실천 이성 비판(Critique of Practical Reason)』(1788)[8)]

③ 『판단력 비판(Critique of Judgment)』(1790)[9)]

『순수 이성 비판』은 인식론, 즉 우리들의 지식의 근거와 타당성을 문제시하는 것으로 수학 · 자연과학 혹은 형이상학의 성립 가능성을 논한다. 『실천 이성 비판』은 논리학으로 우리들의 마음속에 있는 도덕률을 근저에 두고, 선이라는 것은 무엇인가를 논한다. 『판단력 비판』은 미학에 관한 저작이지만 동시에 비판서를 통합하는 역할도 한다. 칸트는 이 책에서 우리들의 미에 대한 판단력은 과학적 진위를 비판하는 능력이면서도 도덕적인 선악을 비판하는 능력과는 다른 능력이며, 따라서 진 · 선 · 미는 각각 독립된 별개의 가치영역을 형성한다는 것을 입증했다.

이 철학은 미학사상 최대의 업적으로, 건축미학에 있어서도 특히 중요하기 때문에 다음 절에서 상세하게 기술하기로 한다.

1.3 관념론(Idealismus)

관념론은 18세기 말부터 19세기 초에 걸쳐 독일에서 성행한 철학적 경향이다. 피히테(J. G. Fichte), 셸링, 헤겔, 쇼펜하우어 등이 이를 대표한다. 이는 인간의 정신을 가장 근원적인 존재로 간주하는 점에 특색이 있으며, 신이나 물질적 자연계보다는 먼저 인간정신을 중시한다.

이와 같은 사상은 르네상스 이래의 휴머니즘(인간중심주의)의 하나의 궁극적인 발전 형태로 볼 수 있다. 이 때문에 이 파의 철학에서는 인간정신의 소산인 예술에 아주 높은 지위를 부여하며, 헤겔은 자연미보다노 예술미가 뛰어나나고 주장했다. 그리고 천재의 의식을 중요시하는 것도 이 철학의 특색이며, 지금까지의 신과 영웅을 대신하여 예술적 천재와 그 창조력이 찬미되게 되었다.

더욱이 이 관념론은 일면에 있어서 낭만주의 건축과 밀접한 관계가 있다. 낭만주의는 유럽 문화의 넓은 범위에 걸쳐 일어난 하나의 움직임으로 이것은 간단하게 요약하면, 고대를 규범으로 하는 르네상스 이래의 고전주의에 대한 반동이었으며, 구체적으로는 기독교사상의 부활, 중세 유럽문화의 재발견, 게르만 민족의 문화유산의 탐구 등을 주요 과제로 한다. 철학에서는 셸링, 문학에서는 노바리스(F. H. Novalis), 아우구스트 슐레겔(Wilhelm von Schlegel, 1767~1845), 프리드리히 슐레겔(Friedrich von Schlegel, 1772~1829)[10)] 등이 중심이 되었고, 또 독일 어학과 민속학에 관한 헤

---

7) I. Kant. Critique of Pure Reason, translated by N. Kemp Smith, New York, St. Martin's Press, 1929.

8) Critique of Practical Reason, translated by M. J. Gregor, Cambridge University Press, 1996.

9) Critique of the power of judgment, translated by P. Guyer, Cambridge University Press, 2000. ; I. 칸트 지음, 이석윤 역, 2005, 판단력 비판, 박영사

10) 이들은 형제로 아우구스트 슐레겔이 형이다. 프리드리히 슐레겔은 『고딕건축의 원리(Principles of Gothic Architecture』(1823)에서 고딕은 자연미의 모방에 의해서 우리 마음속에 '神聖'을 가져다준다고 하였다.

르더(J. G. Herder), 그림(Grimm)형제 등의 업적도 이 움직임에 대응한다.

이와 같은 낭만주의 움직임은 회화 · 건축 등에도 나타나며, 이것은 독일뿐만 아니라 유럽 각국에 확대되어 19세기 전기에 있어서 예술상의 하나의 세력으로서 고전주의에 대립하는 것이 되었다.

다음으로 여기에서 일반문화사의 문제로서 대두되는 것은 「예술의 독립」이라고 하는 현상이다. 예를 들어 회화를 보면, 고대에서 르네상스까지 회화는 대체로 종교화 · 역사화 · 초상화 · 우의화가 대부분이었고, 항상 종교의 교의나 권력자의 의도를 전달하는 역할을 가지고 있었다. 그러나 17세기경 네덜란드, 벨기에에서 단지 감상만을 목적으로 하는 회화가 발생했다. 즉 정물화 · 풍경화 · 인물화가 발생했으며, 여기에는 특별한 의미나 유서도 없는 정물이나 풍경, 그리고 신이나 유명인이 아닌 일반적인 남녀가 등장했다.

이것은 단지 「미」만 있으면 이것으로 족했다. 이들의 회화는 사원이나 궁전의 벽이나 천정에 그려진 것이 아니라, 화폭이나 종이에 그려 액자에 끼워 거는 것도 가능했다. 즉 작품으로 독립한 것이다. 이와 같은 순수감상화의 발생은 회화사상 가장 중요한 사건으로, 이와 같은 독립화의 경향은 시간이 흐름에 따라 진보했다.

또 음악에 대해서 보면, 민속음악은 별도로 하고, 악보에 기록될 정도의 고급 음악은 18세기경까지는 오로지 교회에서 연주된 종교음악뿐이었다. 바흐, 헨델 등의 바로크 음악은 그 최종단계에 속한다. 그러나 18세기 후기에서 19세기 초기에 걸쳐 음악은 교회에서 독립했다. 그리고 궁정과 귀족의 저택과 극장으로 그 주요 무대를 옮겼다. 모차르트, 베토벤의 음악은 그 초기 단계를 대표한다.

이와 같은 회화와 음악의 독립 현상은 17 · 18세기 귀족의 사교생활과 밀접한 관계를 가지고 있었다. 이러한 회화와 음악은 귀족의 살롱을 아름답고 즐겁게 하기 위하여 필요한 것이었으며, 살롱에 있어서 최고 가치는 「취미 Geschmack」라고 하였다. 그 때문에 이 시기의 미학에서는 미 대신에 취미라는 말이 사용된 경우가 많았다.[11]

2. 미의 독립

이제까지의 미와 예술에 관한 발언은 일반적으로 공식적 · 교의적이었으나, 18세기에 들면, 자기의 미적 체험을 교의 등의 선입관에 구애되지 않고 솔직하게 반성하고, 정직하게 발표할 수 있었다. 그 결과 미적 가치와 다른 모든 가치, 예를 들면 선 · 유용성 · 진리와의 구별이 명료하게 자각되고, 이것이 이론적으로 확증되었다. 이것은 대단히 획기적인 진보로, 이에 의해 처음으로 학문으로서의 미학과 예술론의 기초가 만들어진 것이다.

이와 같은 움직임은 계몽주의사상과 밀접한 관계가 있지만, 이론적인 전개에 공헌한 업적으로서는 영국의 프란시스 허치슨, 데이비드 흄, 프랑스의 百科全書派, 독일의 칼 모리츠와 같이 철학적 경향을 나타내는 것과 영국의 윌리엄 호가스와 에드먼드 버크와 같이 오로지 구체적 사실을 취급

11) 「Geschmack」에 대한 번역어로는 「취미(趣味)」, 「기호(嗜好)」, 「심미(審美)」 등이 거론된다. 그러나 칸트는 「Geschmack」을 「미를 판정하는 능력」으로 정의하였기 때문에 「심미(審美)」라는 번역어가 적절하다.

한 것이 있다. 그리고 최종적으로 칸트에 의해 체계적인 형태로 완성되었다.

2.1 프란시스 허치슨

허치슨(Francis Hutcheson, 1964~1747)은 섀프츠베리의 학설을 계승하고, 베이컨 이래 영국 경험주의의 전통에 따라 정신생활에 있어서 감각의 의의를 중시했다. 그리고 감각을 내부감각과 외부감각으로 나누고, 그 위에 도덕감각을 추가했다. 즉 그의『미와 덕에 대한 우리들의 이념의 기원에 대한 연구』[12]에 의하면 다음과 같다.

감각	외부감각 external sense	………… 일반적인 감각, 단일색 · 音 · 味
	내부감각 internal sense	………… 미 Beauty, 조화 Harmony
	도덕감각 moral sense	………… 선 Good

이 세 가지 감각 중에서 외부감각은 동물의 감각과 같은 것이지만, 내부감각과 도덕감각은 인간의 독자적인 것으로, 우주의 객관적 합목적성에 적합한 것에 대해 쾌감을 느낀다. 이 우주의 객관적 합목적성이라고 하는 것은, 우주 전체가 어떠한 위대한 목적을 가지고 존재하며 운행하고 있는 것이라고 생각하고, 그와 같은 목적에 합치하는 것을 의미하고 있다. 따라서 이것은 형식적인 철학이론이다. 그런데 이것은 미와 선으로 나누어진다. 그리고 미에는 「절대적인 미 absolute or original beauty」와 「상대적인 미 relative or comparative beauty」의 두 가지가 있다고 한다.

이 가운데 「절대적인 미」는 자연물 · 건축 · 정원 · 음악 · 수학의 정의 등에서 볼 수 있는 것으로, 「다양함에 있어서의 동일 uniformity amidst variety」의 법칙에 합치될 때 미가 된다고 한다. 이 「다양의 통일」이라고 하는 것은 오래전부터 일컬어지고 있는 미의 형식상의 원리로, 요컨대 미가 있기 위해서는 변화와 질서가 모두 필요하다고 하는 것이다. 이 「절대적인 미」에서는 건축 · 정원 · 음악의 미가 포함되어 있기 때문에 이것은 현대용어의 「추상미」와 비슷한 개념이다. 그리나 그 실례 중에는 자연물이 포함되는데, 이것은 형태의 기하학적인 성격보다도 비모사적인 성격을 중시한 결과이다. 즉 자연미는 무엇을 모방한 것이 아니기 때문에 당연히 「절대적인 미」에 속한다. 따라서 이 「절대적인 미」는 플라톤의 「그 자체의 미」의 개념에 지극히 가까운 것이다.

다음의 「상대적인 미」는 사물이나 관념의 모방이나 절대적인 미의 모방으로, 조각 · 회화 · 시 등의 미는 모두 이에 포함된다.

그러나 허치슨에 있어서 가장 중요한 것은 미와 지식이 무관하다는 것을 지적한 점이다.

> 지각의 이 뛰어난 힘 (미와 조화를 수용하는 힘)은 “하나의 감각 a sense” 이라고 부른다. 그 이

12) Francis Hutcheson, An Inquiry into the Original of our Ideas of Beauty and Virtue, 1725.

유는 이 쾌감 pleasure 이 원리나 비례나 원인에 대한 지식, 혹은 대상의 유용성 usefulness 에 대한 어떠한 지식과도 다르다는 점에서 다른 여러 가지 감각과 유사하기 때문이다. 우리들은 제일 먼저 미에 감동을 받는다. 아무리 정확한 지식이라고 하더라도 미의 이 쾌감을 증가시킬 수는 없다. 이것은 단지 이익의 기대에서 오는 명료하고 합리적인 쾌감을 더하거나, 혹은 지식의 증가에 따르는 특이한 쾌감을 가져다주는 것에 지나지 않는다.(p.11)

여기에서는 유용성에 관한 지식도 미와 무관하다는 것을 지적하고 있지만, 허치슨은 거듭 미와 이해는 무관하다는 점에 대해서도 다음과 같이 논한다.

또 그 위에 미와 조화의 이념은 다른 감각적 이념처럼 필연적이면서도 직접적으로 우리들을 즐겁게 한다. 우리들의 어떠한 결심이나 이익 · 불이익에 대한 예측 Prospect 도 대상의 美나 醜를 변화시킬 수 없다. 이것은 외적감각에 있어서와 같이 有利 Interest 라고 하는 견해가 대상을 쾌적하게 하는 것은 아니며, 또 지각에 있어서의 직접적인 고통과는 별개의 손실 Detriment 이라고 하는 견해가 대상을 감각에 있어서 불유쾌하게 하는 것도 아니기 때문이다.(p.11, Ⅷ)

이와 같이 허치슨이 미와 지식, 혹은 미와 이해가 무관하다는 것을 주장한 점은 중요하다.

2.2 윌리엄 호가스

『동요하는 취미의 이념을 고정하기 위해 쓴 미의 분석』[13]의 저자 호가스(William Hogarth, 1697~1764)는 로코코풍의 화가였다. 제자리를 잡지 못하고 흔들리던 취미에 일정의 기준을 마련하려고 한 야심적인 저작이지만, 실은 자기 자신과 동시대인의 취미를 고취하는 데에 머물고 있다. 그러나 당시 대부분의 저작가가 말로만 고전적인 미를 칭찬하였지만, 호가스는 정직하게 자기의 로코코 취미를 피력했다. 그리고 곡선의 미를 주장하고, 르네상스 이래 조형이론의 주류를 이룬 비례설에 반대하였다.

1) 미술품의 감상법에 대하여

호가스는 먼저 미술작품의 직접체험을 중시한다. 즉 「우리들 자신의 눈으로 보는 것」이 중요하다고 하고, 통속적인 감상태도를 비난한다.

그런데 신사들은 그림의 수법이나 화가의 傳記나 이름, 성격 등에 고집하고 있다.(Introd. [4])

---

13) William Hogarth, The Analysis of Beauty, written with a view of fixing fluctuating Ideas of Taste, 1753

그림 6 호가스의 「미의 분석」 도판 1

2) **선에 대하여**(Ch.Ⅶ, Of Lines [38], [39])

호가스는 선을 그 미적 가치에 따라 다음과 같은 5단계로 나누었다.

① 직선 : 길이의 변화만이 있을 뿐이며 가장 시시하다.

② 곡선 : 길이와 곡률에 변화가 있고, 약간은 장식적이다.

③ 직선과 곡신의 조합 : 진자보다 디한층 장식적으로 된다.

④ 파상선 waving line, ogee curve : 반곡점을 가진 곡선으로, 호가스는 이것을 「미의 선 line of beauty」이라고 불렀다. 이 선은 꽃 등의 식물에서 많이 볼 수 있다.

⑤ 蛇狀線 serpentine line, conic spiral : 圓錐狀螺旋으로, 호가스는 이것을 「우아한 선 line of grace」이라고 불렀다. 이 선은 인체의 근육과 골격 등 동물에서 많이 볼 수 있다.

3) **비례에 대하여**

> 길이와 폭의 비례에 대한 지식은 우리 몸의 동체나 사지를 원통이나 돌멩이처럼 생각하도록 만든다. (ch.11, Of Proportion) (그림 6)

이것은 비례설에 대한 실로 예리한 비판이며, 호가스는 여기에서 형태의 미는 비례보다도 형태를 구성하는 선의 성질에 의한다는 것을 주장하고, 클로드 페로처럼 알베르티가 주장한 조화적 비례설에 반대했다.

따라서 모든 수학적 고찰은 우리들의 목적과는 관계가 없기 때문에 이것을 추방하기 위하여 힘쓰는 것이다. 그래서 우리들은 뒤러(Albrecht Dürer)나 로마쪼(Gian Paolo Lomazzo) (그들의 비례에 대한 책에서 발췌한 무취미한 2장의 그림을 보라) (그림 6), 그리고 여타 사람들이 무익한 분할법에 집착하였을 뿐만 아니라, 이러한 분할법이 음악의 법칙에 지배되고 있다고 하는 기묘한 견해로 우리 모두를 괴롭혀온 것에 주의해야 한다. 이 견해가 잘못된 것은 한 개의 絃의 균일하면서도 협화적인 어떤 종류의 분할법이 귀에 조화를 만들어내는 것을 보고, 형태를 만드는 선 사이의 거리도 동일한 관계성에서 눈을 즐겁게 한다고 믿고 있었기 때문이다.(Ibid. [76])

이와 같은 호가스의 이론은 회화에 있어서의 로코코적인 미학으로써, 또한 반고전주의 미학의 예로써 주목하지 않으면 안 된다.

2.3 에드먼드 버크

위의 허치슨의 학설은 영국 철학의 전통을 이어받은 것이었으나, 유능한 정치가였던 에드먼드 버크의 이론은 체험과 관찰로부터 직접 이끌어낸 것으로, 이 점은 페로나 호가스의 이론과 비슷하다. 더구나 그 태도는 지극히 객관적 · 자연과학적이며, 거의 유물론적이라고 할 수 있을 정도이다. 그리고 오래된 교의를 통렬하게 비판하고, 대담한 제안을 시도한 점은 아주 뛰어나다. 또 그의 주된 연구 대상이 예술이 아니라, 자연물 특히 생물이라는 것도 버크 미학의 특색이다.

버크는 저서 『숭고와 미에 관한 우리들의 이념의 기원에 대한 철학적 연구』[14)]에 있어서 이제까지의 미학이론에 대해 여러 가지 항목을 세워 반론하고 있지만, 여기에서는 세 항목으로 나누어서 소개하기로 한다.

1) 미와 유용성은 무관계

적합성은 미의 원인이 아니다 Fitness not the course of Beauty.(3-Ⅵ)

유용성 utility 의 관념이나 목적에 적합하다고 하는 관념이 미의 원인, 또는 미 그 자체라고 하고 있다. …… 이 원리에 의하면 선단부에 강한 연골을 가진 쐐기 같은 돼지 코와 가라앉은 작은 눈, 그리고 머리의 생김새 모두 지면을 파헤치는 역할에 알맞게 되어 있으므로 아주 아름답다고 하지 않으면 안 된다.

계속해서 버크는 펠리컨의 소리주머니나 고슴도치의 가시, 그리고 호저의 튀어나온 날개 등

14) Edmund Burke, A Philosophical inquiry into the origin of our ideas of the sublime and beautiful, 1756

은 어느 것이나 모두 고도로 유용한 것이기 때문에 당연히 아름답다고 해야 하지만 사실은 그렇지 않다. 또 원숭이는 인류에 가장 가까운 고급능력을 갖춘 동물이지만, 원숭이보다 아름답지 않은 동물은 거의 없으며, 더욱이 공작은 나는 힘이 없음에도 불구하고, 새 중에서 특히 아름다운 것은 왜일까? 라고 반문한다. 따라서 그는 다음과 같이 결론을 내린다.

> 지극히 현명하며 선한 창조주는 우리에게 은총을 베풀어 우리들에게 있어서 유익한 것들에도 미를 부여하고 있는 경우도 많지만, 그러나 이것은 유용성의 관념과 미가 동일하다는 것을 의미하거나, 혹은 양자가 어떤 방법에 의존하고 있다는 것을 입증하는 것은 아니다.

그리고 「적합성의 진정한 효과」는 무엇인가 하는 문제에 대해 다음과 같이 대답한다.

> 우리들이 時計의 구조를 조사할 때, 각 부분의 역할을 완전히 알고 나서 전체의 적합성에 만족하지만, 이것은 시계라고 하는 물건 자체의 미를 지각하는 것은 아니다. 그러나 만일 시계의 케이스에 어떤 훌륭한 미술가의 조각을 보게 된다면, 이것이 거의 (혹은 전혀) 유용성의 관념을 갖지 못하는 것이라 할지라도 그라함製의 시계에서조차 느낄 수 없었던 바람직한 미의 관념을 얻게 될 것이다. 이미 언급한 바와 같이 미에 있어서 그 효과는 어떠한 유용성의 지식보다도 선행한다.(3-Ⅶ)

이것은 미는 지식이나 利害와는 무관하다고 한 허치슨의 이론과 일치한다.

또 버크는 「완전성 perfection」이야말로 미의 근원이라고 하는 이론에 대해 「완전성은 미의 원인이 아니다」고 반론한다. 예를 들면 여성은 여러 가지 능력에 있어서 남성보다 뒤질 뿐만 아니라, 오히려 연약함, 애처로움, 부끄러움, 조심스러움 등 불완전한 관념에 의해 오히려 남성보다 더 나은 미를 획득하고 있다고 주장한다.(3-Ⅸ)

2) 미와 덕은 무관계

> 만일 미의 관념을 덕에 적용한다면 이것은 얼마나 터무니없는 이야기일까?(3-XⅠ)
>
> 일반적으로 이 특성(미)을 덕에 적용하는 것은 우리들의 사물에 관한 관념을 극도로 혼란시키는 경향이 있고, 기묘한 이론을 한없이 일으키게 되었다. 예를 들면 비례, 조화 congruity, 완전성과 그 외 미의 자연스런 관념과는 거리가 먼 사물의 특성에 미라는 이름을 붙이게 되었다. …… 그리고 우리들의 의무에 관한 과학을, 더욱이 특유한 기초(우리들의 이성 · 관계 · 필요)로부터, 환상적이고 비물질적인 기초에 옮겨 놓게 되었다.

3) 미와 비례는 무관계

① 식물 : 장미는 큰 꽃이지만, 키가 작은 나무에서 핀다. 사과 꽃은 매우 작지만, 큰 나무에서 핀다. 그렇지만 어느 쪽도 아름답지 않은가?(3-Ⅱ)

② 동물 : 백조의 목은 길고 꼬리는 짧다. 공작의 목은 짧고 꼬리는 길다. 아름다운 말(馬)의 비례도 개와 고양이에게는 적합하지 않다.(3-Ⅲ)

③ 인간 : 목둘레는 장딴지 둘레와 동일하고, 또 손목의 2배 크기가 좋다고 하지만, 그러나 목과 장딴지와 손목의 사이에 무슨 관계가 있는가?(3-Ⅳ)

④ 건축 : 건축의 비례가 인체의 비례에 기인한다고 하는 이론에 대해 비트루비우스, 레오나르도 다빈치의 「정방형 내접 인체도」(그림 1 참조)를 다음과 같이 비판한다.

a. 인체가 이와 같이 긴장된 상태로 보이는 경우는 거의 없다.

b. 이 인체는 정방형보다도 십자형을 시사한다.

c. 실제 좋은 건물에서는 이러한 정방형에 기인하지 않는 것이 많다.

그리고 다음과 같이 결론을 내린다.

> 건축가가 작품에서 인간의 형태를 모방한다고 하는 생각만큼 설명하기 곤란한 것은 없다. 인간과 집, 인간과 신전은 전혀 닮은 데나 관련성이 없기 때문이며, 이것들의 목적이 완전히 다르다는 것을 말할 필요가 있을까? …… 이러한 유추는 미술작품과 자연의 가장 고유한 작품과의 사이에 일치를 나타내어 미술작품에 신뢰성을 부여하기 위해 만들어낸 것이다. …… 비례의 옹호자들이 이러한 인공적인 관념을 자연에 옮긴 것일 뿐이며, 미술작품에 사용한 비례를 자연에서 빌려온 것은 아니다.

버크는 이와 같이 인체의 비례와 건축의 비례의 관계를 부정하고, 그 위에 비례와 합목적성, 비례와 습관성과의 관계도 부정한다.

> 만일 자연물에 있어서 비례가 습관과 용도에 관계가 있는 것으로 생각한다면, 용도와 습관의 본성은, 적극적이며 강력한 성질인 미가 비례에서 온다는 것은 있을 수 없다는 것을 나타낼 것이다. …… 실제로 용도와 습관이 쾌락의 원인과 무관하다는 것은 마치 다음과 같다. 즉 끊임없는 사용 효과는 모든 것을 완전히 무감동하게 만든다.(3-Ⅴ)

여기에서 미와 유용성이 무관하다는 것에 대해서는 위에서 살펴본 바와 같다. 또 비례와 습관의 관계 및 적극적이라고 하는 말은 클로드 페로의 견해(이 책 p.36)를 답습한 것이지만, 버크는 여기에서 페로와는 의견을 달리하고, 습관은 미에 대하여 적극적인 효과를 갖고 있지 않을 뿐만 아니라, 단지 마비현상을 일으킬 뿐으로, 감각을 둔화시키는 것에 지나지 않는 것을 지적했다.

이제까지의 이론에 대한 버크의 비판은 대략 이상과 같지만, 버크 자신의 미학이론은 아주 대담한 것으로, 미의식을 인간의 보존본능에 결합시키려고 하는 생물학적인 이론이었다. 이것은 崇高 Sublimity 와 美 Beauty(좁은 의미의 미, 優美)로 나누어 설명된다.

① 숭고의 기원

> 어떤 것이든지 고통과 위험의 관념을 자극하는 것, 즉 두려운 것이나 두려운 대상에 관련된 것, 그리고 공포에 비슷한 양상을 나타내는 것은 숭고의 원인이다.(1-Ⅶ)
>
> 위험이나 고통이 너무 가깝게 닥쳐오면, 어떤 기쁨도 느낄 수 없고, 그냥 단지 두렵지만, 어느 정도의 거리나 변형이 가해지면, 우리들이 일상 경험하는 것과 같이 즐거운 것이 될 수 있다.(Ibid.)

즉, 고통 · 위험 · 공포는 숭고의 원인이지만, 이것들 자체가 그대로 숭고라고 주장하는 것은 아니라는 점에 주의할 필요가 있다. 그리고 버크는 숭고를 느끼는 정신 상태를 「공포의 기미를 띤 鎭靜 tranquility tinged with terror」이라고 표현하고, 또 이것이 즐거움을 주는 것은 「정신 체조의 필요」(4-Ⅵ) 때문이라고 설명한다. 숭고의 구체적인 조건으로서는 명암의 대비, 광대함, 무한성 등이 있다.

② 미의 기원

> 미라는 것은 사랑 love, 혹은 사랑에 비슷한 정열 passion 을 일으키는 물체의 여러 특질이다.(3-Ⅰ)
>
> 사랑이라는 것은 아름다운 것을 靜觀 contemplate 하는 마음에 일어나는 만족이다.(Ibid.)

따라서 미의 근원은 성의 욕망이나 쾌락이지만, 숭고의 경우처럼 이것들이 그대로 미라고 주장하고 있는 것은 아니다. 그리고 미의 구체적인 조건으로서는 작은 것, 매끄러움, 점진적인 변화, 부분의 융합, 섬세함, 명료한 색, 변화가 있는 눈부신 색 등이 있다.

이상을 종합하면 숭고의 기원은 공포나 그 외의 것에 관한 인간의 자기보존(개체보존) 본능이며, 미의 기원은 성에 관한 인간의 종족보존의 본능이라는 것이 된다.[15] 이와 같이 버크의 이론은 지극히 독창적인 동시에 대담하며, 칸트에게도 큰 영향을 주었다.

15) 버크의 숭고와 미의 개념에 대해서는 신태양, 러스킨에 대한 18세기 미학이론의 영향, 대한건축학회논문집 제9권 제4호 통권54호, 1993년 4월 참조.

2.4 데이비드 흄과 그 외

1) 데이비드 흄

흄(David Hume, 1711~1776)은 스코틀랜드 태생의 철학자 겸 역사가이며, 존 로크나 프란시스 허치슨의 경험론을 계승한 영국 계몽주의를 대표하는 사상가이다. 그는 저서 『인성론』[16]과 그 외의 저서에서 감각적 경험을 가장 중시하고, 이성의 작용은 최소한도만 인정하는 입장을 취했다. 즉 우리들의 감각을 초월하는 것은 신 등의 추상적인 관념이든지 외계의 사물이나 현상이든지 이것들의 진실성을 확증할 수 없다. 그러나 감각적 경험만은 의심할 여지가 없는 사실이다. 따라서 인간의 마음은 단순한 「지각의 다발 band of perceptions」에 지나지 않는다고 주장했다. 그는 이와 같은 입장에서 『취미의 기준에 대하여』[17]라는 제목의 소논문을 썼다. 이것은 문예를 주요 테마로 한 것이지만, 미적 판단의 주관성과 공통성을 논하고 있는 점에서 중요하다.

흄은 『취미의 기준에 대하여』에 있어서 우선 미적 판단의 개인적인 차이에 주목하고, 그 주관성과 상대성을 강조한다.

> 미는 사물 자체에 있는 성질은 아니다. 이것은 단지 사물을 관조하는 마음에 존재한다. 어떤 사람은 다른 사람이 미라고 느끼는 것에 추함을 느끼는 경우도 있을 것이다. …… 진정한 美나 진정한 醜를 탐구하는 것은 참으로 달콤한 것과 참으로 쓴 것을 결정하려는 것처럼 무의미하다.(p.269)

이것은 「맛 taste 에 대하여 논하는 것은 어리석다」라는 속담대로이다. 그래서 취미의 기준을 세우는 것은 일단 거부된다. 그러나 실제의 경험을 뒤돌아보면, 대부분의 사람들의 미적 판단은 완전히 다른 것은 아니며, 거기에는 항상 어느 정도의 공통성을 갖게 된다. 이것은 인간의 감각기관의 구조는 누구라도 같기 때문이다. 따라서 어떤 사람이 다른 대다수 사람들의 판단과 현저하게 다른 판단을 내렸다고 하면, 이것은 이 사람의 감각기관에 결함이 있기 때문이다. 이것은 열이 있는 어떤 사람이 미각에, 그리고 황달에 걸린 사람이 색각에 이상을 일으키는 것과 같다. 그래서 만일 관조자의 범위를 건강한 사람만으로 한정한다면, 취미의 기준을 세우는 것이 가능하다.

> 만일 器官이 건전한 상태에 있고, 사람들 사이에 정서 sentiment 가 완전히 (또는 어느 정도의) 일치한다면, 이 때 우리들은 완전한 미라고 하는 이념을 이끌어 낼 수 있을 것이다. 이것은 마치 색채라고 하는 것이 단순한 감각의 환영에 지나지 않는다고 하더라도, 건강한 사람이

16) David Hume, A Treatise of Human Nature. 3Vol., 1739~1740

17) David Hume, Of the Standard of Taste. 1757 (in "Essays, Moral, Political, and Literary." 1875, 인용은 1912년판에 의함)

대낮에 대상을 볼 때, 그의 눈에는 그 외견이 대상의 진실이며 동시에 현실의 색으로서 받아들이는 것과 같다.(p.272)

따라서 판단의 기준이 될 만한 완전한 미를 지각할 수 있는 것은 어떠한 경우이며, 어떠한 사람일 것인가 하는 것이 문제가 된다. 흄은 그 조건으로서 섬세한 감수성을 가질 것, 각종 예술작품을 비교하여 다양한 미에 익숙해 있을 것, 그리고 선입관에 사로잡히지 않을 것 등을 든다. 예술비평가는 당연히 이러한 조건을 갖추고 있지 않으면 안 된다. 그러나 또한 미적 판단은 궁극적으로 주관적이다. 예를 들면 관조자의 국민성이나 연령이나 기질에 의한 판단의 차이는 어쩔 수 없다. 단순한 것을 좋아하는 사람도 있고 장식을 좋아하는 사람도 있다. 비극이나 희극 중에서 어느 한쪽에 흥미를 가진 사람도 있다. 일반적으로 관조자는 자신과 같은 습관 · 도덕 · 종교를 다룬 문예작품에 한층 더 강하게 공감을 느낀다. 이 점에 대해서는 비평가도 예외는 아니다.

그러나 우리들의 천성이나 기질에 적합한 것에 편애를 느끼지 않는다는 것은 거의 불가능하다. 이와 같은 선택에는 악의는 없으며, 또 이것은 불가피한 것이다. 이것을 비판의 대상으로 하는 것은 이론적으로 전혀 불가능하다. 왜냐하면 이것을 단정할만한 기준이 없기 때문이다.(p.281)

이상이 흄의 이론의 요점이지만, 그 결론은 현대인의 상식에 거의 가까운 것이다.

2) 『百科全書』

지금까지 이 절에서 살펴본 허치슨에서 흄에 이르는 모든 이론은 전부 영국이다. 이것은 미나 예술의 문제를 경험과 상식에 의거하여 생각하도록 하는 경향이 영국에 있어서 특히 강하다는 것을 의미한다. 이에 반해 프랑스나 독일에서는 17세기 이래 미와 진리를 결부시키려고 하는 이성주의미학이 비교적 유력했다(이 책 p.42 이하). 그러나 18세기 중기 무렵이 되면서 프랑스나 독일에서도 영국과 같이 경험과 상식에 의거한 미학사상이 차츰 일반화되었다.

예를 들어 프랑스에 대해서 보면, 『백과전서』의 「취미 GOÛT」 항목은 이 점에 있어서 참고가 된다. 이 항목은 법학자 몽테스키외(Charles Montesquieu, 1689~1755)와 문학자 볼테르(Voltaire, 1694~1799)의 원고를 기초로 하여 정리되었으나, 당시의 프랑스에 있어서의 미나 예술에 관한 일반적인 진보적인 의견을 살펴볼 수 있다. 거기에서는 선과 미를 구별하지 않으면 안 된다고 하였고, 고대인이 양자의 차이를 무시한 점을 지적하면서 다음과 같이 말한다.

취미의 대상을 이루는 것, 예를 들면 미 · 선 · 적당함 · 소박 · 섬세함 · 유연 · 우아 · 고귀 · 위대함 · "왈 말하기 어렵다 Je ne sais quoi" · 숭고 · 장엄 등은 우리들 마음속에 일어나는 여러 가지 쾌감이다. 예를 들면 사물이 우리에게 유용하다고 생각하여 쾌감을 느낄 때 우리들은 이것을 "좋다"라고 한다. 또 우리들이 거기에서 유용성을 발견할 수는 없으나, 이것을 보고 쾌감을 느낄 때는 "아름답다"라고 한다.

고대인은 이것을 확실하게 구별하지 않았다. 그들은 우리들이 상대적인 특성[18]이라고 생각하는 것을 모두 적극적인 특성으로 보았다. 이것은 플라톤이 『대화편』에서 소크라테스와 논의하였던 바와 같으며, 고대인은 그 대화편을 칭찬하였지만 지금은 그렇지 않다. 왜냐하면 이것은 잘못된 철학에 의거하고 있기 때문이다. 즉 이것들에 대한 논의에서는 善·美·賢·愚·堅固·柔軟·乾燥·濕潤이 모두 적극적인 사항으로써 다루어지고 있으며, 그 이상 아무것도 의미하지 않기 때문이다.

미·선·적당함 등의 원인은 우리들 자신 속에 있고, 이것들의 이유를 탐구하는 것은 우리들 마음의 쾌감의 원인을 탐구하는 것이다.(p.762)

이와 같이 미의 주요 원인이 우리들 자신의 마음속에 있으며, 따라서 미적 가치가 상대적인 것이고 주장하고 있는 점은 흄의 이론에 아주 가깝다고 할 수 있다. 또 당시의 철학자의 미와 예술에 대한 사고를 비판하면서 다음과 같이 말한다.

취미의 문제에 대해서는, 불완전한 철학은 우리를 진리에서 멀게 하고, 가장 잘 이해할 수 있는 철학이 우리를 진리로 이끈다. 문학과 철학은 서로 상처를 주어 배척하게 된다고 믿는 것이 양측 모두를 해치는 것이다. 우리들이 아는 방식에 속하는 것뿐만이 아니라, 느끼는 방식에 속하는 것도 모두 철학의 영역이다. 즉 철학의 영역을 天界로 추방하거나 世界의 체계에 한정하는 것은 마치 詩를 신과 사랑에 대한 것 외에는 아무것도 짓지 못하도록 제한하는 것과 같은 부조리일 것이다. 그렇다면 왜 진정한 철학적 정신은 좋은 취미에 대립하는가? 아니다. 이것은 오히려 가장 강력한 지지자이다. 왜냐하면 철학적 정신은 모든 것을 참된 원리로 높이는 것, 즉 각 예술이 그 고유의 특질을 갖고, 마음의 각 상태가 그 고유의 성격을 가지며, 각 사물이 그 고유의 色調를 가진다고 하는 것을 재인식함으로서 성립하기 때문이다. 철학적 정신의 남용, 이것은 결함이다.(p.769)

이 인용문의 전반부는 당시의 일부 철학자 사이에서 미나 예술의 문제를 경시하거나 무시하는 풍조가 있었던 것(이 책 p.38)에 대한 반론이며, 후반부는 이성주의 미학자가 이론적 인식과 취미 판단을 혼동한 것(이 책 p.39)을 비판하면서 우리들의 이성의 작용과 감성의 작용을 구별하여 생각할 필요가 있다는 것을 주장한 것이다. 이러한 것은 다음 절에서 논하는 칸트의 체계

18) 이 경우에서 「상대적 relative」은 거의 「주관적」, 「적극적 positive」은 「객관적」이라는 의미로 사용되었다.

적 학설을 예상하도록 하는 것이다.

3) 칼 모리츠

마지막으로 독일인의 예로써, 칸트와 같은 세대의 문예·예술 비평가인 칼 모리츠(Karl Philip Moritz, 1756~1793)에 대해서 살펴보자. 그는 라이프니츠, 볼프(이 책 p.41) 사상의 계승자이지만, 『미의 조형적 모방에 대해서』[19]라는 논문에서 유용·선·미·고귀 등의 여러 개념을 비교하고, 미와 선 혹은 미와 유용성을 명료하게 구분하고 있다.

> 진정한 미는 – 性狀에 있어서 고귀도 마찬가지이지만 – 유용성에 의해서 증대되는 것도 아니며, 또 유용성의 결여에 의해 감소되는 것도 아니다.
>
> 따라서 우리들은 일반적으로 미를 유용성과 대립시키거나 혹은 유용성과 될 수 있는 한 정확하게 구별하는 방법 외에 다른 방법으로는 인식할 수 없다.(S.70)

그렇다면 미는 무용의 것이라고 하는 것이 되지만, 그러면 왜 미는 우리들에게 만족을 주는 것일까?

그래서 모리츠는 다음과 같이 생각했다. 즉 미는 어떠한 다른 목적으로 쓸모가 있는 것은 아니라, 그 자신 외에는 목적을 가지지 않는다. 그러나 이것 자신의 내부에서 어떠한 목적이 있는 것이다. 즉 「자기목적적」인 것이다. 미라는 것이 우리들에게 만족을 주는 것은 이것이 이 내부적인 목적을 충족하고 있기 때문에 우리들의 이성을 즐겁게 하기 때문이라고 한다. 그는 이와 같은 내부적인 목적에 합치하는 것을 「내적 합목적성 innere Zweckmäßigkeit」이라고 하고, 이 합치가 완선한 상태를 「내적 완전성 innere Volkommenheit」이라고 하였다. 그리고 그는 다른 논문[20]에서 다음과 같이 결론을 내렸다.

> 미는 …… 그 자신 이외에 목적을 가지지 않고, 무엇인가 다른 것의 완전싱을 위한 것이 아니며, 특유의 내적 완전성을 위해 존재한다.(S.4)

그는 미를 이와 같이 규정할 뿐만 아니라, 모든 과학의 특색도 이 「내적 완전성」에 있다고 생각하고, 이러한 개념을 기초로 하여 모든 예술과 과학을 통일하려고 시도했다.

이상과 같이 모리츠는 미를 선이나 유용성과 명료하게 구별했기 때문에 이 점은 영국 경험론의 사고에 일치한다. 그러나 「내적 합목적성」 혹은 「내적 완전성」 등의 개념을 들고 나온 것은

19) Karl Philip Moritz, Ueber die bildende Nachahmung des Schönen. 1788

20) Karl Philip Moritz, Versuch einer Vereinigung aller sch nen Künste und Wissenschaften unter dem Begriff des “in sich selbst Vollendeten”. 1785 (인용은 양측 논문 모두 Schriften zur Ästhetik und Poetik. 1962에 의함)

아직 미적 판단과 지적 판단의 구별이 철저하지 못한 데에 기인하며, 이것은 이성주의 미학의 영향이다. 이 점은 직후에 칸트에 의해서 수정된다. 다만 칸트에 있어서도 역시 「합목적성」에 대한 사고의 흔적이 보이지만, 이에 대해서는 다음 절에서 자세히 살펴보기로 한다.

3. 칸트에 의한 미의 독립

신칸트학파의 철학자인 헤르만 코엔(Herman Cohen)은 칸트의 미학에 대해 다음과 같이 선언하였다.

> 바움가르텐에 의해 명명된 미학이 여기에서 비로소 철학적 체계의 기초를 확립하게 되었다.[21)]

그리고 칸트학파 철학자인 캇시라(E. Cassirer)는 다음과 같이 주장하였다.

> 칸트 이전의 미의 철학은 언제나 우리의 미적 경험을 다른 원리로 환원하고, 예술을 다른 분야에 속하는 것으로 생각했다. 그러나 칸트는 『판단력 비판』에서 처음으로 예술의 자율성에 대해 명쾌하고 납득할 수 있는 증거를 제시하였다.[22)]

이미 언급한 바와 같이 미와 예술에 관한 칸트의 주요 저술은 『판단력 비판』이며, 칸트는 이 책에서 인간의 정신적 능력을 구분하고, 미와 선, 미와 진리가 서로 다르다는 것을 분명히 하였다. 이 책에서는 각 정신능력의 특색을 나타내고, 이 정신능력의 역할과 영역을 결정하는 것이 주된 목적이었다. 따라서 『판단력 비판』에서 가장 중요한 것은 미와 선, 미와 진리와의 차이를 명확하게 구분하기 위해 세워진 취미판단(Geschmacksurteil, 미적 판단의 의미)의 네 가지 계기(특성)에 관한 고찰이다.

3.1 취미판단의 네 가지 계기

1) 제1계기(質의 관점에서 본 특성) : 쾌락, 선, 유용성과의 구별

a. 쾌락과의 구별

쾌락은 감각에 만족을 주는 것으로,

> 단순한 색 예를 들면 초원의 녹색이나 단순한 음 예를 들면 바이올린의 음 등은 모두 단순

21) Hermann Cohen, Ästhetik des reinen Gefühls. 1912, S.1
22) Ernst Cassirer ; An Essay on Man. 1944, Ⅱ-9

한 표상의 재료에 지나지 않으며, …… 정확하게는 쾌감이라고 해야 할 것이다.(§ 14)[23]

따라서, 이것은 이성이 결여된 동물에게도 해당한다. 게다가 그 쾌감은 욕망에 연결되며, 관심(이해관계 혹은 물욕의 의미)과 결합한다.

b. 선 및 유용성과의 구별

선은 이성보다는 개념을 통해 만족을 주는 것이다. 또 유용성은 어떤 목적을 위해 충분한 것이다.

(선과 유용성) 모두 반드시 목적의 개념, 즉 의지에 대한 이성의 관계, 따라서 언제나 어떤 객체 혹은 어떤 행위의 존재에 대한 만족, 즉 관심이 포함된다.(§ 4)

그러나 취미 판단은 쾌락 · 선 · 유용성과 다르고 관심이 결여되어 있다. 즉 정관적 판단이다.

(취미판단은) 대상의 존재라고 하는 점에 대해서는 무관심하며, 단지 이것의 성질을 쾌 · 불쾌의 감정과 연결한 것뿐인 판단이다.(§ 5)

이것은 그림에 그려진 떡을 예로 들면 이해하기 쉽다. 그래서 「미라는 것은 단지 자유스런 만족을 주는 것」이라고 한다. 그리고 다음과 같이 결론짓는다.

취미라는 것은 아무런 관심 없이 어떤 대상 혹은 표상방법을 만족 · 불만족에 의해서 판단하는 능력이다. 이와 같은 만족의 대상을 미라고 부른다.(§ 5)

그러나 미적 판단에 있어서는, 이해나 물욕에 관한 관심은 아니라도, 미에 대한 관심만은 없어서는 안 된다. 그래서 미적 판난의 특색을 나타내는 말로서 「무관심의 관심 Interesse ohne Interesse」이라는 말이 사용된다.

2) 제2계기(量의 관점에서 본 특성) : 진리와의 구별

우리들의 지성에 의한 인식판단은 논리적이며, 따라서 객관적, 보편타당적인 판단이다. 그러나 취미판단은 감성적이며, 따라서 주관적, 개별적인 판단이다. 더 구체적으로 살펴보면, 취미판단은 개념이 부족한 점에 특색이 있다. 예를 들면,

꽃이나 자유스런 소묘나 무엇을 묘사한다고 하는 의도도 없이 조합된 나뭇잎장식 등은 어

23) 이 책에서 원문을 인용할 때는 관례에 따라 원문의 절이나(예 : § 14, S7), 장과 절(예 : I -§ 43)을 표시한다.

떠한 것도 의미하지도 않으며 어떠한 일정한 개념에 의거하지 않으면서도 만족을 주는 것이다.(§ 4)

이와 같이 객체에 대한 개념 위에 서있지 않은 보편성이라고 하는 것은 논리적일 수 없다. 따라서 객관적일 수도 없다. 그래서 미적 판단의 주관성이 강조된다.

만일 어떤 사람이 건물이나 경치나 시를 아름답지 않다고 느낄 때, 그는 100명이 이구동성으로 이것을 칭찬하더라도 내심 흔들리지 않는다.(§ 33)

취미의 객관적 원리는 절대로 불가능하다. …… 왜냐하면 나는 대상의 표상에 대해서 직접 쾌감을 느껴야 하기 때문이며, 이 쾌감은 어떠한 논증 근거에 의해서도 나에게 강요할 수 있는 것이 아니다. 흄의 말처럼 어떤 비평가도 가장 그럴만한 이유를 댈 수 있다고 하더라도 마찬가지이다.(§ 34)

그럼에도 불구하고, 취미판단은 각 사람의 동의를 얻을 수 있는 일종의 보편타당성을 가진다. 그래서 제2계기로부터 다음과 같이 결론을 내릴 수 있다.

미라는 것은 개념 없이도 보편적으로 만족을 주는 것이다.(§ 9)

3) 제3계기(목적의 관계에서 본 특성) : 합목적성

목적이라는 것은 원래 인간 의지의 대상을 말하지만, 칸트는 자연계 전체에도 목적이 있다고 하고, 이것을 지배하는 인과성은 합목적성이라고 하였다(§ 10). 이 합목적성을 판정하는 능력이 판단력이며, 판단력에는 다음과 같은 두 가지가 있다.

① 미적 판단력 : 실질적 · 주관적 합목적성 (쾌 · 불쾌에 의한 판정)

② 목적론적 판단력 : 실질적 · 객관적 합목적성 (오성 · 이성에 의한 판정)

즉, 판단력 중에도 「목적론적 판단력」은 과학이나 윤리에 관련된 것으로 미적 판단력과는 구별된다. 그에 따르면 취미라는 것은 대상을 구상력의 자유스런 합목적성과의 관계에 있어서 판정하는 능력이나 이와 같은 합목적성 혹은 합법성에는 어떠한 선험적인 원리가 있는 것은 아니다.

결과로서의 쾌 · 불쾌의 감정과 이것들의 원인으로서의 어떤 표상(감각 혹은 개념)과의 결합을 선험적 a priori 으로 결정하는 것은 절대적으로 불가능하다. 왜냐하면 이와 같은 인과관계는 …… 항상 단지 後驗的 a posteriori 으로만, 또 경험 그 자체의 매개에 의해서만 인식할 수 있기 때문이다.(§ 12)

따라서 제3계기에서는 다음과 같이 결론을 내릴 수 있다.

미라는 것은 대상의 합목적적 형식이며, 더구나 거기에 목적의 표상이 지각되지 않는 것이다.(§ 17)

이것은 또 「목적 없는 합목적성」이라고 하는 말로 표현된다.(§ 15)

4) 제4계기(만족의 양상에서 본 특성) : 취미판단의 공통성

미적 법칙성이란 일종의 「공통감각 Gemeinsinn」이란 가정에서 설명한다.

취미판단은 개념에 의하지 않고 단지 감정에 의해, 더구나 보편적으로, 어떠한 만족, 불만족을 주는가를 규정하는 일종의 주관적 원리를 갖지 않으면 안 된다. 그러나 이와 같은 원리는 단지 공통감각으로서 생각할 수 있을 뿐이다.(§ 20)

이 계기는 제2계기를 보충하는 역할을 한다. 즉 취미판단은 주관적인 것이지만, 각 사람의 취미판단은 결코 완전히 가지각색이 아니라, 거기에는 어느 정도 공통성이 있다고 한다. 즉 어떤 범위의 사람들의 미의식에는 항상 어느 정도의 공통성이 있다고 하는 것이다. 이때 「공통성」은 판단하는 사람에 있어서는 「필연성」이라고 느껴진다. 칸트는 위의 인용에서는 이것을 「공통감각」이라고 부르고 있지만, 다른 곳에서는 이것을 객관적 타당성이 아닌 「주관적 보편성」 혹은 「관례적 타당성」이라고 표현했다. 따라서 제4계기는 다음과 같이 결론을 내릴 수 있다.

미라는 것은 개념이 아니라, 필연적인 만족의 대상으로서 인지되는 것이다.(§ 22)

칸트는 이와 같은 고찰에 의거하여 다음 표와 같은 인간의 정신능력을 구분하고, 미적 가치는 선이나 진리와는 다른 독립적인 가치영역을 형성하고, 이것들과 대등한 자격을 가진 것이라고 명시하였다.

〈고급 정신능력의 일람표 (서문 Ⅸ)〉

심정의 모든 능력	인식능력	선험적 원리	적용영역
인식능력	悟性(지성)	법칙성(진리)	자연
쾌 · 불쾌의 감정	판단력(감수성)	합목적성(미)	예술
의욕능력	이성(도의심)	궁극의 목적(선)	자유

주의 : 괄호 안은 칸트의 철학용어를 현대용어로 옮겨 놓은 것

3.2 건축미

칸트는 이와 같은 「취미판단」, 즉 미의 판단능력에 관한 고찰을 기초로 하여 건축미를 다음과

같이 규정하였다.

그에 따르면 미에는 「자유미」와 「효용미(效用美)」의 두 가지가 있다. 자유미는 자족적인 미라고 특징짓는데, 그것은 대상이 어떤 것인가에 대해서 아무런 개념도 존재하지 않는 것이고, 효용미는 조건 지어진 미라고 특징지을 수 있는데(따라서 부용미(附庸美)라고도 함), 그것은 대상의 완전성 개념을 전제로 한다. 자유미에 속하는 것은 정보적 내용을 갖지 않는 대상의 미이기 때문에 오늘날 말하는 「추상미」에 해당되며, 효용미에 속하는 것은 어떤 하나의 개념에 효용된 미(제약된 미)로서 어떤 목적 개념이 부여된다.[24] (§ 16)

칸트는 건축미를 효용미와 동일시하였다. 건축미는 어떤 목적 개념을 전제로 하기 때문이다.

> 한사람의 인간의 미, 한 마리의 말의 미, 한 칸의 건축의 미는 이것이 무엇이어야 하는가를 규정하는 목적의 개념을 전제로 하고, 따라서 그 완전성의 개념을 전제로 하기 때문에 효용미이다.(§ 16)

칸트는 예술이 항상 목적을 어떤 대상의 원인으로 전제한다고 주장하면서, 건축적인 작품에는 한 대상이 어떤 특별한 용도에 적합한가가 본질적이며, 건물에서 표현될 수 있는 미감적 이념들을 제한하였다.(§ 51)

그러면 왜 칸트는 미적 판단의 원리로서 합목적성이라고 하는 말을 사용했을까 하는 것이 의문이지만, 이것은 철학사상의 큰 문제에 관련된다. 오래전부터 철학에서는 자연물이 만들어지고, 자연계의 영위가 있고, 인류가 생존하고, 역사가 진행하는 것은 거기에 어떤 위대한 목적이 있기 때문이라고 하는 생각이 지배적이었다. 이와 같은 생각에서 보면, 무엇인가가 존재하는 이상, 또 어떠한 일인가가 일어나는 이상, 거기에는 반드시 목적이 있어야 한다고 하는 것이 된다.

칸트도 이와 같은 목적론적 세계관의 흐름을 이어받고 있으며, 그가 말하는 합목적성은 이와 같은 세계 전체의 위대한 목적에 합치하는 것을 가리킨다. 따라서 자연물은 모두 합목적적이다. 더구나 칸트는 이 목적론을 미적대상에도 적용했다. 즉 미라는 것은 어떤 위대한 목적에 적합하기 때문에 미라고 하는 생각이다.

3.3 칸트의 건축미학에 대한 영향

칸트는 미의 판단능력의 문제로 다음 네 가지 특성을 논하였다.

① 먼저 질(質)의 입장에서 미를 규정하여 미적 판단과 인식 판단이 다르다는 것을 명확히 하였다. 미는 만족 감정의 대상이지 인식대상이 아니며, 그 만족은 무관심적인 것이므로 쾌(快)나 선(善), 유용성과는 다른 것이다.

24) 이러한 의미의 구별을 위해 지금은 일반적으로 '자유예술' 혹은 '순수예술'에 대하여 '응용예술'이라는 용어가 사용된다.

② 두 번째로 양(量)의 입장에서 미는 개념을 통해서가 아니라 보편타당성을 요구하는 것이다.
③ 더욱이 목적 관계에서 보면 미는 「목적 없는 합목적성」으로 규정되었다. 미의 보편타당성이란 미적 판단이 인식판단과 다른 것처럼 객관적 타당성이 아닌 「주관적 보편성」으로 특색을 지었다.
④ 미적 법칙성이란 일종의 「공통감각」이며, 궁극적으로 그것은 개념의 능력인 悟性(지성)과 직관적 능력인 상상력의 조화적 결합관계이다.

이와 같은 칸트의 예술철학의 주요 원동력은 이처럼 미적인 것의 자율성 욕구와 도덕적 의무와 인식으로부터 미의 독립성을 확립하자는 것으로 결론을 내릴 수 있다.

그리고 미의 독립과 이성에 의한 합리성에 대한 신뢰를 중심 개념으로 한 칸트의 미학, 그리고 계몽주의의 사상과 그 동향의 영향을 받아서 19세기 고전주의 건축의 철학적 기반을 형성해 가는 한편, 경험적 실증주의 철학이 뒷받침이 된 이성에 의한 18세기 합리주의 건축의 기반도 형성하게 되었다. 전자는 역사주의와 고증적 철학관에서 발생한 고전부흥운동이며, 후자는 주지주의적이고 자연과학적인 측면에서 발생한 합리주의 국면이다.

이에 그치지 않고 20세기 합리주의는 철학상 플라톤, 데카르트, 칸트에 유래하며, 경험에 어떠한 의존도 하지 않고 지성에 직관적으로 작용하는 진실을 강조하였다.

4. 예술의 자율과 우위

위에서 언급했듯이 근세에 있어서는 각종 예술이 종교나 도덕이나 권력 등으로부터 독립하려고 하는 경향이 차츰 강해졌다. 이미 18세기에 계몽주의 철학자 레싱(Gotthold Ephraim Lessing, 1729~81)도 「예술의 진정한 목적과 고유의 내용은 미, 오직 미뿐이다.」라고 하였다. 19세기에 들어서면 예술의 독립성이 한층 더 명확하게 주장되게 된다. 예를 들면 프랑스의 작가 고티에(Théophile Gautier, 1811~72)는 소설 『모팽 아가씨』[25]의 서문에서 예술에 있어서의 도덕주의(권선징악설)와 효용주의에 대해서 강하게 항의했다. 그리고 그는 다음과 같이 주장하고 있다.

① 예술에 있어서는 내용보다도 형식이 본질적이다.
② 예술은 자기 이외의 목적, 적어도 도덕적 목적에는 종속하지 않는다. 예술은 자기목적적인 것이다.
③ 효용주의자에 대해서는 다음과 같이 말한다.

> 진정으로 아름다운 것은 어디에도 쓸모가 없는 것일 뿐이다. 유용한 것은 모두 추하다. 왜냐하면 이것은 어떠한 필요의 결과이고 더욱이 인간의 필요는 그 빈약한 성질과 같고, 열등하고 불쾌하기 때문이다. …… 집 한 칸에서 가장 유용한 장소는 화장실이다.

---

25) Théophile Gautier, Mademoiselle de Maupin. 1835 ; 테오필 고티에 지음, 권유현 옮김, 2006, "모팽양", 열림원.

이와 같은 예술의 자율에 대한 주장은 「예술을 위한 예술 l'art pour l'art」이라는 말로 대표되고 급속하게 일반화된다.[26] 그리고 이 사상과 밀접한 관계가 있는 것은 독일 관념론자의 예술론이다. 독일 관념론 내지 독일 낭만파의 사상에서는 예술에 예전에 없었던 높은 지위를 부여하고, 예술미는 자연미보다도 고급이며, 또한 예술이야말로 인간정신의 최고의 경지라고 하였다.

그 결과, 건축에 있어서 예술성도 실용적 목적과는 별도의 의의와 이상을 갖는 것이라고 주장하기에 이르렀다. 여기서는 이 파의 철학자 중에서 헤겔, 셸링, 쇼펜하우어의 세 사람에 주목하기로 한다.

4.1 헤겔

먼저 독일 관념론 철학을 대표하는 것은 헤겔(G. W. F. Hegel, 1770~1831)이다. 그는 독자적인 변증법적 논리에 의해서 철학의 모든 영역에 이르는 장대한 체계를 세웠다. 헤겔의 학술체계는 다음과 같이 구성된다.[27]

- 학술
  - 논리학
  - 자연과학
  - 정신과학
    - 주관적 정신 ············ (심리학······)
    - 객관적 정신 ············ (윤리학 · 정치학······)
    - 절대적 정신 ············ 예술 · 종교 · 철학

헤겔은 이 표처럼 모든 문제를 3단계로 나누어 생각한 것이 특징이고, 이것이 각종 지식의 조합을 이루면서 동시에 역사적 발전단계까지도 나타낸다고 한다. 그리고 항상 인간정신의 우월성과 부단한 진보를 주장한다. 예술은 종교 · 철학과 함께 인간의 절대적 정신의 작용이지만, 감각 · 감정에 관계되는 현상이기 때문에 다른 두 가지에 비교해서 물질성이 강하고, 따라서 최하위에 위치한다. 그리고 헤겔의 미학 · 예술론은 『미학강의』[28]에 자세하게 나타나 있다.

이 책에서 특히 중요한 것은 자연미보다도 예술미가 고급이라는 이론과 예술의 변증법적 발전에 관한 이론이다. 이하 그 요점을 설명하기로 한다.

1) 자연에 대한 예술미의 우위

예술의 미는 자연보다도 고급이다. 예술의 미는 이중으로 정신에서 생겨난 미[29]이며, 정신과

26) 이 말은 빅토르 쿠쟁(Victor Cousin)이 1845년에 처음으로 사용하였으며, 일반적으로 '예술지상주의' 또는 '유미주의'이다.
27) G. W. F. Hegel, Enzyklopädie. 1817.
28) G. W. F. Hegel, Vorlesungen über Ästhetik. 1817~29 ; 헤겔의 미학강의, 두행숙 옮김, 2010, 은행나무
29) 헤겔에 의하면 자연은 이념 Idee 의 소산이며, 이 자연을 모사한 예술작품은 이념을 나누어 갖는 인간정신의 소산이므로 이념의 은혜를 이중으로 받는다고 하는 의미. 플라톤의 모방론을 반대로 생각한 것.

그 소산이 자연과 그 현상보다 고급일 뿐만 아니라, 자연의 미보다 고급이기 때문이다.

> 자연적 미와 예술적 미를 똑같은 가치를 두고 바라보아야 하는지는 논쟁할 필요가 없이 우선적으로 예술미가 자연미보다 우월하다고 주장할 수 있다. 그 이유는 예술미라는 것은 다름 아닌 정신(Geist)으로부터 탄생한 미, 정신으로부터 다시 태어난 미이기 때문이다. 정신과 정신의 산물이 자연과 자연의 현상들보다 우월하듯이 예술미도 자연미보다 우월한 것이다. (필기체는 원문의 이탤릭체, 서문1-1)

이와 같이 자연의 미보다도 예술의 미가 고급이라고 하는 주장은 획기적인 것이다. 동양에서는 자연미가 항상 인공미보다 훌륭하다고 하는 신념이 오늘날까지 계속되고 있고, 서양에서도 고대에서 18세기까지는 언제나 자연미가 예술의 전형이 되었다. 예를 들면 건축물의 비례는 인체의 비례를 본보기로 해야 한다는 이론(이 책 p.18)은 그 좋은 예이다. 그러나 헤겔에 이르러서 이와 같은 전통적 가치관이 역전되었으며, 여기에 서양 근대예술 사상의 독자성이 있는 것이다.

2) 예술의 변증법적 발전

헤겔은 모든 예술의 발전사를 아래와 같이 3단계로 나누었지만, 이것은 동시에 예술의 분류 기준도 되었다. 그 구분 기준은 이념과 그 감성적 · 외면적 현상과의 관계에 의해 세워졌다.

① 상징적 예술(Symbolische Kunst)
감성적인 것이 이념보다도 우위이며, 이념이 여기에 암시될 뿐인 상태. 역사적으로 보면 고대 오리엔트 예술은 이 단계에 속하고 예술분야에서는 건축이 이에 해당된다.

② 고전적 예술(Klassische Kunst)
감성적인 것과 이념이 균형을 이룬 상태. 고대 그리스 · 로마의 예술이 이에 속하고 예술분야에서는 조각이 이에 해당된다.

③ 낭만적 예술(Romantische Kunst)
이념이 감성적인 것보다 우월한 상태이고 가장 정신적 · 내면적인 예술. 역사적으로는 기독교적 · 유럽적 예술이 이에 해당되고, 예술에서는 회화 · 음악 · 시가 모두 이에 속한다. 특히 시는 가장 포괄적이고 표현이 완전하며 종교의 단계에 가깝다.

이와 같은 변증법적인 발전은 중세까지다. 그러면 근세 이후 예술은 어떻게 되는가라고 하는 의문이 일어나지만, 헤겔은 현재는 이미 철학의 시대이고, 예술은 과거의 것이라고 생각한다.

3) 건축의 변증법적 발전

헤겔은 이와 같은 예술 전체의 발전도식을 토대로 하여 각종 예술의 특질이나 변천에 대해서 자세히 언급하였지만, 그가 논한 건축예술의 변증법적인 발전의 요지는 다음과 같다.

건축은 전체로서는 상징적 예술에 속하지만, 그 자체도 또한 앞에 준하는 3단계의 발전을 이룬다. 그 발전단계의 기준으로서는 실용적인 목적과 정신적인 표현의 상호관계를 든다. 또 대상으로서는 주거나 원시건축을 제외하고, 예술적 건축만을 문제시한다.

① 자율적 · 상징적 건축

고대 오리엔트건축이다. 예를 들면 바벨탑, 오벨리스크, 스핑크스, 피라미드, 男根柱 등은 실용적인 목적에 구속되는 것이 아니라, 조각 작품과 같이 자율적이고, 그 의의를 그 자체가 갖는 건축이다. 다만 조각과 다른 점은 소재의 성질을 충분히 극복하지 못하고 형태가 본래의 소재에 가깝고 표현이 상징적이라는 점이다. 즉 「무기적인 조각」이라고 해야 한다.

② 고전적 · 봉사적 건축

고대 그리스 · 로마건축이다. 이 단계의 건축에서는 거주나 예배 · 공공적 행사 등 실용적인 목적에 대한 봉사의 성격이 나타난다. 즉 그들의 목적을 달성하기 위해서 「에워쌈」 또는 「덮개」로서의 적합성이 표현되어 앞의 상징적인 건축과 같은 형태의 자율성은 없어진다. 그러나 다른 면에 있어서 주거에 기원을 갖는 벽 · 기둥 · 보 등으로 이루어진 명쾌한 結晶的 形式(무기적 형식)이 신전건축에 채용되고 예술적으로 세련되었다. 그리고 역학적인 표현이나 비례에 의해서 음악적이라고 해야 할 미가 실현되었다.

결국 고전적인 건축은 상징적인 건축과 같이 물질적 소재에 지배되는 것도 아니고 다음에 오는 낭만주의 건축과 같이 공상이나 자의에 취약한 것도 아니다.

③ 낭만적 건축

자율적 건축과 봉사적 건축의 合一이지만, 단순한 고대 오리엔트 건축과 그리스 건축의 혼합 이상의 것이다.

그 전형은 고딕 교회당이다. 즉 교회당의 사용 목적은 기독교의 예배이지만, 건축은 이에 봉사하는데 그치지 않고, 이를 초월해서 자유자재로 高揚한다. 외부에서는 자유롭게 솟아오르고 뾰족해지고 무한으로 고조된다. 여기서는 이미 합목적성의 인상은 없고, 하나의 자율적인 존재로서의 양상이 나타난다. 건물 각부는 최대한으로 개별화 · 산란 · 다양성을 보이지만, 오히려 전체로서의 통일이 가장 즐거운 조화음을 준다.

4.2 헤겔의 건축미학에 대한 영향

헤겔은 세 가지 예술 형식이 체계적 뿐만 아니라 역사적으로도 이념이 현실화된 것으로 표현하였는데 종합하면 다음과 같다.

① 상징적 예술형식은 이념이 형식을 발전하는데 이르고, 이를 얻으려고 노력하는 단계이다.

② 고전적 예술형식은 이념과 형태가 완전히 조화된 상태이다.

③ 낭만적 예술형식은 이념과 그 실제상의 완전한 합치를 더욱 부정하여 한층 더 고차원으로 그 양면의 구별과 대립을 살려간다.

헤겔의 체계이론은 오늘날의 건축사적인 지식에서 본다면, 그대로 받아들이기 어려운 점도 있으나, 그의 미학을 이해하는 데에는 참고가 될 것이다. 그의 이론에서 중요한 것은 자연미보다도 예술미가 고급이라고 하는 이론과 예술의 변증법적 발전에 관한 이론이며, 근대성의 의미를 잘 반영한 것이다. 그리고 특히 낭만적 건축에 관한 견해는 그의 낭만주의적인 경향을 잘 나타내고 있다.

실제로 낭만주의는 극단적인 합리주의적 시고와 이성에 치우친 계몽사상에 대한 반발로 이해할 수 있다. 예술의 자립성 문제와 의식의 능동적 활동성 문제를 다룬 헤겔의 관념론이나 프리드리히 슐레겔(F. Schlegel), 괴테 등의 문학이 예술에 있어서 이성보다는 감성을, 취미의 규칙보다는 표현의 자유를, 객관적 것보다는 각 개인의 의지에 의한 주관적인 것을 중시한 데에 영향을 받은 결과이다.[30]

그리고 헤겔의 계승자 피셔(Friedrich Theodor Vischer, 1807~87)는 방대한 『미학 혹은 미의 과학』[31]에 있어서 헤겔 미학을 확장시켜서 건축의 심리적 해석의 기초를 구축하였다.

4.3 셸링

셸링(F. W. J. Schelling, 1775~1854)은 독일 낭만파의 중심인물이며, 신플라톤파 및 피히테(Johann Gottlieb Fichte, 1762~1814)의 영향 하에서 자연과 정신은 동일하다고 하는 신비적인 「同一哲學 Identitatsphilosophie」을 제창했다. 그리고 절대 최고의 경지를 예술에서 찾아내고 예술지상주의의 입장을 취했다. 그의 『예술철학』[32]에 의하면 미와 예술은 다음과 같다.

> 모든 미는 일반적으로 본질과 형식의 無差別 - 특수함에 있어서 절대의 표현 - 이다.(S.226)
> 예술은 그 자신 絕對이며, 따라서 다른 목적을 갖지 않고, 또 실용적인 사항도 아니다.(Ibid.)

그리고 건축에 대해서도 그 예술성의 자율을 주장한다.

> 건축은 이것이 단시 필요성과 실용성만을 목표로 하는 한 예술일 수만은 없다. 예술로서의 긴축에 있어서는 실용성 및 필요성과의 관련 그 자체는 단지 조건에 불과하며 원리는 아니다.(Ibid.)

그러면 건축미는 어떻게 해서 성립하는가?

> 어떠한 기술도 많든 적든 간에 그 자체와는 별개로 존재하는 현상의 특정형식에 구속되는 것으로, 이 형식에 미의 刻印 Abdruck 과 形像 Bild 을 부여함으로써 이 기술을 예술에까지 높일 수 있

30) 피터 콜린스 지음, 이정수 옮김, 1989, 근대건축의 이념과 변화, 태림문화사 ; peter Collins, 1965, Changing Ideals in Modern Architecture 1750~1950, p.26
31) Friedrich Theodor Vischer, Ästhetik oder Wissenschaft des Schönen. 6 Bde., 1846~57
32) F. W. J. Schelling, Philosophie der Kunst. 1802~03 ; 김혜숙, 셸링의 예술철학, 1992, 자유출판사

> 는 것이다. 건축에 대해서 말하자면, 합목적성은 바로 현상의 형식일지언정 본질은 아니다. 다만 건축이 형식과 본질을 일체화하는 관계에 있어서, 즉 건축이 그 자체 실용성에 따르는 이 형식을 동시에 미의 형식을 형성할 수 있는 관계에 있어서만이 스스로를 예술로 높이는 것이다.(Ibid.)

그리고 실용성에 기초한 형식이 그대로 예술적인 형식으로는 되지 않는다는 것을 보여주는 예로써, 고전건축의 트리글리프 Trigryphen 는 원래 보의 단부이지만, 이것을 그대로 노출시키지 않고 단부에 판을 붙인 형태로 완성되어 있는 것을 든다. 즉 자유로운 예술형식의 필요성을 주장한다(S.230, 243). 그리고 건축미의 궁극적인 근원에 대해서는 헤겔과 같은 관념론적인 견해를 피력하고 있다.

> 건축은 단지 이것이 이념 Ideen 의 표현, 즉 우주와 절대적인 것과의 像 Bild 이 될 때만이 자유스러우면서도 아름다운 예술로 표현될 수 있다.(S.229)

더욱이 셸링에 있어서 주목해야 할 것은 건축과 음악의 친근성에 관한 의견이다. 그의 예술분류법에 의하면, 건축은 입체적인 조형예술이라고 하는 점에서 부조 Relief · 조각 Skulptur과 함께 彫塑 Plastik 에 포함되지만, 이들 세 가지 가운데 건축에 대해서 다음과 같이 말한다.

> 조소에 있어서 무기적 예술형식 즉 음악은 건축이다.(S.223)

또 건축을 「공간에 있어서의 음악 Musik in Räume」(S.227) 혹은 「얼어붙은 음악 erstarrte Musik」(Ibid.)이라고 부르고 있다. 건축과 음악의 관계를 주장한 것은 옛날부터 어떤 건축비례론에서도 볼 수 있었지만, 이러한 표현은 셸링이 처음이고 낭만파의 독특한 것이다. 셸링과 친했던 낭만파 문학자인 프리드리히 슐레겔의 「건축은 얼어붙은 음악 gefrorene Musik」이라는 말도 유명하다. 그리고 이러한 「얼어붙은 음악」이라는 표현은 그 후 괴테나 헤겔을 위시하여 많은 사람들에 의해 널리 사용되었다.[33]

---

33) '건축은 얼어붙은 음악이다 Die Baukunst ist eine ertarrte Musik'라는 문구를 정확히 누가 먼저 사용했는가 하는 데에는 논란의 여지가 많다. 국내에서는 거의 괴테로 알려져 있으나(예를 들면 박한규저, 건축학개론, 기문당), 「건축은 마치 얼어붙은 음악과 같이, 공간에 떠있는 음악이다 Architecture is music in space, as it were a frozen music.」라고 한 셸링의 『예술철학』은 1802~05년 사이에 출판되었고, 괴테가 「건축은 얼어붙은 음악이다」라는 표현을 사용한 『에커만과의 대화 Conversations with Eckermann』는 1829년에 출판되었으므로 이러한 표현을 처음으로 사용한 사람은 셸링으로 보는 것이 더 정확할 것이다.

4.4 쇼펜하우어

쇼펜하우어((Arthur Schopenhauer, 1788~1860)에 의하면, 세계는 나의 표상에 불과하고, 만물의 궁극의 근원은 의지라고 한다. 인간이 살기 위해서 의지는 욕망이 되고, 이 욕망은 무한히 증대하기 때문에 결코 만족을 얻을 수가 없어 영원히 괴로워한다고 하였다. 즉 염세주의이다. 그리고 이에 대한 유일한 구제수단이 예술이며, 특히 음악은 사람을 최고의 무관심의 경지에 도달하게 한다고 하였다. 그러나 그의 주요 저서인 『의지와 표상으로서의 세계』[34] 가운데의 건축미학에는 아주 중요한 것이 있다.

그는 먼저 건축예술에 관한 일반적 사항으로서 다음과 같이 말한다.

> 건축가의 위대한 공헌은 외부적인 것(실용성)에 복종하면서도 순수한 미적목적을 달성하려는 것으로, 그는 이 때 여러 가지 방법으로 미적목적을 각각 임의의 목적에 적합하도록 하여서 어떠한 건축미가 신전이나 궁전이나 병기고에 합치하는가를 정확하게 판단하는 것이다.(I-§ 43)

그리고 이 건축미의 본질은 규칙적인 형태나 비례에 존재하는 것이 아니라, 역학적인 표현에 있다고 하여, 전통적인 건축미학을 비판한다.

> 건축은 단지 수학적이라기보다는 역학적이다. 그 고유의 테마는 중력, 강성, 응집력이고, 이제까지 전해 내려온 규칙적인 형태, 비례, 대칭은 그 자체가 기하학적인 것, 즉 공간의 속성일 뿐으로 이념은 아니다. 따라서 예술의 테마는 될 수 없다. 이것들은 건축에 있어서 2차적인 것에 불과하다.(II-§ 35)

또 장식에 대해서는 건축미의 추상성을 강조했다.

> 주두나 그 밖의 다른 장식은 원래 조각에 속하는 것으로 건축에는 속하지 않는다. 이것은 여분의 장식으로서 허락되고 있을 뿐 없어도 좋은 것이다.(III-§ 43)

그리고 건축에 있어서 역학적인 표현의 근원을 설명한다.

> 우리들이 예술로서의 건축에 부여할 수 있는 목적은 의지의 객관성의 최저단계를 이루는 어떤 종류의 이념을 보다 명확하게 제시하는 것이다. 이 이념이라고 하는 것은, 예를 들면 중력 · 응집력 · 강성 · 견고함 등이고, 이것들은 돌의 보편적 성질이며, 의지의 최초의, 가장 단순한, 가장 未

---

34) Arthur Schopenhauer, Die Welt als Wille und Vorstellung. 1819(3er Teil) ; 쇼펜하우어 지음, 홍성광 옮김, 2009, 의지와 표상으로서의 세계, 을유문화사

分節的인 표명이며, 소위 자연의 基本低音이다.(Ibid.)

다시 말하면 건축이 필연성과 실용성의 요구에 의해 제한을 받을 수밖에 없지만, 다른 한편으로는 이러한 제한을 극복하고 실현하는 건축의 역학적 표현은 만물의 근원인 의지의 표현임에 틀림없다. 그리고 다음과 같이 결론을 내린다.

중력과 강성 사이의 싸움이야말로 미적 건축의 유일한 미적 소재이며, 또 이것을 다양한 방법으로 완전하고 명확하게 나타내는 것이 그 과제이다.(Ⅲ-§ 43)

이와 같은 예로서 아치는 바로 아래에서 지지하는 것이 아니라, 아치의 힘을 양측 기둥에 전달하여 대지에 도달하게 한다고 하였다. 그리고 다른 곳에서는 다음과 같이 말하였다.

건축의 유일불변의 테마는 지지와 하중 Stütze und Last 이다.(Ⅱ-§ 35)

쇼펜하우어는 이와 같은 관점에서 고전적 건축의 원주의 형태를 분석하고 해석하였다. 또 한편 고딕건축은 설명이 곤란하다고 하여 비난했다. 이러한 견해는 종래의 건축미학이 모든 형태의 기하학적 성질이나 수량적 특색 등, 소위 결과 만에 관한 정적인 관찰에 역점을 두었으나, 이와 반대로 형태의 배후에 있는 인간의 역학적 감정을 문제시하여 처음으로 동적인 해석을 내렸던 것이라고 할 수 있다. 이것은 이후 데오도르 립스의 감정이입 미학(이 책 p.122)의 선구가 된다. 또 장식을 문제시했던 점도 당시로서는 주목할 만하다.

5. 제2장의 종합

근대 미학적 관점과 방법론에서 보면 칸트는 이성에 의한 합리성에 대한 신뢰를 중심 개념으로 한 계몽주의를 기초로 하고, 영국의 경험주의와 프랑스의 이성주의를 도입하여, 미는 선험적인 주관의 판단에서 성립되는 것으로, 미적인 것의 자율성 욕구와 도덕적 의무와 인식으로부터 미의 독립성을 확립하는 성과를 이루었다. 이와 같은 계몽주의와 칸트의 영향을 받아서 신고전주의 건축의 철학적 기반을 형성해 가는 한편, 경험적 실증주의 철학이 뒷받침이 된 이성에 의한 18세기 합리주의 건축의 기반도 형성하게 되었다.

헤겔과 셸링은 인간의 정신을 가장 근원적인 존재로 간주하는 관념론을 따라 이념과 본질 등 지적내용을 중시하고, 인간정신의 소산인 예술에 아주 높은 지위를 부여하는 「내용미학」을 주장하였다. 헤겔이 주장한 예술의 자율과 우위에 관한 이론과 예술의 변증법적 발전에 관한 이론은 「근대성」의 의미를 잘 반영한 것이며, 특히 낭만적 건축에 관한 견해는 그의 낭만주의 경향을 잘 나타내었다. 셸링도 절대 최고의 경지를 예술에서 찾아내고 「예술지상주의」의 입장을 취했으며, 건축에 대해서도 그 예술성의 자율을 주장하였다.

건축미학상 낭만주의는 극단적인 합리주의적 사고와 이성에 치우친 계몽사상에 대한 반발로 이해할 수 있다. 헤겔의 철학이나 프리드리히 슐레겔, 괴테 등의 문학이 예술에 있어서 이성보다는 감성을, 취미의 규칙보다는 표현의 자유를, 객관적 것보다는 각 개인의 의지에 의한 주관적인 것을 중시한 데에 영향을 받은 결과이다.

다른 한편으로 셸링과 쇼펜하우어, 니체는 인간의 충동을 강조하고, 형체는 그 자체가 아름다운 것보다 그것이 무엇을 의미하고 표현하는가에 아름다움이 결정된다고 하여 「말하는 건축(communicative architecture)」을 지향하는 표현주의 건축과 연관되어진다.

결론적으로 18세기 중반부터 19세기 중반까지 100년간 「미와 독립」과 「예술의 자율과 우위」에 관한 인식을 중심으로 전개되는 근세미학이 근대건축미학의 형성에 미친 영향을 종합하면 다음 표와 같다.

〈근세미학이 근대건축미학에 미친 영향〉

철학 유형	철학자	건축이론가	미학 개념	건축양식
계몽주의, 비판주의	칸트	로지에	이성, 규범, 질서 확립	신고전주의
	칸트	블롱델	특성, 목적성, 유용성	18세기 합리주의
관념론	헤겔, 셸링	비올레 르 뒤크	감성, 자유, 주관적 표현	낭만주의
	셸링, 니체, 쇼펜하우어	벨플린	개인, 감각, 창조적 형태	표현주의

제 3 장 절충주의 건축미학

1. 개요

18세기 말기부터 19세기 초기에 걸쳐서 유럽에서는 농업혁명 · 산업혁명 · 프랑스혁명 · 나폴레옹 전쟁 등 연달은 대사건이 일어나 이것을 계기로 서구사회는 근세에서 근대로 전환되었다. 그리고 잇따라 각 문화 영역에 있어서도 이제까지 볼 수 없었던 새로운 움직임이 일어나게 되었다. 그러나 건축은 기본적으로 전과 다름없었다. 건축에 있어서 근대가 시작되는 것은 이보다 약 백년 정도 늦은 19세기 말기부터 20세기 초기에 걸쳐서 발생하게 된 「근대건축 Modern Architecture」에 의해서이다.

르네상스 건축 이후 건축계의 주류는 고대 로마건축을 모방하는 양식이었지만, 바로크 · 로코코 양식과 같은 비교적 자유로운 시대를 거쳐 18세기 후반에 이르면 다시 엄격한 고전건축으로 복귀하게 되었으며, 오히려 전보다도 더 엄밀하게 고대의 건축형태를 모방하려고 하였다. 이것이 「신고전주의 Neo-Classicism」이다. 이 신고전주의는 전과 다르게 고대 로마뿐만 아니라, 고대 그리스를 직접 모방의 대상으로 삼기도 하였다. 또 한편으로는 고딕건축을 모방하려는 「낭만주의 Romanticism」 운동이 일어나고, 계속해서 르네상스나 로마네스크를 모방하는 부류도 생겨났으며, 또한 고대 이집트나 이슬람건축의 모방도 시도되었다. 이러한 신고전주의와 낭만주의를 위시하여 역사상 각 건축양식을 모방하려는 경향을 일괄하여 「절충주의 Eclecticism」라고 한다.

그러나 절충주의 시대에 있어서도 건축계의 주류는 여전히 고전주의였고, 고전주의는 동시에 아카데미즘이며 모든 건축의 기준이었다. 이것은 쇼펜하우어가 말한 것처럼 「페테루스부르크에서 리스본에 이르는 유럽 전체를 통하여 어느 도시를 가거나 어느 시골집을 찾아가 보아도 비트루비우스가 제시한 비례를 사용하지 않은 기둥은 하나도 없다」[1]고 할 정도였다. 이러한 아카데미즘의 중심은 파리의 에콜 데 보자르였다.[2] 이 보자르는 건축 · 조각 · 회화를 가리키는 미술학교로서, 그 교육방침은 여러 나라 건축교육의 규범처럼 되었다. 또한 이보다 약간 앞서 파리에 공과대학이 창설되고,[3] 여기에서 건축의 기술면에 관한 교육과 연구가 이루어졌다. 즉 건축디자이너와 건축기술자의 교육상의 구분, 이에 따라 직업상의 분화가 일어나게 되었던 것이다. 이후 서양에서는 이러한 분업형태가 당연한 것으로 되었다.

---

1) A. Schopenhauer, Die gesammte Philosophie. 1820, Ⅲ-Ⅱ
2) École des Beaux-Arts, 미술학교, 1806년에 프랑스 파리에서 창립
3) École Polytechnique, 공과대학, 1794년에 프랑스 파리에서 창립

2. 신고전주의

고대 로마 또는 그리스 문화를 이상적인 것으로 생각하고, 이것을 모방하려고 하는 것은 르네상스 이래 유럽 문화의 일관된 기본적인 태도였지만, 18 · 19세기의 건축에 있어서는 이전보다 한층 더 의식적으로, 그리고 충실하게 고대를 재현하려고 하는 움직임이 일어났다. 이러한 과거의 모방에 관한 이론으로서 참고가 되는 것은 빙켈만(Johann Joachim Winkelmann, 1717~1768)의 논문 『회화 · 조각에 있어서의 그리스 작품의 모방에 관한 고찰』이다.[4]

이 논문은 그리스 미술의 모방을 권장하는 것으로, 빙켈만에 의하면 그리스 조각이나 회화는 단지 자연의 모사가 아니라, 그 이상의 무언가가 있으며, 소위 인간이 창조한 이상미의 표현이다. 따라서 우리는 개개의 자연물을 사생하는 것보다는 그리스 미술을 배우는 것이 미에 도달하는 지름길이라고 주장하였다.

> 우리가 위대해지기 위해서는, 아니 만약 가능하다면, 모방적이지 않기 위한 유일한 길은 단지 고대인을 모방하는 것뿐이다.(S.3)

일반적으로 예술에 있어서 다른 사람의 작품을 모방하는 것은 바람직한 것이 아니다. 그러나 빙켈만에 의하면 고대의 작품을 모방하는 것만은 특별히 예외라는 것이다. 이 모순적인 발언은 결국 예술에 있어서 선대인의 작품의 모방을 정당화하는 것으로 당시의 절충주의 건축의 의미를 생각하는 데에 있어서 참고가 된다.

한편 빙켈만은 라오콘群像 등을 연구한 결과, 그리스 미술의 공통된 특색은 「고귀한 단순성과 조용한 위대함」이라고 하였다.(S.21) 이러한 조형의 단순성에 대한 지향은 신고전주의 건축미학에도 현저하게 나타나는 것으로 이에 대해 살펴보기로 한다.

2.1 마르크 앙트와누 로지에

프랑스인 로지에(Marc-Antoine Laugier, 1713~69)는 가톨릭 예수회의 성직자이며, 당시의 지식인으로 회화, 음악, 역사에 능통하였으며 비평가이기도 하였다. 건축에 대해서는 『건축론』과 『건축에 대한 고찰』이 있다.[5] 그는 이들 책에서 단순하면서도 기품이 있는 고전건축의 미를 높이 평가하고 있으며, 신고전주의 이론의 선구로 볼 수 있다.

먼저 『건축론』에서 로코코에 대해 심하게 비난하였다.

---

4) Johann Joachim Winckelmann, Gedanken über die Nachahmung der griechischen Werke in der Malerei und Bildhauerkunst, 1755

5) Marc-Antoine Laugier, Essai sur l'Architecture, 1753 ; Observations sur l'Architecture, 1765

우리 예술가들은 한창 유행하였던 기묘한 것에 상당 기간 마음을 빼앗기고 있었다. 그들이 좋아하는 장식 형태는 모두 일시적인 변덕에 의해 뒤틀려졌다. 이러한 기발함도 우리와 같이 변덕스럽고 경박한 국민들 사이에서는 잠시 성공할 수 있었다. 그러나 이 유행이 지속된다면 아라베스크 Arabesque 문양처럼 정신이상자 같은 공상보다도 더 심하게 될 것이다. 다행히 이러한 상태는 회복되고, 위험한 전염병은 종말에 가까워지고 있다.(p.104)

그는 고딕건축에 대해서도 다음과 같이 비판하였다.

우리의 고딕 예배당은 지금도 여전히 가장 훌륭한 것이다. 이것들은 수많은 기괴한 장식에 의해서 심하게 상처입고 있음에도 불구하고 어떤 위대함과 존엄의 인상을 느끼게 한다. 그곳에는 자유와 섬세함이 있으나 단순함과 자연스러움이 결여되어 있다.(p.173)

그는 이러한 예로서 파리 노틀담 성당을 들고, 그 내부 공간의 위대함에는 감탄하였으나 세부의 불합리한 점을 지적하였다. 그리고 그 시기에 지어진 聖슐피스 교회[6]에는 둔중함과 미숙함 이외는 아무것도 찾을 수 없다고 혹평하였다.

그런데 로지에 자신의 건축미학에 있어서 가장 중요한 것은 「원시 오두막 cabane rustique」에 관한 이론이다(그림 7). 그는 이 원시 오두막에서 고전건축미의 근원을 발견하였다.

모든 건축의 장려함은 이 원시 오두막을 규범으로 하여 창안된 것이다. 이 원초적 규범의 단순성의 실현에 가까워지려고 하는 것만이 근본적인 실수를 피하고, 진정한 건축을 이룰 수 있다.(p.9~10)

그가 그린 「원시 오두막」을 가지고 이것과 고전건축의 관계를 설명하였다. 수직으로 뻗은 나무줄기는 원주에 해당되며, 그 위의 수평재는 엔타블러춰이며, 박공의 경사진 부재는 파풍을 구성한다.

이에 의해 본질적으로 건물의 질서 구성에 가담하는 여러 부분과 필요 없이 도입된 것이나 일시적인 기분에 의해 부가된 것을 용이하게 구분할 수 있게 되었다.(p.10)

그림 7 로지에가 그린 「원시 오두막」

6) St. Sulpice, Paris, 1749년 건립

그는 이와 같은 원시 오두막의 「단순함」을 나타내고 있는 고전건축의 예로서 님스에 있는 메종 카레[7]를 들고 있다.

이 건물은 진정한 건축의 원리에 완전히 일치하고 있다. 30개의 원주가 엔타블러춰와 양단의 박공으로 끝나는 지붕을 지지하는 직사각형 – 이것이 모두이다. 이 총체는 모든 사람을 감동시키는 단순함과 고귀함을 나타낸다.(p.11)

이와 같은 로지에의 발언은 이미 언급한 빙켈만의 「고귀한 단순성과 조용한 위대함」이라는 개념을 떠오르게 한다. 이러한 개념들은 한편으로는 바로크·로코코에 대한 반동이기도 하지만, 다른 한편으로는 고전미술의 가치를 재평가한 것이었다. 그리고 건축에 있어서는 과잉장식의 부정과 추상미의 재확인이라고 하는 의미를 갖는다는 점에서 중요하다. 로지에는 이 때문에 이제까지의 비례론이나 비트루비우스의 교의를 버리고, 원시 오두막에서 건축미의 원점을 발견하려고 한 것이다. 다만 그의 원시 오두막은 고고학적 근거는 전혀 없는 것이다. 그리고 그는 『건축에 대한 고찰』에서 고전 원주에 대해서 상세히 설명하고, 이것을 실제 건축에 적용하기 위해서는 어떻게 하면 되는가를 자기 입장에서 논하고 있다.

2.2 에티엔 루이 불레

불레(Etienne-Louis Boullée, 1728~99)는 원래 화가였으나 나중에 건축가가 되었다. 그는 단편적인 논고를 몇 편 남겼고, 『건축예술론』[8]은 그 중의 하나이다. 그는 로지에의 「단순함」에 대한 선호를 한층 더 강화하여 건축에 있어서의 기하학적 형태를 추구하였다.

나는 불규칙적인 물체의 공허하면서도 창작력이 결여된 형상에 극도로 지쳐버려서 규칙적인 물체의 탐색에 관심을 옮겼다.(p.34)

왜 규칙적인 물체는 한번 언뜻 보아서 이해할 수 있는 것일까? 단순한 형태나 표면이 규칙적인 것, 혹은 반복된 것에 대해서도 마찬가지이다.(p.35)

우리의 감동은 전체의 효과에 의해서 생겨나는 것이지 세부 détails에 의해서 생겨나는 것은 아니다. 세부는 단지 매스에 의해서 발생된 일차적인 인상에 미를 덧붙인 것에 지나지 않는다.(p.48)

그리고 불레는 球形만이 완전한 물체이며, 또 거대함이 미의 원인이라고도 하였다. 이러한 조형적 특색은 그가 남긴 건축설계도에 잘 반영되었다. 球形의 「뉴턴 기념관」도 그러하지만, 고전적인

7) Maison Carreé, Nîmes 가장 잘 보존된 로마 신전의 유구(B. C. 16)
8) Etienne-Louis Boullée, Architecture : Essai sur l'art.(in “Boullée's Treatise on Architecture. 1953”)

대성당 계획에서도 전체가 거대한 입방체나 도움, 볼트 등의 기하학적 형태로 구성되어 있으며, 고전 원주 등은 규칙적으로 반복된 세부조직에 지나지 않는 것으로 되어 있다. 여기에서는 어디까지나 단순한 매스와 공간이 우선하고 있다(그림 8).

불레는 실시된 작품이 드물어서 그런지 건축사에서는 그다지 유명하지 않았지만, 제2차 세계대전 이후 근대주의 건축의 원류를 찾으려는 움직임이 일어나면서 재발견된 건축가이다. 그의 작풍의 독자성과 활약하던 시대가 프랑스 혁명기와 일치한다는 점에서 르두(Claude-Nicolas Ledoux, 1736~1806)나 르꿰(Jean-Jacque Lequeu, 1757~1825?)와 함께 「혁명적 건축가 Revolutionary Architects」로 부르기도 한다.[9] 그리고 이러한 건축가들의 작풍이 르 꼬르뷔제 등의 근대주의 건축의 원류라고 하는 주장도 있다.

그러나 그들의 활동은 프랑스 혁명과는 아무런 관계가 없으며, 오히려 왕당파와 관계를 갖고 있었다. 또한 그들의 작풍이 근대주의 건축과 직접 연결될 수 없다고 하는 것은 양자의 사이에 백년 이상의 공백이 있다는 점을 보아도 알 수 있다. 그들의 작풍은 오히려 신고전주의의 범위 내에서의 개인적 특색으로 간주해야 할 것이다. 그 중에서도 불레의 작풍은 반로코코적인 입장에서 고전건축을 추상적인 방향으로 추진시켜 나아간 것으로 신고전주의로 보아야 할 것이다.

그리고 불레의 제자로 파리 공과대학의 교수가 된 뒤랑(Jean-Nicolas-Louis Durand, 1760~1834)은 불레와 마찬가지로 쉽게 인지될 수 있는 단순하면서도 명확한 조형을 주장하면서 건축에 있어서의 실용성을 강조하였고, 또 규격적인 방법을 사용한 설계(그리드를 이용한 평면 구성을 의

그림 8 불레의 뉴턴 기념관 계획안, 1784년

9) Emil Kaufmann, Three Revolutionary Architects, 1952

미)를 시도하였기 때문에 뒤랑도 근대주의의 선각자로 보는 경우가 있다. 그리드를 이용한 평면 구성은 건축에 있어서 실용성을 중시하게 된 결과이며, 설계의 규격화는 기술적 · 경제적 이유에서 비롯된 것이다.

2.3 카를 프리드리히 싱켈

싱켈(Karl Friedrich Schinkel, 1781~1841)은 19세기 독일을 대표하는 건축가로, 주로 베를린에서 그리스풍의 고전주의 작품을 설계했지만, 때로는 고딕풍의 디자인도 시도했다. 많은 원고를 남기고 있지만, 체계를 갖춘 내용으로 된 것은 거의 없다.[10]

그의 예술론은 셸링과 헤겔의 영향을 받아서 관념론적이다.

> 미는 자연의 무의식성, 즉 순수성에 존재한다.(Ⅲ-S.363)
> 형태의 미는 내적인 동시에 가시적으로 된 자연의 이성이다.(Ⅲ-S.364)

이러한 생각은 셸링의 「同一哲學」(이 책 p.69)을 계승한 것이다. 이와 동일한 관념론적 경향은 다음과 같은 건축예술의 정의에도 나타난다.

> 영혼의 상태가 미의 오성적 · 이성적 욕구에 의한 질서를 부여받고, 정역학적 · 동역학적 법칙을 기초로 해서 결합되고 표현되는 데에서 생겨나는 예술이 건축이다.(Ⅲ-S.347)

그런데 싱켈에 있어서 특히 주의할 것은 합목적성에 관한 발언이다.

> 합목적성이야말로 모든 건물의 근본원리이기 때문에 합목적성의 이상에 대한 최대한의 표현(즉 이것은 건물의 성격 혹은 인상학이지만)이 그 예술적인 가치를 규정한다.(Ⅱ-S.209)

이 경우에서 「합목적성 Zweckmäβigkeit」이란 무엇을 의미하는가 하면, 싱켈은 건축에 관해서 다음과 같은 세 가지 합목적성을 들고 있다.(Ⅱ-S.208)

합목적성
- 공간분할, 즉 평면의 합목적성
- 구조, 즉 평면에 적합한 재료의 선택과 결합 방식의 합목적성
- 장식의 합목적성

---

10) Karl Friedrich Schinkel, Aus Schinkels Nachlaβ. 4 Bde., 1862~64

여기에서는 「평면의 합목적성」과 「구조의 합목적성」이 거론되고 있으므로, 싱켈은 기능주의의 선구자처럼 오해되는 경우가 있다. 그러나 앞의 인용문을 보면 알 수 있듯이 싱켈은 결코 이러한 합목성이 곧 미를 만들어낸다고 하는 것이 아니라, 이러한 합목적성의 「표현」이 건물의 예술적 가치를 결정한다고 하고 있는 것이다. 그렇다면 합목적성의 표현이라는 것은 무엇인가 하면, 이것은 건물의 「성격 Charakter」 혹은 「인상학 Physiognomic」이다. 이 「성격」이라고 하는 말은 근세 건축 미학에 자주 사용되는 언어로, 건물의 용도나 건설목적에 대한 조형적인 「어울림」을 의미하며, 비트루비우스의 「decor」(이 책 p.19)에 가까운 개념이다.[11)]

싱켈은 더욱이 이것을 설명하기 위해 「인상학」이라는 재미있는 언어를 사용하였으나, 이것은 「…것 같은」을 의미한다. 즉 교회는 「교회답게」, 주택은 「주택답게」 만드는 것이 바로 이 건물의 인상학이며, 이러한 것이 건물의 예술적인 가치를 결정한다고 하는 것이다. 이러한 것은 장식의 합목적성에 관한 다음과 같은 설명에 의해서 분명해진다.

> 어떤 경우에 어떤 견해에서 보면, 건물은 인간생활의 장식 Verzierung 이라고 간주되지만, 이것은 반드시 부정되어야 할 것은 아니다. 다만 "장식"이라는 말을 어떤 다른 것, 본질적이 아닌 것의 모방의 의미로 해석해서는 안 된다. 이 경우 장식은 그 건축물에 결부되는 국민 혹은 개인의 이성과 자유와 순수함에 의해서 고양된 미적 생활의 표현이거나 혹은 그 모방이 아니면 안 된다. (Ⅲ-S.369)

싱켈에게 있어서는 평면과 구조의 합목적성도 이와 같은 장식의 합목적성과 같은 성질을 갖는다. 즉 미에 있어서 중요한 것은 합목적성 그 자체가 아니라, 합목적성의 「표현」이다. 바꾸어 말하자면, 건축미에 있어서 중요한 것은 「편리함」이 아니라, 「편리할 것 같은」이며, 「튼튼함」이 아니라 「튼튼할 것 같은」이다. 예를 들면 다음과 같다.

> 단지 필요성만으로는 미를 부여할 수 없고, 어떠한 우발적인 실용성도 성격을 나타낼 수 있으며, 오히려 혼돈을 일으킬 뿐이다.(Ⅲ-S.368)
>
> 어떤 특정 건축 작품에 대한 모든 구상이 아주 비근하고 사소한 목적이나 구조에서만 발전하는 경우, 나는 곧바로 극단적인 추상의 잘못으로 빠져든다. 이와 같은 경우에는 어떤 새로운 것이나

---

11) 보프랑(G. G. Boffrand, 1667~1754)에서 시작하여 블롱델(N. F. Blondel, 1617~86)에 의해서 확립된 계몽주의 시대의 성격이론은 사회질서 rang, 건물의 용도 destination, 건물의 개성적인 외관 특징 physionomie 등을 의미하는 건축의 중요한 이론적 요소로써 그 이전의 오더, 비례이론으로부터 탈피하는데 선봉적인 역할을 담당하였다. 이 중에서 용도표시의 성격은 다양화되는 건물의 목적에 대응하는 것으로써의 효용성에, 특징표시의 성격은 개별성, 고유성을 중시하는 픽춰레스크의 개념에 각각 결부되어 19세기의 절충주의 건축사조의 중요한 계기의 일부를 형성하였다. 18세기 후반부터 19세기에 걸쳐 건축에 있어서 고유성의 개념이 어떻게 그 지위를 구축해 가는가 하는 점에 대해서는 Colin Rowe, The Mathematics of The Ideal Villa and Other Essays, 1976 참조.

발전성이 없어지고, 경직되고, 자유를 잃어버린 것이 되어 두 가지 본질적 요소인 역사적인 것과 시적인 것은 완전히 제외되고 만다.(II-S.211)

이성적인 것과 오성적인 것이 특별히 형성되든지 안 되든지 미술의 대상은 기계와 마찬가지로 미적인 건축물로 승화되지 못한다.(III-S.364)

그리고 이러한 설계를 하는 기계기술자와 같은 건축가를 「과학적 장인」이라고 하여 경멸하고 있다.

마지막으로 싱켈이 제시하려고 한 건축가의 책임과 의무에 대해서 살펴보기로 하자. 이에는 19세기에 있어서의 절충주의자의 사고가 잘 나타나 있다. 그 요점은 다음과 같다.

① 제일 먼저 고려해야 할 것은 우리 시대가 건축에 대해서 무엇을 요망하고 있는가라는 것이다.
② 과거에 대한 고찰이 필요하다. 이것은 유사한 목적에 대해 이미 무엇이 탐구되었던가, 혹은 이러한 유형의 완성품으로서는 무엇이 우리에게 이용가능하며, 무엇이 우리에게 맞는가를 알아보기 위해서이다.
③ 다행히도 과거의 것이 우리에게 필요하다는 것이 분명해질 경우, 이것에 어떠한 변형을 가해야 하는가라는 문제에 대해서는,

이 변형에 있어서 전혀 새로운 것을 만들어 내기 위해서 상상은 무엇을 어떻게 해서 제시해야 하는가? 또 새롭게 창안된 것은 그 형태를 어떻게 다루어야 하는가? 이것은 역사적인 것과 잘 조화되고, 작품에 있어서 양식의 인상을 높일 수 있으면서 완전히 새로운 것의 감정을 미적인 방법으로 성립시켜, 양식적인 효과나 원시적인 효과, 경우에 따라서는 소박한 효과까지도 생기게 하며, 작품에 이중의 매력을 부여하지 않으면 안 된다.(II-S.212)

즉 여기에서는 과거 양식의 모방과 함께 원시적인 것이나 소박한 것이 요구되고 있다. 이 점에서 로지에나 불레와의 공통성이 나타난다.

3. 낭만주의

절충주의의 여러 갈래 중에서 신고전주의 다음으로 유력했던 것은 낭만주의 또는 중세주의이다. 독일에서는 18세기의 중기 이후에 문예사상 「질풍노도 Sturm und Drang 시대」라고 일컬어지는 풍조가 일어나서 불타는 정렬과 민족성을 표현하는 작풍이 유행했는데, 당시 청년이던 문호 괴테(Johann Wolfgang von Goethe, 1749~1832)도 그 영향 하에서 『독일건축에 관해서』[12]라는 글을 남기고 있다. 이 글은 슈트라스부르크 성당의 설계자인 스타인바(Erwin von Steinbach)에게 바쳐졌

12) Johann Wolfgang von Goethe, Von deutscher Baukunst, 1773

는데, 고딕 건축을 찬미하고 고전 건축은 비독일적이라고 비난하였다.

이 뒤를 이어서 발전한 독일 관념론철학이 낭만주의와 밀접한 관계를 가지고 있었던 것은 이미 언급한 바와 같다(이 책 p.47). 그러나 독일에서는 일반적으로 건축 부분에서의 낭만주의는 두드러진 움직임은 없었다. 또 프랑스는 본래 고전주의적 경향이 강해서 낭만주의를 쉽게 받아들이지 않았으며, 받아들인다 해도 좁은 범위에 한정되었다. 다만 건축 이론 면에서 비올레 르 뒤크의 정력적인 활동이 두드러진다.

이상에서 비교해 보면, 건축 분야에서 낭만주의(중세주의)가 가장 활발했던 곳은 영국이다. 영국의 낭만주의 건축은 이 나라의 지리적 조건과 국민성에 기인하며, 직접적으로는 예를 들면 옥스퍼드 운동(Oxford Movement, 1833~)과 같은 가톨릭 신앙과 典例를 부활시키려고 하는 움직임에 의해 지지되었다. 다음에 살펴볼 퓨진의 주장은 그 대표적인 예이며, 이 점에 있어서는 러스킨도 마찬가지로, 종교적인 색채가 극히 강하고, 논리전개가 종교건축을 중심으로 이루어진다.

또 영국의 낭만주의 회화에서는 「라파엘 前派 Pre-Raphaelism」로 나타난다. 이것은 로세티(Dante Gabriel Rossetti, 1828~82) 등에 의해 대표되는 유파로, 라파엘을 최고의 규범으로 하는 르네상스·고전회화에 반발해서 라파엘 이전의 중세미술의 정신을 본받으려고 하는 것으로 정서와 감상에 가득 찬 작풍을 나타낸다.

한편 조경학에서는 「픽춰레스크 Picturesque」의 주장이 반고전적이라는 점에서 낭만주의와 같은 입장을 취한다. 영국에는 이미 18세기 초기부터, 기하학적인 이탈리아식 혹은 프랑스식 정원 대신에 불규칙적인 자연을 본보기로 하는 「풍경식 정원 landscape garden」이 유행하기 시작했지만, 18세기 말에는 이것을 이론화하려고 하는 움직임이 일어났다. 윌리엄 길핀(William Gilpin, 1724~1804)이나 유베딜 프라이스(Uvedale Price, 1747~1829), 그리고 리처드 페인 나이트(Richard Payne Knight, 1750~1807) 등은 이러한 움직임을 대표하는 인물이며, 이들은 이와 같은 풍경식 정원의 미적 효과를 픽춰레스크라고 하였다.

이것은 「그림을 그리는 데에 어울린다(회화적)」라는 의미로, 구체적으로는 불규칙하면서도 거칠고 변화가 풍부하면서 때로는 폐허를 수반하여 의외성을 나타내는 영국의 시골 풍경과도 같은 분위기를 의미한다.[13] 특히 프라이스는 이 픽춰레스크를 버크(이 책 p.52)가 논한 미의 두 가지 종류, 즉 「우미」와 「숭고」에 대립하는 제3의 미로써 거론하였다.[14] 이러한 영국의 정원미론은 일본이나 중국의 정원예술과 비교·고찰하는 데에 있어서 흥미롭다.

그런데 일반적으로 유럽 건축계에서는 낭만주의의 움직임이 가장 왕성한 것은 대략 19세기의 중기까지이지만, 이 기간 동안에 낭만주의가 서양 건축계의 주류를 이루었던 것은 아니다. 주류는 어디까지나 고전주의였고, 낭만주의는 항상 야당적 입장에 섰으며, 반아카데미즘파 혹은 혁신파로

---

13) 이 픽춰레스크라는 말은 이탈리아어 「pittoresco」에서 유래하며, 그림의 연구를 통하여 자연에 있어서의 시각적 질 visual qualities을 높이기 위한 시도에서 시작되었다. 이에 대해서는 Christopher Hussy, The Picturesque : Studies in a point of view, First ed. 1927, Third ed. 1983. 참조.

14) Uvedale Price, An Essay on the Picturesque, 1794

볼 수 있다. 이러한 관계로 19세기 후반 이후에 근대주의의 발생에 공헌했던 건축운동도 대체로 낭만주의의 계열에서 파생되고 있는 것은 중요하다(이 책 제5장).

3.1 사회적 조형이론과 복고적 유토피아

영국은 빅토리아 시대(1837~1901)가 시작되기 전부터 이미 철과 공업기술, 그리고 직물에 있어서 「세계의 공장」이라고 부를 정도로 산업이 발달해 있었고, 해가 저물지 않는 나라라고 할 정도의 대제국을 형성하고 있었다. 이러한 산업혁명의 결과, 도시는 급성장하였고, 이제까지 생각할 수 없을 정도로 대규모의 건축물들이 들어서게 되었다.

그러나 그 그늘에는 노동자의 비인간적인 생활 조건, 환경의 극심한 파괴, 도시의 인구 집중과 슬럼화, 그리고 수공예 기술의 저하로 말미암아 저속한 생산품이 범람하였고, 산업자본의 성장으로 인해 빈부의 차는 날이 갈수록 커져 갔으며, 이러한 공업화의 폐해는 사회적 원인과 미적 원인을 통일한 개혁이념이 생성할 수 있는 계기를 만들었다. 그렇지만 그 구체적인 사회적 · 미적 제반 관계는 이러한 사회적 현실에서 유래하는 것일 뿐만 아니라 이상주의적인 낭만주의 · 역사주의적 관념에서 유래하는 것이기도 하였다. 퓨진, 러스킨, 모리스는 이러한 사회적 현실에서 출발하여 그 이상적인 대안으로서 사회적 조형이론과 복고적 유토피아를 표방한 대표적인 인물이다.

이들은 당시 사회의 저속화, 자연미의 손상, 도덕적 타락 등이 모두 공업화의 산물이라고 생각하고, 사회의 재건을 위해서는 근대산업에 의해서 파생된 여러 가지 모순을 제거할 필요가 있다고 주장하였다. 퓨진이 르네상스 이후의 고전주의 건축을 「이교주의」 혹은 「공리주의」라고 비난한 것은 고전주의 건축이 당시의 산업 · 상업자본과 결탁하여 건축가의 대 사회적 책임을 회피하고 있다고 생각했기 때문이다. 러스킨은 기계에 의한 근대적인 생산방식에 대해 강도 높게 비판하였고, 중세건축의 미를 그것을 만들어 낸 사람들의 기쁨의 표현이라고 하였다. 그리고 모리스는 나중에 생각을 일부 수정하기는 하였지만, 기계생산에 대해 할 수 있는 한 최대한으로 저항하였고 생활의 미술화를 몸소 실천하였다.

이들의 사회적 조형이론과 복고적 유토피아는 비록 때로는 서로 모순되는 점이 많고, 종교와 건축을 혼동하는 잘못을 범하기는 하였지만, 예술의 세계라는 이제까지 시도되지 않았던 새로운 방향에서 건축에 있어서의 여러 가지 중대한 문제에 접근해 감으로써 19세기와 20세기의 많은 건축비평가에게 큰 영향을 주었다.

3.2 웰비 퓨진

1) 『대비』

퓨진(Auguestus Welby N. Pugin, 1812~1852)은 영국의 건축가 겸 기독교 미술의 전문가이며, 또한 열렬한 가톨릭 신자였다.[15] 그는 저서 『대비』[16]에서 가톨릭 신앙을 권장하고, 신교도와 영국 국교회의 행위를 비난하면서 가톨릭 전례와 고딕식 교회당건축을 찬양하였고, 또 이것을 부흥해야 한다고 주장하였다. 그러나 르네상스풍 건축과 고전주의 건축을 극히 속악한 것으로 신랄하게 공격했다. 예를 들면 그는 가톨릭 신앙과 기독교미술의 관계에 대해서 다음과 같이 말한다.

> (중세) 기독교미술은 가톨릭적 심정과 헌신으로부터 나온 자연적인 결과였다. 그리고 이 가톨릭 미술의 타락은 신앙 그 자체의 타락이었다. 또 모든 고전부흥식 건물은 가톨릭국 · 신교국 어디에 지어졌든지 진정한 가톨릭의 원리와 마음과는 거리가 멀리 떨어졌다는 증거이다.(p.7)

즉 그들에게 있어서 미술과 신앙이라는 것은 일체적인 것이었다. 그리고 그는 동시대의 종교건축가에 대해서 다음과 같이 비판한다.

> 그들의 구상에는 적합성 propriety 이라든가 적절함 fitness 이라고 하는 것은 전혀 고려되어 있지 않다. 그 중에 어느 것은 그리스 신전의 현관을 모방하고, 그 위에 볼품없는 윤곽과 가장 나쁜 세부로 이루어진 첨탑이 놓여있다. 또 다른 것은 그리스와 로마건물의 왜곡된 혼합이다. 그리고 대부분 그 참모습을 전혀 알 수 없는 양식으로 세워져서 이러한 모든 것들이 가장 유쾌하지 못한 건물군을 구성하고 있다.(p.49)

이처럼 퓨진이 그의 저서에서 일관되게 강조하는 것은 「구조표현」과 「적합성(합목적성)」이나. 이것은 겉으로 보면 극히 합리적 · 기능적인 사고이며, 이 점에서 그를 기능주의의 신구자로 생각하기도 한다. 그러나 여기서 문제가 되는 것은 그가 건물의 목적이라고 하는 경우, 어떠한 목적인가 하는 것이다. 이것은 20세기의 근대주의자가 말하는 것과 같이 어떤 정해진 사용목적에 상응하는 보편적인 공간 space 이 아니라, 종교적인 신념을 나타내는 상징적인 장소 place 로서의 목적을 의미한다. 따라서 그를 기능주의자만으로 한정하는 것은 옳지 않다. 그렇다면 그가 지향하는 건축은 어떠한 것이었을까?

후세 건축이론가들은 이에 대해 다음과 같이 배경을 설명하고 있다. 스탠턴(P. Stanton)은 퓨진의 대표적인 저서인 『대비』에 대한 밀과 칼라일의 영향을 지적하고 있다. 19세기 영국의 철학자이자, 경제학자이면서 공리주의 사상을 발전시켜 자유주의와 사회민주주의 정치사상의 발전에 크게 기여한 존 스튜어트 밀(John Stuart Mill, 1806~1873), 그리고 노동자의 생활 상태에 대해서는 동정은 하면서도 인간의 구제는 강하고도 올바른 영웅의 지배와 중세 때처럼 질서 있는

---

15) 퓨진의 건축이론에 대해서는 신태양, A. W. N. Pugin의 건축이론 연구, 대한건축학회논문집 제7권 제3호 통권35호 참조

16) Augustus Welby N. Pugin, Contrasts. 1836 (인용은 1841년판에 의함)

경제생활로써만 가능하다고 하여 영웅적 지도자의 필요성을 제창한 칼라일(T. Carlyle, 1795~1881) 등이 퓨진에 영향을 미쳤으며, 이 책은 영국사상의 흐름을 이해하는 데에 있어서 중요하다고 하였다.[17] 크룩(J. M. Crook)도 『대비』는 부르주아지의 고전부흥주의 정신에 반대하는 정치적 기록이라고 하여 이 책의 정치적 의미내용을 강조하였다.[18] 그리고 프램튼(K. Frampton)은 『대비』는 당시의 문화전반에 깊숙이 침투해 있었던 고전주의의 보편적 이성에 대한 본능적인 반발이라고 하여, 이 책의 문화적 의미내용을 강조하였다.[19] 즉 이들은 퓨진의 건축사상을 이해하는 데는 먼저 동시대의 사회적, 문화적, 정치적 배경을 이해하지 않으면 안 된다는 것을 명시하고 있는 것이다.

2) 고딕건축의 원리

다음으로 퓨진은 『첨두식, 즉 기독교식 건축의 진정한 원리』[20]라는 강의록은 크게 두 가지 논법에 의해서 구성되어 있다. 첫 번째는 19세기 건축에 있어서 중세양식 부흥을 위한 그의 「가톨릭주의」의 표명이다. 그는 『대비』를 간행하기 2년 전 1834년에 가톨릭으로 개종했다. 그리고 두 번째는 중세양식 부흥을 위한 구체적인 고딕건축의 특질과 실천적인 디자인 법칙의 제시이다. 그는 이 디자인 법칙을 유용성, 구조, 적절함의 세 가지 개념으로 이루어져 있는 「올바른 원리」로 제시하였지만, 이것은 프랑스 합리주의와 계몽주의 사조의 영향을 받은 것이다.

퓨진은 먼저 훌륭한 건축의 기본원칙으로 다음 두 가지를 거론하였다.(p.1)

① 건축에는 편리함 · 구조 · 적합성을 위해서 필요 없는 형태적 특징이 있어서는 안 된다.

② 모든 장식은 건물의 기본적 구조를 풍요롭게 하고, 아름답게 하는 것으로부터 성립해야 한다.

그리고 이러한 원칙이 지켜진 것은 첨두식 건축뿐이라고 한다. 즉 고전 건축은 구조를 숨기려고 하지만, 첨두식 건축은 구조를 미화하는 데에 특색이 있다. 예를 들면 첨두식 건축에는 버트레스와 플라잉 버트레스를 노출해서 특징이 있는 외관을 형성하지만, 고전 건물인 런던의 聖바울 대성당은 플라잉 버트레스를 장벽에 숨기고 있다.(p.4) 또 첨두식 건축의 석조 볼트 천정은 작은 돌조각을 사용한 구조법에 의해서 자연스럽게 성립된 것이며, 바깥쪽으로 벌어지게 한 개구부는 합리적인 해결방안이다. 이는 금속세공에 관해서도 마찬가지로, 근대 건축가는 경첩 · 자물쇠 · 못 등을 가능한 한 숨기려고 하지만, 중세의 장인은 이것들을 오히려 강조하여 장식에 사용했다. 또한 목조에 대해서 보면, 중세교회당의 노출된 작은 지붕은 구조물의 훌륭한

---

17) P. Stanton, The Sources of Pugin's in Contrasts, in Concerning Architecture, N. Pevsner ed., London, 1968
18) J. M. Crook, William Burges and The High Victorian Dream, Univ. of Chicago Press, 1981
19) K. Framton, Avant-garde and Continuity, Architectural Design 52, 1982
20) Pugin, The True Principles of Pointed or Christian Architecture. 1841 (인용은 1853년판에 의함). 퓨진은 「고딕」이라는 말을 좋아하지 않고 대신에 「첨두식」이라는 용어를 사용하였다. 이것은 말할 필요도 없이 고딕식의 아치나 볼트의 정점이 뾰쪽한 것으로부터 유래한다.

장식화이며, 목조주택의 구부러진 버팀재 braces는 자연재료의 놀라운 미적 이용이다.(p.33)
이러한 예술적 원리를 한마디로 말한다면, 이것은 「적합성 propriety」이다.

> 건물외관 및 내부의 모양은 그 건물에 주어진 목적을 전할 수 있고, 그에 적합한 것이 아니면 안 된다.(p.36)

그런데 고전 건축과 최근의 「고딕식」이라고 칭하는 건축에는 이 원칙을 무시한 것이 많다. 예를 들면 완만한 구배의 지붕을 갖는 교회당의 전면에 급구배의 파풍과 첨탑을 부가한 것이 있다. 이것은 허위이며, 결코 허용되어서는 안 된다.

> 인간의 눈에만 풍부하고 아름답게 보이는 교회당을 짓는 것보다도 저주스러운 것은 없다. 이것은 속임수와 허위에 가득 차 있으며, 만물을 꿰뚫어 보는 신의 눈으로부터 피할 수 없다. 교회는 신을 위해 지어진 것이며 인간을 위한 것이 아니다.(p.38)

마찬가지로, 건축 재료에 관한 허위도 배척된다.

> 돌이나 무늬를 새긴 판자와 같이 채색한 회반죽 · 주철 · 조립장식은 단지 모조품에 지나지 않고, 茶室에는 적합할지 모르지만, 신성한 건물에는 전혀 가치가 없다.(ibid)

또 현대 주택건축의 가장 큰 결함은 「건물의 입면을 평면에 종속시키는 것이 아니라, 입면에 적합하게 평면을 디자인하는」 것이며, 만일 평면을 필요성에 적합하도록 설계한다면, 자연히 픽춰레스크의 효과가 얻어질 수 있다고 한다. 그리고 퓨진은 다음과 같이 결론짓는다.

> 그래서 우리는 미 the Beautiful와 진실 the Truth을, 장래에 지금과 같은 시시한 취미나 이교주의를 타도하고, 가톨릭의 미술과 위엄을 부활시킬 수 있도록 노력하기 위한 좌우명으로 삼도록 하자.(p.56)

결국 이 디자인 법칙에 관한 그의 논의에는「올바른 원리」까지는 미치지 못하지만 중요한 개념이 하나 있다. 그것은 사회적 가치, 사회적 질의 개선, 건축가 자신의 대 사회적 책임을 다하기 위해 이러한 디자인 법칙이 필요하다는 것을 가톨릭주의의 표명을 통해서 펼치고 있는 것이다.

3) 건축의 윤리적 해석

19세기 초기의 영국사회는 공업화의 진전과 함께 종교적 관심의 저하, 그 결과로서의 윤리관의 저하, 도시의 슬럼화, 부녀자의 장시간 노동, 주택 위생설비의 불비 등 많은 문제점을 안고 있어, 각 방면에 대한 개혁을 필요로 하였다. 그러나 개혁에 가장 앞장서야 할 영국 국교회는 이에 적절히 대처하지 못하였기 때문에 가톨릭주의자와 국교회의 고교회파를 중심으로 개혁이 진행되기 시작하였다.

퓨진은 기본적으로 건축이란 물질적 재료에 의존하는 면이 많고, 따라서 다수의 장인의 노동에 의해서 비로소 실현되기 때문에 건축가 개인으로서의 성격을 표현할 수 있는 여지를 찾아보기 어렵다고 생각하고, 건축을 시대의 초개인적인 정신의 표출로서 모든 건축의 역사까지 확대된 의미로서 받아들였다. 그러므로 그의 건축이론은 기본적으로 「집산적 표현주의」에 해당된다.[21] 그는 또 고딕건축의 부흥을 위해서는 고딕의 기계적 소질과 함께 고딕 건축에 나타나 있는 정신을 이해하고, 이것을 만든 그 시대 사람들의 감정과 기분을 회복할 수 있어야 한다고 하여, 건축은 그것을 세운 사람의 사상과 감정을 표현한다고 하는 「객관적 표현주의」에 가까운 입장을 취하고 있다.

이와 같이 건축의 문제를 시대라든가 사회의 반영으로 보는 퓨진의 집산적 표현주의 이론은 건축에 있어서의 윤리적 가치의 표현문제, 즉 건축의 「윤리적 해석」에 이르게 된다. 예술비평에 이 윤리의 문제가 도입되게 된 것은 18세기 중반부터이지만, 건축 작품에 표현되어 있는 건축가의 윤리적 가치를 가지고 그 작품의 가치를 판단하게 된 것은 퓨진의 『대비』 이후의 일이다.

그는 좋은 건축이란 진실한 건축, 기능을 정직하게 표현한 건물이라고 하고, 실천적인 건축 세부론에 이르러서는 속임수를 피하고, 모든 것이 사실적인 것이어야 한다고 하였다. 이처럼 그가 주장하는 진실성 · 정직함 · 사실성의 개념들은 19세기 고딕부흥주의자에 있어서 매스와 표면의 취급방법, 그리고 구조와 재료의 취급방법에 대한 기조를 정하였을 뿐만 아니라 지금도 우리들 마음의 어디엔가 이 정직한 표현에 대한 신앙이 남아 있으며, 근대건축에서도 이것은 하나의 중요한 가치로 삼았다.

건축의 「윤리적 해석」은 러스킨에 있어서도 마찬가지이다. 그는 『건축의 칠등』의 1880년판 서문에서 예술은 도덕을 포함한 인간 존재 전체에 관련되는 것이라고 하였다.[22]

> 모든 실제적인 법칙은 도덕적 법칙으로 대신할 수 있다.(p.4)

따라서 그는 건물을 설계한 사람의 마음의 질과 도덕적 감정이 우수한 건축을 만들어내며, 이러한 과정을 거쳐 생겨난 것이 바로 고딕건축이라고 생각하였다. 그는 건축의 정의에 있어서도 실용성을 배제한다. 건축은 건물의 일상적인 용도를 초월해서 설계한 사람의 마음과 도덕적

---

21) 건축에 있어서의 표현주의는 시대라든가 사회를 반영한다는 점에서 「개별적 표현주의」와 「집산적 표현주의」로 나눌 수 있다. 건물을 건축가의 개성의 표현으로 보는가 아니면 건축가 개인의 신념뿐만 아니라 건물을 세우는 데에 있어서 필요한 모든 활동영역까지를 포함해서 보는가에 따라서 구분할 수 있는 것이다.

22) John Ruskin, The Seven Lamps of Architecture, 1880 (인용은 Dover ed., New york, 1989)

감정을 표현하지 않으면 안 된다고 생각하였기 때문이다.

이와 같은 러스킨의 주장은 취미와 보편적 이상미를 미의 판단 기준으로 삼았던 당시의 예술가들에 대해 인간의 사고와 권위, 그리고 인간의 감각과 감성을 중시한 예술론, 미학이론이다. 그는 예술을 위한 예술을 부정하고, 도덕률에 기초한 예술가의 대 사회적 책임을 묻는다. 이러한 러스킨의 생각은 독일 낭만주의의 철학, 그리고 칼라일에서 볼 수 있는 도덕적 이상주의의 영향을 받은 것이다.

또한 예술에 있어서의 새로운 접근방식, 즉 예술의 「윤리적 해석」은 독일 낭만주의 철학자 실러(F. V. Schiller, 1759~1805)의 「도덕적 이성」에 의해서 처음으로 제기된 문제였고, 건축의 「사회적 해석」을 처음으로 시도한 사람은 퓨진이지만, 이러한 개념들은 근대건축의 주요한 출발점의 하나가 된다. 예를 들면 퓨진과 동시대 건축가인 스트리트(G. E. Street, 1824~ 81)는 인간은 대부분 시대의 지배를 받고 있으므로, 대개 어느 시대를 막론하고 시대정신이 존재한다고 하였고,[23] 프랑스 건축가 비올레 르 뒤크도 예술은 민중에 속해 있다고 선언하였다.[24] 다만 퓨진이나 스트리트의 주장은 신앙에 기초한 소박하면서도 솔직한 것이었지만, 비올레 르 뒤크에 있어서는 이성주의 미학의 방향으로 전개된다.

이러한 건축의 사회적 · 윤리적 해석은 결국 퓨진, 러스킨, 모리스의 사회적 조형이론에서 유래하는 영국적인 건축비평의 전통을 이어받은 것으로, 퓨진의 주장은 낭만주의 건축이론의 초기 예로써 주목해야 하며, 동시에 근대주의 건축미학(이 책 제5장)에 상통하는 점이 많다.[25]

3.3 비올레 르 뒤크

비올레 르 뒤크(Viollet-le-Duc, 1814~1879)는 19세기 프랑스를 대표하는 낭만주의자이다. 그는 중세건축의 연구자이며, 저술로서는 대작인 『11세기부터 16세기에 이르는 프랑스 건축의 이론적 사전』[26] 등이 있으며, 또 중세건축 유구의 수리 · 복원에도 진력하고 있다. 그리고 고딕을 이상적인 건축이라고 하였다. 특히 그는 고딕건축의 구조적 우수성이 고딕건축의 미의 근원이라는 일종의 이성주의적 미학에 도달했다. 20강론으로 된 『建築講論』[27]은 이와 같은 그의 사상을 전개한 것

23) A. E. Street, Memoir of George Edmund Street, R. A., 1825~1881, London, p.319

24) Eugène-Emmanuel Viollet-le-Duc, Dictionnaire raisonée de l'architecture Française du 11me au 16me siècle, 10 tomes, 1854~1868, p.13

25) 건축의 윤리적 접근 방식은 근대건축에 이르러서도 지속되어 근대건축가 그로피우스(W. Gropius)는 근대건축의 윤리적 필요성은 더 이상 의심할 여지가 없다고 단언하였고, 건축비평가 밴햄(R. Banham)은 1910년경에 표면화되기 시작했던 일련의 혁신적인 움직임은 전부 19세기의 건축이론에서 시작된 것이었지만, 그 중에 하나가 자신이 살고 있는 사회에 대한 건축가 자신의 책임감이라고 지적했다. R. Banham, Theory and Design in The First Machine Age, London, 1960, Ch.1

26) Eugène-Emmanuel Viollet-le-Duc, Dictionnaire raisonée de l'architecture Française du 11me au 16me siècle, 10 tomes, 1854~1868

27) Viollet-le-Duc, Entretiens sur l'architecture, 2tomes, 1863~1872 (인용문 끝의 로마 숫자는 강론 번호를 가리킴)

이다. 이하 이 책을 중심으로 그의 건축미학을 살펴보기로 한다.

비올레 르 뒤크의 사상에 있어서 특별히 주의할 필요가 있는 것은, 예술에 있어서 이성의 작용에 관한 그의 생각이다. 그는 먼저 상상력과 이성의 관계에 대해서 다음과 같이 말한다.

> 상상력이야말로 예술의 원천이다. …… 그러나 상상력은, 만일 사람이 그의 공상에 진실한 양상을 부여하는 내부적인 調整器를 갖지 못한다면, 막연한 무형의 공상을 낳을 뿐이다. 이 調整器라고 하는 것은 그의 이성이다. 혹은 …… 이성의 능력이다. …… 이 자연의 능력은 그의 상상력의 창조가 자연의 진실로부터 멀리 떨어질수록 필연적으로 이러한 창조를 명확히 하기 위한 물질적 결합에 응집력과 조화적인 형식을 줄 수 있게 된다.(Ⅰ-p.25)

그 실례를 들자면, 人頭馬身의 켄타우로스를 만든 그리스 조각가는, 그의 허구에 진짜와 같은 느낌을 주기 위해서 살아있는 동물의 구조와 세부를 주의 깊게 연구하였고, 또 소설가가 유령에 대해서 쓸 경우, 이것을 현실같이 보이기 위해서 대상의 세부에 이르기까지 진실성을 주려고 항상 면밀히 머리를 짜냈다.

이것은 예술의 창작에 임할 때, 어떻게 이성이 중요한 역할을 다하는가라는 점에 대한 주장이다. 그러나 이 문제는 넓은 의미에서의 제작기술에 관한 것이다. 어떠한 예술부문에 있어서도 작품을 실현하기 위해서는 어떠한 기술이 필요하고, 그 기술이 세밀한 지식과 냉정한 계산, 즉 이성에 의해서 지지되는 것이라는 것은 말할 필요도 없다. 그렇지만 이것은 작품의 관조자와는 관계가 없는 것이다.

다음으로 건축에 대해서는, 먼저 역사적으로 보면, 인도인이나 소아시아인이 점토나 목조건물의 형태를 돌로 모방했던 데에 대한 불합리성을 지적하고, 그리스인은 이와 같은 불합리성으로부터 탈피하였으며, 더욱이 로마인에 이르러서는 채용된 구조를 그대로 표현하는 형식과 솔직한 표현의 진실로부터 이끌어 낸 미를 갖는 실질적인 공공건축을 완성했다고 한다. 그리고 중세의 우리 선배는 로마인과 같은 방향으로 한층 더 전진했다는 것을 강조하였다.

> 중세 장인은 모든 힘이 명료하면서도 구조의 모든 방법이 형식의 기원이 될 수 있는 건축을 바랬다. 그들은 적극적인 저항의 원리를 채용하고, 구조물에 평형을 도입했다. 사실 그들은 이미 어떠한 제품이나 대상에도 각자의 명확한 기능 – 이것은 하나의 공통 목적을 목표로 하는 것이지만 – 을 지정하는 것을 좋아하는 근대적 정신에 의해 도출되었던 것이다.(Ⅹ-p.452)

그리고 이러한 고딕건축과 유사한 특징은 생물에도 나타난다고 한다.

> 이 건축의 모든 부재는 구조적 요구의 결과이며, 이것은 마치 식물이나 동물의 세계에 있어서 유기체의 필요에 의해 생겨나는 현상 또는 부가물이 아닌 것은 존재하지 않는 것과 같다.(Ⅶ-p.284)

따라서 앞으로 건축도 당연히 그렇게 되어야 한다고 주장한다. 즉 재료에 대해서는,

> 재료는 그 특성에 따라서 적절하게 사용하지 않으면 안 된다. 너무 튼튼하거나 너무 경쾌해도 좋지 않다. 재료는 그 자체의 기능을 표현하는 형태로 사용되어야 한다. 돌은 돌과 같이, 철은 철과 같이, 목재는 목재와 같이 보이지 않으면 안 된다. 재료는 각각의 성질에 적합한 형태를 구비하면서 상호간에 조화를 유지하도록 해야 한다.(Ⅹ-p.472)

또 구조에 대해서는,

> 존재 이유를 설명할 수 없는 형태는 아름다울 수 없다. 건축에 대해서 말한다면, 구조에 의해서 규정되어진 것이 아닌 형태는 모두 거부되어야만 한다.(Ⅶ-p.304~5)

요컨대 그가 여기에서 주장하고 있는 것은 건축 재료나 구조의 합리적인 사용이다. 그러나 재료나 구조의 합리적인 사용이 바람직한 것은 언제나 어디에서나 통용되는 상식으로 특별히 문제시할 필요는 없다. 다만 문제는 이러한 합리성이 왜 미의 원인이 되는가라는 점이다. 그러나 그는 이 점에 대해서는 충분히 설명하고 있지 않다.

> 나는 현세대의 취미가 이성의 습관을 몸에 베이도록 해서 점차 개선되어 갈 것을 확신한다. 취미에 의해 내려진 판단을 이성과 지혜가 어떻게 해서 확정짓는가를 살펴보자. 언제나 우리가 취미라고 부르는 것은, 그 경과가 우리의 관찰로는 파악할 수 없는 부자유한 이성의 과정에 지나지 않을 것이다.(Ⅰ-p.285)

또 다른 곳에서는, 「눈은 합리적인 것에 대한 본능적인 감각을 지닌다」(Ⅶ-p.285)라고 하는 정도이다. 그리고 최종적으로는 신의 은총으로 돌리고 있다.

> 이것은 마치 신이 결국은 이성에 의해서 공식화된 것을 본능에 의해서 지각하는 능력을 인간의 눈에 부여한 것이다.(Ⅶ-p.286)

따라서 비올레 르 뒤크의 미와 이성의 관련성에 관한 주장은 결국은 종교적인 신념에 지나지 않다는 것을 알 수 있다. 그리고 그는 중세건축의 『사전』에서 고딕건축의 구조를 상세히 검토한 결과, 그 형태적 특징은 역학적 · 구조적 요구로부터 필연적으로 생긴 것이라고 주장했다. 그리고 중세 장인의 목적은 교회당에 석조 볼트를 가설하는 일이며, 이 어려운 목적을 달성했던 기술의 우수성이 고딕건축의 미의 원인인 것처럼 설명했다(그림 9).[28]

즉 여기에는 그의 이성주의 미학이 「技術 = 美」라는 형식학파풍의 철학에까지 도달한다. 그러나 실

제상으로는 고딕건축의 형태가 구조적 이유만으로 성립했다고 하는 그의 견해에 대해서는 여러 가지 의문이나 반대설이 제기되고 있다.[29] 또한 교회당에 석조 볼트 천정을 거는 것 자체는 물론 「목적」이 될 수 없고, 신앙의 분위기에 어울리는 엄숙하고 숭고한 내부 공간을 만들어내기 위한 「수단」에 불과하다는 것은 분명하다(이 책 p.171). 즉 건축에 있어서 기술은 항상 수단이며, 고딕의 경우는 오히려 건축의 예술적 목적을 위해서 우수한 기술이 봉사했던 전형적인 사례인 것이다.

요컨대 비올레 르 뒤크의 사상은 18세기의 크루자(이 책 p.40) 등의 이성주의 미학에 가깝고, 그의 「技術 = 美」라고 하는 공식은 이성주의 미학의 「眞理 = 美」라고 하는 공식의 하나의 변형에 불과하다. 그러나 그의 이 사상은 근대주의 건축미학에 강한 영향을 주었다.

그림 9 비올레 르 뒤크, 3천명이 들어가는 홀, 1864

28) Viollet-le-Duc, Dictionnaire, tome 4, p.44

29) Pol Abraham, Viollet-le-Duc et le “Rationalisme” gothique. 1934

3.4 존 러스킨

러스킨(John Ruskin, 1819~1900)은 19세기의 영국을 대표하는 미술비평가이며, 후에는 사회사상가로서도 활동했다.[30] 회화에 관해서는 『근대화가론』[31]이 있으며, 그는 이 책에서 라파엘전파를 변호하고, 조셉 터너(Joseph M. W. Turner)의 흐릿하면서도 정취가 있는 픽춰레스크 회화를 칭찬했다.

건축에 대해서는 이 책에서 살펴보는 『건축의 七燈』[32] 외에도 『베니스의 돌』[33]이 있으며, 베니스의 중세건축, 특히 고딕시대의 저택건축의 세부장식 등에 관한 상세한 지식과 이해를 나타내고 있다. 더욱이 사회사상가로서는 기독교 신앙에 기초한 중세의 도의적 사회를 실현하기 위해 개혁이 필요하다고 주장했다. 개괄적으로 말한다면, 러스킨은 철저하게 기독교적 · 영국적 · 낭만적이며, 고전적인 것은 일체 받아들이지 않았다.

『건축의 七燈』은 건축에 관한 러스킨의 생각을 종합한 것으로써, 표제에서도 알 수 있듯이 7개의 燈(章)으로 구성되지만, 각 장은 엄밀하게 구별하기 어렵고, 전체를 통해서 동일한 主旨가 반복되고 있다. 이하 각 장의 요점을 기록한다.

1) 희생의 등 The Lamp of Sacrifice

신을 위해서 대중은 건축 재료를 바치며, 건축가 · 조각가는 노력 봉사해야 한다.

> 가정적 사치(주택 등)는 국가적인 장려함(교회건축)을 위해 희생하지 않으면 안 된다.(Aph.5)
>
> 눈에 보이지 않는 곳이라고 해서 장식을 하지 않거니, 눈으로부터 멀리 떨어져 있다고 해서 장식을 조잡하게 하거나 생략해서는 안 된다.(Ⅰ-11, 12)

2) 진실의 등 The Lamp of Truth

구조, 재료, 시공 상의 허위를 배척하는 것이다.

> 건축에 관한 허위에는 다음 세 가지가 있다(Ⅱ-6).
>
> a. 구조물의 형태를 무언가 다른 것으로 보이도록 하는 것(예 : 후기고딕의 펜던트 pendant)
>
> b. 재료를 다른 것처럼 보이기 위한 채색이나 조각(예 : 목재를 대리석과 같이 채색하는 것)

---

30) 러스킨의 건축이론에 대해서는 신태양, 러스킨의 건축이론 연구, 대한건축학회논문집 제7권 제6호 통권37호 참조

31) John Ruskin, Modern Painters. 5 vols, 1843~1960

32) John Ruskin, The Seven Lamps of Architecture. 1849

33) John Ruskin, The Stones of Venice. 3 vols., 1851~1853

c. 종류의 여하에 관계없이 모든 주조품 혹은 기계제품의 장식을 사용하는 것(대량 생산은 불가)

3) 힘의 등 The Lamp of Power

건물의 크기 · 매스 · 넓이 · 명암 등의 효과에 관한 기술이며, 종래의 미학에서 말하는 숭고의 문제이다.

4) 미의 등 The Lamp of Life

자연 형태의 모방과 비례 · 대칭 · 색채 등 미의 문제이다.

5) 생명의 등 The Lamp of Life

모방과 변화, 수작업에 의한 생명의 표현 문제. 러스킨은 수작업을 찬미하여 다음과 같이 말한다.

> 인간이 …… 자기의 최선을 다해서 일을 하는 한, 그들이 아무리 일에 서투른 장인이라고 할지라도, …… 그 수작업에는 어떠한 대가로서도 살 수 없는 귀중한 것이 있다.(V-21)

6) 기억의 등 The Lamp of Memory

건축물의 사회성과 보존의 문제. 현재의 건축을 역사적인 안목에서 보지 않으면 안 된다. 즉 「이야기하는 건축」으로 해야 하며, 과거의 건축을 보전하지 않으면 안 된다.(Ⅵ-2)

7) 복종의 등 The Lamp of Obedience

양식에 대한 충실이다. 건축에 있어서는 작가의 개성에 의한 변형보다도, 무명의 장인에 의한 건축양식의 균일성이 중요하다.

> 건축의 건전한 상태와 작용은 회화 · 조각보다도 훨씬 더 엄격한 법칙에 의한 것이며, 회화 · 조각이 개인적 심정의 작용에 의해서 부여하는 자유방종은 건축에는 있어서는 안 된다. …… 어떤 국민의 건축은 단지 이것이 그 나라의 국어와 같이 일반적이면서도 확정적일 때, 또는 양식의 지방적 차이가 지방에 따른 단어의 사투리 정도에 불과한 경우만이 위대하다.(Ⅶ-3).

이상이 七燈의 개요이지만, 1)과 2)는 예술론이라기보다는 오히려 신앙론 혹은 도덕론에 가깝다. 허위를 배제한 「진실」을 강조하는 것은 퓨진과 같지만, 이것은 결국 윤리상의 문제이다. 더욱이 눈에 보이지 않는 부분을 보이는 부분과 같이 마무리하라는 것은 실제의 건축에서는 불가능한 공상에 불과하다. 기계에 의한 대량생산의 금지라는 사항은 5)의 수작업 존중과 같은 주지의 주장이며, 중세 장인의 작업형태를 이상화했던 것이다. 6)은 일종의 문화론이며, 1)의 종교건축 우선론과 같이 기념적 건축의 중시와 보호에 관한 발언이다. 7)의 자연발생적인 양식에 의한 통일을 희망하는 주장은 5)의 수작업의 존중과 마찬가지로 중세건축을 규범으로 하는 사상에서 유래한다.

따라서 七燈 중에서 본래의 건축미학에 관한 사항은 3)의 「힘의 등」과 4)의 「미의 등」뿐이며, 나머지는 모두 신앙론 혹은 도덕론에 관한 사항이다. 러스킨의 이러한 편향은 해가 갈수록 강해진다. 예를 들면 『建築의 七燈』에 제2판부터 추가된 소론 「건축에 있어서 네 가지 감상법」에는 다음과 같은 항목이 삽입되어 있다.

① 감상적 감상 Sentimental Admiration

대부분의 여행자가 횃불을 들고 처음으로 성당에 들어와서, 보이지 않는 합창대의 성가를 들을 때, 혹은 달밤에 절의 폐허를 찾거나, 혹은 또 흥미가 있는 연상에 연결되는 건물을 방문해서 몽롱한 가운데 응시할 때 경험하는 일종의 문학적 감정.

② 과시적 감상 Proud Admiration

보기에 좋거나 크거나 혹은 정연한 건물에 있어서 일반적인 속인들이 건물의 위엄으로부터 느끼는 기쁨.

③ 장인적 감상 Workmanly Admiration

교묘한 돌쌓기를 볼 때 느끼는 기쁨, 그 위에 예를 들면 선이나 매스, 그리고 몰딩의 비례에 대한 지각과 같이 취미 발달의 초보적 단계에 속하는 기쁨.

④ 예술적이며 합리적인 감상 Artistic and Rational Admiration

벽이나 주두, 그리고 프리즈 등의 조각이나 회화를 이해하는 데에서 느끼는 기쁨. 즉 여기에서는 선이나 매스나 비례 등은 교묘한 돌쌓기를 보는 기쁨과 동일하게 장인직 감상법에 속하며, 예술적이며 합리적인 유일한 감상법은 건물에 그려진 회화나 조각장식을 이해하는 것이 된다. 이 점에 대해서 러스킨은 다시 다음과 같이 말한다.

> 조각과 회화는 실제로 할 수 있는 모든 것이며, 내가 오랫동안 부주의하게도 건축의 부수적인 것이라고 항상 생각해 왔던 이러한 것이 실제로는 건축의 진정한 주인공이며, 또한 조각가도 화가도 아닌 건축가는 대규모로 골격을 만드는 사람 frame-maker 에 불과하다는 것이 점차 분명해졌다.

즉 러스킨의 관심은 건축 본래의 조형 면에서 완전히 이탈하여, 부가적인 장식이나 도상학적인 측면으로 옮겨지고 있다. 여기에 그가 미술비평가로부터 사회개량 운동가로 전향했던 이유도 찾아볼 수 있을 것이다.

그러나 반면에 러스킨이 앞에서 논한 바와 같이 구조, 재료의 허위를 배격하고, 양식에 대해 충실할 것을 외친 것은 당시의 절충주의 건축의 타락에 대한 경고로서의 의의가 크다는 것은 부정할 수 없다. 이 점은 비올레 르 뒤크의 경우와 같으며, 낭만주의의 반아카데미즘적인 역할의 성과였다. 이것이 근대주의 운동에 영향을 주었던 것은, 예를 들면 러스킨이 주창했던 수작업 존중의 사상이 20세기의 아돌프 로스나 바우하우스 등에도 전해지고 있는 것을 보아도 분명하다(이 책 p.151, 156).

이처럼 러스킨은 건축에 있어서 기계의 사용을 거부하고, 설계자와 장인의 자질에 착안하여 건축의 질을 판단하려고 하였으며, 건축가의 대 사회적 책임성을 강조하였다. 즉 그의 건축이론은 실제적인 조형이론이라기보다는 「미적 계기」 외에 지적, 사회적, 종교적, 도덕적 계기를 포함하는 「사회적 미학」인 것이다. 회화와 건축의 비평에서 시작하여 점차 사회의 부정을 고발하고, 사회 개혁을 부르짖는 방향으로 발전하는 그의 사회적 미학의 기본적인 사고는 그를 둘러싼 사회와 현저하게 대립하는 것이며, 유토피아적이다.

고도로 공업화된 영국에는 한편으로는 산업자본가의 착취, 또 한편으로는 사회적 부를 소수가 독점하는 사회적 현상이 심화되고, 이러한 사회와 환경, 일반적인 문화의 쇠퇴라고 하는 현상이 주로 러스킨의 비평의 대상이 된다. 그리고 마침내 그는 독자적인 사회개혁의 모델과 이의 실제적인 검증을 한정된 범위 안에서 진행시켜 나아간다.

러스킨의 유토피아적인 생각은 역사적으로 역행하는 중세주의이다. 그는 당시의 사회 문제와 예술의 쇠퇴에 대한 책임은 근대산업에 있다고 하였다. 따라서 그에 있어서는 고딕 부흥은 중세의 건축이나 미술의 전통을 의미할 뿐만 아니라, 중세의 생산 방식과 장인의 작업 형태로부터 사회주의자의 생각에 가까운 하나의 결론에 도달하게 된다. 그것은 기계생산과 노동의 분할을 특색으로 하는 근대공업은 노동의 비생명화와 자기 손에 의한 생산품으로부터 생산자의 소외를 필연적으로 발생시키며, 이러한 상황에 예술이 쇠퇴하게 된 원인이 있다고 보는 것이다.

이러한 러스킨의 복고적 유토피아는 객관적인 사회현실과 가능성 면에서 거의 실현 불가능한 것으로 추상적인 생각에 머물렀지만, 모리스의 경우에는 어느 정도 구체화된다.

3.5 윌리엄 모리스

마지막으로 러스킨의 사상을 직접 계승했던 인물인 모리스(William Morris, 1834~1896)에 대해 살펴보기로 한다. 모리스는 19세기 말의 공예개혁운동이었던 「예술공예운동 Arts and Crafts」의 지도자이며, 『建築 · 工業 · 財貨』[34] 등의 저서에서 자기의 주장을 피력하고 있다. 모리스는 러스킨에 비교하면, 기독교적이라고 하기보다는 사회주의적이다. 그는 당시 급진적으로 발전하고 있었던 영국의 자본주의에 반발하여 이윤추구를 제일의 목표로 하는 상업주의, 노동자로부터 일하는 기쁨을 빼앗는 기계공업, 부유한 사람에 의한 예술의 독점, 자연파괴 등에 의한 환경 악화를 비난하고, 그 개선책으로 중세풍의 이상사회 실현을 역설했다. 모리스의 사회개혁안의 요지는 다음과 같다.

34) William Morris, Architecture, Industry and Wealth. 1902

1) 모든 사람이 해야 할 일을 갖는 것.
2) 그 일은 해야 할 가치가 있으며, 그 자신이 즐길 수 있는 일이어야 한다.
3) 재화를 만들어 내는 것이 중요하며, 이 재화가 우리의 생활환경을 미화한다.
4) 예술은 그 작품에 가치가 있을 뿐만 아니라, 제작과정 그 자체에도 가치가 있다 - 거기에는 창조하는 자의 기쁨이 나타나 있다.

모리스는 공예미술의 발전에 있어서 중요한 인물이다(그림 10). 그는 러스킨이 단지 생각만 했던 것을 실천에 옮겼을 뿐만 아니라, 러스킨처럼 유토피아적인 글을 많이 쓰고 있으며, 저술활동과 강연 등의 방법을 사용하여 사회적, 정치적 활동을 전개하였다. 그리고 무엇보다도 미적인 의식을 가진 라파엘전파의 화가로부터 정치참여 의식을 가진 사회주의 개혁자로의 발전은 러스킨이 걸어온 길과 거의 일치한다.

모리스는 옥스퍼드 대학 입학 후 성직자를 희망하였다. 그러나 러스킨의 『베니스의 돌』을 읽고, 이 책에 들어 있는 「고딕의 본질」에서 아주 깊은 감명을 받았다. 그리고 그는 1892년에 이것을 자신의 해설을 덧붙여 간행하여 수공예 노동자들에게 배포했다. 이 고딕의 본질은 언뜻 보기에는 하나의 건축양식의 성질이라는 작은 문제를 다룬 것으로 생각할지 모르나, 기계에 의한 대량생산에 반대하여 개개인의 창의력과 수공예의 가치를 중시하고, 건축이 예술과 생활을 종합하는 존재라는 것, 그

그림 10 모리스가 디자인한 벽지, 1877년

리고 인간이 노동에서 즐거움을 찾지 않으면 안 된다고 생각한 모리스 예술론의 원형이 되는 중요한 사상들을 담고 있으며, 이 사상은 톨스토이나 모리스의 「사회적 이상주의」로 발전하게 된다.

모리스의 주장이 퓨진이나 러스킨과 다른 점은 모리스에게는 종교적인 개념이나 종교적인 편견이 없다는 것이다. 그 대신에 그는 디자인이 생겨나는 기반, 생활과 기술이 디자인에 대해 갖는 관계성에 착안하였다. 모리스가 예술과 생활을 접목시키려고 했다는 것은 예술을 대중의 일상생활에 흡수시켜 인간생활의 질을 향상시키려고 하는 「생활의 예술화」이다. 그가 예술이라는 말을 사용할 때는 단지 회화나 조각 등 미술을 이야기하는 것이 아니라 일상생활에 있어서 자기 주변의 사물을 미화시키는 생활과 예술의 상호관계를 말한다. 그는 『예술의 목적』이라는 강연에서 자기가 갖고 있는 자연관과 사회에 있어서 예술의 역할에 대해 다음과 같이 설명하였다.[35)]

> 나는 여러분들에게 예술이라는 말을 예술작품이라고 의식하고 있는 그런 사물들을 넘어서 확대시킬 것을, 회화나 조각이나 건축만을 생각하지 말고 모든 일상생활용품의 색과 형태 등 우리들의 생활에 있어서 모든 외관의 모습까지 확대시킬 것을 부탁드립니다.

모리스는 이러한 예술적 관점에서 수공예의 미를 강조하고, 진실을 찾아 간소하고 신중한 생활을 확립하는 것만이 사회를 건전하게 하고 인간생활을 행복하게 하는 길이라고 생각했다. 실제로 그는 1859년에 자택인 「붉은 집 Red House」을 지으면서 동료 예술가들의 협력을 얻고, 이것이 1861년 모리스상회의 설립으로 연결되지만, 그는 이 과정에서 「house beautiful」이라는 일종의 생활미화, 환경미화에 몰두하였다. 이것은 장식가로서만이 아니라 심미가로서의 측면을 잘 나타내고 있다.

모리스는 이러한 생활예술의 문제에서 두 가지 특징 있는 견해를 발전시킨다. 첫 번째는 그의 중세주의로, 러스킨의 중세주의를 계승하였다.

> 진실한 생활예술을 확립할 수 있으면서 여러 가지 다른 사회생활과 기후, 그리고 그 외에 자유롭게 적용할 수 있는 유일한 건축양식은 고딕건축이다.[36)]

그러나 그가 목표로 한 것은 디자인의 질의 문제와 함께 디자인을 만들어 가는 운동체의 문제였다. 이것은 사회전체의 정신공동체가 성립되어 있던 중세를 현대에 이식시키려고 하는 사상으로서 러스킨의 「기독교 사회주의」에서 「길드사회주의」로 변화하는 영국 철학사조의 변화과정으로 이해할 수 있다.

근대적인 디자인이란 그것을 제작하는 디자이너의 자각과 밀접한 관계에 있다. 중세풍 예술의 통일과 그 모태로서 건축의 부흥을 목표로 한 「예술노동자 길드」 등 다양한 예술 운동체에서 발전하여 최종적으로 「예술공예운동」으로 발전한 것은 이러한 자각을 갖고 있는 디자이너들의 조직의 역

35) William Morris, The Aims of Arts, 1886

36) Paul Thompson, The Work of William Morris, London, Heineman, 1967

사이며, 동시에 「길드 사회주의」를 구현하려는 구체적인 행동으로 이해하지 않으면 안 될 것이다.

그리고 두 번째는 인간의 노동에 관한 모리스의 독자적인 견해이다. 그는 기쁨이 없는 노동은 불행이며, 즐거움이 없는 직업은 일할 가치가 없다고 보아 근대적인 생산방식에 대한 윤리적 비판을 하였으며, 이러한 입장에서 기계생산에 의문을 제기하였다. 그는 기계생산은 어떤 것이나 모두 생존조건으로서는 하나의 악에 지나지 않는다고 하여 근대적인 생산방식에 대해 러스킨처럼 편견을 가지고 있었다.

> 최선의 경우라 하더라도 그들의 흥미를 끌거나 능력을 발휘할 수 없는 일에, 최악의 경우에는 가차 없는 강제력에 의해 그들을 쥐어짜기만 하는 노예처럼 고역인 일에 인생 대부분을 소모하고 있다.[37]

그는 만년에 이 태도를 상대적인 것으로 생각하고, 사회적 · 정치적 문제를 러스킨보다도 솔직하게 보고 있었지만, 그는 예술과 취미를 개선시키려고 하여도 사회를 변혁하지 않으면 이러한 시도는 무위로 끝나고 만다는 것을 간파하고 있었고, 당시의 상황에 대한 그의 비판은 오해의 여지가 없을 정도로 명확하였다.

그러나 결과적으로 사회주의 운동가로서나 디자이너로서나 모두 사회의 상황과 모순된 입장에 빠지게 된다. 그의 활동은 노동자에게나 사회에 러스킨이 기대했던 어떤 이익을 가져다주는 것은 아니었다. 오히려 모리스의 경우에는 유토피아의 일부를 적어도 혼자만이라도 실현하려고 시도할 때, 문화를 소유하는 특권과 사회적 현실과의 대립은 극심해져 갔다. 수공업에 의해 저렴하고 견고하면서도 질이 높은 제품을 일반 대중에게 공급한다고 하는 이러한 생각이 실제로 디자인 분야에서 실현될 수 있는 것은 질이 높은 공예미술이며, 특권계급을 위한 수공예작품이 될 수밖에 없었던 것이다.

이처럼 소외받는 노동과 그 결과를 수공예라고 하는 중세적인 생산방식으로의 후퇴에 의해 지향하려는 복고적 유토피아가 역사적으로 실패하는 것은 피할 수 없는 것이며, 이 점이 이러한 복고적 유토피아에 대한 비판의 요점이다. 그러나 근대산업으로 빚어진 사회의 모순은 러스킨과 모리스의 시대에서 끝난 것은 아니다. 기계문명의 왜곡에 대해서는 지금도 고민하고 있고, 이에 대한 비판도 각처에서 행해지고 있다. 이러한 비판적인 입장에 있는 사람들은 기계를 완전히 부정하는 것은 아니지만, 인간이 기계의 노예가 되는 것을 경계하였다.

러스킨이나 모리스의 사상의 영향으로는 생활과 예술의 연결이라는 목표를 지닌 바우하우스에서 그 기틀이 마련되었다. 특히 바우하우스에서도 근대건축의 창시자로 일컬어지는 그로피우스(Walter Gropius, 1883~1969)는 미술이란 일상생활에서 유별나게 특별한 것이 아닌, 일상생활을 만들어 내는 중요한 요소라고 하였는데, 이것은 모리스의 생활예술에 연결되는 사상이다. 또 현대

---

37) William Morris, The Beauty of Life, 1880

사회의 일부에서는 기계문명과 뿌리 깊게 대결하려고 하는 전통공예운동은 그들 이론의 한 발전적 인 형태이다.

반면에 이러한 사상에 대해 비판적인 입장을 취한 사람도 많다. 예를 들면 그로피우스와 함께 바우하우스 운영에 공헌이 지대했던 모홀리 나기(Moholy Nagy, 1895~1946)는 러스킨과 모리스가 기계에 반대하고 산업생산을 수공예에 국한시키려 한 것은 사회의 기술적 진보면에서 볼 때 무리가 있다고 비판하였으며, 과학기술 매체를 이용하여 예술의 지평을 넓혔고 인간의 삶과 예술의 유기적 결합을 통해 「총체적 예술」을 지향하였다.

4. 철의 문제

4.1 구조 합리주의 미학

건축 부재로서 철은 내화성이 우수하고 대규모 스팬이 가능하며 대량생산이 가능하다. 이러한 장점 때문에 철은 구조부재로서 18세기 후반부터 널리 사용되었다. 주철기둥은 19세기를 통해 지속적으로 사용되었고, 그 대표적인 사례는 수정궁[38]이다. 1850년부터는 주철 대신에 연철이 사용되어 세인트 팽크라스 역[39]에 74m나 되는 대규모 스팬을 가능하게 하였다. 그리고 1856년에는 주철을 직접 강철로 변화시키는 새로운 제강법이 개발되어 금속 주조법에서의 일보 전진을 이루었다.

19세기의 역동적인 건축적 변화는 극심한 사회적, 산업적 변화 가운데에서 일어나게 된다. 시대정신, 신소재, 공학기술 등을 기반으로 진보적 이상으로부터 자신들의 새로운 영감을 얻으려는 움직임이다.[40] 산업혁명은 인구의 증가, 공업생산의 증가, 생산시스템의 기계화로 나타나게 되는데, 인구 증가에 따라 전대미문의 생산 증가가 이루어지고 철도역, 온실, 전시시설, 극장 등 대공간의 새로운 건축 유형이 요구되며, 이에 따른 새로운 양식에 대한 열망과 진보에 대한 역사적 인식이 이념적 근거로 작용하여 철의 사용에 관한 논의가 일어나게 된다.

1851년 런던에 팩스턴(Joseph Paxton, 1801~65)에 의한 제1회 만국박람회장인 수정궁이 지어졌다(그림 11). 전시공간으로서의 경제성과 기능성이 요구되어 주철과 유리에 의한 조립공법과 신속한 설치, 구조부재의 재이용에 의한 원가 절감, 전시공간으로서 필요한 대규모 공간을 가능하게 하였다. 그러나 이 건물의 출현은 빅토리아시대의 건축가들에게 신소재나 공학기술을 건축에 응용하는 문제에 직면하게 되어 그 해결방법에 고민하지 않을 수 없었다. 이 문제가 바로 19세기 영국에서 논의된 「철의 문제 Iron Problems」이다.[41]

---

38) Crystal Palace, London, 1850~51

39) St. Pancras, London, 1863~65

40) P. Collins, Changing Ideals in Modern Architecture 1750~1950, 1965 ; 이정수 외 옮김, 근대건축의 이념과 변화, 태림문화사

41) 당시 건축저널에서 철의 문제를 다룬 주요 논고
   · Iron Architecture, The Ecclesiologist 17, 1856, pp.280ff

그림 11 팩스턴이 지은 수정궁 내부, 1851

19세기 영국 건축비평에서는 퓨진이나 러스킨처럼 「진실」 또는 「리얼리티」라고 하는 건축의 윤리적인 문제를 들어 건축예술과 도덕 간의 파괴된 연결고리를 만들려고 노력하였으며, 양식의 선택기준으로서의 민족적 성격, 기후조건, 풍토적인 재료 등을 고려한 전통적인 양식이 중시되었던 시대였던 만큼 유리와 철로 구성된 건축에 대해 고민하지 않을 수 없었다.

당시 영국 고딕주의자나 비평가 중에서 퓨진, 스트리트, 화이트(W. White, 1825~1900)[42], 러스킨 등은 철의 사용에 반대하였으나, 교회건축학협회, 피케트, 스키드모어, 스코트(G. G. Scott, 1811~78)[43], 버제스(William Burges, 1827~81), 커(R. Kerr, 1824~1904) 등은 철의 사용에 찬성하였다. 그리고 그 배경에는 상 외젠 교회(그림 15 참조)[44] 등 프랑스 철교회 디자인과 비올레 르 뒤

· Iron Architecture, The Building News, Jan. 2, 1857, pp.10ff
· Iron Architecture, The Architecture, May 29, 1880, pp.363ff
현 건축사가에 의한 철의 문제 고찰
· S. Muthesius, The 'iron problem' in the 1850s, in Architectural History 13, Britain, 1970
· F. H. Steiner, French Iron Architecture, UMI Research Press, 1984

42) 스트리트와 화이트의 철에 대한 견해는 Iron Architecture, The Architecture, May, 29, 1880, pp.363~364, 「Iron might be more or less serviceable, not merely for railing grills, and screens, but for roofs, bridges, markets, and exhibitions, but certainly not for real architecture」

43) 스코트의 철에 대한 견해는 Remarks on Secular and Domestic Architecture, 1858, pp.109~113, 「It is self-evident that this triumph of metallic construction opens out a perfectly new field for architectural development」

크의 고딕건축 이론이 영국의 철건축의 논의에 중요한 영향을 미쳤다.

철의 사용 문제와 고딕건축의 재해석 문제에 대한 당시 건축가나 비평가들의 다양한 논의를 통해 우리가 알 수 있는 미학적 견해는 다음 두 가지다. 첫 번째는 새로운 건축 과제의 등장과 이 과정에서 나타나는 역사와 진보에 대한 이중적 관념의 형성이다.[45] 이는 19세기 낭만주의와 합리주의로 나타난다. 두 번째는 건축의 「유용성 convenience」, 즉 기능에 대한 인식과 「건축생산의 합리화」, 즉 시대 요구에 부응하는 새로운 구조, 새로운 재료, 새로운 표준, 경제적인 형태를 만들어 가는 과정에서 체험하게 되는 「근대주의 modernism」(이 책 제5장)의 맹아를 살펴볼 수 있다. 특히 이 점에 있어서 후세 건축이론가인 서머슨(J. Summerson), 무테지우스(S. Muthesius), 페브스너(N. Pevsner), 맥클리오드(R. Macleod) 등이 근대건축의 역사적 성격의 기본이 19세기에 어느 정도 결정되었다고 주장하고 있으며,[46] 프램튼(K. Frampton)은 이 「철의 문제」가 「구조 합리주의 structural rationalism」[47]의 발전 과정의 일부로 보고 있다.

4.2 웰비 퓨진

새로운 양식의 출현이나 새로운 건축 재료의 채택에 대한 퓨진의 직접적인 공헌은 거의 없다. 오히려 고고학적 이상에 사로잡혀 과거의 고딕시대로 되돌아가고자 하는 낭만주의적 태도를 취하였다. 그러나 구조의 솔직함이나 소재의 성질에 관한 그의 다음과 같은 주장을 살펴보면 「구조 합리주의」라고 할 수 있는 내용을 담고 있다.

퓨진은 건축의 진실에 대해서 논하고 있는데, 이 개념은 구조에 대한 이상, 고고학에 대한 이상, 기능에 대한 이상을 동시에 추구하는 건축미학이었다. 퓨진은 「금속제품 metal-work」을 논하는 글에서 다음과 같이 주장하였다.

> 이 제품의 디자인 원리에는 사용되는 재료의 성질에 맞도록 디자인할 것이며, 장식의 진짜 목적을 숨기지 않아야 한다.[48]

---

44) L. A. Boileau, Ste. Eug ne, Paris, 1855

45) 이상헌, 철건축과 근대건축이론의 발전, 발언, 2002 '역사와 진보에 대한 이중적 태도'를 「미래사회의 진보에 대한 계몽주의적이고 이상주의적인 열망과 근대사회의 급격한 변화에 대한 비판과 저항, …… 그리고 과거의 황금시대로 되돌아가고자 하는 복고적 감정」의 세 가지 내용으로 요약하고 있다.

46) 영국 중기 빅토리아시대 건축에 대한 적극적인 재평가 연구 J. Summerson, Victorian Architecture, Four Studies in Evaluation, London, 1970 ; S. Muthesius, The High Victorian Movement in Architecture 1850-1870, 1972 ; R. Dixon and S. Muthesius, Victorian Architecture, London, 1978 ; R. Macleod, Style and Society, Architectural Ideology in Britain 1835-1914, 1971 ; N. Pevsner, Some Architectural Writers of Nineteenth Century, 1972

47) K. Frampton, Modern Architecture - Critical History, 1990, pp.64~73.

48) A. W. N. Pugin, The True Principles of Pointed or Christian Architecture, 1841, pp.19-30.

첫 번째 주장은 장식 형태의 「사실성 reality」을 강조한 것이다. 예를 들면 유리제품은 투명한 성질을 배려하고 경쾌함을 잃지 말아야 한다. 두 번째 주장은 장식의 목적은 무엇보다도 「유용성」에 의한 디자인의 합리성이다. 예를 들면 조그만 탑 모양을 한 잉크병, 프랑스식 램프를 모방한 기둥 등은 비례나 치수의 상관관계, 형태, 목적, 양식의 통일성을 생각하지 않은 저속한 작품으로 비난하고 있는 것이다. 퓨진은 이러한 철장식에 대한 디자인 이론에서 주철의 사용에도 반대한다. 주철은 그 생성과정에 있어 결함이 있으며, 취급방법에서도 다른 물질처럼 보이게 하기 때문이었다.

이러한 퓨진의 생각은 동시대에 있어서 속물적 kitsch 인 디자인이나 상업주의와 긴밀하게 관련되었던 고전주의를 비난하는 것이며, 그 고전주의건축은 상업주의 · 산업주의와 결탁하여 대사회적 책임을 회피하는 건축과 장식디자인을 하고 있다고 생각한 것이었다.

알버트 기념탑[49]에서 연철만을 사용한 스코트의 건축에 대한 스트리트의 비평[50]도 이러한 퓨진의 거짓 개념과 구조에 대한 이상을 이어받고 있으며, 이는 구조와 장식의 관련에 있어서 「구조 통합 structural integrity」 개념을 주장한 점에서도 확인할 수 있다. 퓨진에 의하면 건축은 구조적인 것이어야 하며, 장식과 구조는 통합되어 합리적인 구조시스템을 갖추어야 한다. 그리고 고딕의 본질적인 구조가 가볍고 경쾌한 플라잉버트레스로 변화된 것으로부터 그 사례를 찾고 있다.

이러한 퓨진의 생각을 따라 스트리트[51]를 비롯한 다른 영국 고딕주의자와 프랑스 고딕주의자 비올레 르 뒤크[52]도 고딕건축의 모든 요소는 구조에 관한 최선의 원리를 적용한 것으로 이해하였다.

결론적으로 퓨진과 스트리트 등 초기 빅토리아시대 고딕주의자들의 이론을 역사와 진보에 대한 이중적 관점에서 보면, 근대 사회의 급격한 변화에 대한 비판과 저항, 그리고 과거 고딕건축에 대한 복고적 감정에서 진실과 거짓이라는 도덕적 관점으로 건축을 이해하였기 때문에 새로운 구조나 재료에 의한 건축생산의 합리화나 철의 사용에 대한 이해는 부족하였다. 그러나 건축의 유용성 · 구조 construction · 타당성 propriety 이 필연적인 것이며, 모든 장식은 건물의 본질적 구조를 풍요롭게 하는 것만으로 이루어져야 한다고 주장하여 「구조 통합」 개념을 통한 구조 합리주의에 대한 이론의 기반을 마련하였다. 따라서 이들에게는 미래 사회의 진보에 대한 계몽적이고 이상주의적인 열망보다는 건축에 있어서의 합목적성을 중시하는 건축이론으로서 「합리주의 Rationalism」 또는 「기능주의 Functionalism」라고 하는 20세기 건축 개념을 먼저 체험한 것으로 이해할 수 있다.

4.3 존 러스킨

서로 다른 재료는 서로 다른 성질을 가지게 된다고 한 퓨진의 주장은 아직은 장식의 세부 문제에

49) Albert Memorial, London, 1863~72
50) P. Collins, Changing Ideals in Modern Architecture 1750~1950, 1965, p.217
51) G. E. Street, Brick and Marble Architecture in the Middle Ages, 1855(1874), preface, p.16
52) A. W. N. Pugin의 1941년의 저서 『The True Principles of Pointed or Christian Architecture』는 1850년에 프랑스어로 번역되어 그의 이론이 프랑스 고딕주의자에게도 영향을 미치게 된다.

머물렀으나, 러스킨은 철의 문제를 장식재를 넘어 구조에 대한 응용문제까지 확대해서 논하였다.

러스킨은 『건축의 七燈』의 「구조의 거짓 concealment of structure」에서 철구조에 관해 언급하였다. 이 시기에는 이미 파리에 최초의 철건축인 상 쥬느비에브 도서관(그림 12), 런던에 석탄거래소 등이 등장하여 일반인들의 관심을 끌었는데, 러스킨은 기본적으로 철건축에 반대하며, 철을 접합재 cement 로 사용하는 것은 인정하나 지지재 support 로 사용하는 것은 일반적인 건축의 기본원리에서 벗어난다고 주장하였다.

> 진정한 건축은 철을 구조재료로 사용해서는 안 된다. 철도역이나 어떤 교회에서 볼 수 있는 철 지붕이나 기둥은 건축이라고 할 수 없다. 그러나 어느 선까지 제한할 것인가 정하지 않으면 안 된다.

그러나 러스킨은 이처럼 철건축에 반대하면서도 한편으로 이론상으로는 철이 목재처럼 사용되어서는 안 되는 이유는 없으며, 전부 철구조로 지어지는 새로운 건축법칙이 발전되는 시기가 도래하고 있을 것으로 예측하였다.[53] 그는 건축의 권위를 역사주의에 두었기 때문에 전통적인 재료와 건축원리를 고집하였지만, 반면에 기술적인 발전에 따른 철의 사용을 예감한 것이다.

그림 12 라부르스트가 설계한 상 쥬느비에브 도서관, 1850

53) J. Ruskin, The Seven Lamps of Architecture, 1849, Ch. Ⅱ, par. 9-10

그는 기계에 대해서도 같은 생각이었다. 기계로 만들어진 장식은 거짓이며, 노동자를 타락시키고, 그 자체가 악이라고 비난하였으나, 그는 수정궁의 특성으로서 건물의 예술다운 느낌이 부족하다고 하면서도 기계적 정교함에는 경의를 표했다.[54]

딘(T. Deane, 1792~1871)과 우드워드(B. Woodward, 1815~61)에 의한 옥스퍼드 박물관[55](그림 13)은 일반적으로 「러스킨주의 Ruskinianism」의 대표작으로 알려져 있다.[56] 실제 러스킨은 건축가의 선정부터 디테일에 이르기까지 강한 영향력을 미쳤다. 그 건물 내부에 있는 커다란 중정은 유리 지붕을 지지하는 일련의 철제 기둥에 의해 전시공간이 세 개의 공간으로 나누어져 있으며, 중정의 측면을 아케이드로 에워싸고 있다.

그런데 이 건물 내부 공간에 대한 러스킨의 영향은 후세 연구자에 의해 각각 해석이 다르다. 그 이유는 내부 중정이 우드워드의 디자인이 아니라 스키드모어의 디자인이기 때문이다. 스키드모어는 철 생산업자이면서 근대적 이념을 갖고 있는 고딕주의자로 시대의 요구에 부응할 수 있는 19세

그림 13 옥스퍼드 박물관 내부, 1855~59

54) J. Ruskin, The Openings of Crystal Palace, in Works of John Ruskin, XII, pp.409-410
55) Oxford Museum, 1855~59
56) Ruskinism 또는 Ruskinian Gothic에 대해서는 M. W. Brooks, John Ruskin and Victorian Architecture, 1987 ; K. O. Garrigan, Ruskin on Architecture, 1973

기의 재료에 의한 건축이 고딕의 가장 중요한 원리라고 믿고 있었다.

러스킨 연구자인 브룩스는 러스킨은 주철과 다른 철의 형식을 구분하였다고 하고 있다. 연철은 열을 가하면 어떤 형태로든 가능한 재료이다. 그러나 주철은 주조가 쉽지만 한번 열을 가하면 약해진다. 그리도 연철 장식은 장인의 솜씨에 의해 만들어 지지만 주철 장식은 형틀에서 만들어진다. 브룩스는 이 때문에 스키드모어와 우드워드는 연철을 사용함으로서 러스킨의 생각을 따랐다고 하고 있다.[57] 박물관의 무거운 유리지붕을 지지하려면 수직하중에 강한 주철을 사용하는 것이 타당하다. 실제로 이 건물은 연철 기둥이 하중을 지탱하지 못하고 휘어져버렸기 때문에 기둥을 주철로 교체하였다.[58]

러스킨의 영향은 전통적이며 사실적인 장식형태에서도 나타난다. 기둥은 가느다란 줄기다발로 이루어져 있는 반면에 첨두아치는 밤나무의 큰 가지와 같은 더블 T-보 Double T-beam 로 이루어져 있다. 주두의 나뭇잎장식은 밤나무 외에도 호두나무, 야자나무 등 다양한 나뭇잎 형상으로 되어있다. 그리고 전체적인 조합 방식은 하나씩 제조된 주철과 연철로 만들어진 구성부재를 한데 모으고 부가적인 장식부재는 구조부재와 엄밀하게 구분하여 볼트 등으로 두 가지를 결합시켰다.

이러한 새로운 장식 형태는 다른 철건축에서는 찾아보기 힘든 형식으로 러스킨이 「미의 건축」과 「고딕의 본질」로 생각한 자연주의적 naturalistic 이면서도 전통적인 conventional 장식 형태, 그리고 제작과정에 있어서 장인 정신을 강조한 러스킨의 영향을 강하게 받은 철건축이었다.

결국 빅토리아시대 고딕주의자의 고딕에 대한 선호는 새로운 낭만적인 분위기에 의해 부분적으로 유도되었으나, 주로 고딕 교회들이 고전적인 교회들보다 경제적으로 지어질 수 있다는 사실의 인식에서 비롯되었다. 그리고 경제성은 교회의 기둥과 트레이서리에 주철을 사용하고 벽에 회칠마감 벽돌을 사용함으로써 얻을 수 있었으나, 건축생산의 합리화를 추구하는 것과 고고학적 정확성을 추구하는 것은 상충되는 것[59]으로 이러한 교회들이 어설픈 속임수에 지나지 않는다는 것을 인식한 퓨진과 스트리트 등이 철의 사용에 적극적으로 반대한 것도 이러한 이유였으며, 철건축에 대해 모순에 가득 차 있던 러스킨의 태도도 근대사회의 급격한 변화에 대한 비판으로서 금욕주의적인 이상주의를 내세우고, 과거의 황금시대로 돌아가고자 하는 낭만적 감정에서 유래한 것이다.

4.4 교회건축학협회

영국 교회건축학협회(Ecclesiological Society)는 기관지인 『교회건축가 Ecclesiologist』(1841년 창간)를 통하여 당시 영국국교회 건축양식에 대해 강한 영향력을 미쳤으며, 철의 사용 문제는 「근대

---

57) M. W. Brooks, John Ruskin and Victorian Architecture, 1987, pp.131~132

58) Ecclesiologist ⅩⅨ, 1858, pp.243-244 ; The Oxford New Museum, Building News 5, 18 February 1859, p.161. 「the small bases to larger ones, the groups of pipes to large shafts, the arched piping to strong solid arches」

59) P. Collins, Changing Ideals in Modern Architecture 1750~1950, 1965, p.106

교회건축을 위한 프로그램」을 진행하면서 퓨진이 사망한 1852년을 경계로 의견을 달리하였다. 협회는 그 전까지는 고고학적 이상과 중세의 권위를 지키려 노력하였으나 협회에서 발행한 디자인집 『敎會聖具 Instrumentica Ecclesiastica』에 「철의 교회 iron church」를 게재하여 협회의 건축 소재에 대한 견해에 변화가 있다는 것을 보여주었다.[60)]

협회는 1851년 수정궁에 대한 일련의 비평에서 내부 공간의 효과, 경쾌하고 화려한 외관의 효과는 인정하면서도 건축적인 가치는 인정하지 않았다. 퓨진처럼 건축 표현에 있어서 진실성과 리얼리티에 집착한 결과였다.

> 이 건물은 최고의 가치를 지닌 우수한 공학기술이다. 그러나 그 형태는 결여되어 있으며 내구성과 견고함도 부족하다. …… 더욱이 동일 구성요소가 무한정 반복되면서 높은 건축적 가치를 소멸시키고 말았다.[61)]
>
> 팩스턴은 건축가라기보다 엔지니어로서 자기 직분을 효과적으로 완수하였다. 그는 건물이 아니라 텐트를 지은 것이다. 그의 작품은 창조적인 재능이 아닌 이성의 결합에 의한 것이다.[62)]

수정궁에 대한 당시의 비평은 이 협회가 말한 것처럼 비현실적이면서 무한정 공간에 대한 인상에 집중되었다. 550m가 넘는 건물 전체 길이에 비해 주철 기둥이 7m 간격으로 서 있고, 8피트 기본 모듈이 230회 반복되어 있어 각각의 건물 요소가 너무 작아 내부 공간은 집점이 없이 무한히 펼쳐져 있다. 교회건축학협회가 건축적 가치가 소멸되었다고 하는 것은 사용된 비례나 크기가 완전히 다른 결과를 만들어내고 있다는 것을 의미한다. 따라서 교회건축학협회는 결론적으로 이러한 새로운 재료로 지은 건축은 기대할 수 없다고 하였다.

그러나 교회건축학협회의 철건축에 대한 반대는 그다지 오래 지속되지 못했다. 1853년에 접어들면서 이 협회에 대한 퓨진의 영향력은 사라지고, 가능하면 많은 교회를 짓고자 하는 정치적 요구도 있어서 단기간에 건설되어야 했다. 그리고 철구조재의 치수를 계산하는 수학적 방법이 발전되면서 보다 더 값싼 구조에 의한 경제적이고 실용적인 철건축 교회가 가능하게 되었으며, 더 나아가 이 시기가 되면서 단순성과 실용성 측면에서 소규모 건물까지 철의 사용을 시도하였다.[63)]

슬레이터(W. Slater, 1819~72)는 교회건축학협회의 디자인집 발행을 위해 1856년에 철건축 교회를 디자인하였다(그림 14). 슬레이터의 철건축 교회는 예산이 ￡2,150s과 ￡2,500s 두 가지가 있다. 이처럼 실제적인 철건축 교회 디자인 제안과 함께 교회건축학협회에서는 스키드모어에 의해 이에 대해 심도 있는 논의가 이루어졌다. 그는,

---

60) Ecclesiological Society, Instrumentica Ecclesiastica Ⅱ, 1856

61) The design of The Crystal Palace, in Ecclesiologist Ⅻ, 1851, pp.269-270

62) A. Reichensperger, A Word on the Crystal Palace, in Ecclesiologist Ⅻ, p.389

63) 1840년대 후반부터 1850년대 전반에 걸쳐 시도된 철건축물에 대해서는 H. R. Hitchcock, Early Victorian Architecture in Britain, 1954, pp.527~28 참조

고대 건설자들은 용감하게 철이나 금속 소재를 익숙하게 사용해 왔다. 그 시대의 제조업이나 예술도 마찬가지이다.

라고 하여 이러한 진취적인 기상이 소재 표현에 대한 고딕 정신이라고 주장하면서 다음과 같이 결론을 내렸다.

참으로 이 문제 문제를 깊이 생각하면 할수록 의심할 여지없이 명백한 사실이라는 것을 깨닫게 되었다. 그것은 금속제품, 특히 철이 앞으로 교회건축에 있어서 더욱 중요하게 사용될 것이라는 점이다.[64)]

그림 14 슬레이터가 제안한 철건축 교회, 1856

슬레이터가 제시한 철교회안이나 스키드모어의 철의 사용에 대한 적극적인 주장은 협회의 의식변화를 충분히 반영한 것으로 슬레이터가 제시한 ₤2,500s의 교회는 1818년 「영국교회 재무위원회 Church Commissioners」가 고전양식과 고딕양식으로 교회를 지을 때 추산한 ₤10,000 정도[65)]의 소요비용에 비해 아주 경제적이며 신속한 건설이 필요한 교회디자인이 가능하게 되었다.

결국 교회건축에 있어서 경제성 추구는 초기 빅토리아시대부터 이어져온 과제이며, 교회건축학협회의 「근대 교회건축 프로그램」의 핵심이기도 하였다. 이처럼 19세기 중반 영국 사회가 새로운 구조, 새로운 재료, 새로운 요구들에 관하여 획기적인 변천을 겪게 되었으며, 동시대의 진보와 보조를 맞추기를 원했던 건축가들과 비평가들은 그 문제를 서로의 협조를 통해서 해결하려고 노력하였다.

4.5 비올레 르 뒤크

영국 철건축에 대한 프랑스의 영향은 두 가지로 파악된다. 영국보다 앞서 철구조로 실제 완성

---

64) F. A. Skidmore, On the Use of Metals in Church－Building and Decoration, Ecclesiologist ⅩⅦ, 1856, p.333

65) Rhodri Liscombe, Economy, Character, and Durability : specimen design for the Church Commissioners, 1818, pp.43(in Architectural History 13, Britain, 1970) ; 예를 들어 내쉬(J. Nash, 1752~1835)는 양식별로 다음과 같이 제안하였다.

- Decorated Gothic : ₤10,620 (건물과 가구 비용만)
- Early English Gothic : ₤10,920 (건물과 가구 비용만) 등

된 상 외젠 교회 등 프랑스 근대교회 디자인과 프랑스의 대표적인 고딕건축가인 비올레 르 뒤크의 「구조 합리주의」 이론이다.

슬레이터가 영국에서 최초로 철교회 건축을 디자인한 것은 1856년이다. 그러나 이 시기는 이미 프랑스에서는 브알로(L. A. Boileau, 1812~96)에 의해 일련의 철교회 건축 프로젝트가 1850년에 시작되어, 1855년에는 상 외젠 교회(그림 15)가 완성된 시기이다. 교회건축학협회의 철교회 건축 프로그램은 새로운 재료의 사용 문제와 고고학적 정확성이라는 근본적인 이견 차이로 인해 구체화되지 못한 상황에서 프랑스 건축의 영향을 받고서야 구체적인 디자인을 제안하게 된 것이다.

협회에서는 프랑스 근대건축에 대해 지속적으로 관심을 갖고 소개하였다. 1853년에는 파리 최초의 철건축물인 라브르스트의 상 쥬느비에브 도서관(그림 12 참조)과 비올레 르 뒤크와 라쉬(Lassus)가 복원한 노틀담 성당(1846~50)을 소개하였고,[66] 1855년에는 상 외젠 교회에 대해 언급하였다.[67]

교회건축학협회뿐만 아니라 영국의 건축 잡지 『빌딩 뉴스 The Building News』도 당시의 철건축에 대한 관심을 반영해서 프랑스와 독일 등에서 세워지고 있는 새로운 철교회와 철로 복원된 교회, 예를 들면 상 외젠 교회 등을 소개하면서 미래 건축에 있어서 철의 중요성을 강조하였다.

그림 15 브알로의 상 외젠 교회, 1855

66) Ecclesiologist XIV, 1853, p35, p.170, p.168, p.392
67) Ecclesiologist XVI, 1855, p235

우리는 이미 5년 전부터 미래 건축에 있어서 중요한 요소로써 철의 시대가 도래했다는 것을 강조하였는데, 독자들 중 일부는 이를 기억하지 못하고 있다.[68)]

이처럼 프랑스 근대 철교회 작품은 실제 디자인에 있어서 영향을 미치게 되나, 비올레 르 뒤크는 실제 작품보다는 그의 「구조 합리주의」 이론에 있어서 영향을 미치게 된다. 그는 1850년에 영국을 여행하였고, 1854년에는 영국왕립건축가협회(RIBA) 명예회원으로 추대되는 등 영국과 긴밀한 관계를 갖게 된다. 그리고 고딕 건축에 관한 그의 저서는 영국에서도 번역되어 그의 이론이 널리 알려지게 되었다.[69)]

그의 이론의 영향은 다음 세 가지 측면에서 살펴볼 수 있다. 첫 번째는 고딕을 기반으로 한 진보적인 건축사상이며, 두 번째는 고딕건축의 과학적인 해석방법이다. 그리고 마지막으로는 주철에 대한 적극적인 사용방법이다.

영국에서 러스킨은 19세기 중반에 철의 사용에 대해 애매한 태도로 일관하였고, 고딕 장식을 건축의 본질로 생각하여 구조 합리주의에 대해서도 반대하였다. 그러나 비올레 르 뒤크는 고딕의 모방을 정당화하기 위해 예술이 점진적인 변천에 의해 진보되었으며, 과거로부터 해방되기 위해서는 가장 합리적인 구조 체계에 기초한 건물들을 모방해야 한다고 주장하였다.

그는 『建築講話』 제1권 10장 「19세기 건축과 연구방법」에서 건축의 진실에 대해 논하는데, 이 주장은 합리적인 「계획 plan」과 합리적인 「구조방식 structural system」에 대한 문제였다.

건축이 진실하려면 설계 과정에 대한 진실과 건설 과정에 대한 진실, 이 두 가지 필연성을 가져야 한다. 설계 과정에 대한 진실은 정확하면서도 세심한 요구에 의거하여 조건을 만족시키는 것이며, 요구는 건축가에게 설계과제를 부여한다. 건설방법의 진실은 재료를 그 성질과 특성에 맞도록 사용하는 것이다. 순수하게 예술적 문제로 여겨지는 좌우대칭 외관은 이 두 가지 지배적인 원리에 비교하면 이차적인 것에 지나지 않는다.[70)]

그는 7장 「중세 서구건축의 원리」에서 고딕을 「완전한 이성과 과학에 기초한」 양식으로 규정하고 고딕 구조의 명료함과 구성요소의 개별적 요구에 대한 정확한 해결, 그리고 그 해결 방법의 경제성 등을 높이 평가하였다. 즉 그는 건축을 구조 단위가 되는 부재의 조합으로 파악하고, 고딕에 대한 합리적인 해석으로부터 철에 관심을 갖게 되었으며, 그 특수한 성질에 맞는 사용법을 강구해

---

68) Iron Architecture, The Building News, Jan. 2, 1857, pp.10ff

69) Viollet-le-Duc와 영국 건축과의 관련에 대해서는, R. Dixon and S. Muthesius, Victorian Architecture, London, 1978, p.28, 「Pugin's books were avidly read by Rhenish, Dutch, Belgian, and even French Gothicists, The English in turn admired Viollet-le-Duc for his archaeological expertise」; 254c, B. Bucknall is Translator of some of the writings of Viollet-le-Duc ; Viollet-le-Duc는 1850년 영국을 여행, 1854년 RIBA 명예회원 추대

70) Viollet-le-Duc, Entretiens sur l'architecture, 2 Vols, 1863, 1972

야 한다고 하였다. 그러면서도 현재 요구되는 경제성에 맞추어야 한다는 점을 강조하였다. 그는 이를 증명하기 위해『建築講話』제2권에서 여러 가지 프로젝트를 제안하면서 고딕의 뼈대와 철구조 건축을 상세하게 논하였다(그림 9 참조).

이러한「구조 합리주의」는 이성적 자연의 인식을 바탕으로「원시오두막」이론을 창안한 로지에(이 책 p.77) 이후, 라부루스트 등 프랑스 고전합리주의자와 퓨진 등 영국 고딕합리주의자 모두 관심을 보인 주제였으며, 최종적으로는 비올레 르 뒤크가 고딕 골조와 철건축을 비교하면서 고딕 건물은 일종의 핀 quillage 들의 체계 위에 서 있고, 그 구조역학적인 안정성은 오직 상부 구조의 결합에 의해서만 유지된다는「건축의 동적구조 architectural dynamics」라는 진전된 구조 합리주의 공식을 이끌어내게 된 것이다.

그는 또 11장에서 영국 고딕주의자와는 다르게 주철에 대한 편견을 갖지 않고 건축가들에게 철의 특성과 제조 공법에 맞는 형태를 찾을 수 있도록 용기를 부여하였다.

이러한 그의 이론을 영국의 고딕주의자의 이론과 비교해 보면 고딕 건축의 해석과 응용에 있어서 아주 진전된 모습을 보이고 있다. 그는 영국 고딕주의자와 같이 건축사상의 토대를 중세 고딕양식에 두었으나, 퓨진이나 러스킨 등 영국 고딕주의자와는 다르게 고딕의 역사적 · 감성적인 측면을 배제하고 합리적으로 판단하려 노력하였다.

그러나 그는 철의 사용을 전통적인 조적조에 잘 조화될 경우에 한정하였다. 철은 대규모 경간을 만들기 위해 사용될 뿐만 아니라, 일반주택의 바닥이나 벽, 계단도 철로 만들어질 수 있으며, 철의 부수적인 장점은 현장 조립이 가능하다는 점도 인식하고 있었다.[71)]

결국 그는 미래사회의 진보에 대한 계몽적이고 이상주의적인 열망에 가득 차 있었으며, 구조물의 과학적 합리성과 과거 양식의 건축어휘를 기반으로 한 고딕의 형식 규범이 서로 혼합된 형태로 그 시대의 가치 있는 양식을 표현하려는 역설적인 일을 시작했으나, 전통과 합리주의를 하나로 하려 했던 것은 영국에서의 교회건축학협회의 경우와 마찬가지로 용이한 일은 아니었다. 슬레이터의 철교회가 안으로만 남게 된 것처럼 그의 수많은 프로젝트도 제안으로만 끝났으며, 완성된 작품도 산만하고 평범한 디테일로 마무리된 것은 철의 실제 사용 문제와 구소 합리주의 원리와의 사이에 내재한 근본적인 모순과 모호성 때문이라 할 수 있다.

4.6 피켓

영국에서 철구조로 이루어진 교회건축안을 다른 건물 유형으로 발전시킨 사람은 구조 합리주의자이며 발명가인 피켓(W. V. Pickett)이다. 그는 일련의 기둥에 의해 지붕을 지지하는 대신에 현수교와 유사한 시스템을 제안하여 강당과 교회와 같은 거대한 홀을 현수지붕 구조로 계획하였으며, 현수의 원리를 적용하는데 있어서는 그 위에 지붕을 얹고 체인을 연결할 유효한 골격구조를 제공

---

71) Viollet-le-Duc, Entretiens sur l'architecture, Ⅱ, p.310, p.336

하면 가능하다고 생각하였다. 그렇지만 외벽은 차단성능 정도만 갖고 있을 정도로 얇아져도 되며, 이 구조체계는 철구조에서 흔히 있는 은폐가 있어서는 안 된다. 그 이유는 금속 구조의 기본적인 원칙을 단순하게 표현함으로써 이 구조체계는 건물의 다른 부위와 완벽하게 조화를 이룰 수 있기 때문이다.

피켓은 이러한 구조체계를 기반으로 하여 1847년 육해군 클럽 Army and Navy Club 계획안 공모에 이 원칙을 적용한 안을 제출하였으며, 또한 교회건축학협회의 기관지 『교회건축가』의 「철의 교회」라는 기고문에서는 철교회 건축안을 제시한 슬레이터에 대해 언급하고 자기가 권유한 철의 형태가 경제적이고 실용적인 측면에서 정당하다는 것을 강조하였으며, 진보의 기준을 새로운 것 novelty 으로 간주한 비평가였다.[72)]

> 철구조는 그 성격이나 연상에서 비교회적인 건축이다. 그리고 수정궁과 같이 건축보다는 공학 기술 영역에 속한다. 그러나 철구조는 재료를 합리적으로 반영하며 규칙 바른 원리에 따라서 그 특성을 발전시키고 있다. 이 디자인은 건축적 형태를 포기한 것이 아니라 철이라는 소재(어떤 소재도 마찬가지이지만)의 사용에 있어 본질적인 법칙을 파괴하지도 않으며, 교회다운 건물이 철구조에 의해 표현가능하다는 것을 나타내는 시도이다.[73)]

결국 피켓의 철의 교회는 모델로서 제안으로만 끝났지만, 그 시대의 관심을 반영하였으며 새로운 소재와 합리적인 접근방식에 의해 철구조를 기념비적인 건축에 적용해서 새로운 양식으로서 철교회 건축을 제안하려는 교회건축학협회의 노력이 처음으로 가시화된 예였다.

그리고 피켓이 제안한 새롭고 경제적인 구조 기술 발전에 의한 새로운 건축에 대한 요구는 주철구조의 발전에 대한 신뢰에 의해 유발되었지만 당시에는 환상적으로만 보였으며, 이러한 논의는 지속되지 못하고 반세기 동안 자취를 감추고 말았다.

결국 영국 철건축의 발전에는 슬레이터, 스키드모어, 피켓 등 영국의 진보적인 고딕주의자나 아마추어 건축가에 의한 해결 의지가 없었으면 불가능했으며, 「철의 문제」를 통해 얻을 수 있었던 것은 새로운 재료나 새로운 구조의 발명이 아니라 새로운 건축 문제에 합리적으로 접근하려는 접근방식과 이를 통한 근대성의 체험이었다. 「유용성」이란 개념을 통한 건축 기능에 대한 인식과 「건축생산의 합리화」의 추구로 새로운 건축 표준들을 마련하여 시대 요구에 부응하려는 과정에서 체험하게 되는「근대성」인 것이다. 따라서 19세기 영국에서 벌어진 「철의 문제」는 단순한 철건축의 기술과 생산에 대한 문제뿐만 아니라 건축미학의 문제이다. 전통적 사상이 여전히 영향을 주지만, 철건축을 생산한 기술과 이념은 근대적 사고법을 제시한 건축미학의 문제로 생각해야 할 것이다.

---

72) Iron Architecture, Ecclesiologist XⅦ, 1856, pp.280-281
73) W. V. Pickett, Instrumenta Ecclesiastica Ⅱ, 1856, LXⅦ ff

제 4 장 과학주의 미학

1. 인문 · 사회과학에 대한 자연과학의 영향

19세기의 중기부터 20세기 초기에 걸친 사상사 중에서 가장 중요한 것은 인문과학 및 사회과학에 대한 자연과학의 영향이다. 이미 언급한 바와 같이 자연과학은 17세기 이래 눈부신 발전을 이루어 왔지만, 19세기에 접어들어서도 자연과학은 그 자신의 특유의 방법과 목표를 기초로 착착 성과를 쌓아 올려 갔다. 그리고 동시에 이러한 자연과학의 성과가 인문과학과 사회과학에 영향을 주었고, 자연과학의 연구방법이 인문 · 사회과학의 방법으로서도 채용되게 되었다. 이와 같은 움직임에 직접 관계가 있는 두 가지 뚜렷한 사건은 다음과 같다.

나폴레옹 1세가 수학자 라플라스(Pierre Simon Laplace)의 저서 『천체역학』(1799~1825)을 읽었을 때, 나폴레옹은 라플라스에게 「왜 당신은 이 책에서 우주에 있어서의 신의 업적에 대해서 말하지 않았습니까?」라고 물었다. 그러자 라플라스는 「나에게는 그와 같은 가설이 필요 없었기 때문입니다」라고 대답했다고 전해진다.[1] 이 이야기는 라플라스에게 있어서 처음으로 물리학이 완전히 순수한 물리학의 고유법칙에 의해서 구성될 수 있다는 것이 입증되었음을 의미한다. 즉 그에 의해서 우주가 완전히 「기계론적으로」 설명된 것이다.

그리고 또 하나 중요한 것은 진화론의 영향이다. 생물 진화의 사실을 처음으로 조직적으로 논한 것은 라마르크(Jean Lamarck)의 『동물철학』(1809)이나, 이 책은 모든 생물을 신이 창조했다고 하는 성서의 천지창조설을 부정하는 것이었으며, 다른 한편으로는 인류의 진보를 믿는 진보주의 사관(이 책 p.46)을 지지하는 것이었다. 그러나 더욱 획기적인 의의를 가졌던 것은 찰스 다윈(Charles Darwin)의 「자연선택」에 의한 진화론이다.[2] 그의 자연선택설에 의하면 생물의 진화와 인류의 발생 모두 유전과 「적자생존」이라는 완전히 기계적인 과정에 의해서 자연발생적으로 일어났던 현상에 지나지 않는다. 따라서 이것은 특별히 어떤 위대한 목적과 위대한 의지가 있어서 일어나게 된 것은 아니다. 인간은 「창조된」 것이 아니라 「생겨난」 것이다. 바꾸어 말하자면 생물의 진화와 인류의 발전론적 세계관－칸트의 목적론(이 책 p.62)을 포함해서－을 부정하는 것으로 그 후 사상계에 중대한 영향을 주었다.

이와 같은 자연과학적인 성과에 직접 대응하는 철학사상이 유물론이다. 유물론적인 사고 그 자체는 이미 고대부터 있었고, 근세에 있어서는 18세기의 프랑스 의사인 라메트리(La Mettrie)의 『인간기계론』[3]에 의해 뚜렷이 나타나는데, 이러한 사상은 19세기 중기 이후에 급속하게 발전했다. 오거

1) Carl B. Boyer, A History of Mathematics. 1968
2) Charles Darwin, On the Origin of Species by Means of Natural Selection. 1859

스트 꽁트(Auguste Comte), 허버트 스펜서(Herbert Spencer), 에른스트 헤켈(Ernst Heinrich Haeckel) 등은 그 대표자이고, 그 중에서도 헤겔의 흐름을 이어받은 포이에르바하(Ledwig Feuerbach)의 변증법적 유물론은 마르크스, 엥겔스에 의한 공산주의의 철학적 기반으로써 채용된 것은 널리 알려진 사실이다.

인문과학과 사회과학이 이와 같은 자연과학의 영향을 받았을 때에 채용한 것은 인간을 다른 동물과 같이 관찰하고, 혹은 생물을 무생물과 같이 취급한다고 하는 연구방법이다. 그리고 인간의 성질과 영위를 우리 마음의 「내부로부터」 자신의 일로써 돌아보는 것이 아니라, 방관자적인 입장에서 「외부로부터」 관찰한다고 하는 방법을 취한다. 심리학 · 사회학 · 경제학 등의 학문의 여러 분야가 철학으로부터 분리 · 독립했다는 것은 이러한 사상적인 흐름 가운데에 있어서였다.

또한 이와 같은 움직임은 당연히 미학 · 예술론에도 영향을 미친다. 그 결과로써 나타나는 움직임으로서는 사회학적 예술론 · 인류학적 예술론 · 심리학적 미학 등이 있다. 이들 분야에서는 모두 사실의 관찰을 기초로 하며, 실험을 시도하는 경우도 나타난다. 이하 그 예로써 자연과학적인 시점으로부터 오로지 건축미의 문제를 다루었던 연구업적으로써 젬퍼와 아돌프 필러의 이론을 다루기로 한다.

2. 사회학적 · 인류학적 미학

예술작품과 이것이 만들어진 지역의 기후 · 풍토와 국민의 기질과의 관계에 대해서는 이미 18세기에 듀보스(Jean-Baptiste Dubos, 1660~1742)와 헤르더(Johann Gottfried von Herder, 1744~1803) 등이 주목하고 있었지만, 이러한 견지에 입각한 이론이 조직적으로 정리된 것은 19세기 중기부터이다.

2.1 텐과 귀요

이포리트 텐(Hyppolite Adolphe Taine, 1828~93)은 꽁트의 실증주의 Positivisme 사상을 계승한 문예비평가이며, 자연주의 Naturalisme 문학을 옹호하였고, 「소설은 실험의 컬렉션」이라고 주장했다. 이 자연주의는 에밀 조라, 플로베르, 모파상 등의 작품과 같이 인간의 본능을 적나라하게 묘사하는 것을 원칙으로 하는 유파로, 이러한 문학자체가 자연과학의 영향 하에서 생겨난 것이다.

텐이 저서 『예술철학』[4]에 있어서 연구방법상의 기본개념으로 도입한 것은 「환경 milieu」이다. 즉 모든 예술작품은 이것이 생겨난 환경에 의해서 지배된다는 사고이다.

> 예술작품은 정신과 주위의 풍속과의 일반적 상태로부터 이루어지는 총체에 의해 결정된다.(Ⅰ-p.49)

3) Julien Offray de La Mettrie, L'homme-machine, 1747
4) Hyppolite Adolphe Taine, Philosophie de l'art, 2 vols., 1865-69 (인용은 1924년판에 의함)

그러므로 이것은 생물이 태어나서 성장했던 환경에 지배된다는 것과 같으므로,

> 이 연구는 그 자체로는 일종의 응용식물학이지만, 식물에 적용되는 것이 아니라, 인간의 작품에 적용되는 것이다.(Ⅰ-p.13)

이 「응용식물학」이라는 말은 텐의 입장을 잘 나타내고 있다. 그 다음에 거론된 것은 어떤 예술 부문이 어떤 시대 · 지역에 출현하고, 융성했을까 하는 문제이다. 이에 대해서는,

> 예술사의 주요 시대를 거슬러 올라가 보면, 예술은 그 기반을 이루는 정신 및 풍속의 어떠한 상태와 때를 같이해서 나타나며, 그리고 또 이것이 소멸한다고 하는 사실을 알 수 있다.(Ⅰ-p.7)

그러면 이러한 「정신 및 풍속의 어떠한 상태」라는 것은 어떠한 상태인가 하면, 텐은 여기서 「정신적 기온 temperature morale」이라고 하는 개념을 도입한다.

> 물리적 기온의 변화가 다양한 식물의 출현을 결정한다고 하는 것처럼 정신적 기온이라는 것이 있으며, 그 변화가 다양한 예술의 출현을 결정하는 것이다. …… 인간 정신의 산물은 살아 있는 자연의 그것과 같이 그 환경 이외의 것에 의해서는 설명할 수 없다.(Ⅰ-p.9~10)

텐은 이와 같은 방법론에 의거하여 풍부한 실례를 들어 설명을 해 나갔다. 예를 들어 그리스 비극(悲劇)은 페르시아에 대한 그리스의 승리, 도시국가의 융성시대에 출현해서, 마케도니아에 의한 지배 하에서 소멸했다. 또 고딕건축은 유럽의 봉건제도가 확립되어 사회가 안정되는 시대에 출현하고, 근세 군주제의 대두와 함께 해체되었다고 하였다. 그리고 그리스 문명과 고대 조각과의 관계, 중세 문명과 고딕건축과의 관계, 17세기의 프랑스 문명과 고전비극과의 관계, 현대문명과 음악과의 관계를 각각 정신 · 풍속과 전형적인 인물상을 들어 설명한다.

텐은 그 위에 제2부 이하의 각론에서, 이탈리아 문예부흥기의 회화, 네덜란드의 회화, 그리스의 조각에 대해서 상세히 논하였는데, 그의 박식하면서도 기지에 넘치는 서술은 그칠 줄을 몰랐다.

그러나 텐의 예술사론의 주안점은 앞에서도 알 수 있듯이 어디까지나 예술이 성립했던 「환경」, 즉 「배경」 혹은 「기반」에 관한 고찰이다. 그러므로 어떤 시대에 어떠한 예술 분야가 번영했는가에 대해서는 설명할 수 있다. 그러나 거기에 창조된 예술작품이 왜 우리가 알고 있는 특색을 갖추고 있는가에 대해서는 거의 설명하지 못한다. 다만 문예 · 회화 · 조각 등의 모사적 예술의 경우는 거기에 묘사된 주제나 인물상 등에 사회와 예술과의 구체적인 관련성을 파악할 수 있지만, 건축 · 음악 등 비모사적 예술의 경우는 이것도 불가능하다. 이 점은 텐뿐만 아니라, 사회학적 예술론에 공통된 결점이다.

다음으로 장 마리 귀요(Jean Marie Guyau, 1854~88)는 스펜서 등의 진화설의 영향을 받은 사상

가로, 그는 인간의 「생명」을 모든 사회현상 · 문화현상의 근원으로 생각했다. 그리고 저서 『현대미학의 여러 가지 문제』[5]에 있어서, 미적 감정은 본래 식욕 · 성욕 등의 생명유지를 위한 욕망과 이러한 충족에 의한 만족과 동일한 것이라고 하여 양자를 구별하는 칸트의 이론(이 책 p.61)에 반대했다.

동물을 우선 즐겁게 한 형태나 색은 당연히 영양섭취에 적합한 먹이의 형태와 색이었다.(p.24)
예술은 대부분 사랑, 즉 생존의 가장 근원적인 요구의 하나인 사랑의 변형이다.(p.23)

더구나 귀요는 이러한 생존을 위한 욕구는 예전부터 미적 감정의 발생 요인이었으며, 현재에도 미의식의 일부를 이루고 있다고 주장한다. 예를 들면,

일반 사람에게 있어서 아름다운 국토라는 것은 식물이 충분한 풍요로운 토지이다. 바다는 선원에게는 안전할 때에 비로소 아름답게 보이나, 선객이 하얗게 부서지는 큰 파도에 감탄할 때에는 반드시 추하게 보일 것이다. 귀여운 빨간 개양귀비나 수레국화도 보리밭 가운데에 있다면, 농부에게 있어서는 하나의 오점이며 추하게 보인다.(p.24)
일반 남성에게 있어서 아름다운 여성은 크고 늠름하게 보이며, 활기차고 편안한 여성이고, 이러한 여성은 동시에 성적 욕망을 가장 잘 만족시켜줄 수 있다.(p.22)

또한 귀요에 의하면, 이와 같은 유용성과 미의 동일성은 물론 건축에도 해당되지만, 특히 이러한 것이 현저하게 나타나는 것은 당시 발달하고 있던 기계류의 형태이라고 주장한다.

외계의 물상 – 예를 들면 다리 · 육교 · 배 – 에 있어서 유용성은 항상 그 자체가 일종의 미를 형성한다.(p.15)

그리고 기계 중에서도 특히 아름다운 것은 동물과 같이 움직이는 기계, 즉 기관차 · 氣球 · 대포 · 증기펌프 · 증기해머 · 기선 · 군함 등에서는 「생명」의 약동이 느껴진다고 한다. 이것은 르 꼬르뷔제나 긴스버그의 기계미론(이 책 p.153, 158)보다 앞선 것이다. 더구나 귀요는 다른 저서 『사회학적 견지에서 본 예술』[6]에 있어서 주로 문예에 관한 상세한 사회학적 예술론을 전개했다.

이상과 같은 귀요의 이론 가운데에 인간의 생존본능과 미의식의 관계에 대한 생각은 에드먼드 버크의 이론(이 책 p.52)과 유사하며. 그의 「유용성 = 미」의 사상은 아직은 실용성에 관한 만족과 미적 만족을 구별하지 못하는 낮은 단계에 속하는 것이다.

---

5) Jean Marie Guyau, Les Problèmes de l'esthétique contemporaine. 1884 (인용은 1897년판에 의함)
6) Jean Marie Guyau, L'art au point de vue sociologique. 1889

2.2 에른스트 그로세

그로세(Ernst Grosse, 1862~1927)의 『예술의 기원』[7]은 미개민족의 예술유사행위를 조사하여 예술의 기원을 규명하려고 했던 역작이다.

먼저 그로세가 그와 같은 연구방법을 채용했던 이유는,

> 만일 우리가 문명민족의 예술에 관해서 과학적인 지식을 얻을 기회가 있다고 한다면, 먼저 미개인의 예술의 성질과 상태를 관찰한 후에 하지 않으면 안 된다. 고등수학 문제를 해결하려면 먼저 구구법을 알지 않으면 안 되는 것과 같다. 그러므로 예술 사회학에 있어서 가장 먼저 해결되어야 하고, 또 가장 중요한 과제는 원시민족의 원시적 예술에 대한 연구이다. 그리고 이 목적을 달성하기 위해서는 예술학이 역사 혹은 선사시대를 연구할 것이 아니라, 인류학적 연구에 치중해야 한다.(S.20~21)

그로세는 이와 같은 생각에서 세계각지의 원시민족, 즉 오스트레일리아, 뉴질랜드, 피지제도, 안다만제도, 부시맨, 에스키모 등의 수렵채집민족의 예술유사행위를 조사했다. 그리고 그 관찰결과를 상세히 논하고 있지만, 그가 가장 강조하고 있는 것은 원시민족의 신체장식에 대해서이다. 그는 먼저 신체장식에 관한 다음과 같은 삽화를 인용한다.

찰스 다윈은 남미 남단의 후에고섬에서, 원주민에게 붉은 천을 주었더니 그들은 추위에 떨면서도 이것을 신체를 감싸기 위해서는 사용하지 않고, 잘게 잡아 찢어 이것을 동료와 함께 손발에 감아 장식으로 사용했던 것을 보고 놀랐다고 한다. 거기서 그로세는 다음과 같이 단언한다.

> 모든 수렵민족은 몸을 감싸는 데 필요한 것보다도 훨씬 더 많은 장식을 몸에 붙이며, 더욱이 피복보다는 오히려 장식에 신경을 쓴다.(S.51~52)

그리고 그로세는 신체문양장식 · 칼자국 · 문신 · 허리장식 등의 많은 사례를 들고, 이것들은 보호나 은폐를 위한 피복도 부족의 식별표식도 아니며, 오로지 미적 목적을 위한 것이라는 것을 논증한다. 그리고 이러한 장식의 구체적인 수단으로서는 조개껍질, 나무열매, 동물이빨과 같이 빛이 나는 것이나, 적 · 백 · 황 등 눈에 띄는 색이 주로 사용되고, 또한 대칭성 · 리듬과 같은 형식 원리도 적용되고 있다고 한다. 그리도 동시에 현대 독일 상층계급의 자제가 오스트레일리아 원주민과 같이 고의로 얼굴에 칼자국을 내어 자랑하고, 하층계급 사람이 부시맨과 같은 문신을 하고, 여성은 원시문양장식과 같은 화장을 하고, 번쩍이는 장신구를 몸에 붙이고 있는 것을 지적한다. 그래서,

---

7) Ernst Grosse, Die Anfänge der Kunst, 1894

우리는 원시장식을 자세히 관찰해 가면 갈수록 점점 더 이것이 문명적 장식과 아주 흡사하다는 것을 발견하고, 지금에 이르러서는 마침내 양자 간에 어떠한 본질적인 차이를 발견해내기 어렵다는 것을 깨닫게 되었다.(S.104)

그는 계속해서 기물의 문양, 모사적 미술, 무용, 시, 음악에 대해서도 상세히 다루고 있다. 그리고 다음과 같이 총괄한다.

원시민족의 예술적 소산의 대부분은 결코 순수한 미적 의도로부터 생기고 있는 것이 아니라, 동시에 무언가 실제적 목적에 도움이 되도록 의도되어 있다. …… 그렇지만 예술적 행위 그 자체는 최저 문화단계에 있어서도 항상 명백히 - 더구나 고급문화에서 나타나는 것과 본질적으로 동일한 여러 형식에 있어서 - 나타나는 것이다.(S.292)

그리고 그는 이와 같은 예술에 대한 노력의 원인을 「예술충동 Kunsttrieb」이라고 하였다.

이상과 같은 그로세의 연구의 결론을 간단히 말하자면, 우리가 야만인이라고 부르는 사람들도 기본적으로는 우리와 같은 예술을 소유하고 있고, 다만 다른 것은 오늘날 우리가 말하는 순수예술에 해당하는 것이 적다는 것뿐이다.

바꾸어 말하자면 그들에게 있어서도 예술은 이미 「성립하고 있다」는 것이다. 그러므로 그로세는 예술의 「기원」을 연구하려고 미개인의 행동을 조사했음에도 불구하고, 결과는 은근히 다르게 나왔고, 거기에서도 예술은 이미 성립되어 있었으며, 이 때문에 예술의 「기원」의 문제는 미해결인 채로 남게 된다.

그러나 유인원은 예술을 가지고 있지 않다는 점에서 생각한다면, 예술이 언제, 어딘가에서 「발생했다」는 것에 대해서는 의심할 여지가 없다. 예를 들면 식욕이나 성욕이나 자위본능이 변질되어서 미의식으로 변화된 것일지도 모른다. 그러나 그 원인이나 과정은 전혀 알 수 없다. 그로세의 공적은 이와 같은 의문을 해결하는 열쇠를 결코 쉽사리 찾을 수 없다는 것을 제시한 점에 있다.

3. 심리학적 미학

3.1 구스타프 데오도르 페히너

페히너(Gustav Theodor Fechner, 1801~87)는 범신론적 경향을 나타내는 철학자 겸 물리학자이다. 자연과학적 방법에 의한 심리학의 기초를 마련하는 데에 노력하고, 자신의 심리학을 「정신물리학 Psychophydik」이라고 하였다. 그와 같은 연구 태도는 유명한 「웨버 페히너의 법칙」[8]에 나타

8) R을 자극의 강한 정도, ΔR을 식별할 수 있는 최소의 자극차, K를 정수로 하면,
$\Delta R/R = K$ (Weber의 법칙)

나고 있다.

페히너는 이 정신물리학적 방법을 미학에도 적용하고, 저서 『미학서론』[9]에 있어서 자신의 미학을 「아래로부터의 미학 Ästhetik von unten」이라고 부르고, 예전부터 전해져 내려온 「위로부터의 미학 Ästhetik von oben」과 구별했다.

> 인간의 지식에 기초를 부여하고, 확고하게 전개되도록 하기 위한 두 가지 방법은 미학, 즉 만족 · 불만족의 學에도 그대로 들어맞는다. 두 가지 방법은 간단하게 말하자면, 일반적인 이념이나 개념으로부터 출발해서 개별적인 것으로 하강하는 위로부터의 방법과, 개별적인 것으로부터 일반적인 것으로 상승하는 아래로부터의 방법이다.
>
> 위로부터의 방법에서는 최초이자 최고의 法廷이 되어서, 미 · 예술 · 양식의 이념이 문제시 되고, 일반개념의 체계에 있어서의 그 위치, 특히 眞 및 善과의 관계가 문제된다. 그리고 이 때문에 절대적인 것, 신적인 것, 신의 이념, 신의 창조행위에까지 상승한다.
>
> 아래로부터의 방법에서는 만족 · 불만족의 경험으로부터 출발하고, 미학에서 거론되는 모든 개념과 법칙이 적용되며, 항상 만족의 법칙에 따를 수밖에 없는 당위의 일반적 법칙을 고려하면서, 다음으로 가능한 한 일반적인 개념과 법칙의 체계에 도달하려고 노력한다.(Ⅰ-S.1)

여기에 이전까지의 철학적 방법에 의한 미학과, 페히너가 제창하는 과학적 방법에 의한 미학과의 성격의 차이가 명료하게 나타나고 있다.

페히너는 이와 같은 전제에 의거하여 이제까지의 미학에서 다루어 왔던 여러 가지 잡다한 심리적 문제를 「미적 제원리 Ästhetische Prinzipe」라는 제목 하에서 다루고 있다. 그러나 그 방법은 나열식이며, 반드시 일관된 논지를 전개하고 있다고 할 수 없다. 그래서 여기서는 그의 이론 가운데 중요한 세 가지 항목을 소개하기로 한다.

1) 황금비에 관한 실험

그는 「미적 인상의 직접적인 요인」으로써 선율 · 조화 · 대칭 · 비례 · 장식 등을 들며, 그 중에서 비례의 문제에 관련해서 황금비에 관한 실험을 행하고 있다. 그 방법은 선택법이라고 하는 것으로, 각 피험자에게 서로 다른 비례로 된 10장의 직사각형 카드를 주고, 그 중에서 각자 가장 좋아하는 것을 선택하는 방법이다. 이 실험 결과의 요점은,

① 정방형과 그에 가장 가까운 형태 및 아주 긴 직사각형이 가장 꺼려진다.

② 정방형은 그에 가까운 형태보다도 덜 선택된다.

③ 간단한 유리수의 형태가 보다 복잡한 수로 이루어진 비례보다도 좋다고 할 수 없다.

다음으로 S를 감각의 강한 정도, K, C를 정수로 하면,
$S = K\log R + c$ (Weber-Fechner의 법칙)

9) Gustav Theodor Fechner, Vorschule der Ästhetik, 2 Bde., 1876

④ 황금비(1 : 1.618)는 이에 아주 가까운 직사각형과 함께 다른 것보다 선호된다.
(이하 생략)

이러한 결과는 지금도 그대로 일반적으로 통용된다고는 하기 어렵지만, 이러한 종류의 실험의 시발점으로써 주목해야 할 것이다.

2) 미적연상의 원리

「미적 연상의 원리 Ästhetishes Assoziationsprinzip」는 페히너가 가장 역설하고 있는 주제로, 미적 감정은 연상에 의해 생긴다고 하는 이론이다. 이러한 사고는 이미 엘리슨(Archibald Alison, 1757~1839) 등도 피력하였지만, 페히너는 이를 발전시키고 더 강조했다.

예를 들면 노란 원은 오렌지를 연상시키고, 또 오렌지의 맛과 향기를 연상시키고, 그 위에 이것은 이탈리아의 아름다운 수목이나 맑은 하늘을 연상시킴으로써, 이것을 보는 사람에게 만족감을 준다. 그리고 녹색은 숲이나 목장에 둘러싸인 풍요로운 자연환경을 연상시킴으로써 쾌적한 감을 준다(페히너는 자신의 방을 녹색으로 칠하여 사람들이 이 방을 「푸른 스위스 Grüne Schweiz」라고 불렀다고 한다). 또한 돌출한 형태는 자랑스러운 가슴이나 주먹을 연상시키고, 들어간 형태는 접대나 수용의 자세를 연상시킨다. 그리고 수평은 휴식을, 수직은 노력을 연상시킨다.

이와 같은 것이 연상이론의 기본적인 생각이며, 이러한 이론은 특히 모사적 미술의 경우, 소박한 감상자에게는 받아들여지기 쉽다. 예를 들면 오렌지를 그린 그림이 아름답게 느껴지는 것은 오렌지를 먹었던 때의 쾌감을 연상시키기 때문이라고 생각한다. 요컨대 오렌지 그림을 오렌지의 대용품으로 보는 것이다. 그러나 이 이론은 어떤 사실적 작품에 대해서는 들어맞을지 모르지만, 비모사적인 미에는 적용될 수 없다.

3) 외적 합목적성과 미와의 同一視

페히너는 이와 같은 연상이론을 건축이나 공예에도 적용했지만, 주의할 점은 그 적용 방식에 있다. 그는 건축이나 예술의 경우는 그들의 작품이 실용적인 목적을 충족하고 있는 것에 대한 연상이 이것들의 미의 원인이라고 설명했다. 페히너는 이 경우, 실용성을 「외적 합목적성」이라고 하여 칸트가 말하는 내적 합목적성(미라고 하는 목적에 일치한다는 것)과 구별하고, 내적 합목적성의 이론에 반대한다. 그리고,

> 건축과 공예의 모든 대상에 있어서 …… 외적 합목적성의 조건 충족은 단지 미에 대한 부수적인 것이 아니라 본질적인 것이다.(S.205)

더욱이 이 외적 합목적성과 미는 연상에 의해서 결합된다.

> 대상의 외적 합목적성은 그 대상을 보는 경우에도 表象連合에 의해서 효력을 가지며, 그 때

문에 직접적인 만족에도 공헌하게 된다.(S.204)

그는 이 「表象連合 Vorstellungsassoziation」이라고 하는 개념에 대해서는 명쾌하게 설명하고 있지 않지만, 건축물이나 공예품이 실용적 목적을 충족하고 있는 것은 「눈으로 보아서 알 수 있기」 때문에 이것이 보는 사람에게 만족을 준다는 것이다. 즉,

따라서 주택이라면 이것이 살기 좋게 지어져 있는 것과 마찬가지로 이것을 보는 것이 우리를 즐겁게 하며, 또 궁전이라면 보다 수준 높은 생활 방식에 어울리는 것이 우리를 즐겁게 한다. 그러나 이와 같은 卽物的인 흥미를 별도로 하더라도, 우리를 만족시키는 것은 건축물의 모든 부분이 모순되지 않게 결합되고, 건물의 의도에 적합하도록 되어 있는 것을 보는 것이다.(Ibid)

여기에서는 실용적인 목적의 충족에 의한 만족과 미적인 것을 보는 것에 의한 만족이 동일시되고 있다. 이것은 고대의 「유용성 = 미」의 사상과 같으며, 귀요의 이론(이 책 p.115)에 가깝다. 그리고 실용적인 목적의 충족과 미적 가치가 동반되지 않은 경우에 대해서도 페히너는 연상이론에 의해 설명한다.

가래를 예로 들어보자. 이것은 당장에 논밭을 일구는데 사용되고, 따라서 굶주림을 막아준다고 하는 먼 조건에 합치한다는 것은 누구라도 알고 있다. …… 그러나 가래 작업에 수반되는 중노동을 연상하게 되면, 가래가 미래에 약속하는 수확의 연상보다도 가깝게 있을 것이다. 특히 가래는 복삽한 형태를 하고 있으며, 감상하는 네에 있어서도 동일의 원리에 합치하지 않는다. 이상의 모든 것에 의해 가래는 아름다운 것보다는 추한 것으로 보이게 되고, 다른 것으로 장식된 저택까지도 추하게 만들 것이다.(S.207~8)

이것은 상당히 구차한 설명이다. 그런데 그는 그 위에 미적 판단을 내릴 수 있는 사람의 자격에 대해서 다음과 같은 놀라운 발언을 감히 하고 있다.

건축가는 어떤 건축물에 대해서, 모든 것이 완전한 목적의 충족에 대해 세심하면서도 합리적으로 고려되어 있는 것을 발견하고 만족을 느낄 수 있다. 그러나 건축에 이해가 없는 사람은 이것을 느낄 수가 없다. 말(馬)에 정통한 사람만이 말(馬)의 미를, 군인만이 무기의 미를 논할 수 있고, 완전하게 평가할 수 있을 것이다. …… 일반적으로 외적 합목적성을 요구하는 대상에 있어서, 그 목적 조건에 대한 구체적인 통찰을 갖지 못하는 사람은 그 미적 가치에 대해 확정적인 판단을 내리는 것을 삼가야 한다.(S.207)

페히너는 여기에서 「삼가야 한다」고 훈계하고 있지만, 이것은 도대체 누구에게 훈계하고 있는 것일까? 건축은 어디까지나 건축주나 일반인을 위한 것이며, 건축가를 위한 것이 아니므로, 건축가만이 이해할 수 있고, 건축주나 일반인은 이해할 수 없는 건축미라고 하는 것은 존재가치가 없다. 또 건물이 완전하게 사용목적에 합치하는가 하는 것은 오랫동안 실제로 사용해 보고 나서야 판단할 수 있는 것이다.

한편 건물이 구조적으로 완전한가에 대해서는 상세한 계산이나 실험에 기초를 두고서 논증되거나, 아니면 지진이나 태풍을 만나보지 않으면 확실한 판단을 내릴 수 없다. 그렇지만 페히너에 의하면 그와 같은 절차를 거치지 않고 美醜의 판단을 내리면 안 되기 때문에, 건축물의 미적 판단은 사실상 일반인에게 있어서는 물론, 전문가에게 있어서도 불가능에 가까운 것이 되고 만다.

이상과 같이 페히너의 심리학적 미학은 방법론적으로는 야심에 찬 획기적인 것이었지만, 그럴 듯한 성과를 올리지는 못했다.

3.2 데오도르 립스

립스(Theodor Lipps, 1851~1914)의 『미학 : 미와 예술의 심리학』[10]은 20세기에 들어와서 출판된 것으로, 내용이 용의주도한 대 저작이다. 립스는 심리학을 논리학 · 윤리학 · 미학 · 형이상학의 모든 기초로 보고, 독자적인 철학체계를 수립하였다. 심리학적으로는 실험보다도 자기관찰에 중점을 두었고, 윤리학적으로는 「생」의 문제를 핵심에 두었으며 「人格主義」를 제창했다. 그러나 건축미학에 있어서 중요한 것은 그의 「감정이입이론」과 이에 기초한 「미학적 역학」에 관한 이론이다. 여기에는 이 이론을 중심으로 소개한다.

1) 감정이입이론 Einfühlungstheorie

「감정이입 Einfuhlung」은 「안으로 몰입해서 느끼는 것」을 의미한다. 즉 자기의 외부에 있는 대상으로 자기의 감정을 옮겨 넣는 것이다.[11] 예를 들면 줄타기를 하는 곡예사의 자세를 보고, 우리가 불안감을 느끼는 것은 우리의 시각표상에 자기의 감정을 이입하기 때문이다. 그 결과 우리는 단순한 관찰자에 머무르지 않고 곡예사와 일체가 된다. 독자가 소설 속의 인물과 함께 기뻐하고 슬퍼하는 것도 이러한 감정이입에 의한 것이다. 또 대상이 자연물인 경우에도 마찬가지이며, 예를 들어 우리가 우뚝 솟은 바위를 볼 때, 우리는 마치 자신이 똑바로 서있는 것과 같

10) Theodor Lipps, Ästhetik – Psychologie des Schönen und der Kunst. 2 Bde., 1903~06

11) 감정이입의 개념을 처음으로 도입한 사람은 로버트 피셔(Robert Vischer, 1847~1933)이다. 그는 1873년에 발표된 『미학상의 형식문제에 관한 세 편의 논문』(Über das Optische Formgefühl, Ein Beitrag zur Aesthetik, Crender Lripzig, 1873. reissued in Drei Schriften zum Aesthetischen Formproblem. H. Niemeyer, halle/Salle, 1927)에서 감정은 우리를 대상에 결합시켜서 – 이것이 식물이든지 인간의 예술이든지 – 우리는 이러한 것들에게 「혼」을 불어 넣는다고 하고, 이 과정을 「감정이입」이라고 하였다. 립스는 이러한 피셔의 개념을 발전시킨 것이다.

은 긴장감을 느낀다. 즉 이 경우에는 자연물의 「人間化 Vermenschlichung」가 행해졌다는 뜻이며, 여기에 인간과 자연과의 대화도 생긴다. 이와 같은 감정이입은 우리와 대상과의 직접적인 관계에 의해 일어나는 현상이며, 연상과 같이 개념이나 사고의 매개에 의해 생긴 것은 아니라고 한다.

그런데 이러한 감정이입은 실생활에도 발생하지만, 가장 순수하면서도 완전하게 행해지는 것은 미적체험에 있어서이다. 그리고 그때 이입되는 주된 내용은 「生 Leben」의 감정이다. 즉,

> 모든 미의 享受는 어떤 객체에 대한 생명력과 생활력의 인상이며, 모든 추함은 궁극적으로는 생명의 부정, 즉 생명의 결여 · 방해 · 위축 · 파괴 · 죽음이다.(Ⅰ-2-1, S.102)

라고 하는 바와 같이 미는 적극적(同情的)인 감정이입으로 쾌감을 부여하고, 추함은 소극적인 감정이입으로 불쾌감을 부여한다. 여기서 말할 수 있는 것은,

> 미적 감정이입은 궁극적으로는 항상 인간의 체험이다.(Ⅱ-S.49)

라고 할 수 있으며, 다른 말로 표현하자면, 「미적 감정이라는 것은 객관화된 자기 가치감정 objektiviertes Selbstwetgefühl」이라고 할 수 있다. 그리고 이러한 생각은 립스의 인격주의 윤리학에도 연결된다.

2) 미학적 역학 Ästhetische Mechanik

립스는 이와 같은 감정이입에 대한 사고를 조형예술에 있어서의 비모사적(추상적) 형태의 문제에도 적용했다. 그리고 그는 이러한 이론을 「미학적 역학」이라고 불렀다. 그 내용은 『미학』의 Ⅱ-3, 4 및 『미학 · 일반예술학지』에 실린 논문에 상세하게 기술되어 있다.[12)]

먼저 립스는 조형예술(미술)을 모사적 예술과 (추상적) 공간예술로 분류한다.

이 중에서 「모사적 예술」은 회화 · 조각을 가리키지만, 「공간예술」이라는 것은 다음과 같은 건축 · 공예의 분야를 가리킨다.

① 실체적인 매스로 가득 찬 공간을 만드는 것 - 예 : 기둥

② 실체적인 매스에 의해 공간을 에워싸는 것 - 예 : 室, 容器

③ 매스에 의하지 않고서 공간을 만드는 것 - 예 : 文樣

미학적 역학은 이러한 「공간예술」에 적용되는 미학이다. 그래서 이러한 종류의 예술에 있어서 형태의 미라는 것은 무엇인가 하면,

---

12) Theodor Lipps, Zur ästhetischen Mechanik.(Zeitschrift für Ästhetik und allgemeine Kunstwissenschaft. Bd.1, 1906)

> 공간형식이 미로 되는 것은 거기에 있어서 힘이 자유롭게, 즉 고유의 법칙에 따라 작용할 때나 형식이 이와 같은 힘을 불러 일으켜 존재를 보지하는 듯이 보이는 경우이다. 미적인 선은 이것에 작용하는 힘에 의해서, 스스로의 형태를 매 순간마다 새롭고 자유롭게 창조하고 보지한다. 그러므로 이것은 항상 의미를 갖고 행동하고, 그 의지와 행동에 의해 내적본질을 자유롭게 표출하는 인격의 유사물이다.(A. M., S.1)

이와 같이 우리가 형태를 보고 힘을 느끼는 것은 우리의 「역학적 감정」에 의한다. 역학적 감정은 근본적으로는 역학적 지식과 다른 것은 아니지만, 역학적 감정에 있어서는 그 지식이 하나의 전체 인상에 압축되어 있다. 또한 역학적 감정의 효과는 실제의 역학적 계산의 결과와 서로 다른 것이 있지만, 양자의 편차 또한 어떤 종류의 법칙에 따르는 것이라고 한다(A. M., S.11, 12).

이상이 「미학적 역학」의 기본적인 사고이며, 립스는 이와 같은 사고에 기초를 두고 여러 가지 기본적 형태를 상세하게 분석하고 있다.

① 선(Ⅱ-4-18, 19)

a. 직선 - 하나의 점에 작용하는 단순한 운동충동이 방해가 됨이 없이 고유의 법칙성에 의거하여 작용할 때 생긴다. 방향에 의해 다른 점은,

- 수평선 - 중력에 대해 中性的. 양단은 동등, 가운데 점에 의해 통합된다.
- 수직선 - 중력에 저항하여 극복한다. 하단은 운동의 개시점, 상단은 종점.
- 사선 - 위와 같은 것의 조합. 중간적 성질.

b. 간단한 곡선 - 하나의 힘과 다른 힘 혹은 동작과의 상호영향에 의해 생긴다.

- 懸垂線 - 중력과 자기의 내적결합력과의 균형.
- 波狀線 - 수평한 운동과 수직방향의 저항력.
- 圓周 - 무한하게 그 자신의 가운데 복귀하려고 하는 노력.
- 渦線 - 운동에서 정지로 달려들어 온다.

이러한 선의 응용으로써, 내쌓기나 각종 아치 형상에 대해서 설명한다.

② 간단한 입체적 형식(Ⅱ-3-10~15)

이것은 몰딩 단면 요소의 분석이다.

a. 부풀은 형식(그림 16) - 위로부터의 중압에 대한 탄력적 저항.

b. 자유직립형식 - 이것은 일반적으로 중압을 지지하기 위한 성질을 갖지 않는다.

- 위로 오므라진 경우 - 수직방향에 있어서의 굴복, 긴장감이 없음.
- 위로 열린 경우 - 형태의 힘과 중압의 관계를 회복하려는 노력, 긴장.

c. 오목하게 들어간 형식(그림 17) - 내부로부터 발하는 방향에 대한 저항, 높이의 보지. 그러므로 연결부에 적합하다.

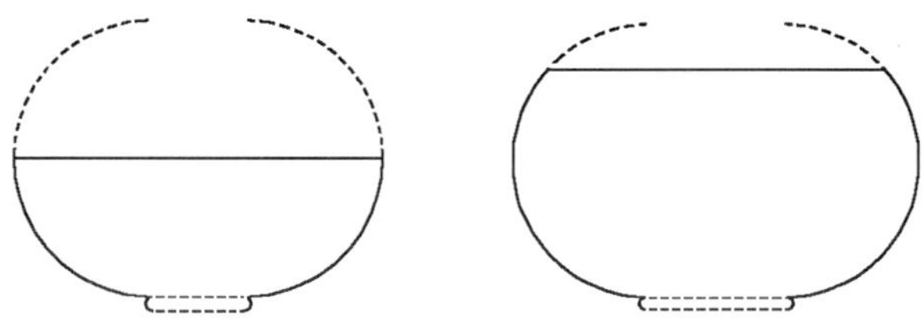

그림 16　부풀은 형식의 예

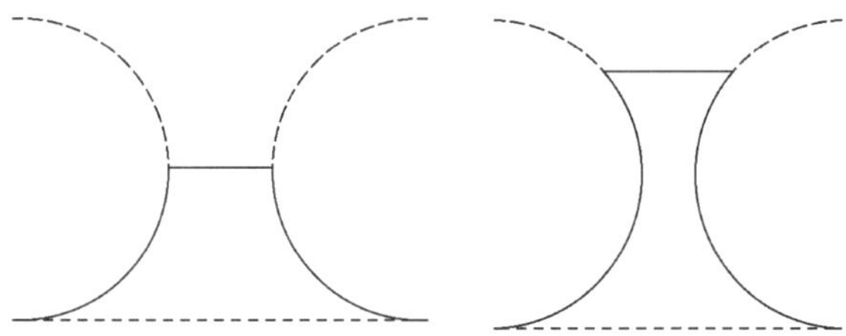

그림 17　오목한 형식의 예

d. 부풀은 형식과 오목하게 들어간 형식의 조합 – 조합 방법에 의해 다양하게 변화한다.

립스는 위와 같은 기본적 요소의 고찰에 근거하여 고전건축의 원주와 그 밖의 다른 형태를 상세하게 분석한다. 이와 같이 형태의 배후에 의지와 힘의 작용을 인식하고, 이에 의거해서 고전건축의 미를 논하는 것은 쇼펜하우어의 미학(이 책 p.71)과 일맥상통한다. 따라서 립스의 미학적 역학은 쇼펜하우어의 미학을 심화·전개한 것으로 생각해도 무리가 없을 것이다.

그리고 립스의 감정이입 미학은 폴켈트(Johannes Volkelt, 1848~1930)에 의해 한층 더 넓은 관점에서 체계가 잡혀졌다.[13)]

4. 과학주의적 건축미학

4.1　고트프리드 젬퍼

젬퍼(Gottfried Semper, 1803~76)는 독일 건축가로, 스위스 및 오스트리아에서도 활약했고, 르네상스식을 비롯하여 여러 가지 절충주의적인 작품을 남기고 있다. 그러나 여기에서 주목해야 할 것은 그의 저서 『공예적 예술과 건축적 예술에 있어서의 양식 혹은 실천적 미학』[14)](이하 『양식론』으로 생략한다)이다.

이 책은 아주 독특한 성격을 나타낸다. 어떤 의미에서는 건축예술의 과학적 연구의 시작이라고 할 수 있다. 즉 선험적·철학적 입장으로부터의 접근이 아니라, 엄밀하고 광범위한 역사적인 연구

13) Johannes Volkelt, Das System der Ästheik. 3 Bde., 1905~14

14) G. Semper, Der Stil in den technischen und tektonischen Künsten oder praktische Ästhetik. Bd.Ⅰ 1860, Ⅱ 1863

를 기초로 한 과학적 역작이다. 그러나 한편 「실천적 미학」이라는 부제로부터 알 수 있듯이, 공예가 · 건축가에게 실제적인 디자인 지침을 주려고 하는 의도를 갖고 있다(그러나 이 의도는 제Ⅲ권이 간행되지 못해 역할을 충분히 완수하지 못했다).[15]

1) 시점과 방법

이 책의 목적은 「예술현상에 있어서의 법칙성 탐구」이며, 이에 의해 「영구적인 양식[16]의 법칙을 확립」하고, 「양식의 법전」으로서, 또한 「실천적 미학」으로서 기술자 · 예술가 · 예술애호가를 위한 지침이 되도록 하는 것이다.

다음으로 젬퍼가 주장하는 연구방법의 특색은 다음과 같은 점에 있다.

① 예술품의 기본형 탐구

마침 최근 비교언어학이 다양한 방언의 親緣性을 연구한 결과, 거기에 공통의 원형적 언어를 발견했듯이, 예술품의 기본형식을 명확히 할 필요가 있다.(§ 1, Ⅰ-S.1).

② 공예품에 대한 연구의 중요성

여기에서는 먼저 장식 · 무기 · 직물 · 도기 · 가구 등의 공예를 다루지만, 이것은 다음과 같은 이유이다.

a. 「우리가 문제로 삼는 미적 필연성이 예술충동의 가장 오래되고 가장 단순한 창안에 가장 명료하면서도 파악하기 쉽게 나타나고 있는 것」

b. 「거기에는 기념적 예술(건축)에 대한 창안보다도 이전에 이미 실천적 미학의 어떤 법전이 전형적으로 확립되고, 공식화되어 있는 것」(Prol. Ⅸ)

③ 예술상징 Kunstsymbol, 건축적 상징 architektonische Symbol 의 개념

이 책에서는 예술작품의 형식과 그 실용적 목적 · 사용재료 · 구조법과의 밀접한 관계를 논하지만, 결코 이것은 목적 · 재료 · 구조 그 자체가 미라고 하는 것은 아니다. 이들 요인은 예술상징 혹은 건축적 상징으로써 처음으로 예술의 요소가 된다.

> 기술적 소산은 목적과 재료의 결과이다. 내가 세웠던 이 과제는 기술적 공예를 여러 범주로 나누고, 각각을 열심히 고찰할 것을 요구하지만, 이것은 일반적으로 예술상징, 특히 건축적 상징의 성립에 대한 그 영향을 증명하는 데에 필요한 범위에 있어서이다.(§ 2, Ⅰ-S.7)
>
> 앞에서 이미 시사하였고, 뒤에서 자세히 다루는 건축 기본형식의 구조적 · 기술적 파악은 조잡한 유물론적인 고찰과는 다르다. 유물론적인 고찰에 의하면, 건축 고유의 본질이라는 것은 완성

---

15) Bd. Ⅰ, Die Textile Kunst, Frankfurt a M., 1860 ; Bd. Ⅱ, Keramik, Tektonik, Stereotomie, Metallotechnik, F. Bruckmann, Munich, 1863.

16) 이러한 것들의 경우와 이 책 표제의 「양식 Stil」은 절충주의적인 입장에서 사용되고 있기 때문에 제6장에서 언급하는 미술사학 용어로서의 양식의 개념과는 다르며, 일종의 가치개념이므로 주의할 필요가 있다(이 책 p.164).

된 구조, 圖解되고 착색된 정역학과 동역학, 순수한 소재표현 이외의 것은 아니다.(§ 1, I -S.6)

여기에서 젬퍼가 말하는 「상징」이라는 것은 사용목적 · 재료 · 기술로부터 생긴 「의미가 있는 형태」를 가리킨다. 이 「의미가 있는 형태」가 중요한 것이다.

2) 각론

각론에 있어서는 공예의 각 부문에 대해서 당시 풍부하게 발굴되었던 고고학 자료를 활용해서 상세히 분석하고 있다. 이하 그 요점을 살펴본다.

① 편직술 Textile Kunst

젬퍼에 의하면, 이것은 가장 기본적인 중요성을 갖는 것으로 특히 「原藝術 Urkunst」이라고 한다.

> 이것은 모든 예술이 - 陶器도 예외는 아니다 - 그 형식과 상징을 편직술로부터 차용했으며, 또 한편으로 그 자체는 완전히 자율적으로, 그 형식은 스스로에 의해 형성되었거나 혹은 자연으로부터 빌렸다고 생각되는 原藝術로 간주된다. 양식의 가장 중요한 원리가 이 근원적인 공예에 정착했던 것은 의심할 바가 없다.(§ 4, I -S.12)

그 기본목적은 덮는 것, 닫는 것, 보호하는 것에 있고, 이러한 목적을 이루기 위해서 가늘고 긴 재료를 짜 맞춘다. 이것이 편직술이다. 긴 띠 모양과 넓은 평면 형상이 만들어 지지만, 각종 몰딩에 나타나는 연속장식의 형식에는 이러한 직물제 띠 모양에서 유래하는 것이 많다. 또한 모자이크 바닥의 도안에는 융난 형태를 모방하기도 하고, 석벽의 장식으로써 현수막 형태가 이용되는 것도 있다(그림 18). 이와 같이 편직술에서 발전된 형식은 금속 · 석재 · 도기 · 회반죽 · 채색에 의한 모든 피복면의 디자인 모티브로써 채용된다.

② 製陶術 Keramische Kunst

기본목적은 容器, 즉 퍼내는 것, 부어넣는 것, 부어내는 것 등이고, 각각의 목적에 적합한 형태가 정형화되어 있다. 예를 들면 天秤棒의 양단에 매다는 시투라 situla는 중심을 낮게 하기 위해서 아래를 부풀어 오르게 하고, 머리에 싣는 휴드리아 hydria는 평균을 잡기 쉽게 하기 위해 중심을 높게 한다. 몸체 · 다리 · 목 · 손잡이 등의 각부의 형태도 목적에 적합하도록 만들고, 표면에 그린 문양도 내용물의 움직임을 표현하는 경우도 있다.

③ 木工術 Tektonik (Zimmerei)

이에는 다음과 같은 기본형식이 있다.

a. 골격의 구성 - 대표적인 것은 삼각 파풍과 직사각형 틀이다. 그 내측을 충진하기도 하고 피복하기도 한다.

그림 18 편직술에서 유래한 조각장식 (프류기아傳 미다스왕의 석굴묘 전면)

b. 선반 – 이것은 일종의 편직술이다. 건축에서는 격자나 격자천정으로 된다. 부재의 돌출부분은 단장혀 prokrossi 로 되고, 여러 가지 장식적 형태를 취한다.

c. 支柱 – 세 다리가 원형이고, 그 중앙에 수직 기둥 stele 을 세우고, 다음에 주위의 세 다리를 제거한 것이 독립 원주라고 한다. 그리고 이것이 도리스 · 이오니아 · 코린트의 각종 기둥으로 되었다.

d. 架構 – c의 지주와 a의 골격의 결합으로 건축의 주요부를 구성한다.

④ 석공술 Stereotomie (Steinkomstruktion)

석공술 자체는 오히려 수동적이며, 다른 여러 예술형식이 석조물에 있어서 영구화 · 기념물화 되는 경우가 많다. 돌을 쌓아올리는 전체 형식은 목공술의 틀 구성과는 달라서 상하방향의 힘에 대응하는 형태를 나타내고, 횡방향에는 무관심하다.

피라미드나 원통형 묘와 같이 돌쌓기가 피복재로써 사용되는 경우는, 소위 돌의 직물이고, 쌓는 방법과 줄눈의 형태는 편직술과 같은 원칙에 따른다.

⑤ 금속세공 Metallotechnik (Metalloarbeiten)

금속세공에 대한 젬퍼의 태도는 부정적이다. 형태가 자유로운 점은 고무와 같고, 고무는

「천연재료 중의 원숭이」(Ⅰ-S.109)이다. 철골조는 고딕과 같고, 고딕은 「불완전한 역학적 시스템 ein halbes ststische System」(Ⅱ-S.475)에 지나지 않는다. 또 철교에 대해서는 다음과 같이 말한다.

> 철교는 아직까지도 알몸의 구조를 드러내고, 반드시 아름답다고는 할 수 없는 딱딱한 선을 풍경에 부가하고 있다.(Ⅱ-S.253)

3) **요약**

이상과 같은 『양식론』의 내용을 현대용어로 개괄한다면, 다음과 같다.

a. 모든 조형물은 본래 각각의 사용목적 · 재료 · 제작기술로부터 필연적으로 생겨나는 형태적 특징을 갖는다.

b. 그와 같은 형태 특색은 상징(의미가 있는 형태)으로서 다른 재료와 기술에 의한 조형물의 디자인에 응용되는 경우도 있다.

c. 그러나 어떤 경우에도 위와 같은 「의미가 있는 형태」 혹은 「유래가 있는 형태」를 사용하는 것이 좋은 작품을 만들기 위한 가장 중요한 조건이다.

그리고 이와 같은 디자인 방침이 우리의 창작활동에 있어서 어떠한 의의를 갖는가 하면,

> 여기에 허용되는 자유로운 구성의 한계는 결코 정신의 구속이 아니라, 오히려 창작의 왕국으로 이끄는 확실한 지도자이다. 왜냐하면 어떤 예술에 있어서도 법칙이 없는 것은 방책이 없는 것과 같은 의미이기 때문이다.(§ 109, Ⅱ-S.80)

그러나 앞에서 논한 바와 같은 필연적 형태가 명료하게 인식되어지는 것은 編織 · 製陶 · 木工 등 재료 · 기술이 형태를 강하게 구속하는 경우뿐이다. 자유롭게 성형되는 소재에는 본래 필연적 형태라고 하는 것은 존재하지 않는다. 그러므로 젬퍼는 고무나 철과 같은 재료를 배척하지 않으면 안 된다. 예를 들면 그는 고무에 대해서 다음과 같이 개탄한다.

> 이와 같은 재료를 눈앞에 두고서는 양식가의 지성은 더 나아갈 길이 없다!(§ 32, Ⅰ-S.109)

여기에 젬퍼의 이론의 한계가 있다. 만일 젬퍼가 오늘날의 합성수지 재료를 보았다면 어떻게 말했을까?

4.2 아돌프 괼러

괼러(Adolf Göller, 1846~1902)는 19세기 말의 독일 건축가로, 주로 슈트가르트에서 활동했다. 『건

축미학을 위하여 ; 강연과 연구』[17]는 그의 강연집으로 체계적인 저술은 아니지만, 그의 연구방법과 착안점은 대단히 중요하다. 즉 그는 건축미학을 하나의 「순수과학 reine Wissenschaft」이라고 생각하고, 이것이 직접 실천에 이용 가능한가에 대해서는 문제시하지 않는다는 입장을 취하고(S.175), 또 그의 「양식」의 개념은 후에 미술양식론(이 책 제6장)에서 논하는 것과 거의 같다.

이러한 것들이 앞항에 살펴본 젬퍼와 명료하게 구별되는 점이며, 동시에 그는 헬무호르쯔(Hermann von Helmhoitz), 운트(Wilhelm Wundt) 등의 심리학 이론을 받아들여 과학주의적인 경향을 한층 더 강화시키고 있다. 또 한편 건축 비례의 미의 원인이 「記憶像」에 있다고 하는 괼러의 생각은 클로드 페로(이 책 p.35)의 습관설에 아주 가까운 것이고, 재료의 우수성이나 시공의 정밀함을 건축미의 중요한 조건으로 보는 점도 페로의 견해와 유사하며, 괼러는 페로의 객관적 건축미학의 정통 계승자로 보아야 한다.

또한 그는 당시의 싱켈이나 비올레 르 뒤크나 러스킨 등이 처음으로 주장하기 시작했던 「진실성」의 이론, 즉 건축은 그 기능 · 구조 · 재료를 정직하게 표현해야 한다고 하는 이론(이 책 제3장)에 대해서 정면으로 반대했다. 이것은 오늘날의 반근대주의의 주장(이 책 제9장)과 일치하는 것으로 특히 주목하지 않으면 안 된다.

그런데 앞에서 언급한 괼러의 저서는 5개의 논문으로 되어 있다. 이하에서는 각 논문의 요지를 소개하기로 한다.

1) 건축에 있어서 영속적인 양식변화의 원인은 무엇일까?

이 논문에서는 먼저 저자가 다루는 건축의 형식미라는 것은 무엇인가를 정의하고 있다. 즉 그에 의하면, 형식미 Formaschonheit 라는 것은 「그 자체가 쾌적하고, 그 위에 의미를 나타내지 않는 선 혹은 빛과 그림자의 유동」(S.6)이다. 그러므로 형태에 부수하는 의미 Sinn 나 의의 Bedeutung 는 없어도 좋은 것이다. 예를 들면 건축을 구성하는 부재는 支持라든지 하중이라든지 하는 의의를 가지고, 이러한 의의에 관한 우리의 사고는 형태가 주는 자극을 강화하는 것은 사실이지만, 이것들만으로 미적자극은 생기지 않는다. 그러므로,

> 만일 정역학과 동역학만이 우리의 감정을 움직인다고 한다면, 기계가 최고의 건축적 예술작품이 될 것이다!(S.10)

다음으로 괼러는 이 논문의 테마인 건축양식의 영속적인 변화의 원인으로써 「형식감정의 피로(권태)의 법칙」을 제창한다. 그에 의하면 어떠한 건축양식도 오래 계속되면 형식감정의 피로를 일으키고 변화가 요구된다.

---

17) Adolf Göller, Zur Aesthetik der Architektur – Vortäge und Studien, 1887

사람은 항상 이제까지의 형태의 기쁨을 유지한다고 하는 무의식적인 목적을 위해서 보다 강하게 분절된 것, 보다 풍부한 것을 지속적으로 추구한다.(S.28)

이와 같은 이유 때문에 사람들은 건물 매스의 새로운 조합이나, 건물전체 형태의 새로운 모티브를 탐색하고, 또 각부의 높이에 변화를 주어서, 윤곽의 세부 수를 늘이고, 보다 깊게 줄눈을 새긴다. 이에 의해 사람들은 오래된 형식에 새로운 생명을 부여하고, 그 자극을 높여가는 것이다. 그 결과 건축은 풍부한 선과 음영의 유동에 의한 미화를 받고, 양식의 개화기를 맞이한다. 그러나 이것이 더욱더 진행되어 한계에 도달하면, 감정의 둔화 Abstumpfung 가 일어나 발전은 정지하고, 형태는 형식에 빠지고, 장난감과 같이 된다. 그리고 이에 대신하는 장식을 갖지 않는 자연 그대로의 공작형식이 나타나게 된다. 즉 건축양식은 圓環을 일주하여 원점으로 되돌아오는 것이다.

필러는 이와 같은 과정을 건축역사의 실례를 들어서 설명한다. 그리고 형식감정의 피로는 건축의 적이 아니라, 건축의 예술적 발전의 원동력이라는 것을 강조한다.

2) 비례의 미와 양식감정은 어떻게 성립하는가?

이 논문은 미학자 짜이징(Adolf Zeising, 1810~76)의 황금비 이론과 그 외 건축미의 근원이 특정의 비례에 있다고 하는 이론에 대한 반론이다. 필러는 먼저 건축미에 관한 판단이 개인적인 것이라는 점에 주목한다. 그리고 형식에 대한 우리의 만족 · 불만족은 각자가 과거의 경험에 의해서 축적해 온 「기억상 Gedächtnisbild」에 그 형식이 일치하는가에 의해서 결정된다고 주장한다.

건축형식과 특정 비례의 미는 그 형식 혹은 그 비례에 특유의 불변의 성질이 아니라, 우리의 기억이 이러한 것들에 주었던 가치이며, 또한 우리의 기억내용에 대한 가치이다.(S.57)

예를 들면 어린이와 미개인은 도리스식 원주의 이퀴너스의 높이를 2배로 하고, 아바커스를 입방체와 같이 높게 하더라도 별로 마음에 두지 않는다. 그러나 건축 교육을 받아 가면서 기존의 도리스식 주두의 형태가 차츰 강하게 기억에 새겨지고, 결국에는 그와 다른 비례를 거부하기에 이른다. 그리고 이후, 이 記憶像이 그의 건축미의 판단의 기준이 되는 것이다.

하나의 건축양식에 대한 각자의 감정, 즉 양식감정에 대해서도 마찬가지이다. 예를 들면 고대 그리스건축에는 「입방체」가 모든 형태의 기초를 이루고, 고딕건축에서는 「상승적 성격」이 기초를 이루었지만, 이와 같은 동일한 양식에 있어서 각부 형식간의 친연성도 記憶像의 결합과 습관에 의해 생긴 것이다. 그러므로 양식감정은 타고난 천성은 아니다. 그러나 학습에 의해 기억상을 풍부하게 한다면, 다른 민족의 양식에 대해서도 공감할 수 있게 된다.

3) 건축에 있어서 진실이란 무엇인가?

이 강연의 목적은 건축의 진실 Wshrheit 은 어디에서 성립하고, 어디에서 성립하지 않는가? 또 건축의 진실은 미적 인상의 요인으로써 어떠한 가치를 갖는가? 라는 점에 대해서 논술하는 데에 있다.

① 내부와 외관의 관계

「건물의 외관은 내부의 정직한 표현이어야 한다」고 주장하는 자가 있고, 그들은 방의 구획을 외관에 나타낼 것, 중요한 실은 외관에서도 두드러지게 할 것, 盲窓이나 내부와 관계없는 돌출을 만들어서는 안 된다는 등으로 훈계한다.

그러나 이러한 주장은 관념론적인 미학의 소산에 지나지 않으며, 현실과는 동떨어진 사상이다. 예를 들면 독일 국회의사당은 이와 같은 의미에 있어서는 내부와 외관이 일치하고 있지 않다. 그러나 이와 같은 불일치는 내부의 실용상의 요구와 외관의 미적구성상의 요구를 동시에 충족시킨다고 하는 실제적인 이유에서 그렇게 된 것이다. 그리고 일반적으로 건축물의 관조에 있어서는 외관과 내부의 일치라고 하는 것은 문제시 되지 않는다. 즉,

> 외관으로부터 상상되는 방의 배치가 실제의 방 배치와 일치하는가라는 문제는 외관을 관조하는 사람에게 있어서는 – 그가 속은 것에 주의하지 않는 한 – 어떻게 되어 있어도 좋은 것이다. 왜냐하면 외관의 형식미는 외관과 내부의 일치와 전혀 관계가 없기 때문이다.(S.99)

실제상 건물의 내 · 외의 관련성을 지각하는 것은 곤란하고, 내부에 들어오면 각 실을 개별적으로 보거나, 혹은 겨우 훤히 트인 실들의 집합을 한눈에 파악할 수 있는 데에 지나지 않는다. 또 한편 건물의 목적은 본래 散文的인 것이기 때문에, 방의 배치를 그대로 나타내면 외관은 지극히 지루하고 따분한 것으로 되고 말 것이다.

다만 한 가지, 내부와 외관의 일치가 사람의 마음에 만족을 주는 것은 건축계획을 음미할 때뿐이다. 확실히 도면 위에서는 사람은 건물의 내외를 동시에 파악하고, 실의 결합과 외관과의 일관된 관련성을 즐길 수 있다. 그러나 이와 같은 가치는 어디까지나 종이 위에서의 가치이다. 이것은 관념적이고 아카데믹한 가치에 지나지 않고, 현실과는 관계가 없다.

② 구조와 장식

「구조적 Konstruktiv」이라고 표방된다. 이 표어의 신봉자들은 「다른 재료의 형태를 모방해서는 안 된다」, 「구조나 역학적 性狀을 표현해야 한다」, 「재료의 공작법, 특히 결합법을 표현하지 않으면 안 된다」라고 주장한다. 그러나 이것은 잘못이다. 이하 이에 대한 반론이다.

a. 재료의 모방

실례를 들면, 나무와 같은 연륜을 그린 양철판도 있지만, 가장 많은 것은 석재의 모방이고, 목재나 양철에 의한 석조풍의 코니스, 대리석 얼룩무늬를 그린 나무판 등 가는

곳마다 볼 수 있다. 일부 사람은 이러한 모방을 비난한다. 그러나 오늘날 우리가 석조 고유의 형식이라고 생각하고 있는 것이 석조 본래의 형식이라는 확증은 없으며, 그들 형태의 대부분은 젬퍼가 말한 것과 같이, 본래 목조나 布製品의 형태로부터 차용했던 것이다(이 책 p.128). 그리고 오랜 기간의 습관에 의한 表象結合의 결과, 그들의 형식과 석조와의 사이에 필연적인 관계가 있는 것처럼 느껴지게 되었던 것이다.

그러므로 이러한 형식을 다른 재료에 옮겼다고 하더라도, 특별히 재료의 본질을 손상했다고 해서는 안 된다. 오히려 중요한 것은 끝마무리의 문제이다. 만일 석조를 모방한 목제 혹은 양철제품의 코니스가 우리의 마음을 아프게 한다면, 이것은 값싼 소재나 도료로는 요철이나 일그러짐이나 얼룩이 생겨 진짜 돌과 같은 외견으로 마무리하는 것이 곤란하고, 내구성을 갖지 못하기 때문이다.

> 만일 속임수가 완전하고 항구적으로 성공하게 된다면, 우리는 나무나 양철이나 회반죽으로 된 것을 진짜 돌을 보고 있다고 믿을 것이다. 그러면 이 경우의 藝術享受가 본래의 물질인 돌에 대한 것보다 못할 것이라고는 볼 수 없다. 그러므로 異種形式의 盜用이 미에 대한 위반이 아니라, 오히려 盜用에 처하여 헤어나지 못하는 졸렬함이 미에 대한 위반인 것이다.(S.108)

b. 구조의 표현

「건축이 아름답기 위해서는, 그 구조를 숨김없이 나타내어야 하며, 장식은 부재에 작용하는 힘을 이상화하지 않으면 안 된다」라고 하지만, 이것은 사실에 맞지 않는 경우가 많나. 예를 들면 르네상스 시내의 화려한 스터코 천정은 구조를 숨기고 있기만, 구조를 나타내는 고딕의 교차리브나 망상리브보다 아름답지 않다는 말인가?

일반적으로 양식의 초기에 있어서는 힘의 작용의 표현을 목표로 하지만, 멀지 않아 이와 같은 힘의 흐름의 난소로움에 싫증나고, 힘의 작용에 관계없는 보나 강한 자극을 주는 형식이 요구되고, 결국에는 힘의 작용을 부정하고, 중력을 무시하는 표현에까지 이른다. 말기 고딕 · 로코코양식 등은 그 최종적인 단계를 나타낸다.

그러나 오늘날 실제문제로써 적절한 것은 구조적인 것과 순수한 장식적인 것과의 중간이다. 예를 들면 벽면의 장식으로써 기둥 모양이나 아치 모양을 붙인 것은 좋은 예로, 어떠한 진실애호가도 이들을 가난한 사람들로부터 문제 삼는 경우는 없을 것이다. 왜냐하면,

> 벽의 내부의 힘의 흐름이 예술형식이 나타내려고 하는 바와 다르기 때문이라고 해서 어떠한 문제가 있는 것일까! 이것이 가능하기 때문에 그대로 좋지 않을까! 이러한 것들의 겉으로만 그럴싸하게 보이는 지지재를 바라볼 때, 눈이 우리에게 가져다주는 표상에

있어서는 어떠한 모순도 생기지 않는다. 다만 우리가 반성할 경우에 처음으로 모순을 느끼는 것이다.(S.113)

c. 공작법의 표현

각종 재료에는 그에 맞는 공작법이 있고, 이 공작법으로부터 필연적으로 생기는 형식적 특징이 있기 때문에, 건축물은 항상 그와 같은 특징을 표현하지 않으면 안 된다고 하는 사람이 있다.

확실히 벽돌에는 돌과 같이 정이 사용되지 않으며, 단철은 나무와 같이 깎거나 조각하지는 않는다. 그러나 이러한 조건은 단순한 「제한」에 지나지 않는다. 만일 가능하다면, 사람은 좀 더 자유로운 작업을 행하고 싶어 한다. 예를 들면 목조의 경우, 공구를 끌과 톱으로 한정한다면, 형태는 단순한 것에 한정되지만, 끌을 사용하여 조각을 한다면 표현은 아주 풍부하게 된다. 벽돌에는 제한이 많지만, 테라코타를 이용한다면 상당히 자유로운 표현이 될 수 있다. 이 점에서 *切石*은 가장 한계가 넓고 가장 자유롭다. 그러므로 장식형식은 구조로부터 유래하였다고 하는 주장은, 모두 석조로 이루어진 건축에 있어서는 거의 공허한 문구에 지나지 않는다. 따라서 다음과 같이 결론을 내릴 수 있다.

이와 같이 무리한 요구를 포함하는 원리는 진지하게 받아들이지 않아도 되며, 또 이것이 보편타당한 예술의 규칙으로 받아들일 것을 요구한다면, 그것은 곧 한계에 도달하게 될 것이다.

그러므로 구조의 명시나 장식형식에 의한 힘의 찬미, 혹은 구조로부터 장식형식을 이끌어 내는 것 모두 미적인 건축의 필요조건은 아니다.(S.117~8)

4) 건축과 공예에 있어서 귀중한 재료의 효과는 무엇에 근거하는가?

이 강연의 내용은 이제까지의 미학에서 거의 문제시되지 않았던 보석 · 귀금속 · 귀중석재 · 귀중목재 등의 미에 관한 고찰이다. 필러는 이와 같은 재료의 일례로 연마한 공작석판을 예로 들고, 그 미적 요인을 대략 다음과 같이 분석한다.

a. 광택

b. 무늬

c. 색 — 단순히 표면의 색뿐만 아니라, 투과광의 내부반사에 의한 색을 포함하는 것이 특색.

d. 형태 — 평면이 평활하며 곧고, 다면체의 모서리가 예리하면서도 곧은 직선이라는 것. 이것은 귀중한 재료로 만든 제품의 가장 현저한 특색이다.

그러나 이와 같은 특색은 개개의 것으로써는 다른 값이 싼 재료에서도 볼 수 있다. 다만 귀중재료는 이러한 특색을 겸비하기 때문에 「동시에 gleichzeitig」 마음에 표상을 생성하여 고차원의 종합적인 효과를 발휘한다고 한다.

5) 형식미학에 대해 새로 발견한 법칙에 대해서

이것은 「황금비설」 등 종래의 형식미학의 이론에 대신하는 새로운 형식미의 원리에 대한 제안이다. 꾈러는 예전부터 언급되어 왔던 「다양의 통일」의 원리를 발판으로 하여, 이것을 순수하게 형식적인 원리로 바꾸어 놓고, 「열(列)」(즉 반복)과 「대비」(열 가운데에 있어서의 변화)의 관계로써 해석하였다. 열은 가장 기본적인 미적요인으로, 선대칭·점대칭의 도형이나 사방 연속모양도 일종의 열이고, 직선이나 원도 微小要素의 열이라고 할 수 있다. 또한 진주의 목걸이와 같이 요소의 크기가 변화하는 열도 있고, 파상선과 같이 방향과 함께 곡률도 변화하는 열이 있다. 이와 같이 열의 변화가 부가되어 대비의 효과가 생기는 것이다. 거기에서 「列의 法則」이 세워진다. 꾈러는 이 법칙에 대해서, 건축이나 공예뿐만 아니라, 음악이나 시의 분야에서도 예를 들어서 상세히 설명하고 있다.

이상이 꾈러의 저서의 요점이지만, 그의 이론의 특색은 현실과 동떨어진 관념론적 미학이나 교의적인 건축론을 배척하고, 항상 건축가로서 자신의 체험을 거짓 없이 솔직하게 서술하고, 이것을 근거로 하여 이론을 세우고 있는 것에 있다. 특히 주목해야 할 것은 「건축에 있어서 진실이라는 것은 무엇인가?」라는 강연이다. 이것은 이 책이 쓰여진 시대에 대두되고 있었던 기능주의적 이론에 대한 반론으로, 당시로서는 보수적인 입장에 섰던 것이었다.

이 때문에 이러한 이론은, 그 후 지오프리 스코트(이 책 p.186)를 별도로 한다면, 거의 나타나지 않았다. 다만 겨우 20세기 후반이 되어서, 반근대주의의 입장에 선 벤투리나 피터 블레이크 등에 의해 동일한 주장이 나오게 되었다(이 책 제9장). 그러므로 그보다 70년 이상이나 앞서 꾈러가 이와 같은 이론을 주창하고 있다고 하는 것은 중요하며, 오늘날 새삼스럽게 그의 업적을 다시 살펴볼 필요가 있는 것이다.

제 5 장 반절충주의에서 근대주의로

1. 근대주의 건축으로의 길

이 장에서는 19세기 중기부터 20세기 초기까지의 건축의 실천 활동에 직접 관련이 있는 이론을 살펴보기로 하는데, 이 시기는 「근대주의 건축 Modern Architecture」[1)]의 성립기에 해당하므로 이 근대주의 건축을 추진한 움직임을 중심으로 하여 건축미학의 입장에서 살펴보기로 한다.

근대주의 건축은 20세기 전반기에 구미를 시발로 범세계적으로 널리 행하여진 일련의 건축을 말하지만, 이것은 다른 시대의 건축과 마찬가지로 하나의 명확한 양식적 특성을 갖추고 있다. 근대주의 건축의 뚜렷한 조형적 특성은 다음과 같다.

a. 과거의 건축양식을 모방하지 않으며, 고전적인 원주나 장식조각은 일체 사용하지 않는다.

b. 수직·수평의 직선 혹은 평면만으로 구성하며, 드물게 사면·곡면·곡선을 사용한다.

c. 배치·평면·입면 모두 될 수 있으면 대칭형을 피해 입구나 전면을 강조하지 않고 내·외부 공간을 융합시킨다.

d. 색채는 백색을 기조로 하며, 경우에 따라서는 흑색이나 회색을 사용하거나, 재료의 본연의 성질을 그대로 표현한다.

위와 같은 조형적 특색을 갖는 건축의 출현은 건축사상 획기적인 것이며, 절충주의 건축과는 전혀 나른 것은 물론, 르네상스 이후 약 오백년간 지속되어온 건축이념을 근본직으로 변혁한 깃이었다. 이 과정에서 당연히 이러한 변혁에 수반되는 이론이 따르게 되었다. 따라서 이 장에서는 이 근대주의의 이론 전개를 다음 두 가지 점에 주안점을 두어 고찰하기로 한다.

1) 절충주의로부터의 탈피

2) 절충주의에 대신하는 새로운 조형의 모색과 확립

따라서 이 장에서는 이러한 두 가지 문제에 직접적으로 관련되는 이론 중에서 20세기에 전개된 주요한 것을 살펴보기로 한다.

---

1) Modern Architecture를 직역하면 「근대건축」이지만, 「근대건축」은 「최근의 건축」이라든가 「오늘날의 건축」이라는 정도의 의미밖에 갖지 못한다. 따라서 과거·미래의 어느 시대도 각 시대의 사람들에게 있어서는 「근대건축」이였으므로 특정한 시대를 가리키지 못한다. 그래서 이 책에서는 우선 「주의」라는 말을 붙여서 고유명사임을 나타내었다.

1.1 기능주의 개념

그러나 여기서 다시 한 번 주의해서 살펴보지 않으면 안 되는 것이 있다. 이것은 근대주의 건축에 관련해서 빈번하게 언급되는 「기능주의 Functionalism」라는 단어에 대해서이다. 이 말은 사용하는 사람에 따라 그 뉘앙스가 다르다[2]. 여기서 기능주의라고 하는 말의 구체적인 내용별로 사람들의 의견을 분류해 보면, 다음과 같은 세 가지가 있다는 것을 알 수 있다.

① 건축은 기능(실용적 목적)을 충족시키는 것이 중요하다.

② 건축은 기능을 충족시키는 것만으로 족하며, 아름다울 필요는 없다.

③ 건축은 기능을 만족시키면 자동적으로 아름답게 된다.

먼저 ①의 용어법이다. 본래 건축은 인간의 생명과 생활과 재산을 보호하기 위해 만들어진 것이므로, 이러한 목적을 만족시키는 것이 언제나 중요하다는 것은 지금에 와서 말할 필요도 없는 사실이다. 이미 비트루비우스도 건축이 갖추어야 할 세 가지 조건의 하나로서 「유용성 Utilitas」을 들고 있으며, 역사상 어떤 시대의 건축도 각각의 시대에 맞는 실용적 목적을 충족시키기 위하여 노력하였다. 따라서 만일 기능주의를 ①의 의미로 해석한다면, 역사상 모든 건축은 기능주의 건축이 되어 특정한 주의·주장을 나타내기 위한 용어로서의 의미는 없어지고 만다. 또 만일 기능주의가 단순히 건축의 실용성을 강조하는 것만을 의미한다면, 물론 건축미학으로써 다룰 필요는 없다.

다음으로 ②이다. 이러한 의미의 기능주의를 전면에 내세운 사람은 극히 드물다. 예를 들면 아돌프 로스는 그 드문 예로 이에 가까운 주장을 하고 있다(이 책 p.151). 그렇지만 이론적 체계를 갖추고 있지 않다. 이러한 주장은 개인의 직업상 이익과 미적감수성의 결여 등 특수한 사정 때문에 암암리에 지지되는 경우는 있을 수 있다. 그러나 이것도 물론 건축미학으로써 문제시할 필요는 없다.

이와 같은 이유에서 다소 의미가 있는 것은 마지막의 ③뿐이다. 또 실제적으로 「기능주의」라고 하면 대개 이 의미로 사용되고 있다. 그리고 이것은 말할 필요도 없이 고대이래의 「유용성 = 미」의 사상을 계승한 것이다.

1.2 추상미술의 발생

다음으로 근대주의 건축의 조형적 특색에 관련해 한 가지 언급해야 할 것은 조각·회화에 있어서의 추상작품의 발생이다. 단 이것은 근대주의 건축의 발생 원인이라기보다 오히려 근대주의 건축과 동시에 일어난 현상으로 보아야 할 성질의 것이다.

1) 印象派 Impressionism – 1860년경부터 1900년경

마네(Edouard Manet), 모네(Claude Monet)에 의해서 시작되어 쇠라(Georges Seurat), 르누아

2) Ed. R. de Zurko, Origins of Functionalist Theory. 1957

르(Pierre-Auguste Renoir) 등에 의해서 발전한 화파로, 그림에 「무엇을 그렸는가」하는 것, 즉 그려진 「대상」이나 「의미」보다도 빛 · 색 · 공기 등 시각적 인상을 표현하는 데에 중점을 두었다.

2) 立體派 Cubism - 1900년경부터 1915년경

세잔느(Paul Cézanne)를 시조로 피카소나 브라크(George Braque)를 대표로 하는 화파로 물체를 단순화하고, 구 · 원통 · 원추 등 기하학적 형태로 표현하였다.

3) 抽象美術 Abstract art - 1915년경 이후

칸딘스키(Wassily Kandinsky), 몬드리안, 모홀리 나기(Laszlo Moholy-Nagy) 등에 의해 창시되고, 회화에 있어서 순수한 형과 색의 미만을 추구하여 「아무것도 그리지 않는」 점에 특색이 있다. 칸딘스키는 자신의 작품을 「색채의 음악」이라고 불렀다. 공예 분야에서는 이미 오래전부터 기하학적 문양 등 추상적 디자인이 널리 행해져 왔지만, 독립된 회화작품으로써 이러한 미술이 출현했다고 하는 것은 이제까지 없었던 사건이었다. 조각에서도 마찬가지로 추상작품이 만들어지게 된다.

이러한 일련의 움직임은 모사적 미술에서 비모사적 미술로의 이행과 미술작품에 있어서 정보적 내용의 완전한 소멸로 요약되며, 이것은 근세에 있어서의 순수감상화의 발생에 연이은 회화 · 조각사상 2차 대 전개였다.

추상미술의 발생과 근대주의 건축의 성립이 밀접한 관련성을 갖는 것은 중요하다. 본래 르 꼬르뷔제는 추상미술의 일파인 「순수파 Purisme」[3]의 화가였으며, 근대주의 건축가 우드(J. J. Pieter Oud)는 몬드리안이 속해있던 네덜란드의 미술단체인 「데 스틸 De Stijl」의 회원이었다. 그리고 또 그로피우스의 바우하우스에는 칸딘스키와 모홀리 나기가 교사로 초빙되었고, 러시아 근대주의 건축가 그룹인 「구성주의 Constructivism」는 추상화가 말레비치(Kasimir Malewitsch) 등의 「절대주의 Suprematism」[4]와 거의 한 체제에 속하고 있었다.

이처럼 근대주의 건축의 성립은 추상미술의 발전과 밀접한 관계에 놓여 있었다. 더욱이 가장 중요한 점은 회화에는 원래 실용적인 기능이 없는 관계로 기능 중시라고 하는 것은 생각할 수 없으며, 철이나 콘크리트의 발달과도 아무런 관계가 없다. 물론 사회주의와도 관계가 없다. 따라서 추상예술의 발생은 미술 그 자체의 자기발전의 결과일 뿐이다.

---

3) 건축적인 간소함과 기계가 갖는 본질적인 기능성을 기조로 한 회화 · 조형언어의 순화를 목표로 한 운동 혹은 그 이론. 1920년 전후 르 꼬르뷔제와 오쟝팡에 의해 시작되었다.

4) 지상파 혹은 절대파. 말레비치에 의해서 창시된 선구적인 추상회화의 이념. 큐비즘의 생각을 깊이 파고들어 "지극히 순수한 기하학적 추상"을 표방. 이러한 「비대상적 = 비재현적」인 순수한 감각 혹은 지각을 "至上"의 것, 다시 말하면 회화예술에 있어서 궁극적 · 절대적인 것으로 생각하여 먼저 방형을 요소로 하고, 원형 · 십자형 · 삼각형 등을 더해가면서 이러한 기본형태만으로 화면을 구성한다.

2. 반절충주의

절충주의, 즉 역사상의 건축양식을 모방하는 수법에서 탈피하는 것은 용이한 것이 아니었다. 그중에서도 고대 로마건축을 규범으로 하는 고전건축은 르네상스 이래 약 오백년간 지속되었던 것으로 가장 강고한 기반을 유지하고 있었다. 또 그 외의 양식, 예를 들면 낭만주의가 규범으로 삼은 고딕과 로마네스크 양식도 그 근원을 규명해 보면, 고대 로마건축에서 변화한 것이다. 따라서 이러한 다양한 유럽의 역사적 양식은 전체로써 커다란 체계를 이루고 있으며, 서양건축은 시종 이 체계 가운데에서 이루어지고 있다. 이 때문에 그곳에서 탈피한다고 하는 것이 얼마나 어려운가 하는 것은 우리의 상상을 초월한다. 그러나 그곳에서 탈출하려는 의욕은 19세기 중기부터 나타난다. 제임스 퍼거슨이나 허레이쇼 그리너의 주장은 그 좋은 예이다.

2.1 제임스 퍼거슨

퍼거슨(James Fergusson, 1808~86)은 영국의 건축사가로, 체계적으로 건축사를 정리하였다. 그의 건축사 책은 여러 권으로 구성되어 있으며, 그 내용도 매우 넓어 고대에서 근세, 인도와 동남아시아까지 미치고 있다. 기존의 건축서에 있어서의 역사적 기술은 어디까지나 유럽 본위로 중·근동이나 아시아의 건축은 단순히 「진기한 것」으로 다루어져 왔었지만, 그의 건축사는 이러한 것에 대해서도 평등하면서도 객관적으로 다루었다. 즉 퍼거슨에 의해서 처음으로 특정의 가치관에서 벗어난 상대주의적인 건축사가 성립된 것이다. 그러나 여기서는 건축미학을 취급한 초기의 저서 『예술, 특히 건축에 있어서의 미의 참된 의미에 대한 역사적 탐구』[5]를 살펴보기로 한다.

이 책의 상당 부분은 고대건축사에 관한 기술이며, 서론은 그의 체계적인 예술론(혹은 문명론)에 관한 것이다. 당시의 서양인다운 전형적인 진보주의 사관의 관점에서 절충주의를 부정하고, 새로운 건축예술의 창조를 시사하였다. 기개에 넘치면서도 낙관적인 구상이다. 이하 그 요점을 적는다.

1) 절충주의의 부정

그는 이 책에 이어 포괄적인 건축사를 쓸 계획을 세우고 있었으며, 제3부에서는 근세건축을 다룰 예정이었는데, 제3부 서문에서 다음과 같이 적고 있다.

> 제3부는 먼저 근대 유럽의 모방 양식 monkey styles 의 역사를 나타낼 수 있도록 의도되어 있다. 이것은 사람들이 생각하는 대신에 모방을 시작하였던 때부터 그들은 사고하는 것을 그만두고 단지 모방밖에 할 수 없게 된 지금에 이르는 과정으로 유럽 전역에 걸쳐 일어난 그 기묘한 예술의 모든 변형을 포함할 것이다.(Preface 15)

5) James Fergusson, An History Inquiry into the True Principles of Beauty in Art, more especially with reference to Architecture, 1849

여기서 말하는 「모방 양식」 혹은 「기묘한 예술」은 절충주의 건축을 가리킨다. 또 다른 곳에서는,

> 우리의 예술은 로마와 마찬가지로 적어도 오늘날까지는 생득적인 것이 아니라, 다른 국민이나 다른 시대로부터의 차용이다.(p.8)

이러한 논리는 모방주의 일반에 대한 비판이다. 더구나 그는 다른 저서에서 건축양식을 「진정한 양식 true style」과 「모사 혹은 모방양식 copying or imitative style」을 구별하여 종교개혁기 이후의 서양건축은 모두 후자에 속한다고 하였다.[6]

2) 기술과 예술

퍼거슨의 논의는 루소의 「과학과 예술이 인간을 타락시켰다」라는 주장에 반발하는 것으로부터 시작한다. 그는 과학과 예술의 진보는 다름 아닌 인간의 진보임을 입증하기 위해서 다음 표와 같이 학술전체의 체계를 정리하였다. 이 체계의 특색은 학술을 「學」과 「術」이라고 하는 두 가지 영역으로 나누어 「術」을 「人間的 術」과 「政治的 術」로 이분하고, 그 이하 세세한 항목을 각각 삼분하는 데에 있다. 이 삼분법에서는 최초의 항목이 초보단계이며, 최후의 항목이 高度段階를 나타내므로, 헤겔의 변증법적 도식(이 책 p.66)과 유사하다.

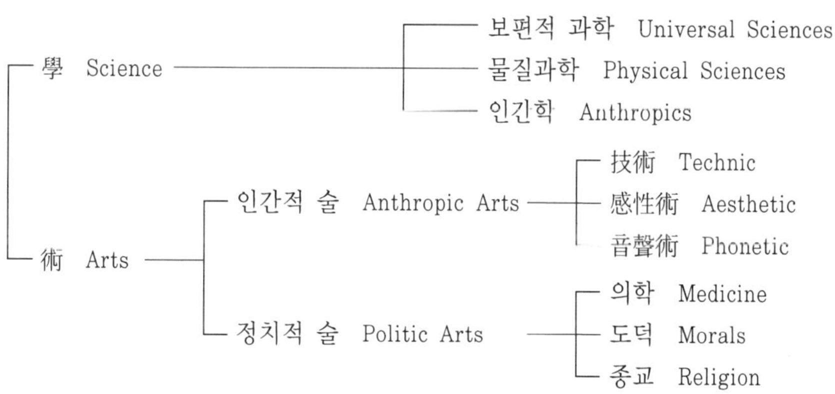

여기서 주제와 관계가 있는 것은 「人間的 術」이며, 이 가운데 「技術」은 가장 초보적인 것으로 수학이나 자연과학 등 물질적인 문제에 국한된 術이다. 다음의 「感性術」은 인간의 감성에 관계되며, 시각적·청각적 미를 추구하는 術로써 건축과 그 외의 다른 대부분의 術은 이 단계에 속한다. 마지막의 「音聲術」은 최고단계에 속하는 術로써 언어를 사용하고, 지성에 호소하는 점에 특색이 있으며 문학이나 연극이 이에 속한다. 그리고 모든 術은 이러한 발전 단계에 따라서

6) James Fergusson,, A History of Architecture. Ⅰ, 1862, p.3

진보하지 않으면 안 된다. 이렇게 기술과 예술을 일련의 관계를 갖고 있는 것으로 생각하는 점에 퍼거슨의 사상의 특색이 있다. 예를 들면 기술이 예술로 진보하는 과정에 대해서는,

> 여기서 나타내려고 하는 기본사항은, 평범하고 실용적인 것은 모두 미의 대상으로까지 세련된다고 하는 것이며, 또 평범하면서도 術로서 미이거나, 혹은 고도의 것은 모두 본래 실용적으로 필요한 術이 정성껏 완성되고 세련된 것에 지나지 않는다 - 물론 각각의 정도에 있어서 이지만 - 라는 것이다. 그러나 가장 낮은 감각적인 術에서부터 가장 높은 지적인 術에 이르기까지 그 원리는 하나이며 동일하다.(p.96)

그런데 이것을 건축에 대해 말하면,

> 마찬가지로 건축은 그 자체로는 거의 순수 예술이 될 수는 없지만, 그러나 그 형이나 색이 눈을 즐겁게 해준다면 이것은 예술이 되며, 더욱이 조각이나 회화, 특히 銘文에 의해서 장식된 경우는 표현의 音聲的 형식으로까지 발전할 수 있다. 그리고 이 術(건축)의 가장 좋은 실례는 모두 이 특성을 갖고 있으며, 따라서 당연히 제3의 단계에 속한다.(p.76)

이 제3단계라는 것은 위의 표에서 「人間的 術」 가운데 가장 높은 단계인 「音聲術」을 가리킨다. 즉 건축은 단순한 기술에서 감성술의 단계를 거쳐서 문학이나 연극과 같은 음성술의 단계에까지 도달한다고 하는 것이다. 여기서 음성술의 단계에서는,

> 모든 최고의 목표는 언제나 지성에 호소하는 것이다. 감각 혹은 감각적 미는 일반적으로 거의 모든 術에 있어서도 마찬가지이지만, 이 호소를 추진시키기 위한 매개수단인 것이다. 그러나 최고의 術에 있어서는 이것은 목표도 목적도 될 수 없으며, 音聲的 혹은 優聲的 euphonetic 인 미(美)만이 가장 이에 어울리는 말이다.(p.78)

3) 미래의 건축

이와 같이 건축은 음성술의 단계에까지 도달하도록 하지 않으면 안 되지만, 건축은 일반적으로 음성적인 성능을 갖고 있지 않다.

> 건축은 (회화나 조각과 같이) 서술을 재현할 수도 없으며, 쓴 것을 도해할 수도 없다. 이것은 아무것도 모사할 수 없으며 아무것도 도해할 수 없다. 이것은 이야기할 수도 없으며, 단지 음성도 갖고 있지 못한 야수에 의해서 표현될 수 있는 정도의 명확함으로 즐거움이나 외로운 감정을 표현하는 것이 고작이다.(p.121)

그러면 어떻게 하면 건축이 음성술로 될 수 있을까? 그 방법으로써 건축에 회화 · 조각 · 銘文 등을 부가하는 것을 생각할 수 있다. 샤르트르나 랭스 대성당은 이러한 결합물의 고귀한 예가 될 수 있다.

퍼거슨은 물론 건축의 미래상에 대해서 더 이상 구체적으로 설명하고 있지 않다. 그러나 그는 새로운 시대의 건축이 출현할 것을 확신하고 있다. 그리스 · 로마 건축은 감각적인 미라고 하는 점에서는 우수하지만, 향락적이며 정신성에서 부족하다. 이에 반해 우리들은 그들보다 훨씬 더 고결한 도덕과 심원한 종교를 갖고 있다. 예술은 마음 mind 이며, 術을 예술로서의 가치를 갖추게 하는 것은 사상 thought 이다. 이러한 정신적인 내용을 갖는 새로운 고도의 예술적 건축을 창조하지 못할 이유가 없다. 이를 위해서 먼저 해야 할 것은 절충주의로부터 탈피하는 것이다.

> 먼저 術에 이 진보적인 생기를 되찾아 줄 수 있을 것. 다시 말하면 과거 양식의 모방을 단념하고, 이제까지 행해져 온 모든 것을 능가하려는 결의를 가지고, 즉시 출발하여 이제까지 달성된 적이 없는 정도의 완전성을 향하여 전진할 것이다.(p.155)

이와 같은 퍼거슨의 견해를 평가하면 다음과 같이 정리할 수 있다.

① 19세기에 있어서 영국의 기술적인 진보와 경제적, 정치적 발전에 고무된 낙관적인 진보주의 사관에 입각하고 있다는 점.

② 19세기 중반이라는 비교적 이른 시기에 절충주의를 비판하고, 이에 대신할 건축의 성립을 예견하고 있었다는 점.

③ 그는 「말로 표현하는 건축」을 이상으로 삼고, 건축과 회화 · 조각 · 銘文 등의 결합을 생각하고 있었는데, 70년 후에 성립된 근대건축은 반대로 이러한 상식을 배제하고, 건축으로부터 정보적인 내용을 소거한 것이었다. 그리고 또 50년 후의 반근대주의에 있어서 이에 가까운 주장이 다시 나타나게 되었다(이 책 제9장 제2절).

2.2 허레이쇼 그리노

다음으로 두 명의 미국인 그리노와 설리번에 대해 살펴보자. 그들은 돈독한 기독교 신앙을 기초로 하여 반절충주의적 사상을 주창하였다. 그들 사상은 초기 아메리카를 대표하는 종교가 · 철학자이자 시인이었던 에머슨(Ralph Waldo Emerson, 1803~82)의 강한 영향을 받고 있다. 에머슨은 소위 「超絕主義者 Transcendentalist」로, 청교도파 기독교를 기초로 하여 신플라톤파 철학과 동양사상을 받아들여 유럽적 전통에 구애받지 않는 활력 있는 사상을 신대륙에 확립하려고 하였다. 그에 따르면 활기차게 생성하는 유기적 자연은 정신력에 가득 차 있으며, 신의 이념까지도 충족하고 있다. 또 인간도 자연과 동일한 정신의 흐름을 공유하고 있으므로 인간은 자기의 창조적 지각력에 의해 자연의 법칙을 파악하며, 그 결과 스스로도 미래를 창조하는 신과 같은 능력을 가질 수 있다고 한다. 즉 이것은 「自然 = 人間 = 神」이라고 하는 일종의 범신론이다.

그리노(Horatio Greenough, 1805~52)는 본직이 조각가로 오랫동안 이탈리아에서 살았으며, 미국 국회의사당에 설치하기 위한 조지 워싱턴상의 원형[7]을 제작하였다. 한편 그는 미술평론가로서 많은 단문을 발표하고 있는데, 이 중에서도 중요한 것은 『형태와 기능』[8]이라는 표제로 발행되었다. 이 중에서도 중요한 것은 다음 두 편이다.[9]

① 『상대적인 미와 독립적인 미(Relative and Independent Beauty)』(이하 R. & I. B.로 약함)

② 『구조물과 생체조직(Structure and Organization.)』(이하 S. & O.로 약함)

이하 이 두 편을 중심으로 그의 이론을 살펴가기로 한다.

1) 고전주의 건축에 대한 비판

그는 특히 그리스풍의 고전주의 건축을 비난하였다. 예를 들면 필라델피아 조폐국에 대해서,

> 허위의 파사드에는 모든 것에 가면을 씌웠고, 체스넛街를 아무런 관계도 없는 그리스어의 명연설 중의 일단락을 어중간하게 인용하여 화려하게 꾸미고 있다. 배면에 서 있는 연돌은 영어를 말하고 있다.(S. & O.)

또 새로운 구조물과 고전주의를 비교하여,

> 성질상 순수하게 과학적인 모든 구조물 - 요새, 다리, 배 - 에서 우리는 작품의 엄격한 생체 조직적인 organic 요구에 의해서 권위주의로부터 해방되어 있다. 현대 생활이 아테네의 문학적 鑄形에서 탈피한 것처럼 현대의 욕구는 이러한 구조물에 있어서 전통적인 공식을 거부하도록 하였다.(S. & O.)

2) 생물에 대한 관찰

> 만일 조물주의 작품에 있어서 무엇보다도 명쾌하게 설명되는 구조의 원리가 있다고 하면 이것은 기능에 대한 형태의 적합성이다.(S. & O.)

그는 이 기능에 대한 형태의 적합성의 예로서 초식동물과 육식동물의 목의 비교로부터 시작하여 조개, 독수리, 사자, 그레이하운드 등을 거론한 다음에 최고의 경우로 인체를 들고 있다.

---

7) 이 거대한 좌상은 로마풍의 의상을 두른 고전주의적 작품이다.

8) Horatio Greenough(Harold A. Small ed.), Form and Function - Remarks on Art, Design and Architecture, 1962

9) Relative and Independent Beauty, Structure and Organization.

그에 의하면 완전성은 신만이 갖고 있는 속성이 아니라, 인체도 바다나 대지와 같이 신으로부터 받은 완전성을 갖고 있다고 한다.

3) 치장 Embelishment 에 대한 비판

그리노는 치장을 상대적인 미 Relative beauty 에 지나지 않는다고 비판한다.

> 나는 치장을 문명의 본능적인 노력이 자기의 불완전성을 마치 유치한 과학에 의해서 신의 완전성이 그렇게 보이는 것처럼 가장하기 위한 것으로 이해하고 있다.(R. & I. B.)

예를 들면 인디안 추장이 몸을 깃털로 치장하는 것은 감각적인 풍부함에 의해서 완전성이 표현될 수 있다고 믿고 있기 때문이며, 또 나폴레옹이 회색 외투밖에 입지 않았던 것은 문명인은 이제 더 이상 이러한 맹목적인 믿음을 갖지 않게 되었기 때문이다. 인체는 그 자체로서 이미 완전하기 때문에 치장할 필요는 없다.

4) 기능과 미의 관계

그래서 장식의 미와 기능의 표현으로써의 미를 비교하여 다음과 같이 말한다.

> 미는 기능의 약속이다 Beauty is the promise of function. 따라서 솔로몬의 치장은 그 모든 영광에도 불구하고 들에 핀 백합에 미치지 못하며 이것은 불완전한 것을 완전히 감추려는 본능적인 노력의 결과이다.(R. & I. B.)

이 문장 가운데의 「기능의 약속」이라는 말은 「기능에 관한 품질보증」이라는 의미이다.

> 나는 미를 기능의 약속으로써, 행위를 기능의 표현으로써, 性格 Character 을 기능의 기록으로써 정의한다.(R. & I. B.)

이것은 바로 앞 문장의 일반화이다.

5) 디자인 방침

다음으로 어떻게 디자인할 것인가 하는 문제에 대해서는,

> 신이 창조한 세계는 모든 기능에 대해 명료한 공식을 갖고 있다. 그리고 우리는 그 형상을 빌려 오려고 해도 안 된다. 우리는 다만 그 원리를 잘 아는 것만이 형상을 만들 수 있다.(S. & O.)

즉 형만을 모방하는 것이 아니라, 그 형을 산출한 기능, 그리고 그 배후의 자연법칙을 파악할 필요가 있다.

절대적 법칙에 따르지 않는 기능이라는 것은 생각할 수 없다. 재료나 각 부분 혹은 그 형이나 색, 그리고 모든 관계에 있어서 이 법칙에 대한 접근은 생에 있어서의 자유, 즉 신에 대한 복종의 척도이다.(R. & I. B.)

즉 무엇보다도 중요한 것은 기능에 충실하게 디자인하는 것이지만, 이것은 바꾸어 말하면 자연의 법칙에 따르는 것이며, 자연의 법칙에 따르는 것은 단적으로 말해서 신의 섭리에 복종하는 것이다. 그래서 신은 작자의 겸허하면서도 성실한 태도를 가상히 여겨, 그 포상으로써 미라고 하는 은총을 작품에 부여한다고 하는 것이다.

이처럼 그리노의 사상은 아주 종교적인 색채가 강하며, 그곳에는 에머슨의 초절주의의 영향이 분명히 나타난다.

2.3 루이스 설리번

약 반세기 후에 그리노에 가까운 입장에 선 사람은 건축가 설리번(Louis Henri Sullivan, 1856~1924)이다. 그는 절충주의에 반대하여 유럽의 아르누보에 필적하는 새롭고 독자적인 작풍을 수립한 건축가였으며, 또 두서너 편의 저술을 남기고 있는데, 그 중에는 유명한 「형태는 기능에 따른다 form ever follows function」라는 문장이 사용되고 있다. 그는 이 말을 『고층 사무소건축의 미학적 고찰』[10]이라는 소논문에서 사용하고 있다.

그는 이 논문에서 새로운 건축 과제로 부각된 고층 사무소건축의 외관에 대해 논하고, 사무소건축을 투기자 · 기술자 · 건설업자에게만 맡기지 말고, 건축가의 손에 의해서 예술적인 가치가 있는 것으로 만들어야 하며, 더욱이 절충주의와 같은 이국적인 형식의 모방을 중지하고, 미국인 독자의 디자인방침을 확립해야 한다고 주장한다. 이를 위해서는 건축의 본래 용도로 거슬러 올라가서 디자인하지 않으면 안 된다. 여기서 형태와 기능의 관계가 문제시되며, 이 문제에 있어서는 자연계의 현상을 본보기로 삼을 수 있다고 하였다.

자연계의 모든 사물은 형상 shape, 즉 형태 form, 즉 外見을 갖는다. 형상은 자연계의 사물이 어떠한 것이라는 것을 우리에게 알려주며, 또 이것을 우리들 자신과 다른 것으로부터 구별한다.

자연에 있어서 이러한 현상은 짐승 · 수목 · 새 · 고기의 내적 생명, 즉 본래의 특성을 그대로 표현하며 우리들에게 나타낸다. 그들 형상에는 현저한 특색이 있으며, 인식이 용이하기 때문에 우

10) Louis Henri Sullivan, The Tall Office Building Artistically Considered. 1896(인용은 Kindergarten Chats and Other Writings. 1979 ed.에 의함)

리들은 단순히 “자연적으로” 그렇게 되어 있지 않으면 안 된다고 하는 것이다.(p.207)

이와 같이 생명과 형태는 불가분의 관계에 있으며 절대적으로 하나의 것이다. 그래서,

> 이것이 하늘을 나는 독수리, 꽃이 핀 사과, 열심히 일하는 말, 한가로운 백조, 무성하게 우거진 떡갈나무, 바닥에서 소용돌이치는 물줄기, 떠다니는 구름, 그중에서도 특히 운행하는 태양 모든 것이 형태는 언제나 기능에 따른다. ……
>
> 모든 유기적 · 무기적 사물, 모든 물리적 · 형이상학적 사물, 모든 인간적 사항과 초인간적 사항, 그리고 두뇌, 심정, 영혼 표명의 모든 것을 일관하는 법칙은, 생명은 그 표현에 있어서 인식할 수 있다는 것, 즉 형태는 언제나 기능에 따른다고 하는 것이다. 이것이 법칙이다.(p.208)

그는 이 법칙을 고층 사무소건축의 외관 디자인에 적용하여 외벽을 1, 2층과 기준층과 최상층의 세부분으로 나누어 각 부분에 맞는 형태를 부여할 것을 주장하였다. 이렇게 하면 고층 빌딩은 그리스 신전이나 고딕 사원, 그리고 중세 성과 같이 살아있는 예술이 될 수 있다고 한다. 그리고 설리번은 평론집 『유치원의 세상이야기』[11]에서도 형태와 기능의 관계를 다루고 있다.

> 우리는 모든 형태의 배후에 활력이 있는 무언가가, 혹은 보이지는 않지만 그 형태 자체에 의해서 자신을 나타내고 있는 듯한 어떠한 것이 있다는 것을 알고 있다. 즉 형태는 기능 때문에 존재하는 것이며, 그 형태의 배후에 있는 어떤 것이라고 하는 것은 바로 여러분들이 무한한 창조적 정신이라고 하는, 그리고 내가 신이라고 하는 것이다.(p.46)

이상에서 알 수 있듯이 설리반의 사상은 신비적인 직관과 종교적인 신념에서 나온 것이며, 자연에 대한 과학적인 연구의 결과로써 생겨난 것이 아니다. 기능은 사물의 생명이며, 본질이며, 궁극적으로는 신으로서, 형태는 그 구체적인 표현이라고 하는 생각은 에머슨의 「自然 = 神」이라고 하는 범신론적 사상과 밀접한 관계를 갖고 있다. 실제로 그가 디자인한 주철제 식물장식은 생기와 박력에 넘치고 있다(그림 19).

이러한 점에서 보면, 그의 「형태는 기능에 따른다」라는 말도 그리노의 「미는 기능의 약속이다」는 말과 의미내용에 있어서 거의 같으며, 어느 쪽도 신과 자연에 대한 신앙고백이다. 결국 양자의 주장은 중세 이후의 「神 = 美」 혹은 「自然 = 美」라는 공식의 변형에 지나지 않는다는 것을 알 수 있다. 그리고 설리반의 사상은 그의 제자인 프랭크 로이드 라이트의 「유기적 건축 Organic Architecture」에 대한 생각에도 영향을 미쳤다.

---

11) Sullivan, Kindergarten Chats, 1901-02(인용은 1979년판에 의함)

그림 19 설리번, 주철제 식물장식
(시카고 카슨 피리에 스코트 백화점, 1906년)

2.4 오토 와그너

와그너(Otto Wagner, 1841~1918)는 오스트리아 건축가로, 비인의 예술대학의 교수로 재직하면서 독일권에 있어서 근대건축의 창시자적인 역할을 담당한 인물이다. 와그너는 저서 『근대건축』[12]에서 그의 이론을 전개하고 있다. 이 책의 도판은 모두 저자의 사진뿐으로, 자기선전적인 경향이 강하지만, 논술은 아주 조직적이며, 하나의 신념을 끝까지 관철하고 있다.

1) 양식 Stil 에 대하여

> 예술의 과제는 현대예술에서는 물론 어떤 시대에서나 같다. 우리시대의 예술은 우리들에 의해 창조되고, 우리의 능력과 행동에 적합한 새로운 형식을 표현할 수 있도록 해야 한다.(S.33)
> 근대의 觀照 Anschauungen 에서 생겨난 것은 …… 완전히 우리의 태도 Eischeinung 에 적

12) Otto Wagner, Moderne Architektur. 1895(1913년의 제4판에서부터 『우리들 시대의 건축 Baukunst unserer Zeit』으로 제목을 바꾸었다. 인용은 이 책에 의함)

합하지만, 과거 본보기의 복사나 모방은 결코 그렇지 않다.(S.36)

창조력은 어떤 예술작품에 있어서도 언제나 새로운 것에 의해서 나타내지 않으면 안 된다.(S.109)

이러한 발언은 절충주의에 대한 부정과 새로운 양식 창조에 대한 주장이다.

2) 구성 Komposition 에 대해서

이 새로운 창조의 맹아는 그 결실을 거두어야 할 기반을 인간생활에서 찾는 것이며, 예술이 예술가에 의해서 해결되어야 할 과제는 인간생활에서 생겨난다.

이처럼 인간성의 요구를 정확하게 인식한다고 하는 과제는 건축가의 성과 있는 창조에 있어서 가장 중요한 기본조건이다.(S.43)

실제적이지 못한 것은 아름다울 수가 없다.(S.44)

여기서는 새로운 창조를 위해서는 인간생활 그 자체의 인식에서부터 출발하지 않으면 안 된다는 것을 말하고 있다.

3) 구조 Konstruktion 에 대해서

예술은 필요에 의해서만이 지배된다. Artis sola domina necessitas.(S.58)

어떠한 건축형식도 구조로부더 성립하며, 그 다음에 예술형식이 된다.(S.60)

건축가는 언제나 구조로부터 예술형식을 전개하지 않으면 안 된다.(S.61)

기술자는 단지 정역학적인 계산과 경비의 측면만을 고려하고, 예술형식의 맹아로서는 생각하지 않기 때문에 인간성에 공감을 주지 못하는 언어를 사용하지만, 한편 건축가의 표현방법도 그가 구조로부터 출발하여 예술형식을 창조하지 않는 한 (절충주의적 언어와 마찬가지로) 역시 불가해한 것이 되고 말 것이다.(S.62~63)

4) 결론

a. 극도로 엄밀한 목적(가장 작은 세부에 이르기까지)의 파악과 완전한 충족.

b. 시공재료의 유효한 선택(즉 입수하기 쉽고, 가공이 쉬우며, 내구적이고 경제적일 것).

c. 단순하면서도 경제적인 구조.

d. 이상과 같은 전제로부터 성립하는 형식(이것은 자연적으로 유출되는 것이며, 또한 언제나 용이하게 이해된다).

이와 같은 처방에 의해서 성립된 예술작품은 언제나 우리시대의 예술양식을 갖추고 있다.(S.135~6)

이상에서 a~c의 조항은 당연한 것이다. 건축을 계획하면서 사용목적을 잘 이해하고, 적절한 재료를 사용하며, 단순하면서도 경제적인 구조를 선택하는 것은 누구라도 알고 있는 것이며, 어디서 어느 때나 모두가 이 때문에 노력하고 있는 것이다. 예를 들면 대표적인 절충주의자 싱켈도 동일한 발언을 하고 있다(이 책 p.80). 따라서 새삼스럽게 강조할 필요는 없을 것이다.

그럼에도 불구하고 왜 이러한 주장이 나왔는가 하면, 이것은 당시의 절충주의 건축에는 사용목적을 무시하거나 재료나 구조에 적합하지 않는 형태를 사용한 작품이 너무나 많았기 때문이다. 이러한 혼란 상태에서 탈출하기 위해서는 다시 한 번 건축의 원점으로 돌아가서 새롭게 태어날 필요가 있었다. 따라서 이러한 와그너의 발언은 「건축의 원점으로 돌아가라!」고 하는 의미로 해석하면 쉽게 이해할 수 있을 것이다.

마지막의 d항에서는 a · b · c의 조건을 충족시키는 건축은 필연적으로 예술작품이 된다고 주장하고 있다. 이것은 기능주의의 전형적인 주장으로 말할 필요도 없이 고대 그리스 이래의 「有用性 = 美」의 사상의 반복이며, 또한 이미 18세기 말에 칸트에 의해서 완전히 부정된 사상이다. 앞에서 인용한 「실제적이지 못한 것은 아름다울 수가 없다」든지 「예술은 필요에 의해서 만이 지배된다」라는 것도 「유용성=미」의 공식을 달리 표현한 것에 지나지 않는다.

그리고 와그너는 그 자신의 작품에서 절충주의적 요소를 배제하는 한편, 그에 대신할 새로운 장식을 창안하려고 노력하였다. 이것은 와그너에서 시작하는 오스트리아 · 독일의 신건축 운동이었던 세제션의 작풍 전체에 있어서나 동일한 시기에 프랑스 · 벨기에로 전파된 아르누보에 있어서도 모두 마찬가지이다.

이러한 움직임은 모두 과거와는 다른 장식을 사용한 점에 특색이 있다. 따라서 이러한 회화 · 조각적 장식을 사용하는 점에 있어서는 절충주의와 다른 것은 아니었다. 즉 와그너의 시대에는 아직 사실상 장식을 모두 배제하고, 건축의 원점으로 돌아가는 것은 불가능했던 것이다.

3. 근대주의

이 절에서는 20세기 근대주의자의 건축미학을 살펴보기로 한다. 이 시기의 관계문헌은 대단히 많으므로 여기서는 대표적인 세 사람, 즉 아돌프 로스, 르 꼬르뷔제, 월터 그로피우스의 이론을 살핀 다음에 러시아 구성주의 건축가인 모이세이 긴즈버그의 비교적 잘 정리된 저작을 소개하기로 한다. 이들의 이론적 특색은 절충주의에 반대하고, 이에 대처할 새로운 디자인 원칙을 내세우고 있다는 점에 있다. 그러나 이론의 기본선은 대체적으로 앞에서 살펴본 반절충주의 미론과 같이 결국은 「유용성 = 미」라는 고대 이래의 공식의 반복이다.

3.1 아돌프 로스

아돌프 로스(Adolf Loos, 1870~1933)는 오스트리아 건축가로 오토 와그너의 영향을 받았다. 그의 저작은 단문뿐이지만, 『그럼에도 불구하고』와 『포템킹의 수도』의 두 편에 통합되어 출판되어 있다.[13] 이 중에서도 중요한 것은 『그럼에도 불구하고』에 수록된 『장식과 죄악』·『건축』의 두 논문이다.[14]

1) 『장식과 죄악』

> 수감인의 80%가 문신을 하고 있는 형무소가 있다. 구금되어 있지 않으면서도 문신을 하고 있는 자는 잠재적인 범죄자이거나 아니면 패가망신한 귀족이다. 만일 문신을 한 자가 자유의 몸으로 죽는다고 하더라도 이것은 그가 살인을 하기 수년전에 이미 죽었다고 보아야 한다. (S.78)

이것은 유명한 문장이지만, 결국 범죄자 중에는 문신을 하고 있는 사람이 많으므로 문신을 한 사람은 범죄자가 될 가능성이 높으며, 더구나 문신은 일종의 장식이므로 「장식은 범죄다」라는 결론을 내릴 수 있다. 그리고 장식의 시작은 화장실 등에서 볼 수 있는 낙서이므로,

> 문화의 발전은 실용품에서 장식을 배제하는 것과 같은 의미이다.(S.79)

다음으로 경제적인 측면에서 장식을 살펴보면,

> 장식은 낭비된 노동력이다. 따라서 낭비된 건강성이다. 장식은 언제나 그러하였다. 그러나 지금에 와서는 장식은 또한 낭비된 재료를 의미하며, 이러한 노동력과 재료의 낭비는 자본의 낭비를 의미한다. (S.83~84)

이러한 연유에서 영국은 점점 더 부유해졌지만 우리는 빈민이 되었다. 또 현재의 장식, 예를 들면 세제션이나 아르누보의 장식은 필연성이 없고, 일종의 병리학적인 현상으로 이러한 장식가는 낙오병에 지나지 않는다. 또 사회적인 현상으로서의 장식에 대해서는,

> 家畜群的人間 herdenmenschen 은 여러 가지 색으로 서로를 식별하지 않으면 안 되었지만,

---

13) Adolf Loos, Trotzdem－1900~1930. 1931 ; Die Potemkin'sche Stadt－Verschollene Schriften 1897~1933. 1983

14) Ornament und Verbrechen. 1909 ; Architektur. 1909

현대 인간은 그들의 의복을 假裝에 사용할 뿐이다. 현대인의 개성은 놀라울 정도로 강하기 때문에 더 이상 의복에 이것을 표현하지 않게 되었다. 무장식성은 정신적인 힘의 상징이다.

2)『建築』

그는 먼저 자연미가 가득 찬 전원풍경의 묘사로부터 이야기를 시작한다.

…… 망치소리가 청명하게 울려 퍼지고, 목수는 지붕을 만들고 있다. 어떠한 지붕인가? 아름다운 지붕인가 아니면 보기 싫은 지붕인가? 그는 이것을 알지 못한다. 단지 지붕을 만들고 있을 뿐이다.

…… 그 집은 아름다운가? 그렇다. 이것은 장미나 엉겅퀴나 말이나 암소가 아름다운 것과 마찬가지로 아름답다.

…… 건축가는 거의 모든 도시거주자와 같이 문화를 갖고 있지 못하다. 따라서 그들에게는 문화를 갖고 있는 농부와 같은 차분함이 없다. 도시거주자는 뿌리가 없는 잡초와도 같다.

…… 왜 파푸아인은 문화를 갖고 있으나 독일인은 문화를 갖고 있지 못하는가?(S.91)

그는 목수가 공들여 일하고 있는 아름다운 모습을 예찬하고, 건축가는 문화를 갖고 있지 못하다고 비난하였다. 왜 그들이 문화를 갖지 못하는가? 그들은 절충주의자이기 때문이다. 원주와 코니스, 우단과 비단, 그 외 여러 가지 장식으로 피복되어 있는 건축은 기형아이다. 그리고 건축이 타락하게 된 최대의 원인은 건축예술이 도면예술로 전락해버린 것 때문이라고 한다.

예전의 장인들에게 있어서 도면은 단지 시공하는 사람들을 이해시키기 위한 수단에 지나지 않았다.(S.95)

건축예술 baukunst 은 건축가에 의해서 도면예술 graphische kunst 로 전락되고 말았다.(S.94)

이러한 사정을 고려한다면 현대의 건축가는 학교에서 건축을 배운 다음에 소목수에게 입문하지 않으면 안 된다. 여기서 그는 다음과 같이 총괄한다.

주거 haus 는 모든 사람을 만족시키지 않으면 안 된다. 누구도 만족시키지 못하는 예술품과는 구별된다. 예술품은 예술가의 사적 소유물이지만, 주거는 그러하지 않다. 예술품은 존재할 필요성을 잃고 세상에 나왔지만, 주거는 필요에 따라서 만들어진 것이다.

따라서 주거는 예술과는 거리가 멀고, 예술 가운데에 분류할 것이 아니지 않는가? 그렇다. 단지 건축의 극히 일부분, 즉 묘비나 기념물은 예술에 속한다. 목적을 갖고 있는 다른 모든 건축은 예술의 영역에서 제외해야 한다.

예술이 어떠한 목적에 적합하다고 하는 오해가 극복되고 "응용예술 angew-andte kunst"이라고 하는 거짓 표어가 국민들 사이에서 없어질 때에 비로소 우리는 우리의 건축을 갖게 될 것이다.(S.101)

이와 같은 로스의 이론 가운데 먼저 앞부분의 목수의 일에 대한 찬미는 러스킨(이 책 p.93)과 공통되는 경향을 나타내며, 다른 근대주의 건축론자와 마찬가지로 그도 역시 낭만주의의 전통을 따르고 있다는 것을 의미한다. 다음으로 건축이 도면예술로 격하되고 말았다고 하는 로스의 지적은 다른 사람에게서는 그다지 볼 수 없는 것으로서, 아카데미즘에 대한 비판으로 생각할 수 있다. 그러나 마지막의 「주거는 예술이 아니다」라는 서술은 아주 유치하다. 이것은 하나의 대상을 실용적인 측면과 예술적(미적)인 측면이라는 개별적인 두 측면에서 생각할 수 없는 단순한 인간의 사고방식이다. 이러한 인간에 있어서는 건축·공예 등 실용적인 목적을 동시에 갖는 예술(응용예술)이 성립할 수 있는 여지가 없다. 요컨대 이것은 하나의 사물을 하나의 측면에서 밖에 볼 줄 모르는 데서 나오는 착상으로 그다지 문제시할 필요는 없다.

그림 20 로스가 디자인한 시카고 트리뷴의 기둥

더욱이 그는 백색의 평탄한 벽면으로 된 주택 등을 설계한 반면에 거대한 도리스식 원주의 형태를 인용한 시가고 트리뷴 사옥 응모안을 발표하고 있다(그림 20). 이것은 그가 아직 완전한 절충주의에서 탈출하지 못하고 있었다는 것을 나타낸다.

3.2 르 꼬르뷔제

르 꼬르뷔제(Le Corbusier, 1887~1965)는 근대주의 건축의 디자인 방침을 확립한 천재적인 건축가이다. 그는 건축가이면서 동시에 순수파 Purism 의 화가였으며, 또 수많은 저작을 남기고 있다. 그 중에 건축에 관련이 있는 대표적인 것으로는 『새로운 건축을 향하여』, 『빛나는 도시』, 『성당이 하얀색이었을 때』, 『모듈러』 등이 있다.[15)]

이러한 저작의 내용은 논문이라기보다 시와 같은 문장으로 되어 있으며, 直觀과 情操에 호소하는 성질의 것이 많다. 이 가운데 역사적 관점에서 가장 중요한 것은 『새로운 건축을 향하여』이며, 이것은 순수파의 기관지 『신정신 L'esprit nouveau』에 실었던 기사를 모아서 만든 것으로, 소위 꼬르

15) Le Corbusier, Vers une architecture, 1923 ; La ville radieuse, 1935 ; Quand les cathédrales étaint blanches, 1937 ; Le Modulor, Ⅰ 1950, Ⅱ 1955

뷔제의 근대주의 선언이다. 이하 그 요지를 소개한다(괄호 안의 로마 숫자는 原著의 장을 나타냄).

1) 막다른 골목에 들어선 절충주의와 새로운 기술에 의해 생산된 제품의 미에 대한 주목

새로운 정신에 의한 작품들이 있다. 이것은 무엇보다도 공업적인 제품에서 볼 수 있다(예 : 상선 · 비행기 · 자동차 등).

건축은 습관 속에서 질식하고 있다.

모든 양식 les styles 은 허구이다.

양식, 이것은 어떤 시대에서나 그 시대의 모든 작품에 생기를 불어 넣어 특색 있는 정신 상태를 가져다 줄 수 있도록 하는 통일적인 원리이다.

우리 시대는 날마다 그 양식을 정착시켜 나가고 있다.

우리의 눈은 불행하게도 아직 이것을 구분할 수 없다.(Ⅳ)

기술의 미학과 건축의 미학은 밀접하게 관련되고 서로 연결되는 두 가지 사항이지만, 전자는 지금 전성기이며, 후자는 그 존재 가치를 점점 잃어가고 있는 중이다.(Ⅰ)

주거는 살기 위한 기계이다 La maison est une machine a habiter.(Ⅳ)

2) 평면의 중요성

평면은 원동력이다. 평면이 없으면 거기에는 무질서와 혼돈이 있을 뿐이다.

평면은 그 자체에 감각의 본질을 간직하고 있다.(Ⅱ)

평면은 안에서 밖으로 전개된다. 외관은 내부의 결과이다.(Ⅴ)

3) 기하학적인 형태와 비례

초등적인 형태는 명료하게 구분되므로 아름다운 형이다. 현재의 건축가는 이제 와서 이 단순한 형태를 실현시키지 못하고 있다.

기술자는 계산에 따라 기하학적인 형태를 사용하며, 우리의 눈을 기하학에 의해서, 우리의 정신을 수학에 의해서 만족시킨다. 그들의 작품은 예술로 가는 길에 있다(예 : 미국의 사일로 등).

건축은 자연의 재료를 사용하여 감동시킬 수 있는 비례를 수립하는 것이다.(Ⅴ)

4) 예술로서의 건축 (그리스 · 로마건축, 미켈란젤로의 작품에서 얻을 수 있는 교훈)

건축은 效用性의 저편에 있다 L'architecture est au dela des choses utilitaires.(Ⅴ)

정열은 생명이 없는 돌에서 드라마를 만든다.(Ⅴ)

모데나츄루 modénature[16]는 정신의 순수한 창조이다. 이것은 조형예술가의 등장을 예고한다.(V)

몰딩은 건축가의 시금석이다. 이에 의해서 예술가인지 단순한 공학기사인지 판단할 수 있다.(V)

이상에서 그가 말한 것 중에는 서로 모순되는 것도 많다. 그러나 이것은 이론이 아닌 예술가로서의 르 꼬르뷔제의 시, 혹은 노래라고 보는 것이 타당할 것이다.

그의 다른 저서 『빛나는 도시』는 도시계획에 관한 견해를 종합한 것이다. 그는 여기서 파리의 도시계획안을 제안하였다. 시가지의 중심부는 전부 고층사무실 건물로 하고, 건물 사이에는 넓은 공지를 두어 종횡으로 달리는 고속도로를 놓고, 또 곳곳에 헬리포트를 설치하였다. 시가지의 주변부는 주거지역으로 하여 중층아파트와 공원을 배치하였다. 이 계획안은 근대 도시의 하나의 理想像으로서 각 방면에 많은 영향을 미쳤다.

또한 『성당이 하얀색이었을 때』는 그가 미국을 여행했을 때의 인상을 기술한 일종의 문명 비판이다. 그는 미국에서 고층빌딩이나 자동차, 각종 공업시설, 공업제품의 왕성한 이용 상황을 보고 감동하였다. 현재 유럽은 오랜 문화의 중압과 경직된 아카데미즘에 의해 질식당할 상황에까지 다다르고 있지만, 중세시대에 대성당이 세워지고 있던 당시에는 그 성당들은 당시 그들의 마음과 같이 새하얗고 생기가 있게 빛나고 있었을 것이다. 지금 미국의 활기찬 상황은 바로 이것이다. 지금은 유럽도 미국을 본보기로 하여 성당이 하얀색이었던 시대를 재현하지 않으면 안 된다고 주장하였다.

마지막으로 『모듈러 Ⅰ · Ⅱ』는 일종의 비례론으로, 황금비를 등비수열로 전개하여 그 수열 중에서 선물 각 부분의 설계치수를 채용하려고 하는 것이나. 이것은 고전건축의 「모듈러스 modulus」(이 책 p.18)의 이론과 황금비를 조합한 것으로 설계의 규격화에 대한 의미는 크지만 건축미학으로서의 가치는 별로 없다.

3.3 월터 그로피우스

그로피우스(Walter Gropius, 1883~1969)는 건축이론가 겸 건축교육가로 근대주의를 이론적으로 정비하였으며, 근대주의 건축 디자인을 하나의 「양식」으로서 확립하였다. 1918년에 바이마르의 국립미술학교 「바우하우스」의 교장이 되어 새로운 건축교육을 시작하였고, 1925년에는 뎃소에 새로운 양식의 교사를 신축 이전하여 그의 이상에 기초한 교육을 실시하였다. 많은 저술 가운데 역사적으로 중요한 것은 다음의 세편이다.[17]

16) modénature : 고전건축의 몰딩의 단면형과 그 비례에 의한 시각적 효과를 가리킴.

17) Walter Gropius, Programm des Staatlichen Bauhaus in Weimar. 1919 ; Vorwort(Bauhausbücher 1 "Internationale Architektur." 1925 ; Grundsätze der Bauhausproduktion.(Bauhausbücher 7 "Neue

① 『바이마르에 있어서 국립바우하우스의 방침』
② 『국제건축』서문
③ 『바우하우스 제품의 원칙』
이하에서는 각각의 요점을 정리하였다.

1) 『바이마르에 있어서 국립바우하우스의 방침』

① 건축을 중심으로 한 제반 예술의 종합

> 모든 조형 활동의 최종 목표는 건축이다! 예전에는 건물을 장식하는 것이 조형 예술의 가장 고귀한 과제였으며, 이러한 것들은 위대한 건축예술과 불가분의 관계에 있었던 구성요소였다. 오늘날 이러한 예술은 자기민족적인 특성 위에 서 있지만, 이러한 상황에서 다시 한 번 해방되기 위해서는 모든 작가의 의식적인 공동작업과 협력이 필요하다. 건축가 · 화가 · 조각가는 복잡하게 나누어져 있는 건축의 형태를 그 전체에서 부분에 이르기까지 숙지하고 이해하고 있지 않으면 안 된다. 그렇게 하면 저절로 그들의 작품은 사롱예술에서 잃어버렸던 건축적 정신에 의해서 다시 한 번 채워지게 될 것이다.

② 수작업의 존중

> 건축가 · 조각가 · 화가들이여! 우리는 모두 수작업에 의한 작품 활동으로 다시 돌아가지 않으면 안된다! 왜냐하면 『직업으로서의 예술 Kunst von Beruf』이라고 하는 것은 존재하지 않기 때문이다. 예술가와 수작업을 주로 하는 장인의 본질적인 구별은 존재하지 않는다. 예술가라는 것은 수작업을 주로 하는 장인에서부터 발전한 것이다. 그들이 의욕적인 활동을 전개하는 가운데 어쩌다 드물게 찾아오는 어느 한 순간에 하늘의 도움으로 무의식적으로 수작업에서 예술이 개화하는 것이다.
>
> …… 그 때문에 우리는 장인에 의한 새로운 길드 Zunft를 만들려고 한다.

여기서 ①의 건축을 중심으로 한 예술의 종합은 고대 · 중세의 조형문화를 염두에 둔 주장으로서, 당시 각각 개별적인 길을 걷고 있었던 각종 예술의 재통합을 지향하는 것이다. 또 ②의 수작업을 존중하라는 주장은 러스킨, 모리스 등의 낭만주의 사상(이 책 p.93 이후)을 계승한 것으로, 당시에 있어서도 이것은 혁신파의 하나의 중요 지침이었다는 것을 알 수 있다. 그리고 여기서 유의하지 않으면 안 될 점은 바우하우스가 순수한 미술학교였다는 점이다. 당시의 수업과목에는 수학 · 물리학 · 역학 · 구조학이 없었다. 따라서 이 점에 있어서는 바우하우스도 보수파

Arbeiten der Bauhauswerkstatten." 1925

의 대표격이었던 에꼴 드 보자르와 조금도 다를 바가 없었다.

2)『국제건축』 서문

『국제건축』은 주로 도판으로 구성된 조그마한 책으로 독일, 프랑스, 네덜란드, 미국 등 당시의 세계각지의 새로운 경향을 나타내는 건축사진을 수록하였다. 그로피우스는 이러한 건축 디자인에 일정한 공통성이 있는 것을 지적하고, 이러한 것을 일괄하여 「국제건축」이라고 불렀다. 이하 그 권두문을 발췌하였다.

> 건축물의 본질 탐구는 역학 · 정역학 · 광학 · 음양학의 영역에 연결되며, 동시에 비례 법칙에도 연결된다. 비례라고 하는 것은 정신적인 세계의 요건이 되고, 재료와 구조가 이를 떠받치는 것으로 나타나 이 양자의 협력으로 비례가 그 장인정신을 표명한다. …… 그러나 그런다고 해서 개인적인 것의 강조에 어떠한 의의가 있다고 결론지어서는 안 된다. …… 세계적 교통과 세계적 기술에 근거한 근대건축의 형태가 민족과 개인을 속박하고 있는 자연의 경계를 넘어서 모든 문화 지역에 길을 개척하고 있다. 건축은 국민적인 것이면서 동시에 개인적인 것이기도 하나 세 개의 동심원(개인, 민족, 인류) 중에서 마지막의 최대원이 다른 두개의 원을 포함한다. 여기서 이 책의 표제가 다음과 같이 된다.
>
> "국제건축 Internationale Architektur"!

이러한 그로피우스의 국제주의에 대한 생각은 제1차 세계대전 이후에 유행한 세계국가 사상과 일맥상통한 점이 있으나, 한편으로 이러한 점은 나치정권이 싫어하게 된 원인이 되어 바우하우스는 폐쇄 당하게 되었다(1933년). 그러나 그가 주장한 근대주의 디자인 그 자체는 그의 예상대로 그 후 전 세계로 유포되어 제2차 세계대전 전까지 절충주의를 대신하여 건축계의 주류를 형성하게 되었다.

3)『바우하우스 제품의 원칙』

이것은 가구 · 금속제품 · 직물 · 도자기 등의 공예디자인에 관한 바우하우스의 방침을 소개한 것이다. 그 서문의 요지를 살펴보면,

> 사물은 그 본질에 의해서 정해진다. 사물이 정상적으로 기능하도록 만들어지려면(그릇이 되었던 의자가 되었던 주택이 되었던) 먼저 그 본질이 규명되지 않으면 안 된다. 왜냐하면 그 목적에 완전히 일치하지 않으면 안 되기 때문이다. 즉 그 기능을 실제적으로 충족시키면서도 튼튼하고 값도 싸고, 그 위에 "아름답도록" 만들어야 하기 때문이다.(S.5)
>
> 일상생활의 필수품을 위한 형태의 창조는 사회적인 필연성에 따른다. 대부분의 인간의 생활상의 요구는 대체적으로 동일하다. 주택과 가구류는 대중의 요구에 관계되는 문제이며, 그

형성은 정열보다는 오히려 이성에 관계되는 사항이다. 형태를 만들어내기 위해 기계는 유효한 수단이며, 개개인은 기계의 협력(증기와 전기)에 의해 인생의 제반 요소를 충족시키기 위해 본래 하지 않으면 안 되었던 육체노동에서 해방되어 손으로 다듬질한 것보다도 보다 싸고 좋은 복제품을 그에게 제공하게 된다. 틀에 박혀 일어날지 모르는 개인의 억압은 유행이라고 하는 지상명령에 의한 복장의 완전한 획일화와 같이 걱정하지 않아도 된다. 각 부분의 유형적인 일률성에도 불구하고 개인은 개성적인 변화의 여지를 갖고 있다. 왜냐하면 자연의 경쟁 결과, 하나의 사물에 대해 언제나 수많은 형태가 만들어지므로 개인에게는 가장 마음에 드는 모델을 개성적으로 선택할 수 있기 때문이다.(S.7)

여기서 그로피우스는 낭만파 이후의 수작업존중의 태도를 버리고 기계에 의한 제작과 대량생산 방식을 긍정적으로 받아들여 예술가의 역할은 대량생산을 위한 원형(모델)을 만드는 것이라고 주장하였다. 여기서 오늘날의 공업디자인의 이론적 근거가 확립된 것이다.

3.4 모이세이 긴즈버그

긴즈버그(Moisei Ginzburg, 1892~1946)는 러시아 構成主義에 속하는 건축가로서 몇 편의 저작이 있는데, 그 중에서 『양식과 시대』[18]는 중요하다. 이것은 이 책이 이미 살펴본 근대주의자와 같이 단지 자기의 디자인 방침을 밝히고 있을 뿐만 아니라, 뵐플린 등의 양식론(다음 장 참조)을 기초로 하여 근대주의 건축의 역사적 위치 설정을 시도하고, 그 필연성을 논하고 있기 때문이다. 더욱이 이것이 아주 빠른 시기에 이루어졌다. 이하 그 요지를 소개한다.

1) 樣式

과학은 진보하지만 예술에서는 진보의 개념을 적용할 수 없다. 미의 이상은 시대와 지역에 따라 변화한다. 이러한 미의 이상을 구체화한 것이 각 시대의 「양식」이다. 그리스와 이탈리아 양식의 특색은 명료성과 질서에 있으며, 고딕과 바로크의 특색은 역동성과 정열에 있다. 이러한 긴즈버그의 양식관은 절충주의의 양식관과는 전혀 다른 것으로 양식론에서 확립된 일반적인 양식개념을 받아들인 것이다.

2) 새로운 양식의 전제조건

새로운 시대의 양식을 성립시키기 위한 전제조건은 시대에 의한 건축의 주도적 과제의 변화이다. 그는 근대건축 양식의 성립기반을 근대적 공업시설에서 이끌어 낸다.

---

18) Moisei Ginzburg, Stil' i epokha. 1924(인용은 Introduced and translated by Anatole Senkevitch, Jr, Style and Epoch. 1982에서)

실제로 근대적 공업시설은 그 자체 내에 예술적인 의미에 있어서의 새로운 생활의 가장 특징적이면서도 힘에 넘치는 모든 양상을 응축하고 있다. 여기에는 창조적 진보의 추진력을 확립할 수 있는 모든 것을 발견할 수 있다. 이것은 철저하게 순화되어 맑으면서도 과거로부터 명확하게 구분되는 근대성의 畵像이다. 힘차게 일하는 수많은 팔과 다리 근육의 무한한 실루엣. 질서 있게 움직이는 거대한 기계의 굉음. 모든 사물과 인간을 그 움직임에 통일하는 활차의 리드미컬한 운전. 유리와 강철로 이루어진 긴장된 벽을 통과하는 광선. 그리고 그 창조적인 도가니에서 밀려 나오는 가치 있는 제품의 대량생산. 여기에 근대적 생활의 의미 있는 길을 보다 명확하게 반영하는 畵像이 있지 않는가?(p.80~81)

3) 기계

생물의 구조는 가장 잘 구성된 정밀한 조직이며, 근대적인 기계의 구조도 마찬가지다. 건축가는 이러한 기계로부터 배워서 재료와 구조를 명료하면서도 솔직하게 노출시키고, 그 특성을 이용하여 강조하지 않으면 안 된다. 그리고 특히 새로운 시대의 건축은 「운동」을 표현하지 않으면 안 된다. 운동을 표현하기 위해서는 비대칭적인 디자인이 필요하며, 그때 구도상 주의할 점은,

이리하여 우리는 기계에 의하여 우리에게 주어진 최후의 결론에 도달한다. 즉 근대건축가의 개념에 있어서 비대칭적인 형태, 혹은 적어도 한편으로는 주된 운동 축에 종속되어 있으면서도 한편으로는 이것과 일치하지 않는 단일 대칭축만을 사용하는 형태를 만드는 것이 가능하며 이러한 것이 오히려 자연스럽다(그림 21).(p.92)

4) 構成主義

…… 이리하여 구조적인 시스템은 우리의 지각적 경험과 인간의 심리적, 생리적 특성 때문에 지금 하나의 시스템, 즉 자기 충족적이면서도 형태 세계의 구조에서 출발하며, 그에 의존하는 시스템(정확하게 말하자면 미적 시스템)을 성립시킨다. 뿐만 아니라 우리가 검토한 범례에서는 양쪽 시스템은 완전히 일치한다. 동일 요소가 구조의 실용적 요소이기도 하며 동시에 형태의 미적 요소이기도 한다.(p.97)

중요한 것은 일부의 구성주의자가 설득하려고 하고 있는 것처럼 미적 감정이 소실되었다고 하는 것이 아니다. 다행히도 이것은 사실이 아니다. 이것은 구성주의자 자신의 작품에 의해서 가장 잘 증명된다. 오히려 중요한 점은 변화된 생활 조건의 영향과 근대적인 경제 · 공학, 그리고 기계와 그 이론적 성과의 중요성을 기초로 하여 우리의 미적 감정, 혹은 그 성격도 역시 변화하였다고 하는 것이다.

미적지각을 받아들이는 능력은 이처럼 우리 모두의 마음속에 존재한다. 그리고 현재 이 지각을 가장 잘 만족시키는 요소는 솔직하게 아무것도 치장하지 않은 본연의 모습 그대로의 구

조적 형식이다. 이에 의해서 새로운 생활 경관에 대한 우리의 화해가 생겨나고, 또 여기서 구조나 기계나 기술적 구조물의 부분요소를 장식 모티브로써 다루는 예술가의 그림이나 무대감독의 모델이 생겨난다.(p.101~102)

이렇게 하여 구성되는 근대건축은 그리스와 이탈리아 건축의 명확성, 그리고 고딕과 바로크 건축의 역동성을 겸비한 것이 될 것이다.(p.116)

이상이 긴즈버그의 이론의 골자이지만, 새로운 양식에 대한 그의 조형상의 주장은 결국 르 꼬르뷔제의 기계미학에 構成主義의 운동미학을 더한 것이다. 이 경우, 기술적 공작물의 자연과학적 합리성과 그 미적 효과와의 관계에 관한 이 책의 설명은 이러한 유형의 논의로서는 가장 신중한 것이다. 그러나 그의 이론도 역시 활차나 벨트나 증기나 피스톤의 움직임 등 「눈에 보이는 합리성」을 근거로 한 것이다. 따라서 오늘날과 같이 과학기술이 눈에 보이지 않는 전자나 전파의 움직임에 의존하고 있는 경우에는 이미 적용 불가능한 것이 되고 만다. 이 점은 그의 이론도 고딕 건축을 근거로 한 비올레 르 뒤크의 이성주의 미학(이 책 p.89)과 다를 바 없다고 할 수 있다.

더욱이 운동의 표현과 비대칭 형태에 관한 그의 주장은 러시아 구성주의의 조형 경향을 표명한 것이지만, 이것은 근대주의 건축미학 가운데의 하나의 주제로서도 주목할 만한 가치가 있다. 이 비대칭성은 이후의 근대주의 건축에서 공통적인 조형적 특색이 되었기 때문이다.

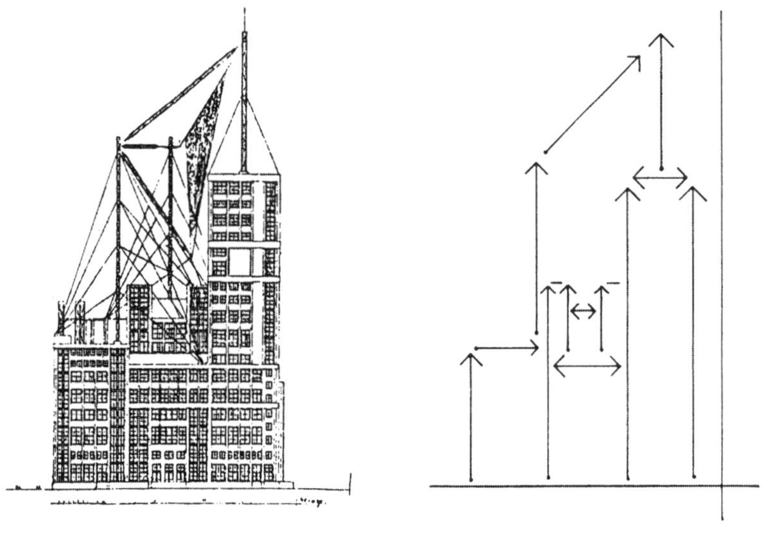

그림 21 건물에 있어서의 운동의 표현(베스닌 형제의 노동궁 안)

제 6 장 양식론

1. 미술양식론

19세기 말부터 20세기 초에 걸쳐서 건축의 예술적인 측면에 관한 연구에 가장 큰 공헌을 한 것은 「樣式論」이다. 이 장에서는 건축을 중심으로 한 양식론 연구의 발전에 관해서 개관하기로 한다.

본래 「양식 style, Stil」이라고 하는 것은 라틴어의 stilius(筆, 펜)에서 유래하는 것으로 오래전에는 서체나 문체를 의미하였다. 그리고 예를 들면 「그의 문장은 양식을 갖고 있다」고 하는 경우, 「그의 문장에는 일관된 개성적 특색이 있다」라는 의미의 칭찬하는 말이며, 「樣式家 stylist」는 이러한 독자적인 양식을 완성하여 자기 것으로 갖게 된 문인에 대한 경칭이다. 문학방면에서는 이러한 용어가 근대까지 사용되고 있다.

그런데 근세에는 이 양식이라는 말이 건물이나 가구 등에도 전용되었다. 그리고 이 경우에는 이러한 건물이나 가구의 유형적 특징을 나타내는 말이 되었다. 이것은 건물이나 공예품은 회화나 조각에 비해 작자의 개성에 의한 차이가 적고, 유형성이 강한 이유 때문이다. 예를 들면 고전건축의 오더 형식은 모두 「양식」으로 불렀고, 또한 15세기의 가구나 실내장식은 「루이 15세 양식 Style Louis quinze」, 나폴레옹 시대의 것은 「帝政樣式 Style Empire」으로 불렀다.

이러한 용어법은 그대로 절충주의에 이용된다. 절충주의에서는 역사상 여러 시대 · 지역의 건축을 모방하는 것이 일반적이었으므로, 각 시대나 각 지역 건축의 형태적 특징을 구별하기 위해 「양식」이라는 말이 사용되었다. 이러한 여러 가지 양식은 건축주나 건축가가 어느 때나 임의적으로 선택하여 채용할 수 있었던 것이었다. 따라서 이러한 양식은 소위 상품목록에 수록된 각 품목과 같은 것이다. 또 이 경우의 건축양식은 계획된 건물의 용도나 규모, 환경에 무관하게 어떠한 건물에도 응용될 수 있어야 했으므로 배치, 평면, 내부 공간 등 건물의 전체적인 특색과는 관계없이 오직 세부형태의 특색을 가리키는 것이었다. 따라서 「건축양식」은 사실상 「세부양식」과 동의어로 생각할 수 있다.

그러나 한편 미술사학에 있어서는 18세기 중기부터 절충주의와는 전혀 다른 의미로 양식이라는 말이 사용되게 되었다. 최초의 예는 빙켈만(이 책 p.76)의 『고대미술사』[1]이다. 그는 미술의 발전과정을 생물의 발생과정에 비교하여 미술사는 미술의 기원 · 성장 · 변천 · 쇠퇴를 연구하지 않으면 안된다고 생각하였다. 그리고 고대 조각사를 네 가지 시기로 나누어 각 시기의 작품의 공통된 특색을 「고풍스런 양식 Ältere Stil」 · 「고귀한 양식 Hohe Stil」 · 「아름다운 양식 Schöne Stil」 · 「模倣者

1) J. J. Winckelmann, Geschichte der Kunst des Altertums. 1764

의 양식 Stil der Nachahmer」이라는 말로 표현하고 있다.

이러한 양식을 미술사의 기본 테마로 다루는 것이 점차 유행하게 되는데, 이러한 움직임에 커다란 영향을 준 사람은 스위스의 역사가 야곱 부르크하르트(Jacob Burckhardt, 1818~97)이다. 그는 그리스 문화사, 르네상스사, 세계사 등 각 방면에 걸쳐 많은 저술을 남기고 있는데, 세부 사항에 이르기까지 광범위한 지식을 자유자재로 구사하고 있으며, 事象을 구체적으로 부각시키는 재능을 가지고 있었다. 그리고 예술에 관해서도 예술품을 단순히 정치사나 사회사의 물적 증거 혹은 도해 자료로써 이용하는 것이 아니라, 예술품 그 자체의 시대적 특색을 음미하고, 예술의 특색과 정치·사회의 특색과 관련성을 추구하며, 그 모든 역사 현상의 모태가 되는 시대정신의 양상을 밝히려고 했던 점에 독자성이 있었다. 이러한 방침에 의거하여 그는 예술 그 자체에 대해서도 깊이 탐구하였으며, 건축에 관해서는 『이탈리아 르네상의 역사』[2)]가 있다.

이 책은 이탈리아 르네상스의 건축사를 상세하게 다룬 것이다. 부르크하르트는 이 책 가운데에서 예를 들면 중세·근세의 이탈리아 건축과 이탈리아인의 명예욕의 관계에 대해 다음과 같이 적고 있다.

> 이탈리아 건축은 고도문화의 부활 이래로 어떤 곳보다도 먼저 이탈리아에서 생성된 건축주 혹은 건축가의 개인적 정신에 의해서 본질적으로 규정되었다. 또한 이와 관련해서 새로운 명예욕이 강해져서 동료와 서로 경쟁하도록 하였으며 자기를 돋보이도록 하였다.
>
> 이처럼 모뉴멘탈한 건축 의도는 크고 호화로움을 목표로 한 것이나 미와 우아함을 목표로 한 것 모두 11세기에서 16세기에 이르는 시대에 걸쳐서 가장 의욕적인 생활을 하도록 한 자극의 하나였으며, 12세기에 있어서의 고대건축의 부흥에서나 13세기 이래 고딕에서나 15세기 이후 르네상스에서나 모두 한결같이 최고의 충동력으로써 수반되었다.(S.1)

그는 이러한 사고에 의거하여 르네상스 종교건축에 있어서의 유심적 평면이나 단순명쾌한 정면과 엄격한 평면을 갖는 도시저택 Palazzo 의 특색과 그 배후의 시대정신과의 관계 등에 관하여 논하고 있다. 그리고 이러한 연구는 장래의 양식론 전개의 시발점이 되었다.

이 이후 미술사의 양식론적 연구는 19세기 말기부터 20세기에 걸쳐서 특히 왕성하게 일어나며, 눈부신 성과를 얻게 되었다. 우리는 이러한 연구를 일괄해서 「미술양식론」이라고 하고 있다. 이러한 미술양식론에 있어서 양식개념의 일반적인 특색은 다음과 같다.

1) 양식이란 어느 한 시대·지역의 미술작품에 나타나는 특유의 공통적 성질을 가리킨다. 따라서 모든 시대·지역의 미술은 각자의 양식을 갖는다.
2) 양식은 그 시대·지역의 미술가가 원하든지 원하지 않든지 그들 작품 모두에 찍혀진 각인과 같은 것으로, 예술가는 이 양식의 범위에서 빠져 나올 수 없는 것이다. 또 반대로 어떤 시

2) Jacob Burckhardt, Geschichte der Renaissance in Italien, 1867(in F. Kuglers “Geschichte der Baukunst”)

대 · 지역의 양식을 다른 시대 · 지역의 사람이 완전하게 모방하는 것도 불가능하다.

3) 양식은 각 시대 · 지역의 미의 이상을 나타낸다. 이 때문에 양식의 변천은 미의 이상에 대한 변화, 즉 미적 가치관의 변화를 나타낸다. 각 양식은 각각 독자적인 가치기준을 갖고 있으므로 양식 상호간에는 원칙적으로 우열은 없다(상대주의). 다만 같은 양식의 작품 내에서 내용이 좋고 나쁜 차이가 있을 뿐이다.

4) 양식론 Stilehre 은 이와 같이 미술양식을 파악하고, 그 변천 과정을 밝히는 것을 목적으로 하므로, 개개의 작가의 전기나 개개의 작품에 얽혀 있는 에피소드 등은 문제시하지 않는다(인명 없는 미술사 Kunstgeschichte ohne Künstlernamen). 오히려 양식의 성립이나 변천 원인을 추구하는 것에 중점을 둔다. 이처럼 미술양식론은 개별적인 문제보다는 보편적인 문제를 중시하므로 종래의 미술사와 미학의 중간적인 성질을 갖는다.

이러한 양식개념은 앞에서 언급한 절충주의에 있어서의 양식개념과는 전혀 다르다.

그런데 이와 같은 양식론 연구는 먼저 건축 · 공예를 대상으로 시작되어 차츰 회화 · 조각의 분야에까지 확장되었으며, 그 후에는 음악이나 문예에도 양식개념이 적용되게 된다. 또한 이러한 연구는 처음에는 주로 스위스, 독일, 오스트리아 등 독일어권에서 발전하였지만, 1930년경부터 이 분야의 학자가 계속해서 미국이나 영국으로 이주하였기 때문에 세계적으로 확산되었다.

2. 리글 학파

여기서 「리글 학파」라고 하는 것은 알로이스 리글에 의해 대표되는 학파를 가리킨다. 리글을 시조로 하며, 오스트리아에서 활동한 학자가 많아서 「비인 학파 Wiener Schule」라고도 한다. 리글의 학풍을 계승한 막스 드보르샤크나 그를 이은 빌헬름 보링거, 다고벨드 프레이, 한스 제들마이이, 니콜라우스 페브스너 등이 이에 속한다. 이 학파는 미술작품의 엄밀한 분석에서 출발하는 것은 양식론으로서 당연하지만, 이 양식적 특색과 배후의 정신적 기반의 관련성을 비교적 중시한다. 즉 미술양식을 각 시대의 시내정신 Zeitgeist 혹은 세계관 Weltanschaung 의 구체적인 표현이라고 생각한다. 이 점은 다음에 언급하는 뵐플린 학파와 약간 다르다. 그리고 또 뵐플린 학파가 주로 르네상스를 중심으로 하는 고전계통의 미술을 다루었으나 리글 학파는 서구중세와 동양미술 등 고전계통 이외의 미술을 주요 문제로 다루었다는 점도 다르다.

2.1 알로이스 리글

리글(Alois Riegel, 1858~1905)은 처음에는 박물관에서 근무하였고, 오스트리아의 헝가리 지방의 출토품 등에 대해 깊이 연구하여 그의 학풍의 기초를 쌓았다. 따라서 초기의 업적은 공예나 문양에 관한 것이었지만, 점차적으로 미술일반으로 확장되어 갔다. 리글의 저작 중에서 중요한 것은 다음의 세 편이다.[3)]

① 『양식의 문제 - 문양사에 대한 기초 확립』
② 『말기의 로마 공예』
③ 『조형예술의 역사적 문법』
이하 그 요지를 소개하기로 한다.

1) 『양식의 문제』

이 책의 내용은 고대의 문양사이며, 그 주체는 식물문양의 변천사로 특히 唐草文의 발전에 중점을 두고 있다. 그 중에 리글은 고트프리드 젬퍼(이 책 p.124) 등이 주장하였던 기술적·유물적인 예술발생설을 강하게 비난하였다. 즉 공예의 예술양식은 그들이 제시하고 있는 것처럼 재료·기술·실용적 목적만으로 자동적으로 성립한 것이 아니며, 그 외에도 정신적인 요인이 원동력으로 작용하고 있다는 것을 역설하였다. 그리고 그는 이러한 정신적인 원동력을 「예술의욕 Kunstwollen」이라고 하였다.

그는 먼저 구석기시대의 혈거부족의 骨角器에서 볼 수 있는 기하학적 문양에 대해 다음과 같이 말한다.

> 아키타니아 혈거민의 골각기에 나타나는 기하학적 양식은 결코 수공업적인 기술에 의한 唯物的인 생산물이 아니라, 오히려 원시적·예술적인 장식본능의 순수한 성과이라는 것을 알려준다.
>
> 미술사 전체는 재료와의 끊임없는 투쟁으로써 표현되고 있다. 이것도 도구·기술이 우선하는 것이 아니라, 예술창작의 사상 그 자체가 우선한다. 이것이야말로 예술구성의 범위를 넓히고, 예술상의 구성능력을 높이는 것이다. 이처럼 미술사 전체에 해당하는 관계가 왜 예술의 시원에 대해서 들어맞지 않는 것일까?(S.24)

또 직물의 문양에 대해서는 직물에서는 기술상의 이유만이라면, 직선문양이 가장 용이하였겠지만 일찍이 원만으로 구성된 문양이 나타났다는 것을 지적하고,

> 즉 인간의 예술의욕은 처음부터 끊임없이 기술적인 제한을 타파하려는 방향으로 나아갔던 것이다.(S.29)

마찬가지로 앗시리아·사산 Sasan·코프트 등의 미술에 나타나는 紋章風様式(좌우대칭문양)에 대해서도 직물기원설에 반대하여,

---

3) Alois Riegel, Stilfragen－Grundlegungen zu einer Geschichte der Ornamentik. 1893 ; Spätrömische Kunstindustrie. 1901, Historische Grammatik der blidenden Künste. 1966

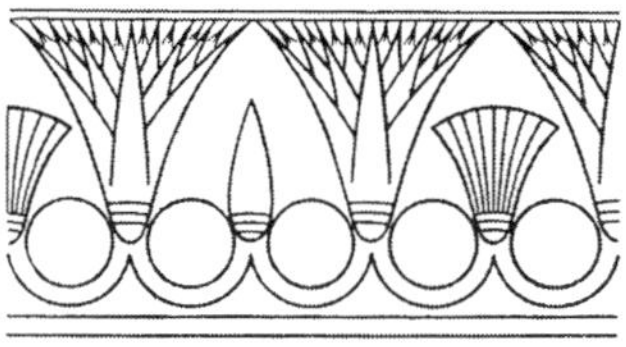

그림 22 이집트의 연속로터스 문양

그림 23 그리스의 연속인동초 문양

> 좌우대칭은 처음부터 끊임없이 모든 장식적 예술창작에 관한 인간의 선천적이면서도 내재적인 하나의 요구였던 것이다.(S.29)

식물문양에 대해서도 그 기원이 모두 고대 이집트의 로터스 lotus(連華文樣)에 있었다고 한다. 그리고 이집트인은 로터스문양에 태양숭배 등의 상징적 의미를 부여하면서 동시에 로터스문양을 그 미적 가치 때문에 장식 모티브로서 응용하고 있었던 것을 지적한다(S.84). 이 이집트의 로터스문양은 꽃과 꽃 봉우리의 측면도 혹은 정면도를 번갈아가며 배치한 정도였지만(그림 22), 고대 그리스에 있어서 이것이 크게 발전하여 連續波狀唐草 · 間歇的S字狀唐草 · 絡文 · 帶狀文(忍冬文) · 幅廣文 등 각 형식이 성립하여 다양하게 전개되었다(그림 23). 더욱이 그 묘사는 사실적으로 되어 입체화되는 경우도 있다. 코린트식 원주의 주두장식은 이것이 입체화된 예이다. 이에 대해서는 비트루비우스가 아칸터스 Acanthus Spinoza 의 잎을 모사한 것이라고 설명하였지만, 리글은 이에 반대하여 이것이 이집트 전래의 로터스문양의 자율적인 발전의 산물이라는 것을 입증하였다.

> 아칸터스의 성립은 자연스런 예술적 발전의 길을 걸어왔다고 생각하여야 하며, 결코 그리스 미술에 있어서 이제까지 행해진 바 없었던 자연계 식물의 직접적인 모사에 의해서 갑자기 만들어졌다고 해서는 안 된다.(S.230)

그리고 문양의 성립과정에 관해서 자주 거론되는 寫生→形式化→圖案이라고 하는 사고 전반에 대해서 반대한다.

> 새로운 문양을 자연의 식물계에서 찾으려고 하는 것은 완전히 근대적인 예술관의 산물이며, 부분적으로는 아직 근대예술의 無策主義의 산물이다.(S.282)

이와 같은 그리스의 식물문양은 헬레니즘, 로마시대가 되면서 한층 더 입체적인 것, 투시도적인 표현에 의한 것이 나타났으며, 이것이 비잔틴 · 시리아 · 코브트 · 사산 등의 식물문양으로 계승된다. 또 한편 이것이 도식화 · 기하학화 · 추상화의 방향으로 발전한 것이 이슬람 미술의

「아라베스크 Arabesque」 문양이다. 그리고 이러한 모든 변화와 발전의 원동력은 인간의 「예술의욕」이다. 이상이 이 책에 있어서의 리글의 주요 논지이다.

2) 『말기 로마의 공예』

이 책은 원래 오스트리아, 헝가리의 공예 · 유품 · 도판집의 해설로써 집필된 것이지만, 내용적으로는 건축 · 조각 · 회화에 관한 기술을 포함하고 있으므로 결과적으로 일반 미술양식론의 성격을 띠고 있다. 먼저 이 책에서 주목할 만한 것은 여기서 다루어진 대상이 말기 로마, 즉 콘스탄티누스 대제(208?~337)에서 중세 초기로 과거의 미술사학에서 거의 문제시되지 않았던 시대에 속한다고 하는 점이다. 이 시기의 서양미술은 소위 중기 로마와 중세미술과의 사이의 골짜기에 위치하여 야만시대 미술 혹은 쇠퇴기 미술로 간주되었다. 그러나 이것을 자세히 검토해 보면, 거기에는 다른 시대 미술품에서는 나타나지 않는 독자적인 특색이 있으며, 따라서 다른 시대와는 다른 미적 가치기준이 존재한다는 것을 알 수 있다. 그러므로 그는 이것은 미술이 야만적으로 된 것도 아니며, 쇠퇴도 아니라고 한다.

> 조형 예술의 목표가 완전히 메말라버린 것이 아니라, 예술의욕이 다른(현대적 관념에서 보면 미도 아니고 생명적도 아닌) 현상형식의 지각으로 향한 것에 지나지 않는.(S.11)

즉 여기서 미술양식론의 상대주의적인 입장이 명확하게 나타나는 것이다. 그래서 리글은 이 「다른 현상형식」이라는 것은 무엇인가 하는 점을 연구하기 위하여 다음과 같은 방법론적 전제를 내세웠다.

① 圖像學(이 책 p.225)의 역할의 한계
모사내용에 관한 도상학적 이해는 단지 연구를 위한 강력한 기초를 제공하는 것뿐이다.

② 사용목적 · 소재 · 기술의 효과
작품의 사용목적 · 소재 · 기술은 예술의욕에 저항하는 마찰계수로써 작용하는데 지나지 않는다.(S.9)

③ 우리는 예술작품에 있어서 본래 조형예술적인 것, 즉 평면 혹은 공간에 있어서의 형태와 색으로서의 사물의 현상에서 출발하지 않으면 안 된다. 이 점에서 보면 건축과 공예는 예술의욕의 주요한 법칙을 가끔 거의 수학적인 순수함으로 명시한다.

그는 이상과 같은 원리에 의거하여 미술의 각 부문에 대해 상세히 분석하였다. 공예에 있어서는 「透彫」의 출현에 주목한다. 원래 이집트에서부터 로마시대까지의 부조는 평탄한 「地」를 기준면으로 하여 거기서부터 「圖案」이 팽창하여 돌출하는 경향을 나타내고 있다. 이러한 무늬는 인물이나 식물에 관계없이 언제나 두께와 깊이가 있으며, 내용이 충실하고 견고한 물체로써 표현되고 있으며, 손으로 만지면 확실한 느낌을 전달해주는 인상을 준다. 이것은 소위 「觸覺的」인 인상을 준다. 또 이러한 시각적인 인상은 작품에 가까이 가서 볼 때만이 느낄 수 있으므로 「近

視的」이라고 할 수 있다.

그런데 말기 로마시대의 금속공예품에 자주 나타나는 透彫는 이와 전혀 다른 조형적 특색을 나타낸다. 즉 개개의 무늬 표면은 비교적 평탄해지고, 무늬 사이의 地의 부분은 단순한 공극으로 되어 무늬는 이러한 배경의 공간에 떠오른 평면 도형과 같은 인상을 준다. 이것은 소위 切紙細工이 그림자놀이와 같이 명암의 대비에 의해서 얻는 효과와 같다. 그리고 이러한 금속제품에 貴石象嵌이나 七寶가 입혀지면, 이것은 한층 더 색채적인 변화가 풍부하게 된다. 이러한 색이나 빛에 의한 시각적 효과는 앞에서 언급한 「촉각적」에 대비시켜 「光覺的」이라고 할 수 있다. 그리고 이러한 효과는 비교적 멀리서 바라보았을 때 느낄 수 있으므로 「遠視的」이라고 할 수 있다.

리글은 이와 같은 이론에 근거하여 건축을 중심으로 하는 고대예술의 발전과정을 다음과 같은 세단계로 구분한다.

① 촉각적 · 근시적 단계

사물의 물질적 개별성(완결성)을 순감각적으로 파악하는 것이 기본성격이며, 모티브를 한 평면 내에 배치할 것. 도형 윤곽의 중시, 좌우 대칭 등이 특색이다. 고대 이집트의 피라미드나 신전건축 등이 그 전형이다.

② 촉각적 · 광각적 혹은 正常視的 단계

사물에 깊이방향의 변화, 즉 「돌출」의 효과가 나타난다. 그러나 또한 사물 상호간이나 사물과 기준면은 서로 결합되어 있다. 깊이방향의 단축, 음영의 효과가 등장한다. 열주를 두른 그리스 신전은 이 단계의 좋은 예이다.

③ 광학적 · 색채적 혹은 遠視的 단계

3차원성이 나타난다. 단 이것은 외부에서 침입할 수 없는 완결된 공간으로써 「空間魂 Raummasse」이라고 할 수 있다. 돌출은 기준면에서 이탈하여 다시 평면에 가까워진다. 말기 로마건축은 이 단계에 해당한다.

이러한 3단계 이론은 헤겔이 말한 예술의 변증법적 발전에 관한 이론을 상기시키며, 리글은 다시 이 3단계의 건축을 각각 실례를 들어 설명하였다. 즉 가장 고대적인 로마의 판테온에서부터 미넬바 메디카의 신전[4]을 거쳐서 초기 그리스도교식 바실리카나 집중식 교회당이 성립되는 과정을 살펴보았다. 그리고 말기 로마건축의 공간적 특성은 다음과 같은 점에 있다고 하였다.

① 공간을 입체적 · 물질적인 크기로 간주할 것 - 이것은 고대 오리엔트나 그리스와 다른 점이다.

② 그러나 공간을 무한대의 크기로 보지 않는다 - 이것은 중세 이후의 건축과 다른 점이다.

예를 들면 건물의 벽면에 있는 니치 niche는 그 자체로는 공허부이지만, 그곳에서 생기는 음영에 의해 벽면이 분절되어 활력이 있게 된다. 또 창도 실체가 결여된 건축 부분이지만, 이것은 실체적인 벽이나 기둥과는 달리 측정할 수 없는 무한 공간에 대한 관련성을 시사한다. 따라서 이러한 니치나 창의 시각적 효과는 透彫형식의 금속공예품에서 볼 수 있는 바와 같으며, 이러

4) Tempio detto di Minerva Medica. 3세기 고대 로마의 집중식 교회당에서는 규모가 큰 니치를 많이 설치하였지만, 내부 공간 전체는 확고하게 통합되어 있다.

한 것은 말기 로마건축에서 빼놓을 수 없는 조형적인 요소가 된다. 또 세부장식을 보면, 예를 들어 비잔틴건축에 많이 나타나는 「바구니 무늬처럼 생긴 조각」이 새겨진 주두는 표면전체는 비교적 평활하며, 단순한 곡면으로 되어 있지만, 무늬 사이의 공극 부분은 깊이 패어져 있다. 이 때문에 주두의 내부는 마치 암흑의 空洞과 같이 보인다(그림 24). 이것은 마치 「빛」과 「그림자」의 조형이며, 透彫형식으로 된 공예품의 효과와 일치한다.

그림 24 바구니 무늬처럼 생긴 조각으로 된 주두(이스탄불의 산타 소피아 사원)

마지막으로 리글은 말기 로마의 조형과 그 정신사적 기반, 즉 세계관과의 관계에 대해 언급한다. 예를 들면 아리스토텔레스라면 원주를 선택할 곳에 아우구스티누스는 창을 거론하고 있는 것을 지적한다. 그리고 말기 로마시대에는 물질적인 존재뿐만 아니라, 결여된 것이나 공허한 것에, 그리고 밝은 색뿐만 아니라, 흑색이나 어둡고 침침한 곳에도 사람들의 관심이 향하고 있었던 것을 설명하였다.

3) 『**조형예술의 역사적 문법**』

이것은 리글의 사후에 그의 초고와 강의록을 정리하여 종합한 책이며, 각 시대의 세계관에서부터 예술의 구체적인 형식에 이르기까지 광범위한 체계적 이론을 구상한 내용으로 되어 있다.

① 제1기 (이집트-그리스-콘스탄티누스 대제 시대)
세계관은 의인적 일신론
신체적인 미에 의한 자연의 개선으로서의 예술

② 제2기 (비잔틴-고딕)
세계관은 그리스도교적 일신론
정신적인 미에 의한 자연의 개선으로서의 예술

③ 제3기 (르네상스-바로크)
자연과학적인 세계관
무상한 자연의 재창조로서의 건축

그러나 이 장대한 구상은 구상만으로 끝났다. 그리고 각 시기에 대한 상세한 연구는 후계자의 손에 넘겨지게 되었다.

2.2 빌헬름 보링거

보링거(Wilhelm Worringer, 1881~1955)는 주로 독일에서 활약한 미술사가이며, 학풍상 리글의 후계자로 볼 수 있으므로 여기에서 소개한다. 즉 그도 또한 미술과 그 정신사적 배경과의 관련을 중시하는 입장에서 양식론을 전개하였다. 그리고 그의 연구의 주요 과제는 서구에 있어서의 고전 이외의 미술, 즉 고딕미술이나 고대 동방미술이 어떠한 사상적 배경에서 생겨났던가 하는 점을 밝히는 것이었다. 그의 저작 중에서 중요한 것을 들면 다음과 같다.5)

①『抽象과 感情移入 - 様式心理學에 대한 기여』

②『고딕의 형식 문제』

이하 각 저술을 간략하게 소개하기로 한다.

1)『抽象과 感情移入』

립스의 「감정이입」(이 책 p.122)의 개념은 인간의 생의 감정을 외계의 사물에 투영하는 것에 있었으므로 어디까지나 인간중심의 사고이다. 따라서 감정이입설은 그리스 · 로마미술이나 르네상스미술에는 들어맞지만 고대 동양미술이나 고딕미술에는 적용되지 않는다. 따라서 고대 동방미술이나 고딕미술의 성립을 설명하기 위해서는 감정이입이라고 하는 것과는 다른 또 하나의 기본개념을 설정할 필요가 있었다. 이러한 관점에서 보링거가 제창한 것이 「추상 Abstraktion」이라는 개념이다.

> 우리는 인간의 감정이입의 충동에서 출발하는 것이 아니라, 인간의 추상충동에서 출발하는 바의 하나의 미학을 (감정이입 미학에 대한) 對極으로 볼 수 있다. 미적체험의 전제로써의 감정이입 충동이 유기적인 것의 미 가운데에서 자기의 만족을 찾아내는 것처럼, 추상충동은 자기의 미를 생명을 부정하는 무기적인 것이나 結晶的인 것 중에서, 일반적으로 말하면 모든 추상적인 합법칙성과 필연성 가운데에서 찾아내는 것이다.(S.3~4)

즉 추상충동에 기초하는 미술은 생물이나 그 외의 자연물의 모방과는 전혀 관계가 없으며, 이것은 소위 세계감정 Weltgefühl 의 소산이다. 세계감정이라고 하는 것은 인간이 우주, 즉 외계의 여러 가지 현상에 당면해서 그 때마다 휩쓸리는 심리상태이다. 더욱이 감정이입 충동이 인간과 자연계와의 행복한 친화관계를 조건으로 하지만, 추상충동은 외계의 현상에 의해 일어나는 인간의 커다란 내적불안에서 생겨난다. 즉 고대인은 급변하는 외계의 현상에 대해서 당혹감을 감추지 못하였다. 그래서 외계현상을 그 개별적인 우연성으로부터 추출하여 이것을 추상적 형식에 일치시킴으로써 영원화하고, 이에 의해서 현상의 흐름에 정지점을 발견하여 안심감을 얻으려고 하였다. 여기에서 발생한 것이 대칭성과 리듬의 원칙에 따라서 구성된 기하학적 장식문양이다. 실로 기하학적인 양식이야말로 최초의 진정한 예술형식이다.

이런 견지에서 보면 예술은 자연의 모방이라고 생각하여 예술품을 현실과의 근사성에 의해서 평가하려고 한 근세 서구인의 예술관은 당연히 부정되지 않으면 안 된다.

---

5) Wihelm Worringer, Abstraktion und Einfühlung - Ein Beitrag zur Stilpsycholigie. 1908, 권원순역, 추상과 감정이입, 계명대학교출판부, 1982 ; Formprobleme der Gotik. 1911 (인용은 1922년판에 의함)

그러나 이와 같은 모방충동에 의한 소산은 본래의 예술과는 아무런 관계가 없는 것이다. 그래서 현실에 대한 근사성을 예술의 기준으로 보는 자는 아키타니아의 동굴주거민[6]을 디피론 양식[7]의 창안자보다 예술적으로 한층 더 진보한 것으로 간주하게 되는 것이다. 그러나 이미 이러한 기준이 불합리한 것이라는 것은 이에 의해서도 증명된다.(S.69~70)

그는 이와 같은 견지에서 중근동미술, 각 시대의 서양미술과 그 정신사적 기반에 관해서 논하고 일본미술에 대해서도 언급하고 있다. 그리고 이 추상미술에 관한 그의 이론은 그 후 곧바로 출현하는 근대 추상미술에 대한 예언으로 보면 아주 흥미롭다.

2)『고딕의 형식 문제』

이것은 이미 살펴본 「추상과 감정이입」에서 나타낸 견해를 고딕미술을 예로 들어서 더욱 더 상세하게 전개한 것이다. 보링거는 여기서 먼저 「형식의지 Formwille」라는 것을 생각한다.

이 책에서는 고딕을 형성하는 에너지를 그 표현의 필연성에 있어서 우리에게 감지하도록 하는 내적인 인간성의 역사적 관계를 규명할 수 있는 근저를 탐구하려고 한다.

이 때문에 우리는 인간성의 역사적 필연성으로부터 생겨난 고딕의 형식의지를 확인해야 한다. 이것은 고딕식 복장의 미세한 부분에도 고딕 대성당에 있어서와 같이 강력하면서도 분명하게 나타나있는 이 고딕의 형식의지이다.(S.5)

이 고딕의 형식의지는 이미 민족 대이동 이후 게르만 민족의 장식미술에도 잠재적인 형식으로 나타난다. 예를 들면 그들의 공예품이나 寫本裝飾에서 볼 수 있는 새끼줄 모양의 문양이나 뒤얽힌 파충류와도 같은 동물문양 등이 이것이며, 이것은 그리스 · 로마 등 지중해민족의 미술에서는 볼 수 없는 것이다. 그리고 이러한 문양을 구성하는 기괴하면서도 공상적인 선의 움직임은 단적으로 말하면 당시 북방인의 마음의 움직임의 표현이다. 예를 들면 이것을 우리의 일상적인 낙서의 선과 비교해 보면,

여기저기에 낙서한 선은 내적인 정신적 압력의 해제로서만 생겨날 수 있는 것이며, 이와 마찬가지로 북방적인 선의 움직임에서 볼 수 있는 흥분적, 경련적, 열병적인 것 모두가 강한 압력 앞에서 굴복하고 있는 북방적 인간의 내적 생활을 확연하게 드러내 주는 것이다. 이러한 비교에 의해서 우리는 지금 북방적 장식술 중에서 정신적인 불만의 표현을 확인할 수 있을 것이다. 그리고 이러한 모든 감각기관을 초월한 비감각적인 감동, 혹은 더욱 더 정확히 말하

---

6) Aquitaine 프랑스 남서부. 구석기 시대의 동굴주거유적이 있으며, 벽과 천정에 사실적인 동물화가 그려져 있다. 기원전 15,000~10,000년경.

7) Dipylon 기하학적 문양을 갖는 그리스 최초기 도예품의 하나의 양식. 기원전 12~8세기 경.

면 초감각적인 감동을 추구하는 욕망, 즉 이 가장 극단적인 표현으로 몰고 간 장식문양을 창조한 욕망, 이것이야말로 곧 고딕 성당의 그 격정적인 상승감을 돌로 화하게 한 그 초월주의를 성립시킨 것이다.(S.34~35)

이러한 장식문양의 선에 나타난 형식의지가 로마네스크시대를 거처 고딕건축에 도달하여 가장 완전한 형식으로 표현되지만, 앞의 문장 마지막 부분에서 언급한 고딕건축의 상승감에 대해서는 다시 다음과 같이 설명한다.

우리가 고딕 대성당을 언뜻 보았을 때는 마치 중력 법칙이 모두 배제된 것과 같은 소위 돌로 화한 수직운동만을 인지한다. 우리는 돌이 갖는 자연적인 중력에 거슬러 위로 향하는 터무니없는 강렬한 움직임만을 본다. 그곳에는 단단한 물질적 존재라는 인상을 주는 벽이나 매스는 존재하지 않으며, 단지 수많은 개개의 힘이 비물질적인 표현과 제약 없는 상승운동을 떠맡는 구실을 하면서 우리에게 말을 걸어온다.(S.68~69)

그리고 이러한 고딕 건축의 특색은 고전적 건축과 근본적으로 다른 점이다.

그러나 고전시대의 建築師는 돌의 중량을 예술적으로 완전히 이용하였다. 그는 하중과 지지의 저항을 건물의 예술 사상으로 하여 돌의 중량을 명쾌하게 긍정하였다. 그는 돌의 구조적인 법칙성을 유기적인 생명의 법칙성으로 변환시킴으로서, 다시 말하면 이것을 감각화하여 돌을 긍정하였다. 그리스건축이 표현할 수 있었던 것은 모두 돌과 함께, 돌에 의해서 달성된 것이었으나, 고딕건축이 표현할 수 있었던 것은 – 여기서 완전한 대조를 이룬다는 것이 확인된다 – 모두 돌에 저항하여 달성된 것이다. 고딕건축의 표현은 재료 위에서 확립된 것이 아니라, 단지 재료의 부정에 의해서, 재료의 非物質化 Entmaterialisation 에 의해서만이 달성된 것이다.(S.68)

이러한 보링거의 견해는 고딕건축의 형태가 합리적인 기술적 고안의 결과로써 필연적으로 도달한 것이라고 주장한 비올레 르 뒤크의 주장(이 책 p.91)과 정면으로 대립하는 것으로, 보링거는 「고딕의 기술적 진보의 성격」에 대해 다음과 같이 적고 있다.

고딕 거장들이 발휘한 논리적 예지의 활용은 모두 근본적으로 단지 초논리적인 목적에만 봉사하였다.……(S.98)

그리고 이러한 견해는 건축사 전체에 대해서도 적용된다.

건축의 역사는 결코 기술적인 발전의 역사가 아니다. 오히려 건축사는 변화해가는 표현 목적의 역사이며, 또 기술이 어떻게 하여 그 기본적 요소를 언제나 새로우면서도 분화된 조합에 의해 이 변화해가는 목적에 적합하게 하여 도움이 되도록 할 것인가 하는 수단 Art 혹은 방법 Weise 의 역사이다. 건축사는 철학사가 논리학의 역사가 아닌 것처럼 기술의 역사가 될 수 없다.(S.62)

즉 여기서 19세기의 기술 우위적인 건축사관은 완전히 부정되는 것이다.

그리고 보링거는 스콜라철학이 정교하고 치밀한 논리를 구사하여 그처럼 번잡한 체계를 쌓아 올린 정신작용은 마치 고딕건축이 오묘한 기술을 구사하여 환상의 세계를 구현한 것과 동일한 충동에 의한 것이라고 하였다.

2.3 다고벨트 프레이

프레이(Dagobert Frey, 1883~1962)는 비인 출신으로 비인 공과대학에서 건축을 배우고 건축사를 전공하였으며, 그 위에 일반미술사에까지 시야를 넓혔다. 그리고 학풍으로는 리글을 계승하여 이 것을 광범위하게 전개하였다. 그의 저작 가운데 중요한 것 세편은 다음과 같다.[8)]

① 『근세적 세계관의 기초로서의 고딕과 르네상스』

② 『예술학의 기본 문제 - 예술 철학에 대한 서문』

③ 『비교예술학에 대한 기초 정립』

①은 미술을 각 시대의 세계관의 표명으로 보는 입장에서 고딕시대를 르네상스 이후의 시대와 비교한 것으로 정신사적 측면에 중점을 둔 양식론이다. ②는 논문집이며, 그 안에 포함되어 있는 소논문 『건축의 본질 규정』은 양식론에 속하지는 않지만, 건축에 대한 프레이의 기본적인 생각이 나타나 있다. 그리고 ③은 양식론의 고찰 대상을 동양문화까지 확대한 야심적인 역작이다. 이하 이 세편의 저술에 대해 살펴보기로 한다.

1) 『건축의 본질 규정』

프레이는 『예술학의 기본 문제』에 들어 있는 『관객과 무대』라는 논문에서 연극의 현실성에 관한 고찰을 하고 있는데, 이 건축에 관한 논문도 연극에 관한 고찰과 관련된 것이다.

그는 먼저 건축을 모사적인 회화나 조각과 비교하고, 그 결과 「건축은 예술적으로 형성된 현실성이다」(S.97)고 규정한다. 그리고,

건축은 나의 현존재 Gegenwart 혹은 나의 생활공간에 소속된다. 또한 건축은 나의 생활공

8) Dagobert Frey, Gotik und Renaissance als Grundlagen der modernen Weltanschauung. 1929 ; Kunstweissenschaftliche Grundfragen - Prolegomena zu einer Kunstphilosophie. 1946 ; Grundlegung zu einer vergleichenden Kunstwissenschaft. 1949

간을 구성하는 것, 혹은 나의 생활공간 가운데에서 구성하는 것이다.(S.97)

라고 설명한다. 즉 모사적 예술과 모사적 조각에서는 객체인 작품 내용과 관조자인 나의 사이에는 시간적 · 공간적인 격차나 경계가 존재하지만, 건축에 있어서는 이러한 것은 없으며, 작품과 내가 동일한 시간 · 공간을 공유한다. 따라서,

> 모사적 예술에서는 우리는 관객 Zuschauer 의 위치에 서 있게 되지만, 건축에 있어서는 우리는 공연자 Mitspieler 이다.(S.98)

이것은 건축을 연극과 비교해보면 분명해진다. 연극의 경우는 무대 위에 관객이 속해 있는 현실과는 다른 예술적 세계가 전개되나, 건축에서는 관객이 그대로 예술적 세계에 침투하여 배회하며 실생활을 영위한다. 따라서 건축은 어디까지나 현실 세계의 일부이다. 여기서 다음과 같이 결론을 내릴 수 있다.

> 모사적 예술에 있어서는 우리는 자연을 "우리가 보는 듯이", 즉 환영으로써 표현하지만, 건축에서는 "우리가 원하듯이", 즉 현실성으로써 표현한다.(S.105)

이상과 같은 프레이의 주장은 지극히 당연한 것이다. 그러나 일반미학과 일반미술사에서는 건축이 회화나 조각과 함께 다루어지고 있는 경우가 많기 때문에 자칫하면 건축의 특수성을 잊을 경우가 많다. 이러한 잘못을 범하지 않기 위해서라도 이 프레이의 주장은 건축미학의 기본 전제로서 기억할 필요가 있다. 또한 이 점은 공예와 도시계획에서도 마찬가지이다. 그리고 그의 이론은 건축의 현실성은 물론 현실이 그대로 예술이라든지 현실성이 그대로 미라고 하는 것은 아니다. 그는「건축은 예술적으로 형성된 현실성이다」고 하고 있는 점에 주의해야 할 것이다.

2)『고딕과 르네상스』

그는 이 책에 있어서 미술은 각 시대의 세계관을 표현한다는 기본적인 사고로부터 고딕시대와 르네상스 이후의 시대는 근본적으로 다르다는 점을 논하였다. 여기에는 각 시대의 철학 · 종교 · 문학 · 수학 · 자연과학 등 넓은 영역에 이르는 정신사적인 항목과 미술과의 관련성을 고찰하고 있다. 이 때 그가 미술양식과 세계관과의 관련성을 논하는 실마리로 생각한 것은 각 시대의 공간과 시간에 대한 개념의 차이이다. 즉 고딕시대에서는 공간을「繼時的 sukzessiv」으로 파악하였으나, 르네상스에서는 공간을「同時的 simultan」으로 파악하였던 점에 차이가 있다고 하였다. 고딕 시대에 공간을 繼時的으로 파악하였다는 것은 우리가 고딕 성당에 들어갈 때의 체험에 의해서 느낄 수 있다.

우리는 고딕 건축을 고딕의 圖像과 마찬가지로 繼時的으로 파악하지 않으면 안 된다. 우리는 열주, 창밑의 코니스, 2층석, 2층 통로를 안쪽 방향으로 추적하여 공간의 구성을 하나의 시간적 진행으로서 체험하며, 또 束式柱와 支柱를 올려보면서 수직선을 따라 올라감으로서 공간은 우리의 시각적 한계를 넘어서 측정할 수 없는 높이에까지 상승하게 된다. 회화와 마찬가지로 이 지각인상의 繼起, 즉 표상과정의 생성적인 진행은 관조자로부터 대상으로 옮겨간다. 고딕 건물은 무언가 완성된 것, 완결된 것, 정지한 것, 견고한 것이 아니라 언제나 새롭게 태어날 수 있는 것, 내부적으로 미완성인 것, 완성되어 가고 있는 것, 움직이는 것, 영원히 성장하는 것이다.(S.75)

따라서 고딕건축에 있어서는 공간과 시간이 운동을 매개로 하여 굳게 연결되어 있으며, 공간과 시간은 언제나 하나의 통일적인 체험으로써 표상된다. 공간은 언제나 관찰자의 운동과 관련되어 파악되므로 건물 내부의 높이 · 폭 · 깊이는 각각 다른 의미를 갖는다. 또한 조형적으로는 운동에 수반되어 관조되는 질적 혹은 억양적인 시간적 변화가 효과적이므로 여기서는 당연히 「리듬」이 중요시된다.

이에 반해 르네상스나 그 이후에는 공간을 同時的으로 파악한다. 이것은 당시 발달한 투시도법에 의해서도 설명할 수 있다. 이러한 공간은 「기하학적 공간」이다. 따라서 이 공간의 성격은 균질적 · 연속적 · 무한대이며, 높이 · 폭 · 깊이에 의한 차이도 없다. 여기서는 입방체 · 각추 · 원통 · 구 등의 규칙적인 대칭형이 사용되며, 有心的建築 Zentralbau 은 이 시대를 대표하는 건축형식이다. 또 당시 건축형태미의 최고 조건이 되었던 「비례」도 이러한 기하학적 공간에 있어서의 동시적 관조에 있어서만이 효과가 있는 것이다.

프레이는 이와 같은 고딕과 르네상스의 시간 · 공간에 대한 관념의 차이와 동일한 현상이 양 시대의 공간과 물질의 관계에 대한 생각의 차이에도 나타난다고 하는 점을 풍부한 자료를 기초로 하여 고찰하고 있다.

3) 『비교예술학에 대한 기초 확립』

이 책은 세계적 시야에 선 미술양식론을 수립하려고 시도한 역작이다. 그 기본적인 생각은 앞에서 언급한 『고딕과 르네상스』와 같이 예술양식의 특색을 각자의 시간 · 공간 개념의 차이에서 찾아내면서 동시에 그들 각자의 세계관의 표현으로 보는 입장이다. 지역적으로는 이집트 · 서방아시아 · 그리스 · 서유럽 · 동유럽 · 인도 · 동아시아의 일곱 지역으로 구분된다. 동아시아에는 중국과 일본이 포함된다. 프레이는 이러한 세계 각지의 조각 · 회화 · 건축과 그 배경이 되는 세계관을 비교 고찰한 뒤에 각각의 특색을 식별하기 위한 착안점으로 다음과 같은 네 가지 조형적 모티브를 열거하였다.

- 인체표현의 기본 모티브
  - 1. 직립 모티브 Standmotiv
  - 2. 운동 모티브 Bewegungsmotiv
- 구축적 형성의 기본 모티브
  - 3. 목표 모티브 Mal-motiv
  - 4. 진로 모티브 Weg-Motiv

여기서 1과 2는 주로 人像조각 혹은 회화에 관한 것이며, 3과 4는 주로 건축에 관한 것이다. 人像에 있어서 「직립 모티브」와 「운동 모티브」는 각각의 경우의 사람의 모습 그 자체이다. 또 건축에 있어서의 「목표 모티브」는 예를 들면 피라미드 · 탑 · 돔이며, 「진로 모티브」는 바실리카식 교회의 내부 혹은 신전에 접근하기 위한 참도이다. 그리고 人像에 있어서의 「직립 모티브」는 건축에 있어서의 「목표 모티브」에 해당되며, 「운동 모티브」는 건축에 있어서의 「진로 모티브」에 해당된다. 이러한 人像과 건축의 대응관계는 신체와 공간의 사이에는 하나로 융합되어 구별할 수 없는 관계가 성립한다고 한 프레이의 생각에서 연유한다.

> 직립 모티브에는 공간에 있어서 목표 모티브가 대응하며, 이 목표 모티브는 정지 공간의 표현이다. 내가 지금 자유롭고 제한이 없으며, 무정형한 공간 내에 하나의 「목표」를 세운다고 하면 나는 이미 이 공간을 형성한 것이 된다. 즉 나는 이 공간에 중심점을 부여한 것이 되며, 공간의 각 부분은 이 중심점과 관계를 갖게 된다. 그러나 이 목표는 동시에 신체형식이기도 하며, 그대로 특별한 신체감각의 표현이기도 하다.……
>
> (人像에 있어서의) 운동에는 공간에 있어서의 「진로」가 대응한다. 여기서 나는 현세로나 관념적으로 공간 속을 걷는다. 이 때 나는 자유롭고 균질한 공간 속에 하나의 진로를 확정함으로써 이것을 운동공간으로서 형성하는 것이다.(S.6)

프레이는 이와 같은 네 가지 기본 모티브에 착안하여, 세계 각지의 미술형식 특색을 판별하고, 이것을 만든 여러 민족의 시간 · 공간의 개념, 혹은 그들의 세계관을 규명하려고 하였다. 이 문제 영역은 대단히 넓고, 논술내용은 복잡하고 여러 갈래에 걸친다. 그러나 이러한 예술양식과 세계관은 천차만별이기는 하지만, 그곳에는 어떠한 공통성 혹은 기본형식이 존재한다는 점을 지적한 것은 중요하다.

3. 뵐플린 학파

여기서 뵐플린 학파로 부르는 것은 하인리히 뵐플린에 의해 대표되는 미술사학의 학파로 파울 프랭클을 위시하여 하인리히 루첼라(Heinrich Lützeler), 요셉 간트너(Joseph Gantner), 지그프리드 기디온 등 주로 스위스 · 독일에서 활약한 학자가 많으나, 그 영향은 전 세계에 미치고 있다.

이 학파의 특색은 뵐플린에게서 가장 뚜렷하게 나타나는 것처럼 미술작품의 형태적 특성을 철저하게 분석하여, 이러한 특색이 그 자신의 내부적인 필연성에 의해서 변천한다고 하는 점에 있다. 즉 미술양식은 「자율적」으로 변화한다고 생각하는 것이다. 따라서 미술작품을 탄생시킨 사회적 조건과 사상적 배경과의 연결은 그다지 문제로 삼지 않는다. 이 경향은 사람에 의해서 정도의 차는 있지만, 이 학파의 기본적인 태도로 리글 학파와 다른 점이기도 하다.

여기서는 건축에 관해 중요한 업적을 남긴 뵐플린과 프랭클에 대해 살펴보고 그 다음으로 지오프리 스코트에 대해서 소개하기로 한다. 스코트는 영국인으로 직접 이 학파에 속하지는 않지만 뵐플린의 강한 영향을 받았으며, 그의 저술은 미술사로서만이 아니라, 건축미학으로서도 주목할 필요가 있기 때문이다.

3.1 하인리히 뵐플린

뵐플린(Heinrich Wöfflin, 1864~1945)은 스위스에서 태어나 야곱 부르크하르트에게 사사하였으며, 르네상스 미술에 관한 연구를 주축으로 독자적인 학풍을 수립하여 근대 미술사학의 창시자가 되었다. 그의 많은 저술 중에서 중요한 것은 다음 네 편이다.[9]

① 『건축 심리학 서론』

② 『르네상스와 바로크 - 이탈리아에 있어서의 바로크의 본질과 성립에 관한 연구』

③ 『미술사의 기초개념 — 근대미술에 있어서의 양식 발전의 문제』

④ 『이탈리아와 독일적 형식감정』

1) 『건축 심리학 서론』

뵐플린이 22살 때 쓴 학위논문이며, 그의 이론의 출발점이 되는 기본적인 견해를 표명한 논문이다.

먼저 이 논문의 과제는 다음과 같다.

> 건축적인 형식은 어떻게 하면 정신적인 것 das Seelischen, 혹은 기분 Stimmung 의 표현이 가능할 것인가?

그리고 이 문제의 해결을 위해 그는 립스, 폴켈트(Gottfried Volkelt)의 감정이입 심리학(이 책 p.122), 혹은 쇼펜하우어의 「지지와 하중」에 대한 미학(이 책 p.71)을 거론한다.

---

9) Heinrich Wölfflin, Prolegomena zu einer Psychologie der Architektur. 1886(in "Kieine Schrifen" 1946) ; Renaissance und Barock – Eine Untersuchung über Wesen und Entstehung des Barocks in Italien. 1888 ; Kunstgeschichtliche Grundbegriffe – Das Problem der Stilentwicklung in der neueren Kunst. 1915, 박지형 옮김, 미술사의 기초개념 – 근대미술에 있어서의 양식발전의 문제, 시공사, 1994 ; Italien und das seutsche Formgefühl. 1931

인간의 다양한 기분은 각각 특정의 표현을 갖고 양자는 언제나 동반한다. …… 표현이라고 하는 것은 정신적 과정의 신체적 현상이다. …… 게다가 이 현상은 모든 신체에 미치는 것이다.(S.18)

이러한 신체적 감정은 외계의 무기물에도 투영된다. 우리가 「긴 복도가 가로놓이다」라든가 「탑이 서다」라고 말하는 것은 건축물을 신체화한 예이며, 마찬가지로 「柱頭」라든가 「柱脚」이라는 말이나 창을 눈에, 그리고 창의 인방을 눈썹에 비교하는 습관에도 나타난다(S.39). 또한 일반적으로 형식의 규칙성은 우리의 맥박 · 호흡 · 보행에 대응하는 것이며, 좌우 대칭성은 인체의 특성이므로 바람직한 형태이나 비대칭은 육체가 상처를 입은 것처럼 불유쾌한 것이다.(S.27)

건축에 있어서 비례는 중요하다. 그러나 1 : 1, 1 : 2, 1 : 3 등의 정수비가 좋다고 하는 설은 근거가 없으며 표현과는 무관하다. 또한 황금비는 무리수이므로 지각은 곤란하며, 그 기하학적 특성도 직접 지각되는 것은 아니다. 따라서 이러한 지적요인을 고려할 필요는 없다.(S.30) 중요한 것은 신체와 힘의 관계에서의 고찰이다. 예를 들면 하나의 직사각형 장변과 단변이 어떠한 비례를 갖는가 하는 점보다도 그 직사각형이 서 있는가 아니면 누워 있는가 하는 것이 먼저 중요하다. 이러한 관점에서 정방형 · 종방향 구형 · 횡방향 구형 등의 성질 차이를 검토할 수 있다. 그리고 동일한 비례를 갖는 형태의 반복에 주목하고, 이 점에서 아우구스트 티어쉬(August Thiersch)의 형태미론[10]에 찬성한다.

장식에 관해서도 같은 생리적 · 심리적인 해석이 가해진다.

장식이라는 것은 풍부한 조형력 Formkraft 의 표현이다.(S.41)

성숙한 문화는 언제나 재료에 대한 조형력의 위대한 과잉을 필요로 한다.(S.43)

이러한 성숙한 문화의 예로서는 고딕, 아라비아, 말기 로마의 문화가 있으며, 이러한 장식은 운동 · 자극 · 경련의 표현이라고 한다.

이상의 고찰에서 뵐플린은 「역사심리학」 혹은 「심리학적 예술사」를 제창한다. 예를 들면 이 이론에서는 민족의 역사나 지역성의 표현이 문제시된다.

민족의 연륜이 쌓일수록 그 건축에 있어서 빨리 흡수하여 격동할 수 있게 된다.(S.32)

남방(이탈리아 등)과 북방(독일 등)의 생활감정의 대조가 橫長比例와 縱長比例의 대조로 나타나는 것은 거의 확실하다.

---

10) August Thiersch, Proportion in der Architektur. (in "Handbuch der Architektur" Ⅳ Teil., Ⅰ Abs., 1883) 티어쉬는 이 논문에서 개개의 도형의 비례 그 자체는 美醜에 관계없이 전체와 각부에 동일 비례를 반복함으로써 조화가 생겨난다고 주장하였다.

그런데 마지막으로 건축양식은 다음과 같이 규정된다.

> 건축양식은 그 시대의 인간의 자태와 동작의 반영이다.(S.44)

그 예로서 고딕건축을 거론하고, 이것은 스콜라 학파와 철학자의 인상과 당시의 뾰족했던 각 연필과 앞이 뾰족한 신발과 뾰족한 모자 등과 같은 형식감정 Formgefuhl 의 소산이라는 것을 논한다. 그리고,

> 예를 들어 사람은 破風의 비례 역사에 있어서 세계관의 전체적인 발전사를 보는 것이 가능할 것이다.

라고 한다. 그리고 건축양식이 재료 · 기후 · 목적만에 의해서 성립한다고 하는 유물론적 주장에 대해서는 다음과 같이 반론한다.

> 나는 결코 이것들의 요인(재료 · 기후 · 목적)의 의의를 무시하는 것이 아니다. 그러나 한 민족의 독자적인 형태환상 Formphantasie 이 이것들에 의해서 진로를 변화시키는 것이 아니라는 것은 분명하다.(S.46~47)

2) 『르네상스와 바로크』

이것은 건축에 관련된 뵐플린의 저작으로서 가장 중요하며 앞에서 언급한 『건축심리학서론』에서 확립한 연구 원리를 르네상스와 바로크의 비교고찰에 적용했던 것이다. 이 책의 연구목적은 르네상스의 몰락의 징후를 관찰하는 것, 즉 르네상스가 어떻게 해서 이제까지 「황폐와 방자」에 지나지 않다고 평가되었던 바로크로 변화했던가를 탐구하는 것이다.[11] 건축가의 이름을 든다면, 브라만테와 미켈란젤로의 비교이다. 그러나 그 고찰대상은 건축뿐만 아니라, 정원과 도시계획에까지 이르고 있다. 이러한 형태에 관한 상세한 비교 고찰의 결과, 뵐플린은 바로크의 특징으로서 다음 네 항목을 든다.

① 회화적 양식 Malerische Stil

바로크에 있어서는 「이것이 무엇인가? Was sie ist」라는 것, 즉 그 실체적인 현실성이 아니라, 회화에 있어서와 같이 「이것이 어떻게 보이는가? Was sie scheint」라는 것이 중요하다. 그리고 이 「회화적」이라는 성질은 건축뿐만 아니라, 바로크 회화 · 조각에도 공통된 특성이다.

11) 여기서 바로크라고 하는 것은 16세기 후반의 초기 로마 바로크를 가리키며, 오늘날 이 시기를 매너리즘 Mannerism 이라고 부르는 경우가 많다.

그림 25 난간동자의 예(좌측 두개는 르네상스, 우측 두개는 바로크)

② 거대한 양식 Groβe Stil

「거대함」이 자랑이다. 로마의 聖피에트로 사원과 팔라죠 파르네제를 보면, 지금까지 본 것은 대체로 작은 느낌이 든다. 거대함의 효과는 단순한 치수상의 크기뿐만 아니라, 부분의 단순화에 의해서 얻어진다. 예로 르네상스의 난간동자는 가늘고 주둥이가 잘록한 술병 두개를 상하 거꾸로 연결한 형태로 되어 있지만, 바로크의 난간동자는 굵은 술병 형태로 되어 있다(그림 25). 또 저택의 전면도 단순화되고, 교회당 내부 공간도 三廊式보다 單廊式이 많아지게 된다.

③ 양괴성(용적감) Massigkeit

매스의 크기와 무거움이 강조되는 반면에 형태의 명확함은 사라진다. 즉 매스는 완전히 형성되거나 분절되지도 않으며, 가공하지 않은 재료에 가까운 형태를 취한다. 예를 들어 원주는 사각주와 평활한 면으로 된 측주로 되고, 몇 개의 윤곽이 중첩되고, 명료한 테두리는 소실되고, 개구부도 작아진다. 일 제수 성당[12]의 전면은 그 좋은 예로 흡사 한 장으로 된 트레버틴[13] 벽과 같다.

④ 운동 Bewegung

어떤 특정의 점에 힘이 집중하는 것처럼 보인다. 上方으로의 힘은 위의 가장자리에 충돌하고, 수평운동은 중앙부에서 빨라진다. 여기에는 동요와 생성의 인상이 있다. 평면도에는 안정된 원이나 정방형보다 유동적인 타원과 장방형이 선호된다. 또 한편으로 「바라다 볼 수 없는 것 Unuberschaubare」, 다시 말하면 무한으로 향하는 공간감정이 우세하게 되고, 다른 한편에서는 어두운 부분을 만들어 빛의 마술을 즐기는 경향도 나타난다.

비례의 시스템에 대해 언급하면, 르네상스에서는 전체의 상이 개개의 부분에도 반복되고, 각 부분이 저마다 독립성을 유지하고 있으나, 바로크에서는 개개의 부분은 단순한 파편에

12) Il Gesu(1568~1584), Roma. 건축가는 비놀라이며, 중앙집중식 배치와 장축형 배치를 훌륭하게 종합시킨 건물.

13) travertino 이탈리아산의 석회암의 일종

지나지 않고, 전체와 조합되면서 비로소 가치와 의의를 갖게 된다. 즉 르네상스에서는 「완전성」이 추구되고, 바로크에서는 「운동성」과 「불협화」가 선호된다.

이상이 뵐플린이 든 바로크 건축양식의 특색이지만, 그렇다면 왜 르네상스 양식은 이와 같은 바로크 양식으로 변화하였는가라는 변화의 원인이 다음으로 문제가 된다. 이 물음에 대한 해답으로서는, 예를 들어 조형감각의 피로가 원인이라고 하는 아돌프 괼러의 이론(이 책 p.129)에 뵐플린은 반대한다. 또 건축양식을 사상의 표현이라고 간주하는 이론에도 의문을 제기한다.

> 고딕양식과 봉건제도 혹은 스콜라 철학과의 사이에 어떤 관계가 있다고 하는가? 예수회에서부터 바로크양식으로 중개역할을 하는 것이 어떤 것이 있을까?(S.77)

건축에서 표현되는 것은 일정 사상 혹은 교리 체계가 아니다. 물론 기술의 발달도 양식변화의 원인이 아니다. 그래서 뵐플린은 건축에서 표현되는 것은 시대의 「기본적 기분 Grundstimmung」에 있다고 결론을 내린다. 예를 들면 바로크양식이 표현하는 시대의 기본적 기분이라는 것은 다음과 같은 것이다.

a. 인체에 비유하면, 밝고 경쾌함과 탄력성이 소실되고, 모든 것이 답답해지고, 거대한 중량으로 대지에 억눌리는 듯한 기분.

b. 사교적 환경에 관해 말하면, 이미 르네상스의 경쾌하면서도 자유스러운 우아함이 없고, 엄숙함과 위엄이 있으며, 르네상스의 가볍고 밝은 분위기 대신에 화려하고 떠들썩한 풍요로움이 있다.(S.83)

이러한 관계를 회화와 조각과 시 등의 예를 들어 설명하고, 또 이와 유사한 기분이 근대의 유럽에도 나타난다는 것을 지적한다.

3) 『미술사의 기초개념』

이 책은 미술사학상 가장 유명하며 학계에 커다란 영향을 미쳤다. 이 책의 내용은 앞선 그의 저술과 같은 르네상스와 바로크[14]의 비교연구이지만, 건축뿐만 아니라, 조각 · 회화를 다루고 있는 점이 다르다. 즉 이제까지의 연구방침을 일반미술의 양식론으로 확장한 것이라고 할 수 있다. 그리고 그 중에서도 특히 회화에 중점을 두고 있다.

이 연구의 착안점으로서 중요한 것은, 「관점」이라는 문제가 가장 중시되고 있는 점이다. 이제까지는 인간의 신체감정과 운동감정이 양식의 근원으로서 중시되었으나, 이 책에서는 건축뿐만 아니라, 조각과 새로이 회화까지도 문제시하기 위해서 이러한 신체적 요인은 후퇴하고, 그 대신에 순수 시각적인 인상 내지는 효과가 크게 부각된다. 그래서 뵐플린은 미술양식의 근원으로서 「예술적 관점 künstlerische Sehen」이라는 것을 정의한다.

---

14) 이 책에서 바로크라고 하는 것은 17세기의 미술을 의미하고, 르네상스는 16세기 미술로 뵐플린은 이것을 「고전식 Klassik」이라고 부르고 있다.

그러나 (예술작품의) 질[15]과 표현[16]의 분석만으로는 사태는 여전히 충분치 않다. 여기에 제3의 것이 존재한다. - 여기에서 우리는 이 연구의 주안점에 이르렀지만 - 이것은 바로 표현법 Darstellungsart 이다. 모든 예술가는 일정한 시각적 optische 가능성을 지니고, 이에 구속되어 있다. 어느 시대에서나 모든 관점이 가능하다는 것은 아니다. 보는 것 Das Sehen 그 자체에 하나의 역사가 있고, 이 시각 층의 발견이야말로 예술사에 있어서 가장 기본적인 과제라고 생각하지 않으면 안 된다.(S.11~12)

다시 말하면 시대에 따라 사물을 보는 「관점」이 변하고, 이것은 양식 변화의 원인이라고 하는 것이다. 그리고 이러한 「관점」은 한 시대의 건축이나 모사적 예술에 공통적으로 나타나는 것이고, 로마의 바로크 건축의 前面은 동일한 시기의 네덜란드의 풍경화와 동일한 「관점」에 의해서 만들어졌던 것이다(S.14). 이와 같은 사고에 의거하여 뵐플린은 르네상스 양식과 바로크 양식의 사이에 앞의 표와 같은 다섯 가지 對概念을 설정했다. 이것은 그가 말하는 「미술사의 기초개념」이다.

No	르네상스	바로크
1	선적 Lineare	회화적 Malerische
2	평면적 Fläche	요면적 Tiefe
3	닫힌 형식 Geschlossene Form	열린 형식 Offene Form
4	다양성 Vielheit	통일성 Einheit
5	명료성 Klarheit	불명료성 Unklarheit

뵐플린은 이러한 대개념에 관해서 각각 회화 · 조각 · 건축의 예를 들고, 상세히 설명하고 있다. 그러나 여기서는 그 소개는 생략한다. 다만 앞의 표를 보면 알 수 있듯이, 이러한 개념은 회화에 주안점을 두고 세워진 것이므로, 회화에 관한 설명 부분은 납득하기 쉬우나, 건축에 관한 예증은 다소 어딘가 부족한 감이 있다.

또 이 책에 있어서의 뵐플린의 이론에는 중요한 점이 두 가지 있다. 이것은 미술양식 가치의 상대성 주장과 양식발전의 주기성에 관한 지적이다. 먼저 그는 16세기 고전미술과 17세기 바로크미술의 가치에 관해 다음과 같이 말한다.

고전식이라는 말은 여기에서는 가치판단을 나타내는 것은 아니다. 이것은 바로크에도 고전성이 있기 때문이다. 바로크 혹은 우리가 근세미술이라 부르는 것은 고전식의 타락이나 향상이 아니라, 전혀 개별적인 것이다.(S.14)

15) Qualität 작품의 완성도 혹은 잘되고 안 됨을 의미
16) Ausdruck 작품의 표현 내용, 즉 무엇을 표현하고 있는가 하는 것.

여기에는 「상대주의」의 입장이 명료하게 나타나 있다. 다음으로,

> 이미 야곱 부르트하르트(Jacob Burckhardt)와 데히오(Georg Dehio)는 일반적인 고찰로부터 건축사에 형식발전의 주기성이 나타난다고 하였다. 즉 유럽의 어느 양식도 이것이 충분히 발전하는 데에 필요한 시간이 주어진다고 한다면, 모두 고전 시기는 물론 바로크시기를 갖게 된다.(S.247)

이와 같은 주기성(혹은 반복성 · 회귀성)의 지적은 주목해야 할 것이다. 즉 미술양식의 변천은 일종의 리드미컬한 주기성이고, 이것은 예를 들어 우리 개인의 심리가 긴장과 이완, 절제와 방종, 안정과 활동 사이를 왕복 운동하는 것에 상당한다고 생각하는 것이다.

4) 『이탈리아와 독일적 형식감정』

『미술사의 기초개념』이 르네상스와 바로크라고 하는 양식의 시대적 변화를 다루고 있으나, 이것은 이탈리아 미술과 독일 미술의 차이를 문제로 다룬 것이다. 전자에서는 미술양식의 시간적 변화를 다루고, 후자에서는 그 공간적 차이를 다루고 있으므로, 뷜플린의 양식론은 일단 완성했다고 할 수 있다.

이 책의 구체적 내용은 1490년경부터 1530년경에 이르는 이탈리아와 독일의 르네상스 미술의 비교로서 이탈리아의 레오나르도와 티치아노(Tiziano Vacellio), 그리고 독일의 뒤러(Albrecht Dürer)와 홀바인(Hans Holbein d. Jung)의 회화의 비교가 중심이 되고, 건축 · 조각에도 상당히 언급하고 있다. 그 전체적인 결론은 이탈리아와 독일의 차이는 고전식과 바로크의 차이와 비슷하다고 하는 것이다.

예를 들면 뷜플린은 이탈리아 건축의 「조소적인 명료성」에 관해 다음과 같이 설명한다.

> 우리가 정면과 응접실 벽의 분절에 있어서 이탈리아풍으로 느끼는 것은 개개의 패널과 측주의 간격, 혹은 비례에 의해서 흡사 입체형식과 같은 효과를 항상 표면에 부여하는 것과 같은 어떤 확실성이다. …… 사람은 그 자신에 한정된 형식에 실존하는 것의 강함을 느낀다.(S.9)

이에 반하여 독일인은 항상 「일반적인 형태의 운동」을 추구한다.

> 독일 미술은 본질적으로 운동 안에 살아 있고, 게다가 모든 운동은 실제 이상으로 표현된다. 만약 이러한 형태 환상의 일반적인 심벌을 구한다면, 이것은 활활 타오르는 불꽃일 것이다. 그리고 타오르는 불꽃의 형상이 각각 고립되어 있지 않고, 서로 복잡하게 조화되어 있는 것처럼 미술에 있어서도 像과 像, 형태와 형태가 결합하고, 자칫하면 표상이 개개의 대상을 초월하여 이미 어떤 즉물적 의미도 갖지 않는 형태의 운동의 일반像이 되고 만다.(S.10)

그리고 남방(이탈리아)과 북방(독일)의 대립은 다음과 같이 요약된다.

> 남방인은 수목 가운데에서 원주를 보지만, 북방인은 원주 가운데에서 수목을 본다. 즉 남방에서는 건축이 주도적 예술이며, 르네상스 화가도 모든 것을 건축의 變種으로 간주하였다고 볼 수 있다.(S.77)

이와 같이 이탈리아인은 모든 것을 「건축적」으로 보지만, 이에 반하여 독일인은,

> 게르만인이 보이지 않는 것을 존경한다고 하는 것은 타키투스(Cornelius Tacitus)의 말이다. 우리들을 위한 본래의 예술은 조형 Bildnerei 이 아니라 음악이라고 생각한다.(S.214)

3.2 파울 프랭클

프랭클(Paul Frankel, 1879~1962)은 프라하에서 태어나 뮌헨에서 뵐플린에게 사사하고, 1938년 미국으로 이주한 후에 주로 프린스턴대학에서 일하였다. 고딕건축에 관한 연구 등 많은 저술이 있지만, 여기서는 초기의 저작인 『근세건축 발전의 여러 단계』[17]만을 소개하기로 한다.

이 책은 르네상스로부터 19세기에 이르는 유럽 건축양식의 변천을 논한 것으로, 뵐플린의 『르네상스와 바로크』의 테마와 방법을 계승하고, 이것을 수정 · 보완하려는 의도이며, 그의 저술 중에서 가장 뛰어난 것이다. 이 책이 뵐플린의 『르네상스와 바로크』와 가장 크게 다른 점은 다음과 같다.

① 시대의 범위를 연장하여 18세기(로코코)와 19세기를 포함한 점.

② 공간 형식의 변화에 주안섬을 둔 섬.

③ 바로크 · 로코코를 적극적으로 평가한 점.

여기서 프랭클이 말하는 근세건축의 여러 단계는 다음과 같은 네 시기를 가리킨다.

<table>
<tr><th>요소 / 시간</th><th>Ⅰ 르네상스</th><th>Ⅱ 바로크</th><th>Ⅲ 로코코</th><th>Ⅳ 19세기</th></tr>
<tr><td rowspan="2">a. 공간형식</td><td rowspan="2">가산적 공간</td><td colspan="2">감산적 공간</td><td rowspan="2">중성</td></tr>
<tr><td>초등기하학</td><td>미적분학</td></tr>
<tr><td rowspan="2">b. 실체형식</td><td rowspan="2">힘의 중심점</td><td colspan="2">힘의 통과부</td><td rowspan="2">중성</td></tr>
<tr><td>通過力에 저항</td><td>통과력에 순종</td></tr>
<tr><td rowspan="2">c. 視覺像형식</td><td rowspan="2">像의 단일성</td><td colspan="2">像의 다수성</td><td rowspan="2">중성</td></tr>
<tr><td></td><td>무한한 多數의 像</td></tr>
<tr><td rowspan="2">d. 목적지향</td><td rowspan="2">자유로운 개성</td><td colspan="2">속박된 개성</td><td rowspan="2">중성(비개성적)</td></tr>
<tr><td></td><td>대중에 의한 속박</td></tr>
</table>

17) Paul Frankl, Die Entwicklungsphasen der Neueren Baukunst. 1914 ; 김광현 편역 『건축형태의 원리』, 기문당, 1989

Ⅰ 1420~1550년 – 주로 이탈리아 르네상스
Ⅱ 1550~1700년 – 거의 바로크 시대에 해당, 실례는 유럽 각지에서
Ⅲ 18세기 – 거의 로코코 시대에 해당, 실례는 유럽 각지에서
Ⅳ 19세기 – 극히 간단하면서도 소극적으로 다룸

앞의 각 시기의 건축을 다음 네 가지 요소에 관하여 검토하여 그 특색을 추출함.

a. 空間形式 Raumform 내부 공간의 구성 혹은 외부공간의 관계에 관한 문제로 가장 자세하게 다루어지고 있다.
b. 實體形式 Körperform 메스와 그 표면의 처리
c. 視覺像形式 Bildform 빛 · 색 혹은 觀向 Ansicht(어느 방향에서 어떻게 보일 것인가 하는 것)의 특성
d. 目的志向 Zweckgesinnung 사회가 건축에 부여한 과제 혹은 인간상과 디자인과의 관계

이러한 네 가지 요소가 각 시기에 있어서 각각 어떠한 특성을 갖는가라는 점을 음미하고, 그들의 같은 점과 다른 점을 밝힌 것이 이 책의 주된 내용이다. 이 점에 대한 자세한 언급은 생략하지만, 그 골자를 일람표로 정리하면 앞의 표와 같다.

이 표를 보면 알 수 있듯이「實體形式」과「視覺像形式」에 관한 생각은 뵐플린의『기초개념』에서의 생각과 비슷한 것이다. 또「目的志向」은 사회적 · 사상적 요인에 관한 것으로, 이것은 뵐플린에게서는 볼 수 없고, 프랭클의 의도에 의한 것이지만, 문제가 복잡함에도 불구하고 설명은 간략하게 되어있다. 그래서 여기에는「空間形式」의 변모에 관해 소개하기로 한다.

1) 加算的 空間 Raumaddition(르네상스)

전체보다도 부분이 우선하고, 각 부분 공간이 저마다 독립성을 유지한다. 또 저마다의 부분이 군을 형성하고, 각 군이 각각의 중심 주변에 통합되는 경향이 있다. 이것은 유심적 건축의 경우는 물론, 각 부분이 선상에 병렬될 때도 마찬가지이다. 그리고 건물의 내부는 외부로부터 독립된 공간을 형성한다. 가령 브라만테의 聖피에트로 성당의 계획안(그림 26)에 관해서 다음과 같이 말한다.

> 모든 입구는 필요악이다. 우리들은 이와 같은 교회당에 천천히 들어가서 한 걸음 한 걸음 그 중심에 접근할 수는 없다. 오히려 어떤 마법의 힘에 의해서 급하게 뛰어가서 그 중심에 이르고, 거기서 어떤 기하학적 형성력에 의해 실현된 것으로 보이는 독특한 정지, 외계로부터 격리된 맑고 깨끗한 독립성을 체험하는 것과 같이 생각한다.(S.44)

2) 分割的 空間 Raumdivision(바로크)

부분보다도 전체가 우선하고, 각 부분 공간은 완결성도 독립성도 갖지 못하며, 오히려 전체 공간의 단편에 지나지 않는다. 각 부분은 서로 관통하고, 전체 공간 속을 유동한다. 이러한 현

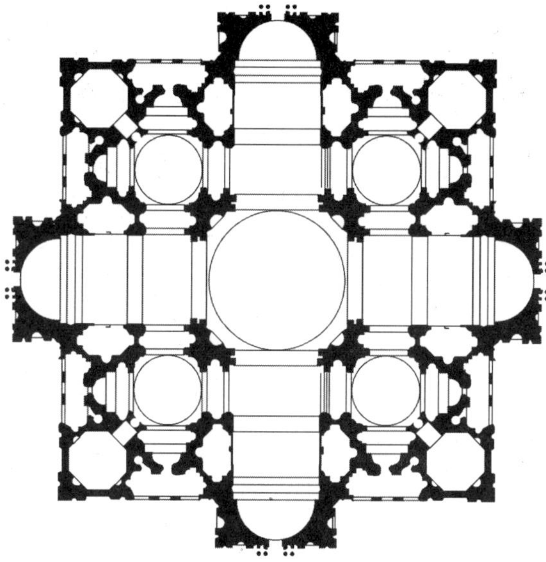

그림 26 완결된 내부 공간
(브라만테 설계의 聖피에트로 성당의 평면도, 1506)

상은 천정의 교차볼트, V자형 볼트, 실의 배치와 관계없이 분화된 볼트의 형태와 교회당 이층 좌석 · 잔교 · 발코니의 배치, 그리고 장방형 · 타원형 평면 등에 의해서 예증된다. 그리하여,

> 이러한 단편은 자립능력을 갖지 못한다. 이것들은 전체 속으로부터 추출된 파편, 혹은 내부 조작, 혹은 절단된 것에 지나지 않으며, 전체 속을 표류하고 있다. …… 그리고 개개의 부분공간이 전체공간의 단편에 지나지 않는 것처럼 진세공간은 딘지 우주공간의 딘편에 지나지 않는 것처럼 보인다.(S.71~72)

3) 분할식 공간의 궁극적인 발전(로코코)

「돌출」(실제로는 오목하게 들어간 요면). 즉 내부 공간이 바이올린 케이스와 같이 일부 들어간 플랜과, S자형 곡선 · 입체적 곡선의 다용. 박자의 차이, 엇갈림. 가령 바닥과 천정이 엇갈리고, 하층과 상층이 어긋나고(그림 27), 또 하나의 바닥면에 있어서 바닥차가 암시되는 것도 있다. 이와 같은 공간은 이제는 초등기하학의 산물이 아니라 미적분학적인 공간이다.

4) 중성 Neutral(19세기)

19세기의 건축은 절충주의, 즉 과거 양식을 모방하는 시대였으므로 19세기의 독자적인 공간적 특색을 찾아내기는 어려울 것이며, 따라서 공간형식에 관해 어떠한 공통적인 특색도 나타나지 않는 중성적이다.

이상은 주로 교회당 건축의 공간에 관한 고찰이지만, 궁전건축에 관해서는 계단과 주랑의 발

그림 27 단차에 의해 형태가 변하는 내부 공간
(함부르크의 미하에리스 교회, 1750)

전에 관한 중요한 논술이 보인다. 예를 들어 르네상스 시기의 계단은 벽과 원통형 볼트로 둘러 싸여진 옹색한 터널 같았지만, 바로크 시기에는 공간을 자유롭게 달리는 독립계단이 나타나고, 다시금 로코코 시기에는 보이드로 이루어진 대공간을 지배하는 중심적 모티브가 되어가는 과정이 인상 깊게 서술되고 있다.

3.3 지오프리 스코트

스코트(Geoffery Scott, 1883~1929)는 영국의 유복한 교양인으로 이탈리아와 미국에서도 살았다. 건축에 관한 저서 『휴머니즘의 건축-취미의 역사의 연구』[18]는 유명하다.

이 책은 부르크하르트, 뵐플린, 버나드 베렌슨(Bernhard Berenson) 등의 강한 영향 아래서 쓰인

18) Geoffery Scott, The Architecture of Humanism - A Study in the History of Taste. 1914(인용은 1924년 판에 의함)

것으로, 독일어권에서 발전했던 양식론을 영어권에 받아들여서 수용한 업적으로써 중요하다. 그러나 이 책은 단순히 근세미술사로서만이 아니라, 일반건축미학으로서의 성격도 가지고 있고, 특히 당시 유행하고 있던 여러 가지 천박한 건축미학에 대하여 정확하고 확실한 비판을 해냈다는 점이 중요하다. 즉 스코트의 이 저서는 미술양식론의 성과를 일반건축미학에 적용했던 업적으로서 커다란 의의가 있다. 이하 이 책의 요점을 살펴보기로 한다.

서론

먼저 비트루비우스 이래의 건축의 세 가지 조건(이 책 p.17)에 관해, 이것들이 근본적으로 서로 다른 성질이라는 것을 강조한다.

> 실용성 Commodity, 강도 Firmness, 기쁨 Delight 의 세 가지는, …… 그 본성에 있어서, 전혀 다르다. …… 이것들은 서로 약분되지 않는 효능 virtues 을 가진다.(p.1~2)

따라서 건축 비평에도 세 가지 별개의 방식이 있다.

> 세 가지 좋은 건물의 조건이 있고, 이에 대응하는 세 가지 비평방식이 있고, 세 가지 사고영역이 있다.(p.5)
>
> 이와 같이 건축의 세 가지 규준은, 실천에 있어서는 통합되나 사고상에서는 분리가 가능하고, 또 분리되지 않으면 안 된다.(p.6~7)

이것은 세 번째의 「기쁨」의 조건에 관해, 다음과 같이 보족할 수 있다.

> 이것(기쁨, 즉 미적 만족)은 독립된 본능이다. 이것은 강도와 실용성의 법칙으로부터 시사를 빌려온 것도 있지만, 또 이것들에 역행하고, 이것들이 명명하는 형태에 의해서 손상되는 경우도 있을 것이다. 이것은 그 자신의 규준을 갖고, 그 자신의 권위를 주장한다.(p.4)

이상은 미적 가치의 독립성의 설명이며, 따라서 이것은 칸트의 『판단력 비판』의 결론(이 책 p.63)을 건축에 관해서 재확인한 것이라고 할 수 있다.

1장 르네상스 건축

스코트는 앞에서 언급한 미의 기쁨의 원인을 18세기 풍으로 「취미 Taste」라고 하였다. 그런데 르네상스건축[19]은 커다란 사회적 변동이나 새로운 재료 · 구조의 발명과는 관계가 없고, 취미와

19) 이 책에서는 15세기부터 18세기에 이르는 광의의 의미의 르네상스를 가리킴.

그 변천이 가장 순수한 형태로 표현되고 있으므로, 건축미의 연구에 가장 적절한 대상 분야라고 한다. 그러나 일반사람들 사이에는 「취미」라고 하는 말에 대한 뿌리 깊은 불신감이 있다. 그는 이 불신감을 다음과 같이 분석한다.

> 취미는 매우 다양하고, 변덕이 많으며, 일관성이 없고, 불명확한 것으로 취미에 관해서는 그 자신의 언어로 논하는 것은 거의 절망적이라고 생각될 정도이다. 우리 자신이 혼돈에 몸을 던질 것인가, 우리의 논의로부터 취미를 제외할 것인가, 혹은 취미를 어떠한 조금 더 일반적이며 신뢰할 수 있는 언어로 낮출 수 있지 않으면 안 된다고 생각한다. 이에 의해서만이 우리는 취미를 제어할 수 있고, 또 이해할 수 있다고 생각한다. 그러나 실제로 이와 같은 경향은 지성 intellect 의 권위를 부인하는 것과 같이 생각되고, 혹은 지성에 의해 직접 설명할 수 없는 본능에 의해 지성이 인도되는 – 만약 인도된다고 한다면 – 것처럼 보이는 요인의 출현에 즈음하여 지성이 느끼는 조바심 impatience 으로부터 생기는 것이다.(p.33~34)

2장 낭만주의적 오류 The Romantic Fallacy – 문학적 오류

스코트의 최대의 논쟁 상대는 그때까지 영국에서 우세였던 낭만주의자이다. 이 장에서는 낭만주의의 상징주의를 비판한다. 그는 낭만주의자가 건축의 폐허와 진기함과 詩情, 그리고 거기에 관련된 문학적 흥미에 사로잡혀 건축이 직접 우리의 감각에 부여하는 조형적 효과에 관해 무관심하다는 것을 지적한다.

> 이처럼 낭만적 태도는 시에서 시작하여 현학으로 끝난다. 그리고 건축의 참된 정신은 완전히 거기에서부터 멀리 사라진다.(p.57)

게다가 일반적으로 어떤 건물에 관련하여 개인이 무엇을 연상하는가라고 하는 것은 불특정한 사항이고, 대부분 우연에 지나지 않는다. 따라서 설령 이러한 연상에 의해 건물로부터 얻어지는 감각적 기쁨이 증폭되는 경우가 있다고 하더라도, 이것은 어디까지나 이차적인 문제이다.

3장 낭만주의적 오류 (연속) – 자연주의와 픽춰레스크

낭만주의자는 「자연」이라 칭하는 다양한 것, 불규칙한 것, 거칠고 자연스러운 것을 선호한다. 예를 들어,

> 이러한 건축(낭만주의 건축)이 과거로부터 어떤 영감을 얻었다고 한다면, 이것은 오랫동안 살아왔고 여러 군데 손을 보고 개조되어서 넓게 확장된 농가와 같은 것이다. 이러한 건물은 그 건물을 에워싸고, 그 건물이 종속해야만 하는 자연의 일부에 지나지 않는 것처럼 그 의도는 무자각적이고, 그 역사는 우연적이다.(p.69)

그럼에도 불구하고 그들은 이와 같은 정경을 「픽춰레스크」(이 책 p.83)라고 하여 칭찬한다. 이와 같은 낭만주의자의 자연애호의 배경에는 유대인의 원죄와 겸손의 사상, 또는 범신론적 사상이 있다. 꾸미지 않은 자연은 그 자체가 신이라고 하는 사상이 근저에 있다. 그러나 자연의 모든 것은 저마다 자신들의 규칙에 따라서 살고 있는 데도, 왜 인간만은 자신들의 규칙을 신용하지 않고, 다른 것의 규칙에 따르지 않으면 안 되는 것인가?(p.79)

오히려 건축 디자인의 기본은 「형식성 Formality」이다. 가공하지 않은 그대로의 자연에는 형식이 없다. 형식성을 갖는 건축을 음악이라고 한다면, 픽춰레스크 건축은 여름 들판의 나른한 윙윙대는 소리와 막연히 퍼지는 사각사각하는 소리에 지나지 않는다.

> 자연은 활력 있는 예술에 있어서는 매우 시사적이다. 그러나 자연은 그보다 더 예술에 대한 저항력이다. - 이것은 정복되고 변형되고 수식되어야 할 것이다.(p.92)

4장 기계론적 오류 The Mechanical Fallacy

일부 사람의 이론에 의하면, 건축은 그 구조가 최우선적이고, 그 구조가 가장 정직하게 표현될 때 미라고 한다. 그러나 그 설은 목적과 수단을 혼동한 것이다. 즉,

> 생각하건데 건물의 구조는 단순히 실용적인 필요를 위한 것이고, 예술적 측면에서 보면 단지 미를 창조하기 위한 기초 혹은 수단으로서만 존재한다. 이것은 마치 그림물감과 캔버스가 화가를 위해 있는 것과 같은 것이다.(p.106)

그러나 건축의 미는 결국 구조체의 미이다. 다만 이러한 경우는 힘의 물리적인 관계가 아니라, 힘의 가시적인 관계, 즉 「외관 appearances」이 중요하다. 따라서,

> 그래서 구조는 한편으로는 이것에 의해 건축예술이 가능하게 되는 (수단으로서의) 기술이고, 다른 한편에서는 그 예술적 내용의 일부이다. 그러나 전자의 경우는 구조가 순수하게 역학적 법칙에 따르고, 후자의 경우는 심리학적 법칙에 따른다. 이와 같은 구조의 이중 기능, 혹은 이중 의미가 우리들을 혼란시키는 원인이다. 구조의 미적 효과는 구조적 기술과 보조를 맞추어 발전하거나 변화하는 것이 아니다. 양자는 어느 하나와 다른 것의 관계에 있는 것이고, 고정된 관계에 있는 것이 아니다.(p.119)

예를 들어 고딕 건축의 구조는 정확하고, 계산되어 있고, 역학적이었으나 르네상스의 건축은 구조적 기술을 노예로서 다루었다. 그래서 스코트는 다음과 같이 결론짓는다.

> (건축예술에 있어서는) 구조적 과학은 유용한 노예이고, 또 아마 자연은 자기편이지만, 그러나

그 자체로서는 맹목적인 주인이다. 르네상스의 장인은 …… 건축을 (구조적 기술에의) 기계적 예속으로부터 해방시켰다. 건축예술을 예전과 같은 예속상태로 돌려보내는 것은 자연의 과정에 역행하는 일이고, 예술 해방을 위한 좋은 기회를 미련 없이 버리고 가는 것이다.(p.120)

5장 윤리학적 오류 The Ethical Fallacy

예를 들면 존 러스킨처럼 낭만주의자는 건축에 있어서의 도덕적 가치를 중시한다. 그러나 예술을 도덕적인 측면에서 비평하는 일은 결코 기독교 독자적인 특색이 아니라, 오래전 그리스 시대부터 나타나며, 이것은 말하자면 인간의 사상사에 반복되어 일어나는 국면의 하나이고, 일종의 잠재적 경향에 지나지 않는다(p.132). 또 윌리엄 모리스는 예술 활동을 통해 정치 · 사회사상을 널리 전하려고 하였으나, 이것은 건축의 미적 가치와 그 사회적 효과를 혼동했던 것으로, 결국 낭만주의자에게서 많이 나타나는 오류의 한 예이다.

그리고 낭만주의자는 이와 같은 윤리적인 견지에서, 바로크의 장인이 눈에 보이는 부분만을 마무리하고, 다른 부분은 생략했다고 비난한다. 그러나 이것은 가치관의 차이에서부터 오는 오해이다.

> 만약 바로크의 장인이 손을 적게 들이려 했다면, 이것은 장식을 일체 하지 않는 편이 용이했을 것이다. 그리고 아마도 「엄숙함 severity」에 의해 도덕적 찬동을 얻는 것도 용이하였을 것이다. …… 그러나 그들은 건축을 통하여 활성과 넘쳐흐르는 힘의 감각을 전하려고 노력했던 것이다. …… 그들의 작업에 나타나는 “부정확함”은 오히려 그 때 필요한 궁리의 결과였다.(p.148~9)

그리고 낭만주의자는 바로크건축이 허위의 정면과 허위의 투시효과, 허위의 돌쌓기 등 허위에 가득 차 있는 것을 비난한다. 그러나 이러한 것들이 「진실」인지 「허위」인지를 판별하는 것은 관조자의 상상의 문제로 중요한 일은 아니다. 오히려 바로크건축이 눈을 충족시키기 위해 물질적인 아름다움을 정교한 모방에 의해 확보하려 했던 것이다(p.154).

6장 생물학적 오류 The Biological Fallacy

일부 낭만주의자는 생물학으로부터 영감을 얻어 예술의 변화를 미숙 · 전성 · 퇴폐의 제단계로서 평가하려고 하나 이것은 틀린 것이다. 가령 초기 르네상스 · 성기 르네상스 · 바로크의 세 시기의 예술은 각각 독자적인 미를 가지며, 생물의 성쇠와는 비교해서는 안 된다.

> 그러나 이 경우 – 미숙 · 전성 · 퇴폐의 과정이 예언 가능한 법칙에 의해서 지배된다는 것이 사실일 경우 – 에 있어서도, 살아남는 힘은 미적인 질의 시금석이 될 수는 없다. 봄에 무르게 돋아나는 잎, 가을 단풍의 떨어지는 모습은 여름의 무성한 잎의 강함보다 아름답지 못하다고

할 수 없다.(p.183)

7장 아카데미즘의 전통 The Academic Tradition

제임스 퍼거슨은 「르네상스 건축은 모방이다」(이 책 p. 140)라고 하고 있지만, 실제로는 르네상스인은 자유로이 창작했다. 여기에는 비트루비우스나 고대건축에 관한 지식은 사람들의 살아 있는 예술 감각과 조합되어 풍부한 성과를 얻었다. 그런데 이 중에서 「지식」만이 홀로 걸음을 시작하고, 이것이 아카데미즘의 「이론」으로서 숭배되어진 시기 이래로 건축은 불모화되었던 것이다.

8장 휴머니즘적 가치 Humanist Values

이상은 모두 이제까지 제기된 이론에 대한 비판이고, 이 장만이 스코트 자신이 주장하는 건축미학이다. 이 경우에 「휴머니즘」이라는 것은 물론 「인간중심주의」의 의미이다. 그 논지는,

> 순수하면서도 동시에 직접 지각되는 건축은 빛과 어둠에 의해 표현되는 공간 · 매스 · 선의 조합이다. 이들 일부 요소가 건축적 경험의 핵심이다. 문학적 공상과 역사적 상상과 양심의 궤변과 과학의 계산은, 이 경험을 둘러싸고 풍부하게는 하지만, 이것을 구성하고 결정하는 것은 될 수 없다.(p.210)
>
> 지각된 건축의 공간 · 매스 · 선은 "외관 appearence"이다. …… 그리고 이러한 "외관"은 인간적 기능 human functions 에 관계한다.(p.210~11)

여기에서 「인간적 기능」이라고 하는 것은 인간의 근육의 움직임과 자세와 운동 등을 가리킨다. 그리고 건축은 각 시대에 있어서 인간의 신체감정과 운동감각의 표현이라고 생각한다. 그래서,

> 우리들은 우리들 자신을 건축의 언어로 바꿔 쓴 것이다. …… 이것이 건축의 휴머니즘이다.(p.213)

스코트는 이와 같은 것을 선 · 공간 · 실체 · 질서 등의 항목으로 나누어 구체적으로 설명한다. 따라서 그 기본적인 사고는 뵐플린의 『건축심리학 서론』 · 『르네상스와 바로크』 내지는 립스의 감정이입 미학과 거의 같다.

9장 결론

> 건축은 인간화된 세계의 원형이고, 그 형태 도식에는 우리의 생이 명료화된 형체로 반영된다.(p.240)

이상이 스코트의 『휴머니즘의 건축』의 요점이다. 여기서 우리에게 있어서 특히 주의하여야 할 점은 다음과 같다.

1) 이 책은 형태상으로는 르네상스 건축에 관한 것이지만, 내용적으로는 일반적인 건축미학으로서 주목하지 않으면 안 된다.

2) 비트루비우스 이래 건축의 세 가지 조건, 즉 「用」·「强」·「美」 가운데 「美」가 다른 두 가지로부터 독립된 가치 영역에 속한다는 것을 재확인했다.

3) 스코트가 지적한 여러 가지 「오진」은 주로 당시의 낭만주의자를 비판한 것이지만, 이 비판은 낭만주의 사상을 계승한 근대주의 건축이론에도 적용되는 점이 많다. 예를 들면 「기계론적 오진」·「윤리학적 오진」은 그대로 근대주의의 「기능주의」에 대한 비판으로써 유효하다.

제 7 장 공간론

1. 건축공간론의 흐름

1.1 공간개념의 확립

19세기까지 「공간」에 대한 개념은 형이상학적인(추상적인) 사고 영역으로 남아 있었으며, 철학자나 물리학자의 영역 속에 놓여 있었다. 19세기 이전 대부분의 건축가들은 주로 장인이나 아마추어였으므로 형이상학적인 주제에 관심이 없었으며, 또 그 필요성도 느끼지 않았다.

공간론은 20세기에 있어서 가장 현저하게 발전한 분야이다. 양식론 분야에서 건축공간의 문제가 어떻게 중요한 역할을 다하였는가 하는 문제에 대해서는 이미 앞장의 다고벨트 프레이와 파울 프랭클의 항에서 살펴본 바와 같다. 따라서 여기서는 보다 일반적인 건축공간론에 속하는 업적에 대해서 소개하기로 한다.

원래 건축미에 있어서의 공간의 효과에 대해서는 원시시대 이래 모든 사람에 의해 의식되고 있었다. 그러나 건축공간의 문제가 건축이론의 주요 테마로 떠오르게 된 것은 19세기 말 이후이다. 그 이전의 건축미학에서는 무엇보다도 고전 원주로 대표되는 건축의 실체적 요소의 연구에 전념했다. 이러한 흐름에 대해 건축의 공간적 효과를 중시하는 주장이 나오기 시작한 것은 양식론 연구의 하나의 중요한 선개였다.

슈마르조(August Schmarsow)가 공간개념을 조형예술의 본질적인 것이라는 것을 주장했던 1890년 이후에 20세기의 건축가들은 건축의 기본적인 것으로 공간을 인식하게 되었다. 특히 「공간예술로서의 건축」이라는 이념이 1940년대에 지크프리트 기디온(Gigfried Giedion)이나 브루노 제비(Bruno Zevi)[1)]에 의해서 일반화되면서 이 개념이 근대 이후의 건축론에서 아주 광범위하게 사용되었다.

그러나 이 문구는 유행적인 표어가 되어 많은 근대주의 비평가들은 공간이란 말을 무조건 건축이 무언가를 완전히 설명해주는 것처럼 사용하게 되었다. 예를 들면 건축을 「공간예술」로 정의한 브루노 제비는 건축을 「사람이 들어오거나 그 주위를 따라 돌 수 있는 거대한 空洞이다」라고 하여 행위의 공간과 유클리드 공간 Euclid Space 을 결합시켰다. 이러한 생각은 공간을 균일하게 확장된 물질로서 여러 가지로 틀에 맞추어 구성할 수 있다고 하는 생각으로 발전한다.

예를 들면 입체격자 space frame, 프리페브리케이션 건설방식, 또는 어떤 이상적인 도시계획안 등과 관련되어 3차원적인 입체기하학을 중시하는 경향이 바로 그것인데, 이러한 유클리드 기하학

---

1) Bruno Zevi, Architecture as Space, 1957, 강혁역, 공간으로서의 건축, 명보문화사 1989 ; The Modern Lange of Architecture, 1978, 이해성역, 건축의 현대언어, 세진사, 1982

적 접근방식은 기본적으로 공간을 순수하게 정량적인 것으로 연구하여, 그 공간 단위를 기계적으로 분절 · 조합시킨다고 하는 생각에서 출발한다.

1.2 공간론에 대한 비판과 음미

그러나 1950년대 후반에는 공간개념이 새로운 국면을 맞이하여 건축공간론에 대한 비판이 제기되기 시작하였다. 데 스틸이나 바우하우스의 공간개념들은 30여 년간 근대주의자의 신조로 사용되어 왔지만, 새로운 전위 건축가들에 의해 형식화된 미학으로 비난받았다. 옛 개념들은 실존철학에 의해 퇴색되고, 아리스토텔레스의 장소이론이 새롭게 부활되어 지구는 다시 유한한 세계가 되었다. 이러한 배경에는 건축공간에 대한 다음과 같은 비판과 인식의 변화가 자리 잡고 있었다.

1) 건축공간을 현실공간으로서 인간의 생활기능을 충족시킨다고 하는 근본조건을 고려하여, 회화 · 조각을 포함한 일반적인 공간예술과 건축공간을 구별해야 한다.
2) 건축공간은 단지 공간예술로서 존재하는 것은 불가능하며, 매스나 형태에 의해 만들어지고, 이 매스와 형태는 더욱이 소재와 구조에도 의존하고 있다.
3) 건축공간은 단지 공간예술에 머무르지 않고 각각 시대의 정치 · 경제 · 사회 · 종교를 포함한 인간의 다양한 세계관까지도 반영한다.

이에 따라 공간개념에 관한 다양한 연구가 시작되어, 이제는 복합적인 공간개념을 만들어 내었는데, 그 중에서 주요한 몇 가지 방법론을 살펴보면 다음과 같다.

1) 지각심리학

지각심리학에 근거하여 공간의 이론을 전개시키려는 방법은 카를 하인즈 에서(Karl Heinz Esser)의 『체험공간으로서의 건축공간』[2]에서 볼 수 있듯이 공간체험에 기초한 보다 인간적인 개념으로 대체시키려고 하는 시도에서 출발한다.

예를 들면 조에디크(Jurgen Joedicke)는 『건축공간론을 위한 예비적 고찰』에서 「공간」을 「지각할 수 있는 (주관적) 공간」과 「측정할 수 있는 (객관적) 공간」으로 구분하고, 공간이라고 하는 것은 「場에 대한 繼起的인 지각의 總和이다」[3]라고 정의하였다. 따라서 「건축 공간」은 「지각 공간」도 되므로, 그는 두 가지 극한상황을 이끌어 내고 있다. 즉 場에 대한 繼起的인 지각이 무한히 커지게 되면, 지각공간이 존재할 수 없는 상태는 「공허」가 되며, 場에 대한 繼起的인 지각이 무한히 작아지게 되는 상태는 「물체」가 된다. 그러나 현실의 건축공간에 있어서는 場에 대한 繼起的인 지각이 무한히 커져 「공허」가 되는 경우는 있을 수 없다.

이 지각심리학적 공간은 여러 가지 변화가 의미작용의 전체 체험을 형성하도록 연결되어 있

2) Karl Heinz Esser, Architektur - Raum als Erlebnisraum, Bonn, 1940. S.4
3) Jurgen Joedicke, Vorbemerkungen zum Raumcharakter der mittelalterlichen Architektur, in : Argo, Festschrift Kurt Badt, Koln, 1970, S.111

다 하더라도 자기중심적이며, 과거의 경험에 의해 연속적으로 변화하게 된다. 그리고 또한 건축공간이 그때그때 나타나는 지각자와는 무관하게 어떠한 고유 형식으로 존재한다는 점을 생각하면 공간과 건축을 일시적인 인상과 감정 그리고 그때그때의 효과에 대한 연구만으로 규정지을 수 없는 것이다.

2) 존재론 · 실존주의

건축공간론에 있어서 하나의 중요한 변화는 존재론 · 실존주의의 영향이다. 건축공간에 대한 종래의 유물론적인 개념대신, 존재론 · 실존주의의 영향을 받은 실존적인 장소이론이 프리드리히 볼노우에 의해 그 계기가 마련하였으며, 쿠르트 바트(Kurt Badt), 노베르그 슐츠 등에 의하여 조사 · 연구되었다.

예를 들면 쿠르트 바트가 1963년에 『공간환상과 공간착각』[4]을 발표한 이후, 조형예술에 있어서의 「공간」의 문제가 「장」의 문제로 옮겨지거나 혹은 「시간」의 문제로 이동해가는 경향이 나타났으며, 노베르그 슐츠가 1972년에 지적한 바와 같이 공간에 관한 주제는 이제 때늦은 주제처럼 보일지도 모르게 되었다.

3) 건축형태론

이러한 공간에 대한 새로운 해석과는 별도로 건축형태론적인 입장에서 출발하여 건축의 전체성에 이르려고 하는 시도가 있다. 건축에 대한 형태론적인 접근은 「건축이란 그 주위에 어떠한 중요한 문제가 있더라도 최종적으로는 형태로서 존재하고, 형태가 갖는 힘을 통하여 우리에게 적용한다」라는 지극히 단순한 사실에 근거하여 성립한다.[5] 이러한 접근방식은 건축형태는 그것이 건축 전체에 대하여 차지하는 비중을 어떠한 것으로 여기든지 만드는 자인 건축가의 사고가 최종적으로 표현되는 결과물이라는 사실에 주목한 것이며 건축형태를 하나의 자립적인 체계로서 내재적으로 해석될 수 있다고 보는 것이다.

예를 들면 브링크만은 공간과 형태의 관계를 상호 대립하는 2원론으로 파악하였으며, 부르크하르트는 양자의 관계를 상호 조화된 2원론적 일원론으로 파악하여, 이제까지의 일원적 공간론을 공간과 형태의 2원론으로 환원시켰다.

4) 건축의 역사와 문화

이것은 건축의 역사적인 사례와 문화현상을 근거로 하여, 형태의 구성 원리를 분석해 간다고 하는 입장이다. 이 방법은 건축사와 밀접한 관련을 갖고 전개되었는데, 루이스 칸의 영향이 크다.

예를 들면 로버트 벤투리(Robert Venturi)의 『건축의 복합성과 대립성』에서 볼 수 있듯이 이것은 과거의 건축과의 관계 속에서 형태의 존재 형식과 건축의 원형을 추구한다는 점에서 전자와

---

4) Kurt Badt, Raumphantasien und Raumillusionen, Koln, 1963,S.91 ff.
5) 金光鉉, 建築形態論의 敎育內容과 反省, 대한건축학회지 제35권 제6호, 1991년11월, p.35

크게 다를 뿐만 아니라, 철학적인 사변을 중심으로 하는 기존의 공간론이나 형태론과도 다르다.

이제까지 공간론의 흐름을 개괄적으로 살펴보았는데, 근본적으로는 공간과 형태의 관계를 어떻게 받아들일 것인가에 따라서 다음과 같이 일원론적 공간개념, 일원론적인 형태개념, 이원론적 공간개념, 다원론적 공간개념 등 여러 가지 유형으로 분류할 수 있다.[6)]

① 슈마르조 : 공간의 우위를 주장.

② 바트 : 형태의 우위를 주장함으로써 공간을 부정적으로 평가.

③ 브링크만 : 공간과 형태의 관계를 상호 대립하는 2원론으로 파악.

④ 부르크하르트 : 양자의 관계를 상호 조화된 2원론적 일원론으로 파악.

⑤ 프랭클 : 보다 많은 구성요소를 나열함으로써 양자의 관계를 다원론적으로 파악.

이 장에서는 이와 같은 공간론의 형성과 발전과정을 파악하기 위해 먼저 슈마르조의 공간론에 대해서 언급하고, 다음으로 보다 일반적인 공간론을 제시한 기디온과 새로운 공간론을 전개시키고 있는 볼노우, 슐츠 등의 공간론을 살펴보기로 한다. 그리고 이어서 바트로 대표되는 건축공간론에 대한 비판적인 입장과 브링크만과 부르크하르트의 2원론적 공간개념을 상세히 검토하기로 한다.

다만 크리스토퍼 알렉산더의 이론은 게슈탈트심리학을 도입한 건축의 실천 문제에 해당함으로 다음 장의 건축조형론에서 언급하기로 한다.

2. 공간론

2.1 아우구스트 슈마르조

건축공간의 문제를 가장 먼저 이론적으로 논한 사람은 독일 미술사학자 슈마르조(August Schmarsow, 1853~1936)이다. 그는 아주 독창적인 두뇌를 갖고 있는 사람으로 일찍이 회화, 조각, 건축의 세 가지 예술의 차이에 주목하여, 1893년에 『건축적 창조의 본질』[7)]이라는 저서에서 건축예술에 있어서 가장 중요한 과제는 내부 공간의 창조라고 주장하였다. 그의 저술은 이제까지의 「매스로서의 건축」, 「構築術로서의 건축」, 「피복예술로서의 건축」, 「응용예술로서의 건축」 등의 입장에서 떠나 「공간예술로서의 건축」의 입장을 처음으로 전면에 내세운 획기적인 것이다. 그리고 그 후 발표된 논문 『건축적 창조의 본질로서의 공간구성』[8)]에서는 건축공간의 문제를 총괄적으로 정리하였다.

다음은 이 논문에서 논하는 그의 공간론의 요지를 소개한다.

---

6) 上松佑二, 建築空間論の系譜とその成果についての研究Ⅵ, 日本建築學會論文報告集 第315號, 1982. 5.

7) August Schmarsow, Das Wesen der architektonischen Schopfung. 1894

8) August Schmarsow, Raumgestaltung als Wesen der architektonischen Schopfung. 1914(Zeitschrift fur Asthetik und allgemeine Kunstwissenschaft. Bd.9)

1) 공간의 다양한 모습

슈마르조는 먼저 공간을 시각만으로 파악될 수 있다는 종래의 미술론을 비판하여 다음과 같이 말한다.

> 우리는 다음과 같은 독단적인 배타성, 즉 눈을 조형적인 창조의 유일한 기준으로 생각하여 미술작품을 단지 눈의 요구에 적합하도록 질서를 부여하고, 바라보는 사람과의 순수 시각적인 관계에 적합하고 있는가라는 점만을 고찰하려고 하는 배타성은 결코 받아들일 수 없다.(S.66)

오히려 건축공간의 지각에는 언제나 신체감정 혹은 촉각의 작용이 중요하며, 이 경우 우리는 「전신의 눈」으로 보게 되는 것이다. 여기서 그는 지각되는 공간을 다음과 같이 세 가지로 구별하였다.

① 촉감적 공간 Tastraum : 맹인, 두더지의 공간 – 손과 발로 만질 수 있다

② 운동적 공간 Gehraum : 운동 · 정지 – 繼時的으로 지각된다.

③ 시각적 공간 Sehraum : 정지 – 同時的으로 파악된다

또 인체에 있어서의 고유의 세 가지 축은 각각 다음과 같이 공간 구성 원리와 관계가 있다.

① 수직축(1차원) : 상방으로 성장 – 비례성

② 수평축(2차원) : 좌우의 균등성 – 대칭성

③ 깊이축(3차원) : 보행운동 – 리듬

2) 건축 공간

슈마르조는 건축의 본질인 공간의 특색은 신전이나 교회당보다도 동굴이나 오두막, 혹은 주거건축에 더 잘 나타난다고 주장한다. 여기서 인간의 기본적인 자세와 이것을 둘러싸고 있는 공간과의 관계를 보면 다음과 같다.(S. 68~70)

1) 누워 있는 자세 : 덮개는 수평 반원통형이 된다 – 동굴 · 오두막 형상

2) 서있는 자세 : 인체는 조각과도 같이 원주형을 이룬다 – 이것을 담는 용기는 거꾸로 서있는 계란 형상

3) 진행하는 자세 : 이것을 덮는 것은 동굴과 같은 길 Schacht 이며, 최단부는 조개껍질 모양의 오목한 면을 이룬다.

여기서 그는 건축을 다음과 같이 정의한다.

> 건축이라고 하는 것은 空間構成者 Raumgestalterin 이다. 즉 먼저 인간의 위요와 그 생활에 관해 당연히 생겨나는 모든 요구를 위한 내부 공간의 창조자이다.(S.74)

그리고 이 「구성」이라는 말을 설명하고, 공간과 물체의 관계를 밝히고 있다.

> 구성 Gestaltung 은 감각적인 재료를 전제로 하지만, 그 재료는 기존의 물체세계에 속하거나 아니면 인간에 의해 가공된 것이다. 이것은 다시 말해 인간에 의한 인간을 위한 조형이며, 또 내부 공간 그 자체의 창조적인 의지에 의해 관철된 물체형식 Körperform 이다.(Ibid)

그런데 이러한 내부 공간을 구성하는 요소에는 다음 세 종류가 있다.(S.89)

① 공간을 한정하는 요소 : 벽, 바닥, 천정, 지붕 등
② 공간을 확장하는 요소 : 문, 창, 기둥의 간격 등
③ 공간을 분절하는 요소 : 기둥, 원주, 아케이드, 난간 등

3) 실례의 설명

예를 들면 그리스 신전은 이제까지 그 물체적인 요소와 효과만이 문제시되어 왔으나 이것은 옳지 않다. 內陣은 신상을 안치시키는 장소일 뿐만 아니라, 신과 신을 모시는 사람의 교섭을 위한 살아있는 공간이기도 하다. 前室과 주위의 열주도 모두 각각의 공간으로서의 역할을 담당하고 있다. 열주랑의 원주와 벽의 간격, 원주 상호간의 간격은 각각의 공간적 가치를 갖는 것이며, 이러한 공간을 한정하는 요소와 공간을 확장하는 요소의 결합이 신전의 외부 공간에 대한 매개공간으로서의 열주랑을 구성하고 있는 것이다. 열주랑 외관에 나타나는 명암의 교차에 의한 다양한 음영의 변화는 굳게 닫혀져 있는 신전을 빛 가운데 호흡하고 있는 생물과 같이 활기가 있게 한다. 일부 학자의 주장처럼 그리스 신전을 멀리서 마치 부조 조각을 바라보는 것처럼 관조하는 것은 옳지 않다.(S.89)

또 바실리카식 교회당에 관해서 살펴보면, 이것은 완전히 원시적인 오두막 형식의 공간구성을 계승한 것이다. 즉 대나무를 반원형으로 굽힌 것을 인간이 걸어 나아가는 순서에 부합되도록 터널 형상으로 세워 늘어놓은 것이 원형이다. 여기서는 진행 방향으로 연속되어 있는 아치의 반복이 인간의 보행리듬에 대응한다. 교회당의 네이브와 아일에 의한 공간구성은 이와 같은 원리에 의한 것으로 열주 · 천정 · 부축벽 등의 다양한 처리에 의해 리듬에 변화를 주었다. 우리는 로마네스크에서 고딕으로 발전하는 과정에서 수많은 리브나 아치에 의해서 이러한 리듬의 효과가 발전하는 것을 관찰할 수 있다. 또 교회당 안쪽 끝의 앱스[9]는 고대 로마의 바실리카의 트리부나[10]에서 온 것으로, 그 원형은 동굴 끝에 위치한 오목한 부분이다. 네이브와 트란셉트의 교차부는 교회당 내의 모든 공간의 중심점으로 교회당 내부의 다양한 공간을 통일하고 단일화하는 역할을 한다.(S.90~)

이렇게 하여 건축공간의 연구는 20세기 초기에 슈마르조에 의해서 그 골격이 어느 정도 완성되었다.

---

9) apse 교회당 후진에 위치한 반원형 혹은 다각형 돌출부.
10) Tribuna 고대 로마 바실리카에 있어서 최고 행정관의 좌석, 나중에는 일반적으로 연단, 高座를 가리키게 되었음.

2.2 지크프리트 기디온

슈마르조 이후 각 시대의 건축공간에 관한 저작이 많이 발표되었으나, 그 대표적인 것은 프랭클과 프레이의 업적이다. 그들에 대해서는 이미 언급하였으므로, 여기에서는 근대건축의 공간적 특색을 처음으로 논한 지크프리트 기디온(Gigfried Giedion, 1888~1968)에 대해서 살펴보기로 한다.

기디온은 스위스 사람으로 원래 뵐플린의 영향을 받아 후기 바로크에 관한 논문 등을 발표하였으나, 그 후에는 근대건축의 연구와 보급에 강한 관심을 갖게 되어, 평론 등을 통하여 근대 건축계의 지도자적인 역할을 담당하였다. 다수의 저작 중에서 건축공간에 관계된 것은 다음과 같다.[11]

①『공간 · 시간 · 건축 - 새로운 전통의 성장』

②『건축의 기원(영원의 현재 - 항상성과 변화에 관해서의 제언 Ⅱ)』

③『건축과 이행현상 - 건축에 있어서의 세 가지 공간개념』

이것은 모두 정력적인 대 저술로 그 혁신적인 표제뿐만 아니라, 거기에서 다루고 있는 내용의 범위와 새로운 자료의 발굴에 의해서 사람들을 매료시켰다.

먼저『시간 · 공간 · 건축』은 건축계에 커다란 영향을 미쳤다. 그 내용은 결국 근대건축사에 관한 것이지만, 근대건축의 성립과정을 예술적 · 사상적 · 사회적 · 기술적인 각 방면에서 상세히 다루고 있다. 그 기본적인 입장은 19세기 건축예술이 공학적 기술을 외면하였으나, 근대건축은 공학적 기술의 장점을 인정하고, 이것을「새로운 가능성」으로써 예술적 목적을 위하여 유효하게 활용함으로서 성립하였다고 하는 것이다.

그리고 표제에도 나타나 있는 바와 같이 근대건축이 다른 시대의 건축과 구별되는 가장 현저한 조형적 특색은 거기에 표현된 공간 · 시간 · 건축의 상호관계에 있다고 주장한다. 다만 이 점에 관한 설명은 비교적 간략하게 서술하고 있지만, 결국 근대 수학이나 물리학이 제시하는 공간은 이제와서는 르네상스 이후 유일한 것으로 간주되어 왔던 3차원의 유클리드 공간이 아니다. 마찬가지로 근대예술가도 투시도적으로 파악된 공간이 유일한 공간이라고 생각하지 않게 되었다고 하고 있다.

> 공간의 미적 특질은 베르사유 궁전의 정원에서 볼 수 있는 바와 같이 시각에 대한 무한정성만으로 규정할 수 없다는 것은 분명해졌다. 오늘날 공간의 본질은 그 다면성, 즉 그 내부관계로의 무한한 가능성에 있다. 따라서 어느 한 시점에서 하나의 장소를 남김없이 기술한다고 하는 것은 불가능하며, 공간의 성격은 그것을 보는 시점에 의해서 변화한다. 공간의 참다운 성질을 파악하기 위해서는 보는 사람은 그 가운데에 자기를 몰입해야 한다. 에펠탑 상층부의 계단은 내 · 외부 공간의 연속적인 상호관입을 건축적으로 표현한 최초의 예가 될 것이다.(P.368)

---

11) Siegfried Giedion, Space, Time, and Architecture - The Growth of a New Tradition. 1941(인용은 1949년판에 의함) ; 최창규역, 공간 · 시간 · 건축, 산업도서출판공사 ; The Beginning of Architecture(The Eternal Present - A Contribution on Constancy and Change Ⅱ). 1964 ; Architektur und das Phanomen des Wandels - die drei Raumkonzeptionen in der Architektur. 1969

이러한 새로운 공간개념을 가장 잘 표현한 것이 입체파 화가들이다. 그들은 하나의 대상을 특정 시점에서 바라보는 것이 아니라, 대상의 주위를 돌아 그 속으로 파고 들어가 이것을 다양한 시점에서 본다. 여기에서는 3차원 공간에 제4의 차원, 즉 시간의 차원이 부가된 「다차원공간개념」이다. 이와 마찬가지로 미래파에 있어서도 운동이나 속도, 즉 공간 · 시간의 문제가 중요한 테마였다.

이러한 새로운 공간 개념을 완전하게 구현한 당시 유일한 건축물은 뎃소의 바우하우스 교사였다. 그 전체 평면도(그림 28)에 관해서 보면,

> 이 평면은 그 자체가 내부로 움츠러드는 경향은 전혀 보이지 않는다. 오히려 그 반대로 확산되면서 지상으로 내뻗고 있다. 그 윤곽만 보면 마치 중심에서 세 개의 갈고리 모양의 팔이 붙은 「회전불꽃 pinwheels」과도 같다. …… 이것은 보족된 공간에서의 움직임을 암시하고 있는 것이다.(p.428)

또 각동의 상호 관계에 대해서는,

> (각동을 구성하는) 이들 입방체는 병치되고 상호 연결되어 있다. 사실상 이들은 극히 미묘하면서도 긴밀하게 상호관입하고 있어 각 볼륨의 경계가 분명하지 않을 정도이다. ……인간의 눈으로 얼핏 보아서는 결코 이 복합체를 요약할 수 없다. 이것은 그 건물 주위 전체를 한번 돌고나서 상하로 살펴볼 필요가 있다. 이것은 예술적인 상상력에 대한 새로운 차원, 유례없는 다면성을 의미한다.(Ibid.)

그리고 이러한 직방체들은 대지에 접지된 것이 아니라 지상에 떠있다. 이러한 부유적인 인상을 위해서는 광대한 유리면에 의한 벽면의 「비물질화 dematerializing」의 효과가 도움이 되고 있다. 또 이 유리면은 건물 내 · 외부가 동시에 보이는 투명성을 만들고 있는데, 이러한 「동시성」은 얼굴

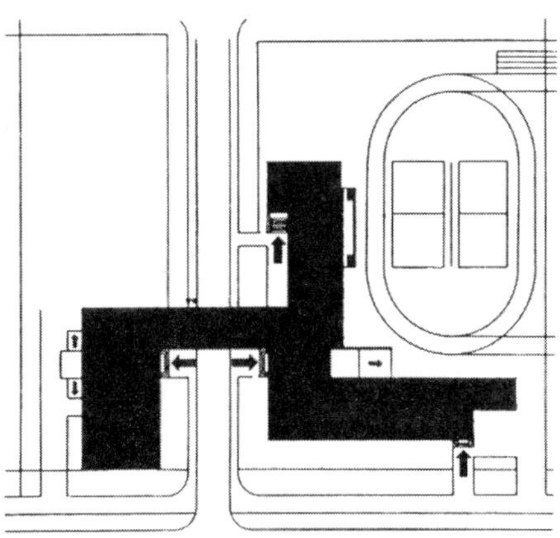

그림 28 뎃소의 바우하우스 평면도, 1926년

의 정면과 측면을 겹쳐서 동시에 그린 피카소의 그림에서 볼 수 있는 것과 같은 동시성이다. 따라서 이 두 가지 개념은 동일한 시·공간 개념에 근거한 것이다.

이상이 이 책의 핵심 부분이다. 그리고 기디온은 『건축의 기원』과 『건축과 이행현상』의 두 저서에서 『공간·시간·건축』에서 간략히 기술한 그의 건축공간론을 상세히 논하였다. 『건축의 기원』에서는 이집트 및 서방아시아 건축에 있어서의 공간개념에 관해서 상세히 논하고, 『건축과 이행현상』에서는 고대 로마건축에 있어서 내부 공간의 발전을 중점적으로 다루고, 그리스 건축과 근대건축의 공간개념에 대하여 논하였다. 이에 의해 그의 건축공간론은 거의 완성된 것으로 볼 수 있다. 이 두 저서에 의하면 건축역사상 건축공간의 개념은 다음 세 단계를 거쳐서 발전하였다.

1단계의 공간 개념 - 공간을 방사하는 입체로서의 건축

메소포타미아, 이집트, 그리스 건축이 이에 해당한다. 이 단계에서 건축은 피라미드나 그리스 신전처럼 공간 내의 결정 혹은 조각과 유사하다. 공간은 이러한 건물에서 외측으로 향하여 각 방면으로 방사된다. 특히 중요한 의의를 갖는 것은 상방으로의 수직성이다. 내부 공간에 대한 관심은 별로 없었으며, 또 내외를 연결하는 창은 없다. 이것은 다시 말하면 「前공간적인 pre-spatial」 건축이다.

2단계의 공간 개념 - 내부 공간으로서의 건축

로마, 중세, 바로크 건축이 이에 속한다. 이들의 공통된 특징은 내부 공간의 강조이며, 소위 「깊이 패어진 hollowed-out」 내부 공간을 갖는다. 내·외부 공간을 연결하는 창이 발달하고, 또 이에 대응하여 외관에 변화가 생긴다. 이 단계의 최초의 기념비적 유구는 거대한 돔 구조로 되어 있는 로마의 판테온이며, 그 이후 중세·근세를 통하여 돔이나 볼트에 의한 내부 공간의 구성이 다채롭게 발전하였으며, 또 커다란 창문도 로마의 공중욕장이래 연속적으로 발달하였다. 이 단계의 공간개념은 「서양적인 공간개념」이라고 할 수 있다.

3단계의 공간 개념 - 입체와 내부 공간에 의한 건축

20세기 건축이 이에 해당하며 현재도 발전중이다. 이 단계의 건축은 1단계 건축과 같이 자기의 공간적 분위기를 방사하는데, 이 점에 있어서는 조각과 유사하다. 그러나 동시에 내부 공간에 대한 관심도 2단계에서부터 지속되고 있으며, 창은 연속적인 유리면으로까지 발달하여 내외 공간을 융합시킨다. 또 중앙부의 높은 돔 천정이 아닌 르 꼬르뷔제의 롱샹 교회당과 같은 중앙이 낮고 양측의 높은 천정에 의해 공간이 바깥 측으로 연속하는 인상을 주는 것도 나타났다.

그런데 기디온에 의하면 1단계와 2단계는 건축공간에 관한 인간의 태도로서 가장 기본적인 것으로 소위 恒常的인 개념이다. 그럼에도 불구하고 역사적인 변화가 생겼던 것은 「이행현상」이 일어났기 때문이다. 그리고 1단계에서 2단계로의 이행은 돔이나 볼트, 아치 등에 의한 구조의 발달과 관련되며, 또 2단계에서 3단계로의 이행은 철과 콘크리트의 활용에 관련된다.

2.3 프리드리히 볼노우

하이데거(이 책 p.211)의 후계자의 한 사람인 볼노우(O. F. Bollnow, 1903~91)는 하이데거가 인간의 존재를 주로 시간과의 관계에서 파악하려 한 것에 대해 인간 존재와 공간의 관계도 그에 못지않게 중요하다는 것을 역설하였다. 공간에 관한 그의 저서 『인간과 공간』[12]에서 가장 주목해야 할 점은 「체험되고 있는 공간 Erlebte Raum」의 개념이다. 이것은 기하학에서 다루는 것과 같은 한 결같으면서도 연속적인 공간이 아니며, 칸트가 생각한 것과 같은 선험적으로 주어진 공간도 아니다. 그 특색을 요약하면,

① 「체험되고 있는 공간」에는 명확한 중심점과 축좌표계가 있다. 그것들은 공간을 체험하는 인간의 위치와 자세에 의하여 정해진다.

② 「체험되고 있는 공간」 중에서 여러 종류의 방향과 장소는 그 성질을 달리한다. 그 때문에 공간은 내용적으로 분절되어 각 영역 간에 불연속성이 생기기도 한다.

③ 「체험되고 있는 공간」은 인간에 대해 그 생을 촉진하는 것으로서 혹은 그 생을 저해하는 것으로서 관계를 갖는다. 「체험되고 있는 공간」의 어떤 장소도 인간에 대해 의의가 있으며 인간과 공간은 떼어놓을 수 없는 관계에 있다.

그는 이러한 「체험되고 있는 공간」의 가장 중요한 전형으로서 「住居 Haus」를 문제 삼아 집 안에서 사는 인간의 「安住性 Geborgenheit」에 관하여 논하고 주거는 세계의 중심이며 그 주거의 중심은 침실이라고 하였다.

> 체험되고 있는 공간도 하나의 중심에 관련되어 있으며, 하나의 중심에서 구축되어 있다. 이것이야말로 인간이 살고 있는 주거다. 인간의 주거는 인간 세계의 구체적인 중심이 된다.(Ⅲ-1)

그는 또 한편 「기분이 이입된 공간 Gestimmte Raum」에 관하여 고찰하였다. 예를 들면 인간의 기분에는 「불안한 기분」, 「흥분된 기분(즐거운 기분)」, 「억압된 기분(슬픈 기분)」 등 여러 가지 기분이 있으며, 이러한 기분은 그 인간을 둘러 싼 주위의 공간을 지배한다. 마찬가지로 공간 고유의 특성이 그 안에 있는 인간의 기분에 영향을 주게 되는 것을 설명하며 기독교 교회당이나 바로크 건축의 내부 공간의 효과에 대해 언급한다. 다만 그는 공간의 문제를 예술의 문제로서 다룰 수 있는 데까지는 이르지 못하였지만 그가 논한 내용은 건축공간의 기초 이론으로서 의의가 크다.

더욱이 볼노우와 유사한 입장에서 공간의 문제를 거론한 것으로서는 바슐라르(Gaston Bachelard)의 『공간의 시학』[13]과 크루제(Lenelis Kruse)의 『공간적 환경세계』[14] 등의 저술이 있어 건축공간론에 크게 공헌하였다.

---

12) O. F. Bollnow, Mensch und Raum. 1963

13) G. Bachelard, La poetique de l'espace. 1957

14) Lenelis Kruse. Räumliche Umwelt. 1974

2.4 노베르그 슐츠

크리스천 노베르그 슐츠(Christain Norberg-Schulz, 1926~)는 노르웨이 사람으로 기디온에게 사사한 건축가 겸 건축사가이다. 그에게는 많은 저술이 있으나, 그 중에서도 건축공간의 문제를 다룬『실존 · 공간 · 건축』[15]은 중요하다. 이것은 종래의 건축공간론에 하이데거, 메를로퐁티, 볼노우, 그리고 그 외 실존주의자의 이론을 받아들이고 있으며, 20세기 후반에 있어서의 건축공간론의 대표적인 저작으로 간주될 수 있을 것이다. 이하 그 요점을 소개하기로 한다.

1) 실존적 공간 Existential space

「나」를 중심으로 하는 공간이다. 공간은 이 중심에서 확대된다. 경로 path 도 이 중심에서 시작하여 특정 장소에 도달한다. 중심 주위의 일정 범위가 영역 domain 으로 설정된다. 그리고 이 영역은 층 구조를 이루어 「나」를 중심으로 하여 동심원 모양으로 전개한다. 즉 바깥 측으로부터 지리적 층 · 풍경의 층 · 도시적 층 · 주거의 층 · 가구류의 층이 순차적으로 중심을 에워싼다. 이러한 실존적 공간은 그 중심을 이루는 인간과 특정한 관계를 갖고, 그 인간의 환경에 대한 기본적인 이미지를 결정하여, 그 특정성 identity(恒常性)를 경험하게 한다.(p.27)

2) 건축적 공간 Architectural space

건축적 공간은 앞에서 언급한 실존적 공간을 구체화한 것이다.(p.38) 이러한 구체화의 초기 단계는 바닷가의 모래 위에서 노는 어린이가 삽으로 자기 주위에 모래성을 만들고 있는 모습에서 볼 수 있다. 또 한편 건축적 공간의 경우는 개인에 전속된 공간뿐만이 아니라, 수많은 개인적 실존 공간을 포함하는 공공의 실존적 공간까지도 구세화한다.(p.39)

이러한 건축적 공간을 구성하는 요소는,

① 장소와 결절점 place and node

이것은 출발점 혹은 도착점이 된나. 중심과의 관세에서 원심적 혹은 구심적으로 된나.

② 통로와 축 path and axis

수평방향 혹은 수직방향으로 뻗어 선회하는 경우도 있다.

③ 영역과 지구 domain and district

이것은 구역 내부의 한결같은 성격이 특징이며, 다른 구역과의 사이에는 경계가 설치된다.

이와 같은 공간 · 장소 · 통로 · 영역은 「건축적인 장 architectural field」을 구성하며, 그 내부에 있어서의 힘의 평형이 필요하다. 또 건축적 공간도 실제적 공간과 같이 다음과 같은 층 구조를 이룬다.

---

15) Christian Norberg-Schulz, Existence, Space and Architecture. 1971 ; 김광현 역, 실존 · 공간 · 건축, 태림문화사

① 풍경의 층 Landscape

이것은 소위 문명공간의 한계로 인간에 의한 구축물의 바탕 혹은 배경을 이룬다.

② 도시적 층 Urban level

촌락과 논밭이 군을 이루고 열을 형성하거나, 혹은 환상형으로 늘어서고 이것이 발달하면 지구나 가로, 광장으로 된다.

③ 주거의 층 House

개인적 공간을 공공적 공간에서 격리하는 것이 기본적인 성격이며, 근대에서는 이들 양방의 공간상호의 유동성이 요구된다.

이와 같은 각 층도 인간이 특정성을 갖는 것처럼 각각의 특정성을 갖는 것이 필요하다. 각 층은 상호 작용하여 어떠한 비교 특성을 갖는다고 하더라도 각각 실제의 다른 양상을 대표하는 것이므로 형식적으로 다르지 않으면 안 된다.(p.103) 그리고 결론적으로 건축의 목표는 「가능성의 환경 milieu of possibility」을 만들 것, 즉 인간이 그 가운데에서 자기의 가능성을 발견할 수 있는 환경을 만들 것이라고 하였다.

3. 형태론

3.1 쿠르트 바트

공간개념이 엄밀한 규정을 소홀히 한 상태로 많은 사람에 의해서 완전히 인위적으로 사용되고 있는 점은 이제까지의 공간론자에 의해 지적되어온 사항으로 공간론에 대한 비판적 입장을 살펴보기로 한다. 바트(Kurt Badt, 1890~1973)는 『공간환상과 공간착각』[16]에서 이러한 공간개념이 도처에서 횡행함으로써 예술작품의 참된 의미는 오히려 더 소홀히 다루어지고 있다고 경고하였다.

그는 「공간적 작용은 언제나 물체의 표현에 의해서 간접적으로 형성된다」(S. 11)라고 하였다. 그에 따르면 회화에 있어서도 조각에 있어서도 물체의 표현이 第一義的인 것이며 공간은 그 결과로써 第二義的으로 형성된 것이다. 건축에 있어서도 양자의 관계는 마찬가지이다.

> 건축적으로 만들어진 것은 공간이 아니라 건축된 물체적인 것이다.(S.11)

공간이라고 하는 것은 여기서도 역시 물체창조의 결과로써 생기는 「空虛」 이외의 아무것도 아니다. 바트의 이러한 생각은 건축은 결코 공간을 조형하는 것이 아니라고 주장[17]한 하이데거에 의거하고 있는데, 다만 두 사람의 의견이 다른 점은 바트는 공간이 물체에 의해 간접적으로 조형되나,

---

16) Kurt Badt, Raumphantasien und Raumillusionen, Köln, 1963

17) Martin Heidegger, Bauen, Wohnen, Denken, 1952(in Vorträge und Aufsätze, Teil Ⅱ, Pfullingen, 1954, S. 29

형태의 우위를 주장함으로써 공간을 부정적으로 평가하고 있으며, 하이데거는 공간이 물체에 의해 직접적으로나 간접적으로나 모두 부정한 점이다.

그러나 그에게 부족한 점은 창조미학의 입장이다. 실제로 르 꼬르뷔제나 미스 반 데로 로에는 공간을 第一義的인 것으로 보고 있다. 르 꼬르뷔제는 『모듈러』(1950)에서 다음과 같이 주장하고 있다.

> 건축 · 회화 · 조각은 특히 공간에 의존하고 있으며 각각은 그에 맞는 방법에 의해 공간을 조형할 필요성에 직면하고 있다. 미적 감동의 계기는 공간적인 기능에 있다는 것이 여기서는 본질적인 것이다.[18)]

미스 반 데로 로에도 「우리는 모든 美學的 思辨, 모든 教義, 모든 形式主義를 거부한다. 건축이라고 하는 것은 공간으로 번역된 시대의지이다」라고 하고 있다.[19)]

이렇게 바트와 르 꼬르뷔제는 같은 건축공간에 대해서 반대적인 입장을 취하고 있으며 각각 단호하게 자기의 정당성을 주장하고 있으나, 바트가 이 문제를 제기한 후에 조형예술에 있어서 공간 문제는 장의 문제, 혹은 시간의 문제로 옮겨지는 경향이 나타난다. 이 점에 대해서는 다음 장에서 구체적으로 살펴보기로 한다.

3.2 알베르 에리히 브링크만

브링크만(Albert Erich Brinckmann)은 『가톨릭 국가의 17세기 및 18세기의 건축예술』[20)]에서 건축을 공간과 매스의 통일체로 정의하고, 공간과 형태의 관계를 상호 대립하는 2원론으로 파악하였다.

> 건축은 공간과 물체적인 형태를 창조하는 것이다. 조형적 매스에 대비되는 공간은 조형적 매스가 접촉하는 곳에서 한계가 정해지고, 그 공간은 내부에서 감지되는 것이다. 한편 조형적 매스는 둘러싸고 있는 공간에 의해 한계가 정해지는데, 그것은 외부에서 감지된다.

그는 그 후의 연구에 있어서도 공간과 매스의 결합을 계속 반복시키고 있다. 이러한 두 가지의 상호작용은 과거와 현재의 건축을 비판하는데 있어서 그의 표준이 되고 있다.

그는 『기본적 형식의 예술적 조형으로서의 彫塑와 空間』[21)]에서는 공간과 조소라는 두개의 기본

---

18) Le Corbusier, Le Modulor, 1950, S. 31
19) Mies van der Rohe, Aphorisms on Architecture and Form, 1923 (in Philip C. Johnson, Mies van der Rohe, New York 1947), p.183
20) Albert Erich Brinckmann, Baukunst des 17. und 18. Jahrhunderts in der Romanischen Landern, Berlin(1915), 1919
21) Albert Erich Brinckmann, Plastik und Raum,als Grundform Kunstlerischen Gestaltung, Piper, Munich(1922), 1924

형식이 시대에 따라서 어떻게 변화해 왔을까 하는 문제를 건축사의 주요 테마로서 논하였다. 고딕에 있어서는 「조형적 물체」가 「공간 표상」에 우선하였고, 르네상스에 있어서는 공간형식과 조소형식이 조화하였다. 이탈리아 초기바로크에서는 공간형식과 조소체의 「律動化」를 문제 삼았고, 중기바로크에서는 조소체와 공간체의 「상호관입」을 문제 삼았다. 그러나 신고전주의에서는 공간과 조소가 단순화되고, 근대에 이르러서는 양자가 그 내실을 잃고 말았다.

그에 따르면 공간예술로서의 건축은 조형적이면서도 공간적인 입체를 종합화함으로서 절정에 이른다. 공간적, 조형적 개념의 통일은 조소적이며, 건축적인 공간을 복합적으로 상호관입시킴으로서 절정을 맞게 되는 것이다. 이러한 바로크 공간의 상호관입은 인체의 운동을 자극시키면서, 인간을 율동적인 공간의 흐름을 통해 자연스럽게 유도하였다.

이렇게 하여 그는 본질적으로, 공간에 대한 세 가지 개념을 추출해냈다.

1) 공간에 의해 둘러싸여 자유롭게 서 있는 조형적인 매스

2) 이 매스에 의해 둘러싸인 공간

3) 바로크 건축 내부에 존재하고 있는 것과 같은 율동적인 공간의 흐름과 공간의 상호관입

결국, 바트와 브링크만은 「形態」·「매스」·「彫塑」 등이 「空間」을 구성한다는 점에는 일치하나, 방법론상 「形態」를 우위에 둘 것인가 아니면 「空間」과 「彫塑」의 상호 대립하는 이원론으로 볼 것인가 하는 관점의 차가 있다.

3.3 야곱 부르크하르트

앞에서 브링크만은 공간과 형태의 관계를 상호 대립하는 2원론으로 파악하였으나, 부르크하르트(Jacob Burckhardt, 1818~1897)는 양자의 관계를 상호 조화된 2원론적 일원론으로 파악하였다. 부르크하르트는 19세기 스위스의 역사가, 바젤대학 미술사 교수였다. 그의 대표작 『이탈리아·르네상스의 역사』[22]는 르네상스사 연구에 결정적인 명저로서, 이후 「르네상스」란 말이 역사상 일반 용어로 쓰이게 되었다.

부르크하르트는 이 책에서 반복하여 「모든 관계의 조화」에 대해 언급하고 있는데, 이는 알베르티의 미학을 계승하는 특성이다. 알베르티는 서로 성질의 다른 부재를 아름다운 전체를 형성하는데 협력할 수 있도록 조합하는 것, 즉 전체와 부분의 완전한 조화로 콘키니타스(Concinnitas, 調和)(이 책 p.27)라고 하였는데, 부르크하르트는 이에 관한 이론을 승계하여 보다 더 풍부한 감성으로 발전시켰다.

부르크하르트는 르네상스의 집중식 교회에 대해,

완성된 이 건축 방법이 르네상스의 모든 이상을 실현하고 있다. 절대적인 통일과 좌우대칭이

---

22) Jacob Burckhardt, Geschichte der Renaissance in Italien, Stuttgart, 1868

공간의 아름다운 분절과 상승을 완성시켜, 무의미한 파사드를 제외한 내부와 외부의 조화적인 형성과 환상적인 빛의 유입을 완성시키고 있다.(S. 90)

라고 하였는데, 부르크하르트가 즐겨 쓰고 있는 「공간의 아름다운 분절」이란 개념은 공간미와 형식미의 융합을 의미한다.

결국 부르크하르트는 그가 주장하는 공간미에 대해 엄밀한 정의를 내리지는 못하였으나, 다만 처음으로 르네상스 건축을 공간과 형태의 상호 보완하는 관계로 파악하고 있다는데 의의가 있으며, 그의 이론은 공간론을 구성하고 있다고 하기보다는 아름다운 공간에 대한 동경과 찬미를 의미하고 있다고 생각해야 할 것이다.

4. 건축에 있어서 공간과 형태의 관계

이제까지 살펴본 건축공간론에서 공통적으로 말할 수 있는 것은 공간 그 자체는 우리가 직접 손으로 만져볼 수는 없지만 공간은 체험 가능하다는 이율배반적인 사실이다. 공간이 체험될 수 있다는 것은 건축의 「매스」, 혹은 벽, 바닥, 천정 등 감각적인 「형태」에 의해서이며, 공간 그 자체를 손에 쥘 수 없다는 것은 그것이 감각적인 것을 넘어서고 있기 때문이다. 공간은 이처럼 「感覺的 = 超感覺的」인 이중구조를 갖고 있다고 할 수 있다. 우리가 공간을 구체적으로 이해하기 힘든 것은 이러한 이유 때문이다. 기디온이 「공간의 不可解性」[23]을 이야기한 것도 이렇게 공간이 「파악하기 어려운」, 「지각되지 않는」, 「공허」에 지나지 않다고 보기 때문이다.

물체가 第一義的이며 공간이 第二義的이라고 한 바트의 견해를 다시 살펴보자. 「건축 공간」이 벽, 바닥, 천정 등의 「매스」와 「형태」에 의해 형성되어 있는 것은 말할 필요도 없는 사실이다. 따라서 「이 형태」가 존재하지 않는다면 「이 공간」도 지각될 수 없는 것이다. 또 「이 형태」가 「다른 형태」로 변하면 그에 따라 「다른 공간」이 지각되게 되는 것이다. 이렇게 볼 때 바트의 이론은 전혀 틀린 생각은 아니나.

그러나 우리가 어떤 건축의 외부 공간, 예를 들면 로마의 판테온에 들어섰을 때 천창에 의해서 빛을 받아 장대한 우주나 그 우주를 지배하는 부동의 질서를 연상하게 하는 내부 공간에서 상하, 좌우, 전후라고 하는 3차원의 통일로써 동시적으로 느낄 수 있는 감각에서 우리는 순간순간의 형태 변화에서 느낄 수 없는 「공간감각」이라고 부를 수밖에 없는 일종의 統覺器官이 갖추어져 있다. 그러하지 않다면 우리는 어떠한 순간에 지각하는 벽면의 형태와 또 다른 순간에 지각하는 벽면이나 천정의 형태를 시간배열에 따라 다음에 그것들을 합성하여 전체의 인상을 지각하게 된다고 볼 수밖에 없기 때문이다.

이렇게 볼 때, 우리가 지각하고 있는 것은 틀림없이 건축의 매스와 형태이다. 그러나 이때 동시

---

23) Sigfried Giedion, Die Ungreifbarkeit des Raumes, in: Neue Zuricher Zeitung, 21. August, 1965.

에 그것은 공간에 있어서의 매스 혹은 형태이며, 우리는 그때 동시에 그러한 것들에 의해 만들어진 「공간」까지도 지각하고 있는 것이다. 단, 그때에 지각되는 것은 「보편적 · 균질공간」이 아니라, 「그 형태」나 「이 형태」에 대응해서 느끼는 「그 공간」과 「이 공간」이며, 이러한 「구체적 · 감각적 · 현실적 공간」이 그러한 형태와 동시에 지각되는 것이다.

우리는 또 하나, 이러한 享受美學의 입장에서뿐만 아니고 創作美學의 입장에서도 고찰할 필요가 있다. 건축가가 설계할 때 먼저 생각하는 것은 「공간」 그 자체이지 「물체」나 「형태」가 아니다. 건축가에게는 「空間理念」이 第一義的이며 소재나 구조는 그 「空間理念」을 실현하고 형태가 이것에 최종적으로 가시적인 표현을 주게 되는 것이다. 벽이나 천정을 어떠한 형태로 할 것인가는 건축가가 그 공간을 어떻게 표현하려고 하는가에 전적으로 의존한다. 단적인 예로 건축가는 내부 공간과 외부공간을 연결하기 위해 그러한 건축형태를 전부 제거할 수도 있다.

이렇게 문제를 확대하여 볼 때, 공간은 물체의 상호작용에 의해 간접적으로 지각된다고 하여 형태가 존재하지 않으면 공간도 지각되지 않는다고 한 바트의 명제는 건축을 만드는 입장에서 거꾸로 생각하면 그 물체 · 형태는 애초부터 공간이념에 의해서 만들어진다고 생각할 수 있다.

이러한 고찰에서 우리는 다음과 같은 결론을 내릴 수 있다. 먼저 우리가 건축을 정의하는데 있어서 「형태」를 문제시하는 한, 그 가운데에는 「소재」와 「구조」 및 「조형」의 개념이 포함되어 있다. 그러나 이것만으로는 불충분하다. 「형태」라고 하는 것에는 크루트 바우흐(Kurt Bauch)[24]가 그 다의적인 개념을 음미하고 있듯이 「공간」에 관계되며, 「내용」을 갖고, 「소재」에 의해서 「조형」된 「예술적 형태」를 말한다. 따라서 「건축 공간」이라고 하는 것은 「매스」나 「형태」에 의해서 만들어지고 또한 그러한 것에 크게 의존하고 있으며, 이 매스나 형태는 이것을 가능하게 하는 「소재」와 「구조」에 의존하고 있다. 이것을 종합해보면 건축공간과 건축형태의 관계는 개별적인 것이 아니고 「내용」과 「형식」의 관계에 놓여 있는 것이라는 최종적인 결론을 얻을 수 있다.

24) Kurt bauch, Kunst als Form, in Jahrbuch fur Asthetik und allgemeine Kunstwissenschaft, Band 7, Koln, 1962

제 8 장 다양한 이론의 전개

이 장에서는 20세기에 접어들어서부터 현재까지 건축미학의 각 영역에 있어서의 발전 개요를 살펴보기로 한다. 다만 근대주의 건축운동에 관한 선언이나 양식적인 연구, 공간적인 업적에 관해서는 이미 제5장~제7장에서 언급하였기 때문에 여기에서는 언급하지 않기로 한다. 또한 20세기 후반에 나타난 반근대주의의 이론에 관해서는 별도로 제9장에서 언급하기로 한다.

그리고 이제까지 언급할 기회가 없었던 문제에 대해서는 약간 시대를 거슬러 올라가 살펴보는 경우도 있다. 그러나 일반적으로 이 시기에 있어서의 건축미학 관계의 저술은 양적으로 방대할 뿐만 아니라, 개개의 저술에 대한 평가도 일정하지 않다. 따라서 이 책에서는 이 시기의 건축미학에 관한 각종 업적을 편의상 크게 셋으로 나누어 각각 몇 사람의 저작을 살펴봄으로써 전반적인 경향을 개괄하기로 한다.

1) 도시미학
2) 의미론적인 접근
3) 건축조형론

이러한 각 항목은 상호 교차된 경우가 많으며, 또 어떠한 업적을 엄밀하게 구분해 보면, 어느 항목에도 포함되지 않은 것도 있다. 그러나 이 장에서는 크게 세 항목으로 분류하였다.

1. 20세기의 사상

20세기의 사상에 대해서는 시대가 가깝고, 아직은 학술적으로 진보하고 있는 중이므로 전체를 개관하는 것은 곤란한 문제이다. 그뿐만 아니라 19세기 이후에는 그 이전과 같이 철학을 정점으로 하는 피라미드 형상의 학문체계가 붕괴되고, 학문의 각 분야가 독자적인 방법과 목표를 갖고 발전하게 되었다. 따라서 여기서는 건축미학에 관계가 있는 범위로 한정하여 20세기 사상의 일부를 살펴보기로 한다.

1.1 인문 · 사회과학에 미친 자연과학의 영향에 대한 반성

19세기 말부터 현재까지의 자연과학 만능사상에 대한 반성이 일어나게 되었다. 즉 사람들은 르네상스 이후 발전해온 자연과학의 방법을 부주의하게 인문 · 사회 과학에 적용하는 것은 잘못된 것임을 알게 되었다. 그리고 소박한 산술적 혹은 기계론적 인생관이나 사회관을 수정하려는 움직임이 일어났다.

예를 들면 철학에 있어서는 니체(F. W. Nietzsche, 1844~1900), 딜타이(Wilhelm Dilthey, 1833~1911), 베르그송(Henri Bergson, 1859~1941) 등은 「생의 철학」이라는 사상을 전개하였다. 그들은 헤겔철학의 이성주의 · 주지주의에 저항하고, 쇼펜하우어(이 책 p.71) 등의 사상을 계승하여 「체험으로서의 생」 · 「살아있는 생」 · 「언제나 새로운 내용을 창조해 가는 생」을 직관적으로 파악해야 한다고 주장하였다. 특히 니체는 과학주의와 기독교 모두를 부정하고, 인간의 기계화 · 노예화에 반대하였으며, 그 대신에 개인적 자아의 우월성과 존엄을 주장하여, 후대의 사상계에 큰 영향을 주었다. 이미 언급한 귀요(이 책 p.115)나 립스(이 책 p.122)의 사상도 이러한 흐름과 관련이 있다.

이와 유사한 움직임은 예술방면에도 나타난다. 문예에서는 이제까지의 자연주의 · 사실주의에 반항하여 「유미주의 aestheticism」, 「상징주의 symbolism」의 움직임이 일어났다. 예를 들면 유미주의자 오스카 와일드(Oscar Wilde, 1854~1900)는 대화편 『허구의 퇴폐』[1]에서 예술은 진실을 묘사하지 않으면 안 된다는 이론(이 책 p.39)을 부정하고, 「거짓」이야말로 예술의 근원이라고 주장하였으며, 「예술은 그 자체 이외의 것을 표현하지 않다」고 단언하였다. 또 예술은 자연을 모방한다고 하는 고대로부터의 이론에 대해서는 「자연은 예술을 모방한다」고 역설적인 의견을 제시하여 세상을 놀라게 하였다.

이것은 예를 들면 우리가 풍경의 아름다움을 평가할 때 기준이 되는 우리의 미의식은 본래 시나 회화를 창조하고, 觀賞에 의해서 배양된 것이므로, 풍경미의 근원은 자연보다도 오히려 예술에 있다는 것이다. 이러한 와일드의 생각은 빌플린의 「예술적 관점」(이 책 p.176)에 가까운 것이다. 또 예술을 개인의 자기표현이라고 보는 와일드의 주장은 제1차 세계대전 후에 나타나게 되는 표현파 expressionism 나 초현실파 surrealism 미술의 출현을 예감케 하는 이론으로서도 중요하다.

1.2 현상학에서 실존주의로

다음으로 20세기 철학사상의 흐름에 관해서 보면, 거기에는 커다란 두개의 흐름이 있다. 하나는 現象學에서 존재론이나 실존철학 등으로 이어지는 흐름이며, 다른 하나는 상징론에서 기호론 · 분석철학 · 구조주의 등으로 연결되는 흐름이다. 전자는 주로 독일과 프랑스에서 발전하였고, 후자는 미국과 영국을 중심으로 발달하였다.

먼저 현상학에서 실존철학으로의 흐름이다. 이 흐름을 대표하는 사람은 후설(Edmund Husserl, 1859~1938), 하이데거(Matin Heidegger, 1898~1955), 사르트르(Jean-Paul Sartre, 1950~1980)이며, 메를로퐁티(Maurice Jean Jacques Merleau-Ponty, 1908~1961)나 가세트(José Ortega y Gasset, 1883~1955)도 이 흐름에 속한다. 이 중에 후설은 자신의 철학을 「현상학 Phänomenologie」이라고 불렀고, 하이데거는 「존재론 Ontologie」, 사르트르는 「실존주의 Existentialism」라고 불러서 각각 자기 자신의 독자성을 주장하고 있지만, 크게 보면 이들의 사상은 일련의 관계를 갖고 있다.

1) Oscar Wilde, The Decay of Lying (in "Intentions" 1891)

1) 후설

이들 사상의 공통적인 특징은 세계를 분석이나 추상에 의해서 파악하는 것이 아니라, 직관적·구체적·전체적으로 파악하려고 하는 점에 있다. 예를 들면 후설에 있어서는 「의식의 직접적 소여」를 엄밀히 탐구하는 것이 철학의 과제였다. 따라서 이제까지의 철학처럼 신이나 이념, 물자체 등 기성관념에 구애되지 않고, 또 자연과학적 사고의 테두리로부터도 해방되어, 우리 자신의 가장 소박한 직접적 체험에서 새로 시작할 필요가 있다고 하였다.

2) 하이데거

하이데거는 「안경을 쓰고 있는 사람에게는 그 안경이 그가 보고 있는 벽의 그림보다도 멀다」고 한다.[2] 또 「거리 Entfernung」라는 말은 일반적으로 「멀다」라든가 「간격」이라는 의미로 해석되지만, 그에 의하면 이것은 틀린 것이다. 접두사 ent-는 어떤 것을 제거하는 의미이며, fern은 멀다는 의미이므로, 동사 entfernen은 「간격을 제거하는 것」이다. 따라서 「거리」는 두 사물을 멀리 떨어져 있게 하는 것이 아니라 가깝게 하는 것이다. 우리는 아무런 연이 없이 독립된 두 사물을 「거리」라고 하는 매개자에 의해서 비로소 밀접한 관계를 갖게 되어 하나의 전체로써 파악할 수 있는 것이다. 이러한 주장은 역설적으로 들릴지 모르겠지만, 그림을 보는 사람의 안경이 그림보다도 더 가까이 있다고 생각하여 거리라고 하는 것은 먼 것으로 생각하는 편이 기성개념이나 자연과학에 익숙한 생각이며, 우리의 직접적인 체험과는 거리가 먼 생각이다.

하이데거는 이와 같은 생각에서 「존재라는 것은 무엇인가」라고 되묻고, 모든 존재의 근원이 되는 존재는 「現存在 Dasein(여기에 있는 것)」, 즉 「나 자신」이라고 하였다. 더구나 이 「나 자신」은 본래 나 자신을 둘러싸고 있는 환경이나 나 자신이 생존하는 시간과 일체적인 것이므로, 「나 사신」은 동시에 「世界內存在 In-der-Welt-Sein」이다. 그러나 이 「나 자신」은 불멸의 존재가 아니라, 잠시 그곳에 「내던져져 있는」 존재에 지나지 않는다. 여기서 인간은 「죽음으로 향하는 존재」로 규정되며, 인간생활의 기본적인 기분이 「불안」이라고 하였다.

그는 이와 동일한 견지에서 「짓는 것과 사는 것과 생각하는 것」이라고 하는 강연[3]에서 건축에 대해서 언급하고 있다. 여기서 그는 집을 「짓는 것」과 「사는 것」과 「생각하는 것」은 본래 하나이며, 집은 단지 육체를 위한 캡슐이 아니라, 마음의 고향이여야 한다고 주장하였다. 그러나 이러한 그의 만년의 사상은 막연하고 신비적이다. 오히려 건축에 관해서 중요한 것은 프리드리히 볼노우 등 하이데거의 후계자에 의한 공간론의 연구이며, 이에 대해서는 앞 장 공간론에서 다루었다.

3) 사르트르

사르트르의 실존주의는 하이데거의 사상을 한층 더 철저하게 분석한 것으로, 그는 이 「나 자신」을 「실존 existence」이라고 하였다. 그리고 이 나 자신의 존재는 우연의 결과에 지나지 않으

2) Martin Heidegger, Sein und Zeit. 1926, ch. 23
3) Martin Heidegger, Bauen Wohnen Denken. 1951~52 ("Vorträge u. Aufsätze" Teil Ⅱ)

며, 「나는 세상 가운데 버려져」 있고, 우리가 태어난 것도 죽는 것도 모두 부조리한 것이라고 하였다. 또 우리는 본래 완전한 자유라서, 오히려 우리는 「자유라는 형벌을 선고받고」 있는 것이다. 그리고 모든 사물의 가치는 이 나 자신과의 관계에 있어서 생겨나는 것이며, 따라서 그 책임도 모두 나 자신에게 있다.

> 나의 자유는 모든 가치의 유일한 근거이다. …… 모든 가치를 존재하도록 하는 것이 이 나의 존재인 한 나의 정당성을 보증해 주는 것은 아무것도 없다.[4)]

이처럼 사르트르는 절대적인 자아 중심주의, 무조건적인 자유주의, 그리고 완전한 무신론에 도달하였다.

1.3 심리학의 기여

20세기 심리학의 업적으로 다른 문화 분야에 커다란 영향을 미친 것은 게슈탈트 심리학 gestalt psychologie(형태심리학)과 정신분석학이다.

게슈탈트 심리학은 20세기 초에 베르트하이머(Max Wertheimer), 코프카(Kurt Koffka), 쾰러(Wolfgang köhler) 등에 의해서 제창된 것으로, 이에 의하면 어떤 대상에 관한 우리의 지각은 그 대상이 우리에게 주는 감각적 자극의 산술적 합계 그 이상의 것이라고 한다. 예를 들면 같은 길이의 선이라고 할지라도 그 양단에 화살표가 붙어 있으면, 화살표의 방향에 의해서 선의 길이가 다르게 보인다(뮬러 라이어 Müller = Lyer의 도형). 또 암실에서 조금 떨어진 위치에 두 개의 백열전구가 있을 때 하나를 끄면서 다른 하나를 쓰면 전구 그 자체가 이동한 것과 같이 느껴진다(β운동). 이러한 현상은 우리의 지각이 개개의 대상이나 대상 각부를 각각 개별적으로 파악하는 것이 아니고, 각 대상 간의 상호관계나 대상과 그 주위의 환경과의 관계까지를 포함해서 종합적으로 파악하고 있다는 것을 입증한다.

게슈탈트심리학에서는 이러한 대상 각부의 상호 관계나 대상과 환경과의 관계(조합이나 구성)를 게슈탈트 Gestalt, configuration 라고 하고, 이 게슈탈트가 대상에 대한 파악의 어려움이나 우리의 지각내용 등에 중대한 영향을 미친다는 것을 밝혀내어 이제까지의 심리학으로는 해결하지 못했던 많은 문제들을 해명하였다. 이렇게 하여 게슈탈트심리학은 인간의 심리적 성능이 이제까지 생각해온 것 이상으로 복잡하고 정교하다는 것을 알려준 셈이다. 그리고 건축미학에도 상당한 영향을 미쳤다.

예를 들어 크리스토퍼 알렉산더는 이 게슈탈트 개념을 도입하여 건물이라는 시스템을 다루었다. 그는 건축에 대한 사회적, 생활적 요구 조건을 객관적으로 분석하고, 시스템 개념으로 설계 프로세스 속에서 형태를 합성해 간다는 태도로, 「패턴 언어 Pattern Language」라는 개념을 만들어내어

4) Jean-Paul Sartre, L'être et le néant, 1943, p.76

건축조형에 응용하였다.

또 정신분석학 Psychoanalysis 은 프로이드(Sigmund Freud, 1856~1939)에 의해서 창시되고 융(Carl Gustav Jung, 1875~1961) 등에 의해서 발전하였다. 심리학에서는 이미 동물학 등의 방법을 인간에 적용하여 인간을 「자극에 반응하는 동물」로 간주하는 행동주의 behaviorism 연구가 진행되어 있었다. 그 결과 이렇게 하여 객관적으로 관찰된 인간의 행동과 본인이 반성하여 고백하는 사항이 일치하지 않는 점이 많다는 것이 분명해졌다. 즉 이것은 인간은 자기 자신이 의식하지 못하는 원인에 의해서 행동하는 것을 의미한다.

프로이드는 이 점에 주목하여 이 의식하지 못하는 정신적 원인을 「심층심리」라고 하였다. 심층심리는 본인에게는 자각되지 않지만, 심리학자가 본인의 꿈을 분석하거나 각종 테스트를 해보면 알 수 있다. 그는 이러한 연구 결과, 대부분의 인간행동이 마음 심층에 잠재해 있는 성적 욕망에서 발생하고 있다고 지적하여 사람들을 놀라게 하였다. 그리고 이 정신분석법은 회화에 관한 미술비평이나 미술교육론에도 영향을 주었다.

1.4 상징론에서 구조주의로

다음으로 20세기 사상에 있어서 상징론에서 구조주의로의 흐름이다. 이는 일관된 철학사상의 전개라기보다는 오히려 학술의 여러 분야에 있어서의 문제점 혹은 연구방법에 나타나는 일종의 공통성으로 보는 경향이 강하다. 따라서 개개의 업적도 정신이나 문화의 한 측면만을 다룬 것이 대부분이고, 철학으로서 보면 그다지 종합적이지도 체계적이지도 못하다.

1) 카시러

이 계통의 초기 형태는 카시러(Ernst Cassirer, 1874~1945), 수잔 랭거(Susanne Langer, 1895~1985)(이 책 p.224)의 「상징철학」이다. 카시러는 신화 · 언어 · 예술 · 역사 · 종교 · 과학 등은 모두 인간의 독자적인 정신작용에 의해서 구성된 「상징형식」이라고 하였다. 그리고 상징은 인간적인 「의미」 세계의 일부로써 이러한 상징형식을 만들어내는 능력을 갖는 것은 인간뿐이라는 것을 역설하였다.[5]

2) 소쉬르

다음으로 커다란 영향을 준 것은 언어학상의 업적이다. 특히 가장 획기적이었던 것은 스위스 언어학자 소쉬르(Perdinant de Sausseure, 1857~1913)의 이론이다.[6] 그 이론의 요점을 정리하면,

① 언어의 사적 변천이나 어원의 연구는 중요하지 않으며, 역사의 한 단면에 있어서의 언어의 조합, 즉 단어의 상호관계, 다시 말하면 하나의 완성된 기호체계로서의 언어의 연구가 중요

5) Ernst Cassirer, Philosophie der symbolischen Formen. 3 Bde, 1923~29 ; An Essay on Man. 1944
6) Ferdinant de Sausseure, Cours de linguistique générale. 1916

하다(通時言語學 linguistique diachronoque 보다도 共時言語學 linguistique synchronique 이 중요).

② 우리가 지금 사용하고 있는 언어의 상태는 별도의 이론적인 의도에 의해서 형성된 것이 아니라 단지 우연에 의한 것이다. 「의미되는 것 signifié(所記)」, 즉 의미 내용과 「의미하는 것 signifiant(能記)」, 즉 기호와의 결합은 임의적인 것에 지나지 않는다. 기호는 상호 구별되면 충분하다. 따라서 본래 언어에는 「차이」밖에 없다.[7)]

③ 상징에 있어서는 기호와 의미내용의 사이에 어떠한 형태로든 자연적인 관련이 있다(예를 들면 「법」의 상징인 천평을 마차로 대신할 수 없다). 그러나 언어에는 이러한 관련은 없다. 또 의성어 · 감탄사는 언어에 있어서 이차적인 중요성밖에 없다.

이와 같은 소쉬르의 이론은 이제까지 언어에 얽힌 신비적 혹은 주술적인 사상을 불식하는 데에 큰 공헌을 하였다. 그리고 사람들을 언어의 구성(구조) 그 자체의 연구로 향하도록 하였다. 이것은 결국 인간의 「구성하는 정신능력」을 문제시하는 것으로서 기본적으로는 게슈탈트심리학이나 카시러의 상징철학과 같은 경향을 나타낸다. 그 결과 기호론 semiotics 이나 의미론 semantics 등 새로운 학문 분야가 생겨나게 되었다. 철학으로서는 퍼스(Charles Peirce, 1839~1914), 러셀(Bertrand Russel, 1872~1970), 비트겐슈타인(Ludwig Wittgenstein, 1889~ 1951) 등의 「분석철학 Analytic Philosophy」이 이러한 움직임에 따르는 것으로 주로 수학이나 논리학과 언어의 관계를 추구하였다.

3) 레비스트로스

민족학자의 업적으로 미개민족의 문화 · 사회를 독자적인 관점에서 고찰한 레비스트로스(Lévi-Strauss, 1908~)는 「構造主義 Structuralism」의 창시자로 『야생의 사고』[8)] 등에서 소위 미개민족의 정신적 능력이 자칭 문명인이라고 하는 우리들과 비교해서 조금도 손색없다는 것을 입증하였다. 즉 그들의 친족구성 · 토템신앙[9)] · 신화 등의 구성을 상세하게 살펴보면, 그곳에는 각각 일관된 규칙성 혹은 논리성이 있으며, 그 구성 방법의 정교함이나 엄밀함은 우리의 과학적인 사고에 필적할 만한 것이다. 다만 그들의 생각이 우리와 다른 점은 우리가 사물을 역사적인 인과관계에 의해서 파악하려고 하지만, 그들은 모든 것을 同時的으로 파악하는 사고는 소쉬르가 제창한 언어의 연구방법과 상통하는 것이라고 할 수 있다. 그리고 레비스트로스의 업적은 서구 근대의 사상 · 문화를 재조명하기 위한 새로운 시점을 제공하는 것으로써 높이 평가되었고, 그 결과 구조주의는 하나의 유행 사상처럼 되었다.

---

7) 언어학에 있어서의 용어, 예를 들면 랑그 Langue 와 파롤 Parole, 시니피앙 Signifiant 과 시니피에 Signifié, 그리고 디노테이션 Denotation 과 커노테이션 Connotation 등에 관해서는 宋旼求著 『現代建築의 背景』 산업도서출판공사, 1991 참조.
8) Claude Lévi-Strauss, La Pensée sauvage, 1962
9) totemism 부족이나 씨족 등을 특정 동물에 관련시키는 사상.

이러한 상징론에서 구조주의로의 사상적 흐름은 미학 · 예술론 · 예술사의 분야에도 영향을 주었고, 회화 · 조각 · 건축미학도 그 예외는 아니었다. 그러나 미학과 예술론에서는 일반적으로 언어의 구조보다도 언어의 정보전달 기능에 주목하여, 이것을 예술에 응용하여 작품의 의미내용을 논하는 것이 주요 테마가 되었다. 즉 소쉬르의 언어학이나 구조주의와는 반대 방향으로 진행된 것이다. 이 점에 대해서는 다시 3절에서 언급하기로 한다.

1.5 진보주의 사상에 대한 반성

18세기 계몽주의(이 책 p.46)의 가장 큰 특징의 하나였던 진보주의 사상, 즉 「인류는 시대와 더불어 부단히 진보한다」는 신념은 19세기에 절정에 달했다. 그 영향은 예를 들면 제임스 퍼거슨의 건축예술론(이 책 p.140)에서 살펴본 바 있다. 그러나 20세기에 들어와서는 이러한 무조건적인 자신이나 희망적인 견해에 대한 반성이 일어나게 되었다. 이미 이 절의 1항부터 4항까지의 각 항목에서 살펴본 사항도 모두 어느 정도는 이러한 경향을 나타내는 것이라고 할 수 있다. 그러나 이러한 움직임이 일어나게 된 직접적인 계기가 된 것은 다음 두 가지 사항이다.

① 기계문명의 도를 지나친 진보에 대한 비판

② 서양문화를 유일최고의 문화로 생각하는 사상에 대한 반성

1) 슈펭글러

이러한 비판과 반성은 20세기 초기부터 역사가나 문명비평가에 의해서 자주 거론되어 온 문제들이다. 예를 들면 「생의 철학」(이 절 1.1항 참조)파에 속하는 슈펭글러(Oswald Spengler, 1880~1936)는 제1차 세계대전 직후에 『서양의 몰락』[10]이라는 저술에서 세계 각지의 문화를 비교하고, 서양문화가 이미 말기적 상황에 이르렀다는 것을 지적하였다. 서양문화는 이제 더 이상 창조적인 「문화 Kultur」가 아니라, 반복과 물질적 쾌락만을 추구하는 「문명 Zivilisation」에 지나지 않는다. 문화의 시대에서는 인간의 활력이 넘쳐흐르고, 인간의 내면생활과 창조력의 자연스런 표출로서 예술이 개화한다. 그러나 「문명」의 시대에서는 기계공업과 과학기술이 발달하며, 생활은 획일화 · 무미건조하게 되고 인간소외가 발생한다. 그리고 그는 서양의 이러한 상황은 구제되기 어렵다고 하였다.

2) 멈퍼드

미국의 문명비평가인 멈퍼드(Lewis Mumford, 1895~1990)는 『기술과 문명』[11]에서 기계에 대한 근대인의 과잉 신념과 기대를 비판하고, 이것은 이제 종교적인 신앙에 가까운 것이 되고 말았다고 지적하였다.

---

10) Oswald Spengler, Der Untergang des Abendlandes. 1918~22

11) Lewis Mumford, Technics and Civilization. 1934

> 그러나 1750년 이후 기계는 실생활을 조정하는 도구라기보다는 욕망의 도구가 되었다. 기계는 명목상으로는 생존 수단의 향상을 위해 설계되었지만, 상공인이나 발명가 그리고 이에 협력하는 모든 계급에 있어서 하나의 목적으로써 봉사하였다.
>
> 최근 2세기 동안 적어도 사회의 지도자나 지배자에 의해 무조건 신봉되고 숭배되었던 것이 있다고 하면 이것은 기계이다. 이것은 기계와 우주가 마치 수학적 · 물리학적 법칙으로 결합되어 있는 것처럼 동일시되었기 때문이다.(p.365)

이러한 주장은 제2차 세계대전 후 점점 더 성행하였다. 이것은 기계화의 진행에 수반되는 공해의 증가, 자연환경의 파괴, 상공업의 발전에 수반된 인구의 도시집중과 슬럼화 때문이었다. 그리고 이것은 세계 언론계의 일반적인 풍조가 되었다. 예를 들면 기디온은 『기계화가 지배한다』라는 저서에서 기계화의 지나친 발전에 대해서 다음과 같이 강하게 경고하였다.[12)]

> 인류가 노예상태에서 벗어나기 위해서 이처럼 많은 도구를 소유한 적이 없다. 그러나 보다 좋은 생활이라고 하는 약속은 지켜지지 않았다. 우리가 이 책에서 주장한 것은 오히려 세계를 유기적으로 조직할 수 없다는 불안감 혹은 우리들 자신조차도 유기적으로 조직할 수 없다는 불안감이었다. 아마 미래에는 이 시대를 기계화된 야만시대, 가장 억압된 야만시대라고 부를 것이다.(p.715)
>
> 대지와 인간 모두가 완전히 무책임하게 손상된 것은 의심할 여지없이 기계가 오용되었기 때문이다. 종종 기계화가 본래 기계화에 적합하지 않은 영역에까지 침투하였다. …… 수단이 인간을 압도하게 되었던 것이다.(p.716)

또 서양문화의 우월성에 대한 자신감에 대한 반성도 제2차 세계대전 후 한층 더 강하게 일어나게 되었다. 이것은 한편으로는 이미 구조주의에서 논한 레비스트로스 등에 의한 원시민족의 문화연구나 동양문화에 대한 관심과 이해에 의한 것이며, 다른 한편으로는 백인종 이외의 민족의 독립과 자활이라는 현실의 흐름에 의한 것이다. 그 결과 서양문화는 유일한 것도 최고의 것도 아니라는 것이 서양인 자신과 다른 민족에 의해서 인식되었다.

이상과 같은 진보주의 사상에 대한 반성은 20세기 초기부터 일어난 사상계 전체의 커다란 움직임이었다. 그럼에도 불구하고 이러한 사상적 경향은 건축계에는 쉽게 받아들여지지 않았다. 건축계에서는 20세기 중기에 들어서서도 여전히 과학기술을 찬미하고 기계문명을 구가하는 풍조가 계속되었다. 또 서양 근대건축을 유일한 건축으로 생각하였던 경향에 대해서도 반성이 일어나게 되었던 것은 20세기 후반기에 들어서서 반근대주의(이 책 제9장)가 대두되면서 시작된다. 즉 건축계는 일반 사상계나 언론계에 비해서 반세기 이상 늦었던 것이다. 이것은 가장 주의를 요하는 점이다.

12) Sigfried Giedion, Mechanization Takes Command – a contribution to anonymous history, 1948 (인용은 1955년판에 의함)

2. 도시미학

서양에서는 도시를 계획적으로 건설하는 것이 오래전부터 성행하였고, 비트루비우스나 알베르티도 도시계획법에 대해서 기술하였으며, 필라레테는 자신의 이상도시안에 대해서 상세하게 설명하고 있으나(이 책 p.28), 도시미론을 독립적으로 다룬 저술은 거의 없다.

그러나 19세기 말기에 출판된 까밀로 지테의 저서는 본격적인 도시미론의 최초 이론으로 중요하다. 20세기에 들어서면 도시미론에 관한 이론서는 급격하게 증가한다. 그리고 대부분이 건축공간론과 밀접하게 관련되어 있다. 즉 건축공간론의 초기 단계에서는 슈마르조나 파울 프랭클(이 책 p.183)의 경우와 같이 건축적 공간이라고 하면 오로지 건물의 내부 공간을 의미하였다. 그러나 이러한 건축적 공간의 의미는 확장되고, 건물의 배치와 정원, 마을 · 도시 등 외부 공간에 관한 문제도 건축공간론에 포함되게 되었다. 이러한 예는 브루노 제비(이 책 p.193)나 노베르그 슐츠(이 책 p.203), 그밖에 여러 사람의 저서에서도 나타난다. 그러나 여기서는 광장이나 가로, 도시 등 외부 공간의 문제를 주로 다룬 저서에 한정해서 소개하기로 한다.

2.1 까밀로 지테

지테(Camillo Sitte, 1843~1903)는 비인의 건축가 겸 미술사가다. 그의 저서 『예술적인 기본원리에 의한 도시계획』[13]은 도시의 광장과 가로계획에 관한 의견을 제시한 것으로 바로크 시대 이래의 기하학적인 도시계획법에 반대하여, 중세풍의 불규칙적이고 폐쇄적인 광장과 가로를 규범으로 해야 한다고 주장했다.

지테는 번서 예술로서의 도시계획에 대해서 다음과 같이 말한다.

> (도시의) 기술적인 내용에 대해서는 어느 정도 완성되었으나, 예술적으로 우리들은 거의 아무것도 하지 않고 있으며, 당당한 기념건조물이 언제나 가장 볼품없는 광장과 가장 졸렬하게 구획된 가구에 면하고 있는 실정이다.(초판의 서문)
>
> 도시계획은 단순한 기술상의 문제만은 아니며, 가장 옳고 또 가장 높은 의미에서의 예술적인 계획이 되지 않으면 안 된다. 이것은 고대, 중세, 르네상스 어느 시대에 있어서도 그러하며, 사실 예술 활동이 왕성한 곳에서는 어디에서나 그러하였다. 도시를 확장하고 설계하는 과정이 순수하게 기술적인 관심사가 되고만 것은 우리들의 수학적 세기(19세기를 말함)에 들어서서 이루어진 일이다.(서론)

다음으로 광장과 가로의 구체적인 설계방침에 대해서 설명한다.

---

13) Camillo Sitte, Städtebau nach seiner Künsterischen Grundsätzen, 1889

1) 광장 중심에는 아무것도 두지 않을 것

고대 로마의 포름이나 중세 광장에도 분수 · 조상 등은 주변으로 치우쳐 배치한다.

2) 광장은 통행을 막고 있을 것

광장은 단순히 가로의 일부 공지로 방치하면 안 된다. 광장과 접속되는 가로는 서로 교차되도록 하여 바람개비 모양으로 되게 하거나(Turbinenplatz, 그림 29), 입구에 문과 계단을 갖는 아케이드를 만들어 구분하였다.

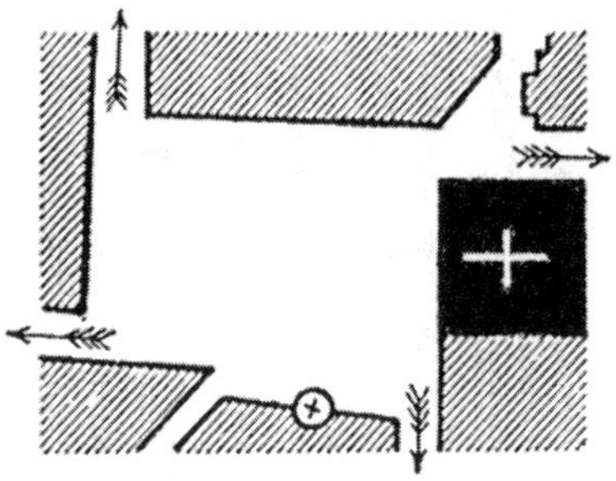

그림 29 바람개비 모양으로 된 광장의 예(피렌체의 두오모 광장)

3) 광장의 크기와 형태

교회당 앞의 광장은 세로 형태로 하고, 궁전 · 관청 앞은 가로 형태로 하는 등 형태와 주된 건축과의 관계에 의해 결정한다. 어떻게 하든지 과대한 광장은 피할 것.

4) 광장의 불규칙성과 연속성

이탈리아의 광장은 그림 상으로는 불규칙하지만, 실제로 체험해 보면 그 필연성을 이해할 수 있다. 그리고 단일 광장으로만 있는 것은 드물고, 하나의 광장에서 다른 광장으로 걸어갈 때의 인상이 훌륭하다.

5) 바로크 광장의 효과

예를 들면 로마의 聖피에트로 성당같이 중앙 깊숙이 주 건물이 있으며, 그 양측에서 부속건물이 앞으로 길게 뻗어 나온 마제형 평면은 회화적 효과가 아주 풍부하다.

6) 옛날 가로는 폐쇄적

옛날 가로는 폭이 좁고, 골목길이 작으며, 구부러져 있어 시야가 무한대로 넓어지지 않는다. 십자교차를 피해서 T자형으로 하고, 건물에서 예각이 생기는 것을 피한다.

지테는 이상과 같은 방침을 열거하고 나서, 근대의 도시계획에서는 바둑판 형상 혹은 방사상의 가로의 교차점에 광장을 만들고, 그 중앙에 기념비를 설치하는 것을 「빈약해서 상상력이 없다」고 비난했다. 그리고 「예술적인 원리에 의한 도시정비의 예」로서 앞에 설명한 여러 가지 조건을 적용한 비인 개조안을 제시했다.

2.2 파울 주커

파울 주커(Paul Zucker, 1888~1971)는 독일의 건축가 겸 건축사가이며, 처음에는 베를린에서 일을 하다가 나중에 도미했다. 일찍부터 도시와 광장의 예술사적 연구를 추진한 사람으로 광장이 도심 속의 허파 기능을 담당한다고 주장하였다. 그의 저서로서 가장 잘 정리된 것은 『가로와 광장 - 아고라에서 녹지대까지』[14]이다. 이것은 광장을 중심으로 도시와 외부공간의 조형을 통사적으로

14) Paul Zucker, Town and Square - from the Agora to the Village Green, 1959

서술한 것이다.

저자에 의하면 이 책의 내용은 「예술적으로 형성된 공허부 void 의 역사와 미학」을 다룬 것이며, 공허부의 성격은 광장에서 가장 잘 표현되는 것이라고 한다.(Preface) 이것을 구체적으로 설명하면,

> 광장의 공허부, 주위 건물, 개방된 하늘, 이들의 독특한 관계는 다른 어떠한 예술작품의 충동과도 비교할 수 있는 진정한 감정적 경험을 만들어낸다. 이 효과에 대해서는 개개의 예에 있어서 특정의 기능적 요구를 충족하고 있는가, 충족하고 있다면 어느 정도 충족하고 있는가는 2차적인 중요성밖에 갖지 못한다. 이 사실은 자명한 것이지만, 지나치게 합리화된 우리 시대에 있어서는 강조되지 않으면 안 된다.(p.1)

그리고 이와 같은 광장은 구체적으로는 주변 건물의 형태와의 관계, 즉 이것들의 균등성 혹은 다양성, 이것들의 절대적 치수 및 공허부의 폭과 길이를 비교했을 때의 상대적 비례, 진입하는 가로의 각도, 그리고 마지막으로 모뉴멘트와 분수, 그 밖의 3차원의 강조요소 배치에 의해 성격이 부여된다. 이와 같은 관점에서 본다면, 광장의 원형 Archetypes 은 다음과 같이 분류할 수 있다.

1) 닫혀진 광장 – 자족적인 공간
   헬레니즘 시대와 로마의 아고라와 같이 열주랑을 두르거나, 혹은 파리의 보쥬광장 Place des Vosges 과 같이 아케이드로 완전히 둘러싸여진 광장.
2) 부수된 광장 – 인도되는 공간
   주도적인 건물로서 교회당 · 궁전 · 시청사 · 대형분수 · 극장 · 주차장 등이 있으며, 그에 부수된 광장. 또는 문 · 다리 · 바다 등에 면하는 광장.
3) 핵심을 갖는 광장 – 중심의 주변에 만들어지는 공간
   예를 들면 베네치아의 산티 조반니 에 파올로 Santi Giovanni e Paolo 광장과 같이 유명한 기마상 등을 핵심으로 하는 광장.
4) 광장의 집합 – 공간 단위의 길합
   복수의 광장이 직선축으로 연결되거나 직각으로 교차하며, 혹은 주요 건물의 주변에 모여 있는 것. 또 이것들이 서로 연결되지 않는 경우도 있다.
5) 무형의 광장 – 한정되지 않는 공간
   일반적으로 비예술적이라고 하여야 할 것이다. 예를 들면 뉴욕의 타임스 스퀘어는 광장이 아니라 단순한 「네거리」에 지나지 않다.(p.8~17)

이상과 같은 원형을 염두에 두고 각 시대의 광장의 특색을 분석하여 그 기초가 된 각 시대의 인간의 외부공간에 대한 관념을 정리하면 다음과 같다.

1) 히포다무스 Hippodamus 식 및 헬레니즘 시대의 외부 공간 개념

원래 그리스인은 여러 건물을 각각 독립된 입체로서 파악하는 경향이 강했다. 그러나 히포다

무스(B.C. 500경)가 창시했다고 전해지는 바둑판 형상의 도시에 있어서는 아고라의 주변을 둘러싸는 공공건물 · 신전 등은 이미 공간적으로 독립되고, 스토아 stoa 나 열주랑 portico 과 함께 서로 관련된 하나의 조직으로 짜여져, 아고라는 그 자체가 통일된 구축물이 되었다.(p.44)

2) 로마의 외부 공간 개념

로마의 계획도시는 전체가 축에 의해 구성되어 있고 대칭적이므로 그 중심을 이루는 포럼 forum 과 주요가로의 교차점은 도시의 외관을 정비하기 위한 중요한 통제적 요소로서 강조되었다. 그리고 포름은 주변에 열주랑과 건물을 조합한 수직 평면을 배치함으로써 폐쇄적인 공간이 되고, 명확히 한정된 3차원의 공허부가 된다.(p.60~61)

3) 중세의 외부 공간 개념

중세 광장의 미는 의식적인 계획에 의한 것은 아니라, 몇 세기 동안의 성장에 의해 발생된 것이다. 광장의 주변 건물은 높이 · 폭 · 재료가 각각 다를 뿐만 아니라, 불규칙한 요철이 있는 건축선위에 지어져 있다. 그 미적 특징은 다양한 건물의 인상이 연속적으로 전개되는 데에 있으며, 또 특히 광장 전면의 빛과 그림자가 만들어 내는 회화적인 효과에 기인한 것이다.(p.96~97)

4) 르네상스의 외부 공간 개념

르네상스 시대에는 건축이나 광장에 있어서 일정한 규칙에 의한 입체기하학적인 형태의 순수함이 추구되었다. 가로에서는 여러 가지 건물이 돔 등에 의해 각각 입체성을 주장하고, 서로 독립하는 경향을 나타내고, 광장에서는 여러 가지 구성요소가 아케이드 등의 건축적 수단에 의해 결합되어, 어느 정도 분절을 유지하면서 통일된 공간을 형성했다.(p.140~141)

5) 바로크와 고전주의의 외부 공간 개념

17세기에서 19세기에 걸친 시대의 광장에서는 미켈란젤로 · 베르니니에 의한 바로크 광장과 팔라디오 · 프랑스 아카데미즘에 의한 고전주의 광장의 대립적인 두 가지 유형이 있었다. 바로크 광장에서는 공간을 자유롭게 유동하는 연속체로 파악하고, 보는 사람이 예측하지 못하는 조망의 전개에 의해서 보는 사람을 놀라게 한다. 그러나 고전주의 광장에서는 구형 · 정방형 · 원 등 평면기하학적인 도형이 강조되고, 또 「軸의 숭배 la culte de l'axe」로 인해서 광장보다도 가로에 우선권을 주는 결과로 나타난다. 이것은 특히 19세기에 있어서 정도가 심하였고, 마침내 외부 공간의 3차원성은 상실되어 도시는 완전히 평탄한 것으로 되었다.(p.232~235)

이상의 역사적 고찰의 결과, 주커는 다음과 같이 결론을 내린다.

> 광장의 변천은 단순한 「취미 taste」의 교차 그 이상의 것이다. 이것은 동시대의 추상적 교의나 철학에서 영향을 받은 것은 확실하지만, 이에 의존하는 것은 아니다. 이것은 근원적인

elemental 것이다. 이것은 인간의 행동과 태도의 독자적이면서도 고유한 양식 mode 에서 발생한다. …… 이것은 이성 · 감정 및 의지의 집약적인 복합체를 표현한다.(p.236)

결국 주커의 생각은 지테와 같이 광장을 내부 공간에 준하는 공간으로 간주하고, 건물 내부 공간에 관한 고찰 방법을 외부공간에 적용한 것이다. 여기서 외부공간에 대한 서양인의 전통적인 태도를 엿볼 수 있다.

2.3 케빈 린치

미국 건축가 케빈 린치(Kevin Lynch, 1918~84)는 도시조형에 관한 새로운 견해를 『도시의 이미지』[15]에서 발표했다.

이 책의 기본적인 입장은 다음과 같다. 즉 도시는 각각 고유의 이미지를 가져야 하며, 그 이미지에 의해 사람들은 그 도시를 다른 도시와 구별할 수 있다. 즉 그 도시의 특정성 identity 을 확인하는(특정하는 identify) 것이 가능하다. 이와 같은 특정성의 확인에 의해서 사람들은 그 도시에 친밀성 intimacy 을 느끼고, 거기에서 자신의 「우리 집」 혹은 「고향」을 발견하고 만족한다는 것이다. 이러한 생각은 이미 하이데거에서도 볼 수 있다(이 책 p.211). 그래서 그는 어떻게 하면 적절한 도시의 이미지를 만들 수 있는가에 대해서 연구했다. 따라서 이 책은 도시에 관한 일종의 정보전달론으로 볼 수 있다. 그에 의하면 이 책의 목적과 방법은 다음과 같다.

이 책은 도시의 외관 look 에 관한 책이며, 이 외관이 중요한가 그렇지 않은가, 또 이것을 변화시킬 수 있는가라는 점을 다룬 것이다. 도시 경관 Urban landscape 은 다른 많은 역할을 갖고 있으며, 동시에 보여지고 기억되며 기쁨을 주어야 할 것이다. 도시에 시각적 형태 visual form 를 부여하는 것은 디자인 문제의 하나이다.(서문)

따라서 감각적인 즐거움을 위해 도시를 만들어가는 예술이 건축 · 음악 · 문학과 완전히 별개의 예술이라는 것은 불가사의한 것은 아니다. 이것은 다른 여러 가지 예술로부터 많은 것을 배워오지만, 그러나 이것들을 모방할 수는 없다.(p.2)

이와 같이 린치가 도시디자인은 건축이나 그 밖의 예술과는 다른 독자적인 방법과 목표를 가져야 한다고 주장한 점은 중요하다. 다음으로 일반적인 환경이미지의 성립조건을 든다.

15) Kevin Lynch, The Image of the City, 1960

1) 알아보기 쉬움 Legibility

> 실제로 명확하게 알아보기 쉬운 환경은 안심감을 줄뿐만 아니라, 인간경험의 잠재적인 깊이와 강도를 높인다.(p.4)

2) 이미지를 형성하기 쉬움 Imageability
어떤 관객에게도 높은 확률로 강한 이미지를 가질 수 있는 것이 필요하다.(p.9)
3) 구조와 특정성 Structure and Identity
구조라는 것은 환경을 구성하는 각종 요소의 공간적 · 도형적 관계를 말하며, 그 구조에 따라 판별가능성이 좌우되고, 따라서 특정성을 식별하는 난이도가 변한다.(p.8)
4) 환경이미지의 형성 Building the Image
사람은 자기 세계관에 적합하도록 이미지를 만들기 때문에, 환경이미지는 보는 사람과 환경과의 합작품이다. 그러나 도시계획에서 취급하는 것은 어떤 그룹의 同意에 의한 「공공의 이미지 public images」이다.(p.6, 7, 111)

그는 이와 같은 전제를 기초로 하여 보스턴, 저어지 시티, 로스앤젤레스의 현지조사를 하였다. 그 결과 도시의 이미지를 형성하는 주요요소로서 경로 · 가장자리 · 지구 · 결절점 · 목표를 들었다. 이 주요 요소를 살펴보면 다음과 같다.

1) 경로 Paths : 관찰자가 관습적 혹은 일시적으로 이동하는 경로 또는 이동할 가능성이 있는 경로를 의미. 사람들은 이 경로를 따라 이동하면서 도시를 관찰하고, 그 외의 환경요소는 이 경로를 따라 배치되고 관련을 갖게 된다. 노베르그 슐츠의 실존적 공간에서 말하는 통로가 이에 해당된다.
2) 가장자리 Edges : 관찰자가 경로로써 이용하지 않고, 또 경로로도 간주되지 않는 線狀의 요소, 즉 고가철도나 해안선 등. 이 가장자리는 다소의 투과성을 갖지만, 어느 지역과 다른 지역을 절단하는 장벽이 되는 경우도 있고, 또 두 지역을 연결하는 접점이나 경계선이 되는 경우도 있다.
3) 지구 Districts : 2차원적인 공간으로 인식되며, 전체적으로 어떠한 공통된 성질, 즉 건물양식 · 텍스츄어 · 용도 · 활동 · 주민층 · 보존의 정도 · 지형 등을 갖으며, 슐츠의 영역 domain 에 대응한다. 지구의 단부는 가장자리에 의해서 경계를 구분하는 경우가 많다.
4) 결절점 Nodes : 비교적 작고 통합된 공간을 형성하는 點的인 대상. 관찰자는 그 내부로 들어갈 수 있으며, 어떤 지역의 강력한 집점을 이루는 도시의 주요 지점이다. 슐츠의 장소에 대응한다. 이 결절점은 경로와 밀접한 관련을 갖게 되는데 통상적으로 경로는 이 결절점으로 집중하며, 결절점을 서로 결합시키는 기능을 갖는다.
5) 목표 Landmarks : 여러 가지 크기를 갖는 물리적 요소로 성립되는 또 하나의 점적인 대상으로 주위로부터 유달리 눈에 띄며, 기억하기 쉬운 어떠한 특징을 갖추고 있다. 이 경우는 결절점과는 다르게 관찰자는 내부로 들어갈 수 없고 언제나 외적인 존재가 된다(그림 30).

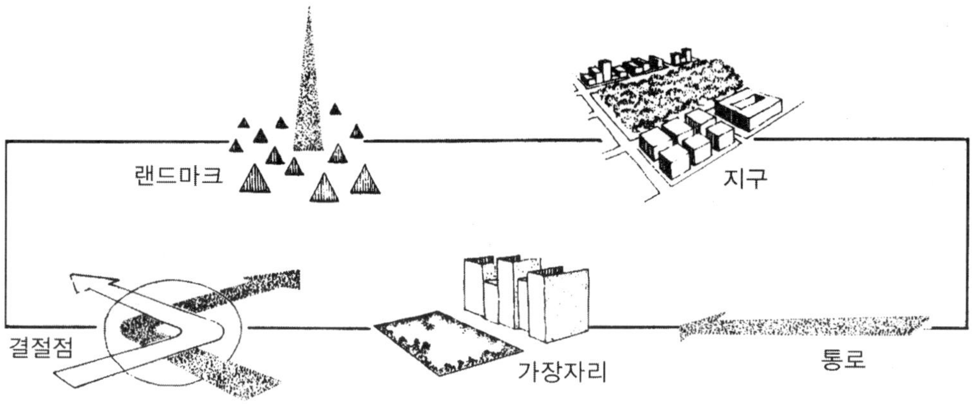

그림 30 린치가 제시한 5가지 도시공간의 구성요소

그리고 이러한 요소들은 서로 결합하여 하나의 「지역성 locality」을 형성하고, 이와 같은 결합이 강하면 강할수록 이미지는 선명하게 된다고 하였다. 즉,

> 최대 가치를 갖는 이미지는 강한 전체적인 場 total field, 즉 진하고 강고하며 생생한 전체적인 場에 가장 가까운 이미지이다. 또 이것은 좁은 범위에 집중해 있지 않더라도 모든 요소의 형태와 형태의 특성을 활용함으로써 경우에 대응하고, 전제적 · 연속적으로 종합되도록 하는 이미지이다.(p.90)

이하 린치는 이러한 견해에 의거하여 도시설계에 관한 여러 가지 구체적인 문제에 대해서 제안하고 있다. 그러나 처음에 설명한 바와 같이 린치의 연구의 주안점은 어떻게 해서 건축 또는 도시에 시각적인 「특성성」을 부여할 수 있는가라는 문제에 있다. 즉 「이 집은 누구의 집이다」든가 「이 도시는 뭐라고 하는 도시이다」라는 문제를 어떻게 하면 사람들에게 가장 명확하게 전달할 수 있는가를 문제시하는 것이다. 결국 이것은 구축물을 매체로 하는 일종의 정보전달이론이다. 그러나 이러한 정보전달만이 목적이라면, 언어나 문자나 기호를 사용한 표찰 · 간판 · 표식에 의해 대용할 수 있고, 그편이 훨씬 더 확실하다. 따라서 그의 이론은 그대로는 엄밀한 의미에서의 건축미학이나 도시미론으로 말하기 어려운 점이 있다는 것에 주의하지 않으면 안 된다.

3. 의미론적인 접근

일반적으로 예술을 정보전달 수단의 일종으로 보고, 이것을 언어에 비교하여 생각하게 된 것은 비교적 일찍부터 이루어졌다. 특히 언어를 소재로 하는 예술인 문학과 기존의 사물을 묘사하는 회화 · 조각 분야에서는 원래 이와 같은 사상을 낳는 토양이 존재하고 있었다. 예를 들면 20세기 초에 베네데토 크로체(Benedetto Croce, 1866~1952)는 문예를 토대로 하여 예술의 본질은 작가가 자신의 마음상태를 「표현」하는 것이라고 하고, 미라는 것은 성공한 표현이며, 추라는 것은 실패한

표현이라고 하였다. 그리고 언어도 표현이므로 결국 미학은 언어학과 동일하다고 주장했다.16)

그러나 예술을 단순하게 언어와 동일시한 것은 무리가 있다. 그 때문에 여러 가지 수정안이 나오게 되었다. 예를 들면 오그덴(Ch. K. Ogden)과 리처드(I. A. Richards)는 언어가 사고에 미치는 영향을 고찰하고, 언어에는 두 가지 용법, 즉 「상징적 용법」과 「정서적 용법」이 있으며, 전자는 대상을 기록하고 조직하고 전달하는 것으로 과학을 조직하며, 후자는 감정과 태도를 북돋우는 것으로 시를 만들어낸다고 한다.17)

그리고 카시러의 상징철학(이 책 p.213)을 계승한 수잔 랭거는 상징에는 2종류가 있다고 한다. 즉 「변론적 discursive」인 상징과 「비변론적 non-discursive」인 상징이 있으며, 언어 · 과학 등은 변론적인 상징이고, 祭儀 · 神話 · 藝術 등은 비변론적인 상징이라고 했다.18) 그들을 계승하여 언어를 모델로 하는 미학설과 예술론은 무수히 많다. 그리고 그들 이론에서는 곧잘 예술을 「유사언어 pseudo-langrage」 혹은 「변성언어 metalanguage」라고 부르고 있다. 이것은 한편으로는 예술이 언어와 다르다는 것을 의미하고 있다.

다음으로 조형예술 분야에 대해서 보면, 일반적으로 19세기 말기에서 20세기 초기에 걸쳐서 미술론과 미술사에 있어서는 작품의 형태적 측면을 중시하는 경향이 강하며, 앞장에서 설명한 뵐플린학파의 양식론(이 책 p.176 이하)에서 특히 이 경향이 뚜렷하게 나타났다. 그러나 20세기 중기부터 작품이 갖는 「의미」를 중시하는 경향이 강해져 갔다. 작품의 의미를 문제시하는 것은, 바꾸어 말하면 미술작품을 일종의 정보매체로 보는 것이며, 미술을 언어 혹은 언어에 준하는 정보전달 활동의 일종으로 보는 것이다. 따라서 이러한 연구방법은 언어학과 무관하지 않다. 그러나 이것은 대부분 미술작품이 전하는 정보내용을 문제시하는 것이고, 정보매체로써의 짜임새, 즉 「구조」를 문제시하는 것은 아니었다.

이러한 경향은 건축에도 나타난다. 건축에 있어서도 20세기 중기를 지나서부터 언어학을 참고로 한 논의가 왕성하게 이루어지게 되었다. 그러나 먼저 앞에서 설명한 것과 관련하여 주의해야 할 점은 언어학을 참고로 한 건축이론은 다음과 같은 두 가지 종류가 있다.

a. 건축이 전하는 정보의 의미내용을 문제시하는 입장

b. 의미를 전하기 위한 매체(기호)로서의 건축의 구조를 문제시하는 입장

a는 일반적으로 「상징론」 혹은 「의미론」으로 알려져 있으며, 건축에 있어서는 언어학적인 이론이 거의 이에 해당된다. 이 장에서 소개하는 비트코워와 제들마이어의 이론과 9장에서 언급하는 반근대주의의 주장은 대부분 이런 종류이다. 이 점은 회화나 조각의 의미론과 같다. 그러나 이러한 이론은 모두 소쉬르로 시작되는 근대언어학과는 관계가 없고, 오히려 반대 방향의 움직임이라는 점에서 주의할 필요가 있다. 왜냐하면 소쉬르의 언어학은 언어의 상징적인 의의를 도외시하는 것에서 출발하여, 이에 의해서 언어의 순수구조를 명확하게 사용한 점에 특색이 있기 때문이다(이 책 p.213).

---

16) Benedetto Croce, Aesthetic, 1909 (원판은 이탈리아어 1902)

17) Ch. K. Ogden & I. A. Richards, The Meaning of Meaning. 1923

18) Susanne K. Langer, Philosophy in a New Key. 1941

반면에 b는 기호의 구조 그 자체를 추구하는 소쉬르의 언어학의 방침을 그대로 채용한 것이다. 그러나 이러한 이론은 극히 드물다. 예를 들면 도날드 프레지오시(Donald Preziosi)의 저서 『建造環境의 記號學』[19]은 그 드문 일례이다. 이것은 크레타 · 미케네의 궁전건축을 실례로서 들어 건축적 요소의 조합과 평면의 구성을 설명한 것으로, 연구방법으로서는 주목할 만하다. 그러나 아직 건축미학으로 보기에는 이르다. 다른 한편 반근대주의의 입장에 선 건축가 중에서는 「構造主義」의 이름을 내걸은 일파가 있지만, 역시 그 이론은 충분히 정리되어 있다고 하기 어렵다(이 책 p.264).

3.1 「의미」의 세 가지 층

그래서 다음으로 앞에서 설명한 미술작품이 전하는 「의미」에 관한 이제까지의 연구에 대해서 살펴보기로 하자.

조형예술 중에 모사적 회화 · 모사적 조각 분야에서는 작품의 정보 전달적인 측면의 문제를 다루는 학문으로써 예전부터 「圖像學 Iconography」이라는 것이 있었다. 이것은 人像과 神像의 자태 · 복장을 비롯하여 소유물, 종속 동물, 그 밖의 부수품 attributes에 관한 규칙과 습관을 논하는 학문이다. 사람들은 이 도상학의 지식에 의해서 어떤 조각이 무슨 神을 나타내고 있는가, 이 회화가 누구의 초상인가를 알 수 있었다. 즉 도상학은 묘사되는 대상과 그 의미와의 관계, 환언하면 정보적 내용을 다룬 것으로, 종교미술 등에서는 신앙상의 이유에서 특히 중시되었다.

1) 파노브스키

르윈 파노프스키(Erwin Panofsky, 1892~1968)는 종래의 「도상학」에 대해 「아이코놀러지 Iconology(도싱해석학)」라고 하는 것을 제창했다.[20] 그의 주장의 요지는 이제까지의 도상학은 개개의 도상에 관한 지식의 집적에 불과하므로 「圖像誌」라고 해야 하나, 이에 반하여 「아이코놀러지」는 각종 도상을 비교 연구하고, 종합적으로 해석하는 과학이라고 한다. 즉 「도상학 Iconography」과 「아이코놀로지」의 관계는 「民族誌 ethnography」와 「民族學 ethnology」의 관계와도 같다고 한다.

그래서 파노브스키에 의하면 미술작품의 주제 혹은 의미를 분석하려면, 거기에는 다음과 같은 세 가지 층이 구별된다고 한다.

① 1차적 혹은 자연적 주제

이에는 2종류가 있다. 하나는 선과 색의 형태와의 조합, 銅이나 돌의 덩어리이며, 또 하나는 표현되는 인간 · 동물 · 식물 · 집 · 도구 등, 즉 「주제 motif」이다. 이 단계의 작품 이해는

19) Donald Preziosi, The Semiotics of the Built Enviroment - An Introduction to Architectonic Analysis, 1979 ; Minoan Architectural Design - Formation and Signfication, 1983

20) Erwin Panofsky, Studies in Iconology, 1939 (in "Meaning in the Visual Arts," 1955), 도상(圖像)해석학. 도상학을 발전시켜, 작품 성립의 문화적 · 시대적인 배경을 근원으로 삼아 고찰하는 연구.

「前도상학적」이라고 할 수 있다.

② 2차적 혹은 관습적 주제

예를 들면 칼을 가진 男性像은 聖바솔로매(St. Bartholomew)이며, 여러 사람이 이러이러한 자태로 식탁에 있으면, 이것은 「최후의 만찬」이다. 이런 경우 개개의 像은 「이미지 image」라고 하며, 이것들은 전체로서 이야기나 寓意 allegory 를 나타낸다. 이 단계의 작품 분석이 이제까지의 「도상학적」인 분석이다.

③ 내재적 의미 혹은 내용

작품성립의 기반이 되는 민족·시대·계급·종교·철학 등의 특성을 작품에서 이해할 수 있는 것. 최종적으로는 이 작품을 만든 사람들 마음의 기본적인 경향, 즉 세계관을 이해하는 것이다. 따라서 이러한 내용은 「문화적 징후 cultural symptoms」나 「상징 symbols」이라고 할 수 있다. 더구나 이러한 내용은 작가의 표현의도와는 무관하게 작품에 표현되는 것이다. 이 단계의 작품 이해가 「아이코놀러지」의 독자적인 것이다.

이미 제6장에서 설명했듯이 미술양식론, 특히 리글학파의 양식론(이 책 p.163)에서는 미술양식을 세계관의 표현으로 보고, 미술작품의 형태적 특성과 이것을 만들어내는 정신적 기반과의 관련을 밝히는 것이 가장 중요한 과제였다. 따라서 파노브스키가 말한 아이코놀러지의 연구방침은 앞에서 알 수 있는 바와 같이 기본적으로는 리글학파의 양식론 연구방침을 계승한 것이다.

2) 닐스 프라크

다음으로 이와 같은 파노브스키의 의미론을 건축에 응용한 사람은 닐스 프라크(Niels Luning Prak, 1926~)이다. 그는 파노브스키가 제시한 미술작품의 세 가지 의미의 층에 각각 대응하는 건축의 세 가지 의미의 층 levels 을 들었다.[21)]

① 평행현상의 층

예를 들면 옛날 수도원이 번영한 시대에는 훌륭한 부속예배당이 많이 세워졌다. 따라서 이들의 훌륭한 예배당은 「이 시대에는 수도원이 번영했다」고 하는 정보를 우리들에게 제공한다. 이러한 정보내용이 건축의 첫 번째 층의 의미이다. 이 층의 의미는 시대의 사회나 문화와 평행하고, 건물의 기능에 직접 관계된다.

② 의식적 심벌리즘

일반적으로 돔은 천공을 표현하고, 돔 구조의 건물은 소우주였다. 또 르네상스 시대의 장식은 고대 로마의 위대함을 의식적으로 표현하려고 한 것이며, 고딕 모방양식은 중세를 표현할 의도를 갖고 있었다. 이것들은 모두 의식적 심벌리즘이다.

③ 잠재적 심벌리즘

사회적 조건은 우리들을 둘러싸는 「외계」에 대한 우리들의 태도를 규정하지만, 그러한 태

21) Neils Luning Prak, The Language of Architecture. 1968, p.41~42 : 손승광外 옮김, 建築의 社會的 言語, 태림문화사, 1986.

도는 「세계관」으로써 철학으로 설명되는 한편, 그 감정적 내용이 무의식적으로 예술작품에 표현된다. 그러나 이러한 의미는 우리들이 그러한 작품을 다른 시대의 작품과 비교하고 추론함으로서 처음으로 알 수 있는 것이다. 따라서 이것은 잠재적 심벌리즘이다.

이상의 세 가지 층 가운데 작가가 작품에 의식적으로 의미를 부여하는 것은 ②의 경우뿐이며, ①과 ③의 심벌리즘 의미는 작가의 의도와는 관계가 없고, 이것을 정보로써 받아들일 것인가는 모두 관조자의 임의에 맡긴다. 또 ②와 ③의 심벌리즘은 주로 종교건축과 권력자의 건축에서 나타나는 것으로 단순한 실용적 건물이나 서민의 건축과는 관계가 없다.

그런데 앞에서 설명한 ①의 「평행현상의 층」의 의미는 특별히 새로운 연구 분야를 개척하는 것은 아니다. 왜냐하면 이 의미에서의 건축은, 말하자면 시대를 반영하는 거울과 같은 것이며, 사회사나 일반 문화사를 설명하기 위한 물적 증거 혹은 도해자료로써 건축을 취급하는 방법은 이미 광범위하게 이루어지고 있기 때문이다. 또 ③의 「잠재적 심벌리즘」의 의미를 연구하는 것은 앞서 설명한대로 미술양식론의 가장 중요한 주제였다. 따라서 건축의 이러한 층의 의미에 대해서도 양식론에 있어서 상당한 업적이 쌓여지고 있다. 그들에 대해서는 이미 제6장에서 설명했기 때문에 여기에서는 언급하지 않기로 한다.

이리하여 마지막에 남는 것은 ②의 「의식적 심벌리즘」이다. 이러한 심벌리즘은 세계 각지에서 예전부터 나타나지만, 원래 미신이나 呪物崇拜와 밀접한 관계가 있었기 때문에 근대에 있어서 자연과학의 발달과 합리주의적인 사상의 보급으로 인해 점차 소멸되었으며, 19세기 이후에는 거의 나타나지 않게 되었다. 그런데 20세기 중기부터 이러한 연구가 활발해졌다. 그리고 일부에서는 이와 같은 심벌리즘을 현대에 부활시키려고 하는 움직임도 일어났다. 그래서 이하에서는 우선 건축에 있어서의 의식적 심벌리즘을 주로 역사적인 측면에서 논한 루돌프 비트코워와 제들마이어에 대해서 소개한다. 그리고 건축설계 활동에 있어서의 심벌리즘 부활의 주장은 제9장 「반근대주의」에서 다루기로 한다.

3.2 루돌프 비트코워

루돌프 비트코워(Rudolf Wittkower, 1901~1971)는 독일에서 태어나 후에 영국에서 활동한 건축사가이며, 저서 『휴머니즘시대의 건축적 원형』[22]이 가장 유명하다.

이 「휴머니즘시대」라고 하는 것은 르네상스 시대이다. 그는 이 책에서 르네상스 건축가들은 현대인이 모두 잊어버리고 있는 여러 가지 원리에 따라서 건물을 설계하고 있다는 사실을 분명히 하였다. 즉 르네상스인은 현대인과 같이 건물의 형태나 색채를 단순히 감각적 · 직관적으로 관조하고 평가할 뿐만 아니라, 건물의 형식이나 비례에 각종의 신비적 · 주술적인 「의미」를 부여하고 있다는 것을 입증했다.

---

22) Rudolf Wittkower, Architectural Principles in the Age of Humanism, 1949 (인용은 1973년판에 의함), 이대암역, 르네상스 건축의 원리, 대우출판사, 1988

그는 이 책에서 르네상스 초기의 대표적인 건축가로써 알베르티를, 그리고 매너리즘의 대표적 건축가로서 팔라디오를 들고, 이 두 사람의 작품과 이론을 비교 대조하면서 이론을 전개하고 있다. 그 이론의 중심을 이루는 것은 알베르티의 유심적 평면 교회당에 관한 사상과 팔라디오의 조화적 비례(조화로운 음악이 갖는 단순한 정수비)에 관한 사상의 문제이다. 먼저 알베르티의 설명에 의하면, 교회당은 원형이여야 하며, 그 이유는 자연에서 가장 많이 볼 수 있는 완전하고 신성한 형태는 원이기 때문이다. 그리고 원형 성당 벽의 높이는 직경의 1/2이나 2/3, 3/4로 해야 한다. 이에 대해 비트코워는 다음과 같이 설명한다.

> 사람이 건물 속을 걸어 다닐 때, 평면과 단면 사이에서 이와 같은 수학적인 관계를 정확하게 지각할 수 없다는 것은 분명하다. 알베르티도 물론 우리들과 같이 이것을 알고 있었다. 그래서 우리들은 다음과 같이 결론을 내리지 않으면 안 된다. 즉 기하학적 계획의 조화적 완성은 우리들의 주관적이고 일시적인 지각과는 무관한 절대적 가치를 표현한다고. 알베르티에 있어서 이 인공적인 조화는 천상적이며, 보편적으로 타당한 조화의 가시적인 반영이었다.(p.8)

따라서 이와 같은 알베르티의 주장은 고대 · 중세 이래의 數字신앙, 혹은 도형신앙의 흔적이 나타난다. 다음으로 비트코워는 르네상스 건축계에 조화적 비례사상이 널리 퍼져 있던 것에 대해서 다음과 같이 설명한다.

> 이 놀라운 (그리스에 있어서의 조화적 비례의) 발견이 사람들로 하여금 우주의 신비적인 조화를 파악했다고 믿게 한 것은 이해할 수 있다. 그리고 이 확신 위에 數의 심벌리즘과 신비주의가 세워졌으며, 그 후 2천년 동안 인간의 사상으로는 헤아리기 어려운 충동을 준 것이다.(p.104)
>
> 건축은 과학이며, 건물의 각 부분은 내 · 외부를 불문하고 수학적 비례의 일관된 시스템 안에서 통합되어야 한다고 하는 신념은 르네상스 건축가의 기본적인 이념이었다.(p.101)
>
> 이것들(회화 · 조각 · 건축 등의 수작업)을 기계적인 기술 mechanical arts 로부터 자유로운 기술 liberal arts 의 수준으로 높이기 위해서는 이러한 완전한 이론적, 수학적인 기초를 부여하지 않으면 안 되었다.(p.117)

이와 같이 비트코워는 르네상스에 있어서 조화적 비례 사상의 배경에 대해서 고찰하면서 동시에 알베르티나 팔라디오가 실제로 건물의 설계에 그러한 비례를 사용한 것을 입증하고, 특히 팔라디오는 그리스 이래의 1 : 2 : 3 : 4의 비례뿐만이 아니라, 오늘날 8음계를 구성하는 長三度(4 : 5), 短三度(5 : 6), 長六度(3 : 5)의 비례도 사용하고 있는 것을 상세하게 설명한다. 그리고 책의 끝부분에 있는 「건축에 있어서의 조화적 비례의 법칙에서의 이탈」이라고 하는 항목에서는,

> 대우주와 소우주를 함께 떠받치는 종합명제, 즉 피타고라스 시대부터 16 · 17세기까지의 사상가

가 확신하고 있던 질서와 조화는 새로운 과학의 발흥과 함께 해체되기 시작했다. 이 「분해 atomization」 과정은 미학 영역은 물론 암암리에 비례 영역에 있어서도 새로운 방향으로 이끌었다.(p.143)

라고 하고, 클로드 페로(이 책 p.35)를 위시한 많은 사람들에 의해서 건축에 있어서의 조화비례가 단순한 미신적인 신앙에 불과하다는 것이 밝혀져 가는 과정을 설명하고 있다.

이와 같이 비트코워의 이론적 특색은 이제까지 건축사상 간과되기 쉬웠던 사실에 대해 주목했다는 점이다. 그리고 그 이론은 원시신앙사나 민속사상사에 대해서 유익한 자료를 제공한다고 생각된다. 그러나 오늘날의 건축가의 입장에서 본다면, 현대인이 단순한 숫자나 도형에 대해 신앙을 갖거나 건물 치수에서 주술적인 의미를 찾으려고 하지는 않을 것이므로 앞으로 우리들의 건축 활동에는 전혀 참고가 되지 않을 것이다.

3.3 한스 제들마이어

제들마이어(Hans Sedlmayr, 1896~)는 리글 학파의 계통을 이은 오스트리아 미술사가다. 비트코워와 같이 역사적인 미술작품이 갖고 있는 「의미」 탐구에 전념했으나, 그의 경우는 그러한 「의미」를 적극적으로 평가했던 점이 비트코워와 다르다. 즉 그에 의하면 예전부터 건전한 미술품은 각각 「의미」를 갖고 있었지만, 현대미술은 그와 같은 「의미」를 상실하고 말았다. 이것은 현대인이 병들었다는 증후이다. 제들마이어는 이와 같은 관점에서 미술비평과 문명비평에 걸친 문필활동을 전개하여 많은 사람들의 관심을 모았다. 그의 저서 중에서 유명한 것은 다음 세 가지이다.[23)]

① 『중심의 상실 - 시내의 증후와 상징으로서의 19 · 20세기의 조형예술』

② 『대성당의 성립』

③ 『근대예술의 혁명』

먼저 ①의 『중심의 상실』은 평판이 높았던 책으로, 그 내용은 근대미술에 대한 관찰을 기초로 한 근대문명 비판이다. 그는 근대미술을 주의 깊게 관찰하면, 그 저변에는 다음과 같은 근대인 특유의 정신적 질환의 증후가 검출된다고 한다.

1) 「순수한」 영역의 분리 (순수주의, 고립화)

근대건축은 장식조각 · 회화적 장식을 배제하여 순수 건축예술을 추구하며, 또한 회화 · 조각도 각자 독자성을 주장하면서 상호 분리 · 독립했다. 이것은 학문의 각 분야가 전문분화주의를 강조하는 것과 동일한 현상이다. 인간이나 자연도 각각 「순수하게」 배양되고 관리된다. 거기에는 이미 공통의 중심이 없다.

---

23) Hans Sedlmayr, Verlust der Mitte - Die bildende Kunst des 19 und 20 Jahrhunderts als Symptom und Symbol der Zeit. 1948 ; Die Entstehung der Kathedrale. 1950, Die Revolution der Modernen Lunst. 1956

2) 대극화의 경향

모두 극단화되는 경향이 나타난다. 근대건축에서는 예술이 합리성을 극단적으로 추구하는 한편, 초현실파 근대회화는 절대적인 비합리성을 추구하였다. 건물은 하얀 결정과 같이 명확하게 자연으로부터 독립하는 한편, 유리벽에 의해 자연계와 융합한다. 冷과 熱이 중간영역을 이루어 대립한다. 정신계에서는 지성과 감정, 신앙과 지식, 육체와 정신이 서로 분리되어 대립한다. 이것들을 합치려고 하는 시도나 중용을 바라는 입장은 모두 경멸되고 거부된다.

3) 무기적인 것으로의 傾倒

근대인은 새로운 정신을 표현하기 위해서 철 · 콘크리트 · 유리 등 무기적인 재료를 사용한다. 사람들의 관심은 생명이 없는 천체나 지구나 원자 등으로 기울어졌다. 유기적인 것은 분해되고, 생명은 石化되거나 혹은 금속화된다.

4) 지반으로부터의 遊離

18세기말에 르두가 설계한 球形 건물은 대지에서의 유리를 의미한다. 항공기가 대지를 떠나고, 국적불명의 인공언어가 나타나며, 사람들의 離村 · 移住가 일어난다.

5) 아래쪽으로 향하는 경향

한편 예술에 있어서나 과학에 있어서는 원시적인 것, 근원적인 것, 깊은 바닥에 있는 것, 어둡고 불명확한 것, 의식 아래의 것이 추구된다.

6) 인간을 낮추려는 경향

앞 항목과 같은 취지에서 인간이 자기 자신을 아래쪽으로 낮추려고 하는 경향.

7) 상 · 하 구별의 방치

球形 건축도 그러하지만 근대회화에도 상 · 하 구별이 없는 것이 많다. 이것은 이성 이상의 것과 이성 이하의 것을 구별하지 않는「부조리한」태도와 같다.

이상과 같은 증후군을 근거로 하여 제들마이어는 근대인은「중심을 상실했다」고 진단하는 것이다. 그리고 우리들이 이 정신분열 상태에서 탈출하여 정상적인 인간성을 회복하기 위해서는 우선 마음속의 중심을 재건하는 것이 필요하다고 하였다.

다음으로 ②의『대성당의 성립』은 중세 기독교건축에 관한 대작이다. 중세의 대성당에 있어서는 건축 · 조각 · 회화가 언제나 긴밀하게 연결되고, 이에 음악, 공예, 종교의례 등이 참가해서 모든 예술이 기독교 신앙이라고 하는 강력한 정신에 의해 이상적인 통일체로 응집되고, 조형적으로 표현되고 있다고 하였다. 즉 그에 의하면 중세는 근대와 정반대로 가장 건전하고 행복한 시대였다.

③의『근대예술의 혁명』은 주제가 근대예술이지만, 주장하는 바는『중심의 상실』과 같다. 그는 근대예술의 출현은 하나의 혁명이었고, 그 혁명의 본성은 근대예술이「이제 와서는 예술이 아니다」(S.111)라고 한다. 그 이유는 근대예술이 기하학이나 과학기술에 굴복하고, 인간성을 상실했기 때문이다. 그리고 근대건축 디자인은 물론 추상회화나 추상조각도 배격했다.

이상이 제들마이어의 논지이다. 그러나 현재 우리들 입장에서 생각해 보면, 소위 근대건축 디자인은 20세기 전반을 대표하는 건축양식으로서 이미 역사적으로 정립되어 있으며, 그 영향은 지금도 지속되고 있고, 또 추상회화나 추상조각은 이미 미술의 한 분야로써 그 권리를 획득하고 있으므로, 오늘날에는 이것들을 단순히 「질병」으로만 몰아붙이지는 못할 것이다. 따라서 이것은 제들마이어의 편견임에 틀림없고, 이와 같은 편견은 그가 조형작품의 「의미」에 지나치게 구애되었기 때문이다. 그러나 한편으로는 그가 이와 같이 근대문화의 결함을 지적하고 경고한 것은 시대의 풍조(이 책 p.215)를 반영한 것으로 그 영향은 적지 않았다.

이상의 비트코워나 제들마이어 외에 역사적 건축의 의식적 심벌리즘을 연구했던 이론가는 하나하나 열거할 틈이 없다. 그 가운데 두드러진 것은, 예를 들면 볼드윈 스미스(E. Baldwin Smith)는 『제정 로마와 중세시대의 건축적 심벌리즘』[24]에서 도시의 문은 천국과 지배자의 심벌리즘이며, 돔은 신과 제국과 왕권의 심벌리즘이었다고 주장하고 있다. 또 존 오니언스(John Onians)는 『의미를 담고 있는 것들』[25]이라는 저서에서 고전적 원주가 고대 · 중세 · 르네상스의 각 시대에 각각 어떠한 의미를 부여하고 있는가를 상세하게 설명하였다. 예를 들면 원주는 어떤 성별 · 인종 · 계급 · 성격을 갖는 인간을 의미하고, 때에 따라서는 특정 인물을 의미하는 경우도 있었을 것이다.

4. 건축조형론

여기에서는 건축미의 본질론이라고 하기보다는 오히려 건축의 조형적인 측면에 관한 각종 문제를 개별적, 구체적으로 설명했던 이론에 대해 언급한다. 이런 종류의 저술은 예전부터 상당히 많았으며, 그 중에서는 일반인을 위한 건축 감상 안내서와 같은 것도 있고, 건축가가 자신의 실무경험을 모아서 기록한 정도의 것도 있으며, 또 새롭게 「건축미학」으로 이름을 붙인 것도 있다. 그러나 여기서는 그 가운데 비교적 새롭고 특색 있는 두세 가지 저술에 대해서 소개하기로 한다.

4.1 스틴 에일러 라스무센

『건축을 체험한다』[26]의 저자인 라스무센(Steen Eiler Rasmussen, 1898~1990)은 덴마크 건축가이며, 이 책은 건축 감상 입문서로서 이해하기 쉽게 쓰여 있다. 그러나 그 내용은 북구 사람인 저자의 독특한 감성에 기인하며, 색과 빛과 음영에 대한 견해는 특히 주목할 만하다. 그리고 기지가 있는 예증과 서술법이 이 책에 매력을 더하고 있다.

1) 기본적 고찰

먼저 그는 이 책의 기본적 입장을 다음과 같이 설명한다.

---

24) E. Baldwin Smith, Architectural Symbolism of Imperial Rome and the Middle Ages. 1956

25) John Onians, Bearers of Meaning - The Classical Orders in Antiquity, the Middle Ages and the Renaissance. 1988

26) Steen Eiler Rasmussen, Experiencing Architecture. 1959(인용은 1962년판에 의함. 원판은 덴마크어 1957)

결국 예술은 설명되어야 explained 하는 것이 아니라 체험되어야 experienced 할 것이다. 그러나 사람이 예술을 체험하는 것을 언어라고 하는 수단에 의해 도움을 받는 것은 가능하며, 그와 같은 도움을 나는 이 책에서 시도하려고 하는 것이다.(p.9)

이에 의해 『건축을 체험한다』고 하는 이 책의 표제의 의도가 분명해진다.

2) 건축에 있어서 실체와 요면

그는 벽이나 기둥 등 구조체를 실체 solids 라고 하고, 방이나 니치 등 실체가 없는 부분을 요면 concavities 이라고 한다. 하나의 건물을 실체에 주안점을 두고 볼 것인가 아니면 요면에 주안점을 둘 것인가 하는 것은 관조자의 태도에 따라 달라지겠지만, 건물의 형태적인 특징에 의해서 그 중에 어느 쪽이 우선하는 경우도 많다. 예를 들면 고딕 건축은 기둥이나 아치의 구조체를 강조한 실체 우선의 건축이며, 르네상스 건축은 원형 돔으로 둘러싼 홀이나 반원형의 니치를 강조한 요면 우선의 건축이다.

3) 실체와 요면의 대비효과

또 실체요소와 요면요소를 대조시킴으로써 보다 풍부하고 극적인 효과를 발휘하는 것도 있다. 예를 들면 매너리즘 시대 市門의 입면은 실체부의 돌출과 요면부의 음영에 의해 변화가 풍부한 幻影을 표현하였다. 저택으로서는 로마의 팔라초 마시모 알레 코로네[27]와 같이 각 방과 중정이 교묘하게 교차하고, 「즐거운 놀라움, 즉 밝음과 어둠, 해방과 폐쇄 등 의외의 구성으로 가득 차있다.」(p.64)

4) 색의 평면으로서 체험되는 건축

그는 베네치아 운하에 면해서 늘어선 저택에 대해서 다음과 같이 말한다.

> 베네치아는 얕은 물 가운데 창과 주랑에 의해 透彫처럼 되어 있으며, 밝게 채색된 저택에 의해 둘러싸여 있다. 베네치아는 매스와 실체성의 강조가 아닌 활력과 운동성에 의해서 사람들을 유혹한다.(p.64)

그리고 이와 같은 「색의 평면」으로서의 건축 효과는 축제 기간 중에 각양각색의 장식천이 창에 내걸릴 때 최고조에 달한다. 또 한편 이와 유사한 효과는 근대건축에서도 찾아 볼 수 있다. 르 꼬르뷔제가 설계한 프랑스 페사크 Pessac 의 저층집합주택(1926년)은 그 대표적인 예이다. 즉,

> 르 꼬르뷔제는 글에서 모든 것이 어떻게 합리적이어야 하는가를 설명하고, "주거는 살기 위한 기계이다"고 했다. 그러나 그가 설계했던 집은 완전히 다르며, 실은 일상생활을 위한 입체파적인 골격을 만들기 위한 시도였다. 이것은 적당히 위장한 배처럼 중량도 실체도 없는 색채

27) Palazzo Massimo alle Colonne(1532~36) 로마의 盛期르네상스의 도시 주택

의 구성이었다.(p.94)

5) 크기와 비례

라스무센은 건축물에 있어서 특정 비례가 미의 요인이라고 하는 고대로부터의 설을 부정한다. 그리고 르 꼬르뷔제의 모듈러 제안(이 책 p.155)에도 반대한다.

> 여러분은 많은 사람들에 의해 합리적인 명쾌함과 근대적인 사고의 대표자로 간주되는 이 인물(르 꼬르뷔제)에게서 종교적 신비주의와 예술가적 직관의 결합을 수반하는 고대성이 살아 숨 쉬는 것을 느낄 것이다.(p.114)

중요한 것은 비례보다도 「크기 scale」이다. 예를 들면 르 꼬르뷔제 설계의 마르세이유 주거단지 아래층의 필로티가 박력이 있는 것은 그 크기가 인간의 크기와 무관하고, 건물 전체의 크기에 대응하고 있기 때문이다. 매너리즘시대의 건물 전면의 거대한 원주나 코니스도 마찬가지다.

6) 건축에 있어서의 리듬

리듬은 우리들의 신체 운동과 밀접하게 관련된다. 창과 문의 규칙적인 배치도 리듬을 이룬다. 한편 로마의 스페인계단의 곡선은 바로크시대 귀족들의 우아한 폴로네이즈 Polonàise 무도(3박자 댄스)의 리듬을 나타내며, 북경의 궁전에서 天壇으로 통하는 大路는 황제와 신하의 장엄하고 느린 행렬의 움직임에 대응한다.

이에 반하여 근대인은 테니스나 크롤 수영법과 같이 경쾌하고 자유로운 리듬을 좋아하고, 또 이것을 건축에 표현한다. 알바 알토가 설계한 MIT기숙사의 물결 형상 곡면은 그 예이다.

7) 텍스추어의 효과

목재 · 벽돌 · 석재 등의 자연의 텍스추어나 색을 유효하게 활용한 건축은 세계 각지에서 찾아볼 수 있다. 그러나 페인트도 독자의 텍스추어를 갖는다. 19세기 후반의 건축가는 페인트로 표면을 칠하는 것을 「부성식」하다고 비난했지만, 오히려 페인트는 독립된 하나의 재료로 보아야 한다. 영국이나 네덜란드의 오래된 주택은 파사드를 다양한 색의 페인트로 칠해서 성공했던 경우도 있다.

8) 건축과 晝光

근대에 있어서는 실내는 밝으면 밝을수록 좋다고 생각하였지만, 사실 중요한 것은 빛의 양이 아니라 빛의 질이다. 건물 각부나 가구나 미술품의 미묘한 형태와 텍스추어를 즐기기 위해서는 균등한 빛보다도 어느 정도 집중된 빛이 좋다.

이 점에서 참고가 되는 것은 네덜란드의 오래된 마을에 설치되어 있는 상하 2단으로 나뉘진 창에서는 덧문을 열고 닫아 필요한 부분에 필요한 빛을 자유롭게 선택할 수 있었다. 깊은 음영을 갖는 렘브란트나 얀 베르메르(Jan Vermeer)의 그림은 이와 같은 채광조건하에서 그려진 것이다(그림 31). 이와 동일한 관점에서 르 꼬르뷔제의 롱샹 교회당은 주광을 가장 성공적으로 이용한 예술작품이다(그림 32).

그림 31 네덜란드의 오래된 마을의 채광
(얀 베르메르의 그림에서, 문틀에 의한 음영에 주의)

그림 32 르 꼬르뷔제의 롱샹 교회당, 1950-54

9) 건축에 있어서의 색채

건축에서 가장 중요한 것은 형태와 공간의 분절이며, 색채의 역할은 건물의 성격을 강조하고, 형태와 분절을 명확하게 하는 것이다. 색채에는 여러 가지 심리적인 효과가 있다. 넓은 방은 밝고 가벼운 색, 좁은 방은 진하고 선명한 색으로 칠하는 것이 효과적이다. 북측의 추운 방에는 차가운 색을, 서측의 따뜻한 방에는 따뜻한 색을 사용하면, 색채는 한층 더 선명해진다.

10)건축을 듣는다

우리들은 빛의 반사에 의해서 건물을 보는 것처럼 음의 반향에 의해서 건물을 듣는다. 전체가 석조로 된 넓은 실에서는 잔향은 딱딱하고 길다. 예전의 가톨릭 사제의 낭송법은 이와 같은 반향에 맞도록 한 것이었다. 그러나 이것은 오늘날의 생활에는 맞지 않기 때문에 적절한 흡음재를 이용해야 할 것이다.

마지막으로 라스무센은 다음과 같이 설명한다.

> 건축을 평가하기 위한 절대적인 규칙이나 기준을 세우는 것은 전혀 불가능하다. 왜냐하면 어떤 사물도 모든 예술작품과 마찬가지로 그 자신의 기준을 갖기 때문이다. 만약 우리들이 어떤 사물을 마치 잘 알고 있는 듯한 태도로 흠을 들추어내려는 기분으로 관찰하게 되면, 이것은 자기 스스로를 굳게 닫고, 우리들에게 아무것도 말해주지 않을 것이다. 그러나 만일 우리들이 마음을 열고, 동정적으로 귀를 기울이면, 이것은 참된 본질을 숨김없이 이야기해 줄 것이다.(p.236)

그렇게 하면 식물애호가가 생육상태가 좋은 식물과 좋지 못한 식물을 구별할 수 있듯이 건축의 좋고 나쁨을 구별하는 것이 가능할 것이다. 그러나 이를 위해서는 먼저 「건축을 체험」하는 것이 필요하다.

4.2 루돌프 아른하임

루돌프 아른하임(Rudolf Arnheim, 1904~2007)은 독일 심리학자로, 미국에서도 일을 했다. 게슈탈트심리학의 입장에 섰고, 특히 예술에 관한 심리학적 연구에 업적이 많다. 그의 저서 『건축의 형태역학』[28]은 건축조형에 관한 심리적 고찰로써 중요하다.

그는 먼저 「서론」에서 이 책의 목적은 건축의 시각적인 측면을 실험심리학적으로 고찰하는 것이라고 한다. 따라서 건축과 그 역사적 · 사회적 · 개인적인 여러 가지 조건과의 관련 및 건축의 가치평가 문제는 일단 도외시한다는 것을 미리 말하였다.

1) 공간의 여러 요소

심리학적 공간은 단순한 공허이며, 무제한적인 용기는 아니고, 지각할 수 있는 「사물 things」의 존재를 전제로 하여 처음으로 성립한다. 그러한 「사물」은 공간의 골격을 만든다. 예를 들면 건물과 건물의 중간이나 건물의 주변에는 건물에서 발생하는 심리적인 영향력에 의해 자석 주

28) Rudolf Arnheim, The Dynamics of Architectural Form, 1977, 이 경우의 「역학」은 Dynamics이므로 엄밀히 말하면 「동역학」으로 번역하지 않으면 안 된다. 아른하임이 특히 이 말을 사용한 것은 그가 게슈탈트심리학의 입장에 서기 때문이다.

변의 자장과 같이 「場 field」이 형성되고, 그 「場」이 「공간」으로서 우리들에게 지각되는 것이다. 건축적 공간은 이와 같은 심리학적 공간이다.

2) 수직과 수평

건축적 공간은 모든 방향에 대해서 균등한 것은 아니다. 공간의 골격에 있어서 특히 중요한 의의를 갖는 것은 「수직」과 「수평」의 2가지의 방향이다. 수직은 중력이 작용하는 방향이며, 대지에서 수목이 성장하는 방향이고, 원주의 형태는 이것을 전형적으로 표현한 것이다. 수평은 지표면의 방향이며, 활력이나 압박감을 느낄 수 없으며, 휴식의 선을 나타낸다.

3) 실체와 공허부

건물은 그것이 위치하고 있는 상황, 즉 문맥 context 과의 관련에서 파악하는 것이 필요하다. 예를 들면 건물을 실체 solids 로 보면, 도로나 광장은 공허부 hollows 이지만, 주변의 건물이 균일한 경우에는 도로의 교차점이나 광장은 독립된 「무늬」로써 파악된다. 그리고 하나의 건물은 밖에서 보면 실체이지만, 안에서 보면 공허부이다. 일반적으로 건물의 외관과 내부를 일체적으로 파악하는 것은 곤란하며, 또 건물 내부에 있어서는 어떤 층과 다른 층은 각각 별개의 세계로 지각된다.

4) 「어떻게 보이는가」라고 하는 것과 「무엇인가」라고 하는 것

우리들이 건물과 도시를 특정의 한 점에서 바라보는 경우는 시야의 넓이도 한정되고, 안길이 방향의 지각도 불완전하기 때문에 이 경우의 시각정보는 회화와 같고, 이것들이 「어떻게 보이는가」라고 하는 것에 불과하다. 그래서 그들의 건물이나 도시가 「무엇인가」라는 것을 파악하기 위해서는 눈이나 머리를 움직이거나 걸어 다니면서 많은 시각像을 획득하고, 이것들을 종합하지 않으면 안 된다. 이와 같은 지각의 종합으로써 유익한 것이 건축·도시 형태의 「構造 structure」나 「分節 articulation」이다.

5) 움직임

일반적으로 건축물은 「용기형 Shelter type」과 「움막형 Burrow type」으로 구별할 수 있고, 「움막형」의 건축 형태는 두더지굴과 같이 그 안에서의 인간의 움직임에 밀접하게 대응하고 있다. 「움막형」의 공간 내에서는 동시에 병존하는 것이 인간의 이동에 따라 연속적으로 파악된다. 그 때문에 무변화는 권태를 불러일으키며 변화가 활기를 준다.

6) 질서와 무질서

건축에는 언제나 질서가 필요하며, 모순 contradiction 이 있어서는 안 된다(이 점에 대해서 저자는 벤투리의 이론에 반대한다. 이 책 p.245). 각부의 균등성과 전체의 대칭성은 질서를 부여한다. 그러나 종류가 다른 질서를 부여하는 것, 즉 「무질서 disorder」를 부여하여 보다 고차원의 질서를 형성하는 것도 가능하다. 또 그리스 신전과 같이 전체를 우선시하고 질서를 부여하는 것이 있는가 하면, 일본 정원과 같이 세부를 집적함으로써 얻어지는 질서도 있다.

7) 역학에서 상징으로

건물에 문자를 사용하는 것은 상징이 아닌 기호 sign 이며, 또 건축형태에 특정의 종교적 의

미 등을 부여하는 상징주의도 현대에는 도움이 안 된다. 여기에서는 좀 더 일반적으로 자연발생적인 약속과 습관에 속박되지 않는 「열려진 상징 open symbol」이 문제이다. 예를 들면,

> 돔은 이제 더 이상 천국의 종교적 이미지를 특별히 나타내지 않을지도 모르겠지만, 이것은 공허부로서 현실의 천공과의 자연스런 친근성을 영구히 갖게 되며, 그 주요한 표현적 내용의 일부를 나눠 가질 것이다.(p.208)

일반적으로 이와 같은 의미에서의 심벌리즘은 건물과 자연물과의 형태의 유사성, 건물의 해방성·폐쇄성의 표현, 중력과 건물의 비례와의 관계, 건물과 대지와의 관계, 그리고 아치의 역학적인 표현 등에서도 나타난다.

8) 표현과 기능

어떤 방의 내부 온도가 물리적으로 높다고 하는 것과 그 색채나 비례에 의해 따뜻한 느낌이 든다고 하는 것을 명확하게 분리하는 것은 건축주나 거주자에 의해서는 곤란하다. 즉 그들은 기능과 표현의 양자를 하나의 「전체성 totality」으로 이해한다.

그러나 건축가의 입장에서 본다면 기능과 표현은 구별된다. 실제로 기능은 수리적·물리적인 추상원리로서 이루어지며, 이것이 곧 형태를 전적으로 결정하는 것은 아니다. 건축가가 표현하기 위해서는 충분한 자유의 여지가 남겨져 있다. 이것은 구조기술자 네르비(Pier Luigi Nervi)의 작품과 미스 반 데로 로에가 설계한 의자 등을 보면 분명하다. 그들의 작품에 있어서 표현이라는 것은 「사물의 기능을 지각적 표현의 언어로 번역」(p.263)한 것이다. 이 경우 기능과 표현의 관계는 앞에서 설명한 자연발생적인 「열려진 상징」에 속한다. 이와 같은 관계를 일반화하면 다음과 같다.

> 건물의 디자인이라는 것은 그 기능에 관한 사고를 공간적으로 조직하는 것이다. 반대로 어떠한 사고의 조직도 건축적 구조물의 형태를 취한다.(p.272)

이것은 잘 음미해야 할 문구이다.

4.3 외르흐 그뤼터

세 번째로 건축가에 의해 쓰인 건축미학의 예로서 외르흐 그뤼터(Jörg Kurt Grütter)의 『건축의 미학-건축지각의 기초』[29]를 소개하기로 한다.

이 책은 일관된 사고에 의해 건축미의 본질을 탐구한 체계적인 것은 아니라, 건축디자인과 관계있는 각종 사항을 집성한 것이다. 따라서 「건축미학」이라고 하는 것보다는 「건축의장학」이라든가

29) Jörg Kurt Grütter, Ästhetik der Architektur - Grundlagen der Architectur - Wahrnehmung. 1987

「건축디자인론」이라고 하는 편이 더 적절할지도 모른다. 그러나 이런 종류의 책으로서는 비교적 잘 정리된 좋은 책이다. 부제목으로는 「건축지각의 기초」라고 했지만, 그처럼 전면적으로 지각심리학적인 관점에서 문제를 다루고 있지는 못하다. 저자의 입장은 오히려 다원론적이다.

전체 11장 중에서 처음의 세 장은 서론적인 것으로, 지각의 기초, 문화와 양식, 미와 미학 등에 대해서 설명한다. 제1장의 「지각의 기초」의 내용은 정보전달론으로, 정보전달의 원리와 이에 대한 여러 상황에 대해서 상세하게 설명한다. 그 설명의 대부분은 이 책의 뒷부분의 설명과는 무관하지만, 다만 다음 두 가지는 주의해야 할 필요가 있다.

1) 정보를 미적 정보와 의미적 정보로 나눈다. 정보를 이와 같이 이분하는 것은 정보론적 경향의 예술론에서 자주 볼 수 있는 논법이고, 저자에 의하면,

> 어떻게 하면 최적의 미적 정보를 전하는 출입구를 얻을 수 있는가라고 하는 질문은 궁극적으로는 대답할 수 없는 것이지만, 그러나 근본적인 의의를 갖는다. 이 책의 의도는 이 질문의 해답에 조금이라도 근접하는 것이다.(S.14)

2) 「超圖形 Superzeichen」을 중시한다. 이것은 게슈탈트심리학의 「프레그난츠 Prägnanz 의 법칙」, 즉 단순하게 정리된 좋은 도형만큼 지각하기 쉽고, 또 복잡하고 불규칙한 도형에서도 우리들은 보다 단순하고 규칙적인 형태로 환원해서 지각한다고 하는 법칙에 근거하는 생각이다. 이와 같이 지각하기 쉽게 하기 위해서 도형을 단순화하고 규칙화하는 것, 다시 말하면 도식화하는 것이 「超圖形」이다. 이러한 도식화는 대량의 정보를 처리하기 위해 필요할 뿐만 아니라, 미적향수를 위해서도 불가결한 전제이다.(S.30)

이상의 세 장 다음에 오는 여덟 장은 건축디자인에 관한 각론이다. 즉 각각 환경과 장소, 공간, 형태, 조화, 시간과 길, 빛과 색채, 기호, 부분과 전체에 대해서 설명한다. 각 장에서 주목해야 할 점은 앞서 설명한 「超圖形」을 응용해서 각종 문제를 설명하고 있는 것이다. 즉 「환경과 장소」에서는 건물과 환경, 또는 건물과 정원의 상호관계에 다음과 같은 세 가지 유형이 있다고 한다(S.66~69)(그림 33).

1) 중국 : 적합 Anpassung – 건물과 정원 모두 불규칙
2) 영국 : 대조 Kontrast – 건물은 규칙적이고 정원은 불규칙
3) 프랑스 : 대립 Konfrontation – 건물과 정원 모두 규칙적

또 내부 공간과 외부 공간의 상호관계에 대해서도 폐쇄적 · 반폐쇄적 · 개방적인 3가지 유형이 있고, 해방적인 桂離宮 古書院[30]의 月見臺는 내부 공간이 외부 공간으로 돌출한 경우이며, 마찬가지로 松琴亭의 처마 밑 봉당은 외부 공간이 내측으로 관입된 경우라고 한다(S.78). 그리고 「공간」의 장에서는 앞에 설명한 것과 유사한 세 가지 유형이 시대적 변화로써 설명되고, 그의 3단계설의 대

30) katsurarikyu, kyoto, 1620~48 별궁

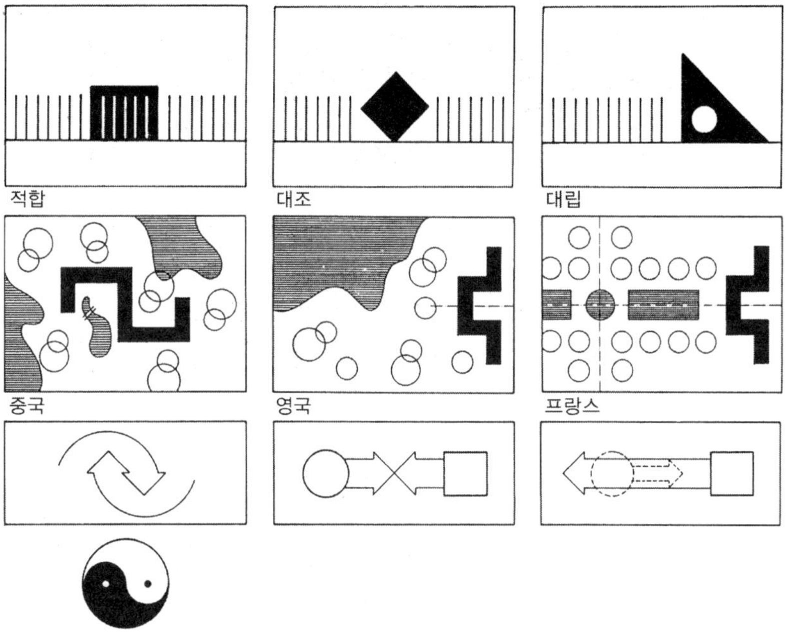

그림 33 건물과 환경(上) 및 건물과 정원(中)의 사이에 존재하는 세 가지 관련 가능성

략적인 줄거리는 기디온의 이론(이 책 p.199)과 거의 같다.

다음으로 이 책에서 주의해야 할 것은 마지막의 「부분과 전체」이다. 이 장에서는 이제까지 설명한 공간 · 형태, 그 밖의 요소를 종합적으로 정리하는 방법에 대해서 설명한다. 그는 「전체」의 표현은 부분의 수, 부분의 종류, 부분의 상호관계, 즉 질서체계 Ordnungssystem 라고 하는 세 가지 요인에 의존힌다고 힌다. 그리고 「질서체계」라는 것은,

> 어떤 건물도 각각 하나의 전체일 것이라고 상정하고, 근본적인 통일성을 추구한다. 그러나 이 통일은 언제나 같은 방식으로 표현되는 것은 이니고, 또 동일한 의의를 갖는 것만도 아니다. 통일은 나중에 한층 더 지배적인 질서체계에 의해 규정된다.(S.231)

라고 하듯이 최상위의 통일 원리이다. 저자는 앞에 설명한 세 가지의 요인을 세 축으로 하는 좌표계를 생각하고, 각각 두 요소의 상관관계를 음미한다. 예를 들면 〈그림 34〉는 「부분의 종류」와 「질서체계」와의 관계를 나타낸다. 「부분의 종류」에는 전체적 · 자율적인 것과 단편적 · 타율적인 것의 양극이 있으며, 또 「질서체계」에는 단순하고 엄격한 것과 복잡한 것의 양극이 있다. 각 건축물은 이러한 여러 단계 조합의 어느 쪽인가에 속한다. 예를 들면 전체적 · 자율적인 여러 부분을 단순하고 엄격한 질서체계로 정리한 르네상스건축과 고전건축은 그림의 왼쪽 아래의 G에 해당하고, 또 단편적 · 타율적인 여러 부분을 복잡한 질서원리로 편성한 바로크건축은 오른쪽 위의 C에 속한다. 이러한 생각은 뵐플린의 양식론과 게슈탈트심리학을 결합한 것으로 이 책의 특색을 이루는 점이다.

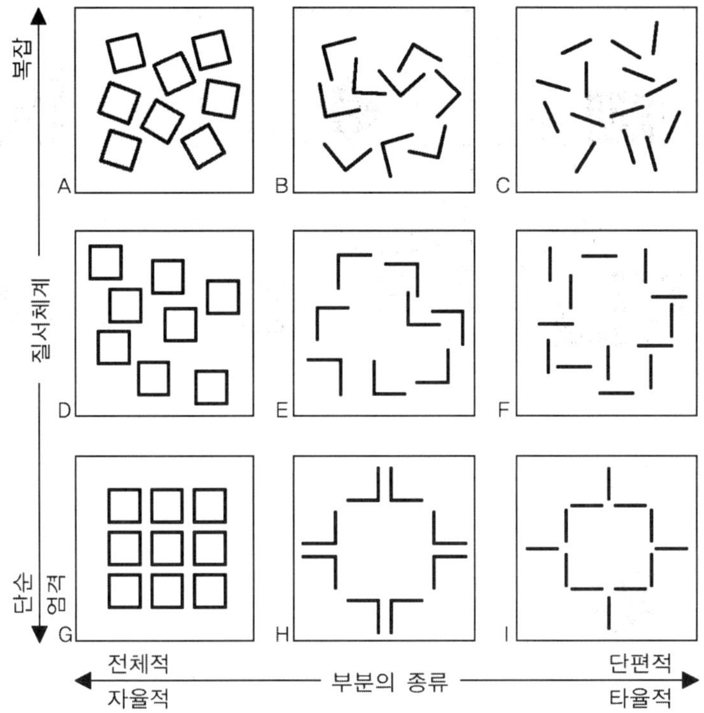

그림 34 부분의 종류와 질서 체계와의 관련 (부분이 많은 경우)

4.4 크리스토퍼 알렉산더

알렉산더(Christoper Alexander, 1936~)는 『形의 合成에 관한 노트』[31]에서 형태의 문제를 합리적이면서도 수학적인 방법으로 처리하려고 시도하였다. 다시 말하면 컴퓨터를 사용한 「시스템」의 개념을 가지고 도시와 건축의 기능에 대응하는 새로운 물리적 질서, 조직, 형태를 표현하고 있는 물체를 발명하는 디자인 프로세스를 논하고 있는 것이다.

그가 이러한 대안을 하는 것은 디자인 프로세스에서 해결해야 할 문제의 양, 복잡함, 그리고 곤란함은 갈수록 늘어나고 이전보다도 한층 더 빨리 변화하고 있지만, 건축가의 인식능력은 잘 조직된 형태를 만드는데 한계가 있다고 보기 때문이다. 따라서 그는 건축가의 조그마한 능력과 그가 수행해야 할 엄청난 일의 양과의 격차를 줄이는 방법으로서 새로운 건축형태론을 제안한 것이다(그림 35).

그는 먼저 디자인 문제의 일반적인 성질을 고찰하는데서 시작한다.

1) 적합성 디자인

디자인의 궁극적인 목적은 형태이다. 디자인 문제는 요구되는 형태와 그 형태의 전체와의 맥

31) Christoper Alexander, Notes on the Synthesis of Form, Harvard University Press, 1964

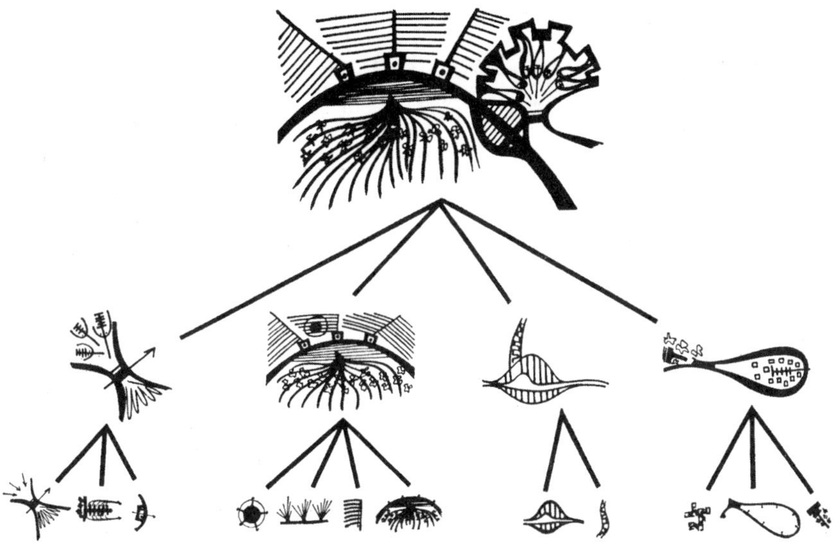

그림 35 형의 합성에 의한 마을 전체 디자인 프로세스

락, 즉 콘텍스트 context 라고 하는 두 가지의 존재를 잘 적합 fit 하게 하는 노력에서 시작된다. 따라서 적합하다는 것은 형태와 그 콘텍스트에서 생겨나는 조화를 이룬 전체, 즉 앙상블도 포함된다.

2) 적합성의 근원

문화에는 자의식이 없는 unselfconscious 문화와 자의식이 있는 selfconscious 문화가 있지만, 자의식이 없는 문화에는 명쾌한 형태가 나타나며, 새로운 문제가 별로 없어 실제로 디자이너도 없다. 이 문화의 움직임을 보면 자기 조정되어 있어서 적합한 형태가 시스템과의 동적인 평형 상태에서 만들어지고 지속되는 것이다.

이와는 대조적으로 자의식이 있는 문화에서는 자의식이 없는 문회 중에서 볼 수 있는 안정성의 근원인 명쾌함이나 여러 가지 특성이 사라지기 시작하고, 언제나 새로운 문제가 발생하므로 디자이너에 의해 이 문제가 의식적으로 해결되지 않으면 안 되나, 실제로는 디자인 작업의 문제와 그것을 해결하기 위한 수단과의 사이에는 어떠한 구조적인 대응도 존재하지 않으며, 더욱이 명쾌함도 갖고 있지 못하다.

3) 프로그램

따라서 이를 해결하기 위해서는 디자인 구성요소의 구조를 이해하고, 이것이 위계적으로 이루어져 있는 일반법칙을 디자인에 적용하여 기능과 일대일로 대응하는 새로운 프로그램을 만들어 가야하는 것이다.

그러나 정확히 이런 프로그램의 도움으로 건축가가 어떤 물리적인 형태를 인지할 수 있을까?

어떤 복잡한 물리적인 물체의 구성은 계층적이지만, 현실의 물질적 특성의 관점에서 보면 계층적인 하부 분할 안에는 적합하고 합리적인 이유가 있다. 만약 이 계층적인 프로그램이 사용된다면 그것은 매우 기본적인 문제에 대한 해결책을 제공해 줄 것이며, 프로그램을 가지고 형태구조의 요소적 근원을 명확히 하면, 동시에 형태의 물리적인 요소와 계층적 구성이 정의될 수 있을 것이다.

또한 알렉산더는 자의식이 없는 건축 추구는『오리건 실험』,『패턴언어』,『시간을 초월한(영원한) 건축법』 등의 저술에서 결과를 얻는데,『시간을 초월한 건축법』[32]에서 품질, 관문, 방법이라는 개념에 기초를 둔 아키텍처라는 패러다임을 제안했다.

① 품질 The Quality

우리가 어떤 구조물을 보았을 때 뭔가 아름답거나 좋다고 느끼게 만드는 무엇이다. 언제 어디서나 통용되는 미의 존재를 제안하면 누구라도 아름답다고 생각하는 시간을 초월한 timeless 속성과 특징이 있다.

② 관문 The Gate

우리가 품질에 도달할 수 있는 시스템이다. 이 시스템은 패턴언어의 형태로 드러난다. 패턴언어는 복잡한 문제를 해결할 수 있는 패턴들을 모아 놓은 것이다. 패턴언어는 단순한 패션 카탈로그와 달리 패턴 하나만으로 해결할 수 없는 더 크고 복잡한 문제를 해결할 수 있는 규칙과 지침을 제공한다. 패턴이 어휘라면 패턴언어는 문법까지 제공해서 완전한 문장으로 만드는 것이다. 패턴언어는 게슈탈트(전체성)를 형성하여 개별 패턴으로는 드러낼 수 없는 근본문제를 풀 수 있는 패턴들이 협력하게 된다. 따라서,

> 사람은 사람을 위해 건물을 형성할 수 있다. 그리고 내가 패턴언어라고 부르는 언어를 사용하여 지난 세기 동안 그렇게 형성해 왔다. 보통 언어가 그 언어의 사용자에게 무한정의 다양한 문장을 만들 수 있는 힘을 주는 것처럼, 패턴언어도 그것을 사용하는 사람에게 새롭고 독특한 무한정의 다양한 건물을 만들 수 있는 힘을 준다.
>
> 이러한 패턴언어는 마을이나 농촌사회에 한정되지는 않으며, 건물을 만드는 모든 행동이 패턴언어에 의해 통제된다. 왜냐하면, 그 행동은 사람이 사용하는 패턴언어에 의해 만들어지기 때문이다.[33]

③ 방법 The Way

그는 이러한 생각을『건축 · 도시 형태론』[34]에서 구체화시키고 있는데, 이것은 분석과 종

32) Christoper Alexander, The Timeless Way of Building, 1979,

33) Christoper Alexander, The Timeless Way of Building, 1979, Ch. 10~11

34) Christoper Alexander, A Pattern Language – Town · Building · Construction, 1977 ; 한근배역, 건축도시형태론 I · II, 태림문화사, 1990

합이라고 하는 두 가지 목적의 대립을 수학적인 방법을 응용한 분석적인 프로세스를 거쳐 디자이너가 통일되고 잘 조직화된 형태를 만드는데 도움이 되도록 하려는 것으로 어떠한 기능에 대하여 몇 개의 패턴이 존재하고, 그 패턴 중에서 몇 가지를 선택하고 합성하여 새로운 형태를 만들어 나가는 방법을 제시하였다.

결국 크리스토퍼 알렉산더의 패턴언어는 이제까지의 공간개념들을 더 이상 완전한 것으로 받아들여지지 않고, 건축조형에 관한 새로운 연구를 시작하여, 건축에 대한 사회적, 생활적 요구조건을 객관적으로 분석하고, 게슈탈트라는 개념을 도입하여 건물을 시스템 개념으로 설계 프로세스 속에서 형태를 합성해 간다는 태도로 이해할 수 있다.

제 9 장 반근대주의

20세기 후반에 접어들어 1960년경부터 미국 건축계를 중심으로 「포스트모더니즘 Post-Modernism」이라는 새로운 움직임이 일어났다. 이것은 근대주의에 반대하는 것으로 그 이론의 구체적인 내용은 다양하지만, 공통적인 경향은 근대주의 건축의 기계적이면서도 획일적인 비인간적인 성격으로부터의 탈피였으며, 이러한 경향은 당연히 기능주의나 그 외의 이론적 오진에 대한 비판을 수반하였다. 따라서 이러한 이론의 전개에 있어서 건축미학상 큰 발전을 기대할 수 있었다. 이런 점에서 피터 블레이크, 브랜트 브롤린, 브루스 알숍 등의 이론은 중요하다.

그러나 현재까지는 일반적으로 반근대주의의 주장에는 단순한 개인의 조형상의 선호 표명이나 자기 설계방침을 알리는 범주를 넘어서는 것은 드물고, 조직적인 건축미학으로서도 성립되지 못하고 있는 단계에 있다. 그렇지만 한편으로 그들 내부에 몇 가지 공통적인 경향도 나타난다. 그래서 여기서는 잠정적으로 「근대주의 비판」·「의미론」·「역사주의·지역주의」의 세 항목으로 나누어서 약술하도록 한다. 단 이러한 개개인의 주장에는 내용적으로 중복되는 경우가 많다.

1. 근대주의 비판

1.1 로버트 벤투리

1966년에 미국 건축가 벤투리(Robert Venturi, 1925~)에 의해서 발표된 『建築의 복합성과 대립성』[1]은 포스트모더니즘 시대의 막을 연 획기적인 저술이었다.

비평가 빈센트 스컬리는 이 책 서문에서 그 획기적인 의의에 내해 다음과 같이 적고 있다.

> 이점에 대해 벤투리의 아이디어가 바우하우스 세대(르 꼬르뷔제부터)의 한층 더 아카데믹한 사람들 사이에서 분노를 사게 한 것은 중요한 일이다. 그들은 철저하게 풍자가 부족하였고, 대중문화를 멸시하였으며, 더욱이 다른 문화에 대한 파악도 불확실하였고, 모뉴멘탈한 스케일을 취급할 능력도 없었으며, 공학기술에 대해서도 말만으로 끝나 과민성 신경질적인 순수미학으로 굳어 있었던 것이다.(p.15)

1) Robert Venturi, Complexity and Contradiction in Architecture.(The Museum of Modern Art Papers on Architecture Ⅰ), 1966 ; 임창복역, 건축의 복합성과 대립성. 기문당, 1990

그런데 벤투리의 건축디자인에 관한 일반적인 주장은 다음과 같다.

> 건축가는 이제 더 이상 정통적인 근대주의 건축의 윤리에 대한 청교도적인 설교에 위협당하고 있을 수만은 없다. 나는 "순수한 것"보다는 혼성품을, "청결한 것"보다는 절충적인 것을, "直進的인 것"보다는 뒤틀어진 것을, "명확한 것"보다는 애매한 것을, 보통이면서도 비정형적인 것을, "흥미로운" 동시에 지루함을 주는 "디자인된 것"보다는 보편적인 것을, 배타적인 것보다는 포용적인 것을, 단순한 것보다는 과다한 것을, 혁신적이면서도 잔재적인 것을, 직설적이면서도 명료한 것보다는 모순적이며 兩意的인 것을 좋아한다. 나는 명확한 통일보다는 어질러진 생명력 messy vitality 이 있는 편을 선호한다.(p.22)

이상의 문장에는 그가 말하고자 하는 것이 대부분 들어 있다. 그러나 그는 앞의 주장을 다음과 같이 다섯 항목으로 나누어 구체적인 예를 들어 설명한다. 더욱이 그 실례 중에는 저자가 부정하고 있는 르 꼬르뷔제의 작품도 들어 있다.

1) 對立하는 여러 레벨 Contradictory Levels

「양자공존 Both-And」이 바람직하다. 내부와 외부의 대립, 직진과 정지, 거친 것과 매끈한 것, 큰 것과 작은 것, 가로방향과 세로방향의 대립 등. 예를 들면 사보아 주택은 외부는 단순하지만 내부는 복잡하며, 미켈란젤로 설계한 성 피에트로 사원의 뒷면 파사드에 있는 거대한 矩形開口部를 보면 하부는 세로길이가 길지만 상부는 가로길이가 길게 되어 있다.

그리고 하나의 요소가 두 가지 기능 double-functioning 을 갖는 것이 바람직하다. 예를 들면 루이스 칸은 갤러리를 좋아하는데, 이 갤러리는 복도이면서 동시에 방이기도 하다. 일본의 茶室의 가운데에 서있는 목제기둥과 선반을 지지하는 대나무는 모양은 거의 같지만 대나무는 인장력을, 그리고 목재는 압축력을 담당하고 있다.

2) 질서에 대한 적응과 그 한계 Accommodation and Limitations of Order

질서는 언제나 지켜져야만 하는 것이 아니며, 수정되거나 타협되기도 하는 것이다. 내면으로부터 생겨나는 복합성과 대립성이야말로 중요하다. 예를 들면 형태적으로는 자연물과 이질적인 철도 구조물이 계곡의 굴곡에 맞추어 설계됨으로써 그 지형에 대한 보완역할을 할 경우도 있으며, 다른 용도로 쓰이는 부재를 도입한 건물의 독특함이나 기성제품을 활용한 팝 아트 Pop Art (통속예술)의 매력도 여기에 있다.

3) 倂置된 대립성 Contradiction Juxtaposed

대립되는 것을 일부러 근접시키는 효과로「超近接 Superadjacency」. 예를 들면 르 꼬르뷔제가 설계한 인도 아메다바드의 Millowners' Building(1954)의 전체 형태와 입구 주변은 이질적인 것들을 병치시킨 좋은 예이며, 또 동일한 비례로 크기가 다른 것을 대비시키는 것은 고전적인 원주나 피라미드에서 찾아볼 수 있다.

4) 내부와 외부의 대립 The Inside and the Outside

「외형은 내부의 표현이다」라고 한 근대주의 건축의 원칙은 부정된다.[2] 벤투리는 「내부는 언제나 외형과 다르다」고 단언한다.(p.72) 그 실례로서 비잔틴, 고딕, 바로크, 그리고 르 꼬르뷔제나 루이스 칸의 작품 등이 거론된다. 이러한 예에서는 내부가 원형임에도 불구하고 외형은 구형으로 나타나기도 하며, 내부와는 무관하게 파사드가 조형되기도 하였는데 이러한 것은 아주 보통이였다(그림 36). 또한 근대주의자는 이와 같은 이유에서 「허위의 파사드 false front」를 극단적으로 싫어했지만, 그 결과 하나의 건물만이 가로의 경관에서 이탈하여 도시경관을 파괴하게 된다. 따라서 다음과 같이 말할 수 있다.

> 건축은 용도와 공간에 관한 내부와 외부의 힘의 교차점에서 성립한다. …… 내부와 외형의 차이를 이해함으로써 건축을 다시 도시적인 견지에서 생각할 수 있도록 한다.(P.88~89)

5) 전체의 통일 The Obligation Toward the Difficult Whole

그러나 복합성과 대립은 지리멸렬함이나 방종을 의미하지 않는다. 건축에서는 어느 정도의 통일이 필요하다. 즉,

> 나는 건축의 복합성과 대립을 선호한다. 그러나 무능력한 건축에서 볼 수 있는 지리멸렬함 incoherence 과 방종 arbitrariness, 그리고 회화풍이나 표현피의 값비싼 복잡함 intricacy 도 좋아하지 않는다.(p.22)

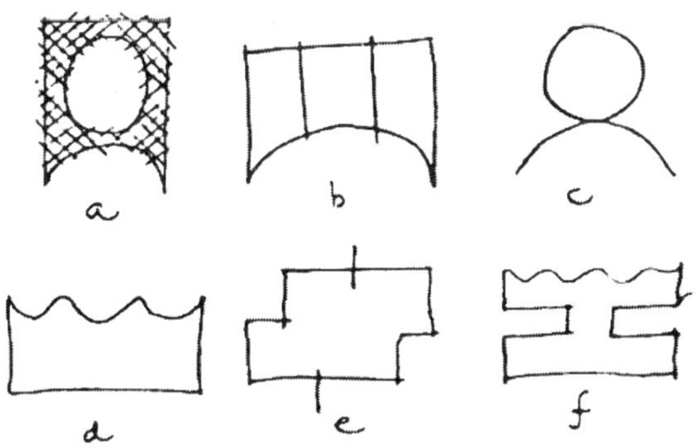

그림 36 안과 밖, 앞과 뒤로 형태가 다른 건물의 배치

2) 예를 들어 르 꼬르뷔제는 『새로운 건축을 향하여』의 제5장 「평면」에서 「평면은 안에서 밖으로 전개된다. 외형은 내부의 결과이다」라고 하고 있다.

단 일반적으로 복합성이나 대립을 포함하는 통일은 근대주의 건축과 같은 배척에 의한 통일보다도 한층 더 곤란하다. 이를 위해서는 건물 파사드를 예로 들면 서로 다른 두 요소를 강력한 테두리로 하나로 통합하든지(예 : 설리반의 위스콘신州 콜럼버스에 있는 農商銀行), 아니면 전체를 굴곡된 연결체로 하든지(예 : 영국의 불렌하임궁), 혹은 더 나아가서 제3의 요소를 부가하는(예 : 피사의 산타마리아 델라 스피나의 정면) 등의 창안이 필요하다.

이상 다섯 항목 중 가장 중요한 것은 4의 「내부와 외부의 대립」이다. 근대주의 건축의 신조로 여겨져 왔던 기능주의의 입장에서 보면 당연히 르 꼬르뷔제가 말한 것처럼 「외형은 내부의 결과」라고 하지 않으면 안 되었으며, 그 후 근대주의자들도 이 신조를 믿어 의심하지 않았다. 그런데 벤투리는 이것을 과감하게 부정하였다. 이것은 기능주의 이론을 근저에서부터 뒤흔드는 것이었다. 이러한 벤투리의 주장과 같은 요지의 이론은 이미 19세기 말에 아돌프 필러에 의해서 발표되었다(이 책 p.129). 그러나 벤투리는 이것을 그 후 반세기 이상 건축계에 커다란 영향을 미쳤던 근대주의에 대한 결별이라는 형식으로 주장한 것이다. 여기에 그의 발언의 중요성이 있다.

1.2 피터 블레이크

그 다음에 건축계에 커다란 충격을 준 것은 피터 블레이크(Peter Blake, 1920~)가 쓴 『형태는 실패에 따른다 – 왜 근대주의 건축은 실패하였는가』[3]이다.

그는 미국 건축비평가이면서 동시에 실무에 정통한 건축가로 이 책에서 있어서 근대건축가의 이론과 실천의 괴리를 통렬히 비판하고, 그 위에 그 기본방침이 현대사회에 적합하지 않다는 것을 지적하였다. 그 주장은 언제나 실제적인 근거에 입각하고 있으며, 논술은 도처에 빈정거림과 도발과 통속적인 용어로 가득 차있다. 본문은 다음과 같은 11항목에 이르는 근대주의자의 「환상 Fantasy」에 대한 지적과 그에 대한 반론으로 이루어져 있다.

1) 기능의 환상
2) 개방적인 평면의 환상
3) 순수성의 환상
4) 공학의 환상
5) 고층건축의 환상
6) 이상도시의 환상
7) 이동성의 환상
8) 전용지역제의 환상
9) 주택단지의 환상
10) 형태의 환상
11) 건축의 환상

이 중에서 좁은 의미의 건축에 관계가 있는 것은 1)부터 4)까지의 네 항목으로, 5)부터 9)까지는 도시계획에 관한 사항이며, 10)은 공예의 문제를 다루었고, 11)은 이 책 전체의 요약과 교육문제이

3) Peter Blake, Form Follows Fiasco – Why Modern Architecture Hasn't Worked. 1974 (인용은 1977년판에 의함) ; 윤일주역, 근대건축은 왜 실패하였는가, 기문당, 1982. 원제목의 「Fiasco」는 원래 이탈리아 말로 밑 부분을 볏짚으로 싼 둥근 포도주병의 의미로 연극 등에 있어서의 실패를 의미한다. 또 「형태는 실패에 따른다」라는 표제는 설리번의 「형태는 기능에 따른다」라는 문장을 비꼬는 것이다.

다. 따라서 건축미학의 입장에서 가장 중요한 것은 1)부터 4)까지와 10)의 다섯 항목이다.

1) 기능의 환상

건물의 기능은 언제나 유동적으로 변하며, 설계자가 생각한 기능은 반드시 이용자가 요구하는 기능과 일치하는 것이 아니라고 한다.

> (이미 언급한 건물은) 어느 것이나 형태는 반드시 기능에 따르지 않고 있을 뿐만 아니라, 사실상 형태는 기능의 숙명적인 적일수도 있다는 것을 시사하고 있다.(p.16)

그리고 轉用再生建築의 성공 사례나 소위 「만능 공간 universal space」의 결점에 대해 논한 후에 다음과 같이 결론을 내리고 있다.

> 결국 "형태는 기능에 따른다"라는 것은 근대건축의 필수조항은 아니다. 대부분 형태는 건축교육을 받은 사람이 기능에 관해 내린 추측에 지나지 않는다. 따라서 대부분 형태는 잘 나가더라도 (혹은 잘 가지 못한 경우도 있지만) 기껏해야 저당에 잡혔을 때의 이익률에 따를 뿐이다. 대부분 근대건축의 형태는 반기능적이다. 대부분 이것으로 만사가 잘 풀릴지도 모른다.(p.28)

2) 오픈 플랜의 환상

근대주의자들은 전통적인 조적식 구조를 부정하고 철이나 콘크리트에 의한 골조에 의해서 유동적인 공간을 구성하는 「오픈 플랜」을 권장하였다. 그러나 이것은 인간의 생활을 외부로부터 보호하고 프라이버시를 유지한다는 건축 본래의 역할에 반하는 것일 뿐만 아니라, 예전부터 사용되어온 간이식 건물보다도 오히려 비경제적이며 부자유스럽다. 그래서 다음과 같이 결론을 내릴 수 있다.

> 건축가들은 자기들이 만든 헛된 창작품에서 거주하는 경우는 아주 드문 일이다. 이것은 그들이 자기들에게 있어서 무엇이 가장 좋은가를 알고 있기 때문이다. 좋은 것은 중후한 벽과 중후한 문짝이 있고, 맑은 공기와 밝은 빛을 받아들이는 창이 있는 장소이다. "오픈 플랜"은 아마도 누군가 건축가가 아닌 다른 사람을 위한 것으로, 그 사람은 소음도 들리지 않고 경치도 보이지 않는 전용의 휴대식 에어컨 장치를 갖고 있을 것이다.(p.36)

3) 순수성의 환상

근대주의 건축가는 입체파 조각가와 같이 단순하면서도 명쾌한 형태의 「순수성 Purity」을 추구하였다. 더욱이 그들은 이러한 형태의 순수성이 기계공업에 의한 대량생산의 결과로서 필연적으로 생긴 것처럼 주장하였다. 그러나 이것은 완전한 거짓말이며, 이러한 정교한 건축부품은 실제로는 가구를 만드는 사람이나 대장장이의 전통적인 수작업에 의한 것이다. 근대주의의 선구자들은 이러한 순수한 형태가 자동적으로 얻어질 수 있는 「새로운 건축재료」의 출현을 예상하고는 있었지만, 이것은 전혀 환상에 지나지 않았다.

> 새롭고 순수하며 평활하고 정밀한 시각언어를 우리가 마음대로 구사할 수 있도록 해주는 "새로운 건축언어"를 공업이 발명해주겠지 하는 예감보다 더 이상 잘못된 것은 없다. …… 근대주의자들 대부분은 자기들만의 신화에 매료되어 있었던 듯하다.(p.48)

4) 공학의 환상

그는 이 항목에서 다음과 같이 시작한다.

> 근대주의 운동은 19세기 중기에 있어서 그 시작부터 산업혁명에 지지 않으려는 충동에 사로잡혀 있었다. 그 충동은 하나의 강박관념으로 변했다. 공학 Technology(즉 근대적 기술)과 그 이미지는 근대주의 운동의 성패를 결정하는 대표적인 신조의 하나가 되었다.(p.51)

그래서 대량 생산 · 규격화 · 조립화 등 모든 공학적인 시도가 이루어졌다. 그러나 이러한 것들은 너무나 복잡하거나, 공기가 연장되거나, 공비가 상승하여 무엇 하나 이점을 찾을 수 없었다. 그래서 결국 재래공법이 좋다는 것이 판명되었다. 여기서 다음과 같이 결론을 내릴 수 있다.

> 근대주의 운동은 다음과 같은 본질적인 하나의 신조를 갖고 있다. 이것은 근대기술과 그 모든 환상적인 이미지가 의심할 여지없이 건설계나 건축계를 변화시킬 것이라는 확신이다. 근대의 거장들이 제창한 것은 모두 어떠한 형태로든 이 신조에 의거하고 있다. 형태에 관한 이미지(르 꼬르뷔제, 그로피우스, 미스 반 데로 로에의 "기계와도 같은 machinelook" 건물)까지도 이 신조의 표명이었다. 면도기와 같이 날카로운 각을 가진 그들 건물의 패널, 순수한 입방체, 빛나는 유리벽, 이러한 모든 것들은 영예로운 새로운 공업화의 세계, 즉 한없이 합리적인 기계가, 불합리하고 예측이 불가능한 수작업에 대체될 수밖에 없는 세계의 도래를 선언하는 것이다.
>
> 그런데 만일 이 한 항목의 신조가 깨어지게 되거나, 이 근대주의의 운동의 근간이 끊어지게 되면, 그 때는 근대주의에 관련된 모든 것이 파멸하게 될 것이다.(p.66)

10) 형태의 환상

근대주의자가 설계한 가구에는 인체의 특성이나 실용성을 무시한 것이 많다. 또 시간을 쉽게 알 수 없는 시계나 읽기 어려운 활자를 디자인하고 있다. 그렇지만 그들은 이러한 작품들은 문제를 해결하기 위하여 「정직한 제품」과 「정직한 재료」로 「정직하게」 만든 것이라고 우겼다. 그러나 실은 이러한 것들은 단지 감상용 미술품에 지나지 않는다.

> 그러나 유능한 바우하우스 사람들의 작품 동기가 되는 입체파 미학 cubist aesthetics에 대한 집착(그들은 결코 이것을 자인하지 않을 것이지만)이 방해를 하였던 것이다. 즉 예리한 각으로 이루어진, 혹은 원통형의, 혹은 반구형의 금속제 용기는 절대로 인체해부학적 구조에 합치하지 않는다. …… 차라리 남성의 신체가 모두 입방체로 새롭게 디자인되고, 여성의 신체가 모두 구형으로 새롭게 디자인되지 않는 한 어떤 것에나 (바우하우스식에는) 그 기능을 발휘하지 못한다.(pp.143~144)

그리고 블레이크는 5)에서 9)까지의 각 항목에서 르 꼬르뷔제의『빛나는 도시』에 관한 제안 이후 근대주의 도시계획을 비판한다. 즉 전면유리의 고층건축은 내풍 성능이나 여타 점에서 불리하다는 것, 고속도로는 사람들을 확산시켜 만남과 군중과 여러 가지 구경거리가 있는 장소인「길」을 빼앗아 버린 것, 용도지역제는 가솔린과 인적 자원을 낭비하는 것으로 자연발생적인 혼재지역이야말로 가장 이상적인 도시 형태이며, 주택단지는 자본가와 관료의 이익만을 위해 존재하는 것이라고 하였다. 그리고 마지막 항목에서 다음과 같이 총괄하였다.

> 근대주의 운동이 전면에 부상하였을 때 이것은 이미 살펴본 바와 같이 다음과 같은 몇 가지 공통적인 이상을 내걸었다. 즉 일종의 民主的 共有主義와 공업화와 기계미학에 대한 충성, 도시에 대한 충성, 그리고 미래에 대한 충성이다. 이러한 것들은 아주 훌륭한 시도였으며, 또 앞으로도 계속해서 우리들을 감동시킬 것이다. 이것이 다만 향수에 지나지 않다고 할지라도.
>
> 그러나 지금은 나에게 있어서나 대부분의 근대건축가에게 있어서 결정적인 순간이다. 우리는 소위 미래를 보고 말았으며 또한 미래를 살아왔다. 그러나 이것은 결코 성공하고 있다고 할 수 없다. 근대주의 운동 - 우리는 그 신조에 의해 움직였고 우리의 직업생활을 통하여 그 신조에 충성을 맹세하였지만 - 은 종점에 가까워지고 있는 것이다.(p.162)

이상이 블레이크의 이론을 요약한 것이다. 이 가운데에서 건축미학상 특히 중요한 점은 다음 세 항목이다.

a. 근대주의자는 그들의 건축 작품의 형태가 실용적 기능의 충족에 의해서 필연적으로 생겨난 것처럼 주장하지만, 이것은 단지 환상에 지나지 않는다.
b. 근대주의자는 그들의 작품 형태가 공학적 기술과 기계생산에 필연적인 관계가 있는 것처럼 주장하지만, 이것도 환상에 지나지 않는다.
c. 실제로 근대주의자를 움직인 최대의 욕망은 미적욕망 - 블레이크가 말하는 순수파 미학 혹은 입체파 미학 - 이다.

이러한 점을 솔직하고 대담하게 지적한 점은 블레이크의 가장 중요한 공적이다.

1.3 브랜트 브롤린

전항의 피터 블레이크와 유사한 입장에 선 미국 건축가 겸 도시계획가인 브랜트 브롤린(Brant C. Brolin, 1940~)은 저서 『근대건축의 실패』[4]에서 블레이크와 거의 같은 주장을 전개하고 있다. 그러나 이 책이 블레이크의 저서와 다른 것은 서술이 블레이크보다 약간 온건하며, 또 블레이크에게는 없었던 역사적인 고찰이 가해져 있는 점이다. 따라서 여기서는 블레이크의 저서에는 볼 수 없는 브롤린의 논점을 중심으로 소개하도록 한다.

먼저 브롤린은 서론에서 근대주의 건축 및 도시계획의 가장 큰 잘못은 다음과 같은 건축가에 의한 두 가지 「강요」라고 한다.

① 시각적 강요 Visual Impositions

이것은 근대주의 건축가가 자기들만의 시각적인 기호를 일반대중과 다른 민족에게 강요한 것이다. 즉,

> 당황하고 있는 일반대중은 전통을 갖지 않는 이러한 새로운 형태가 "기능적"·"경제적"이며, "새로운 재료와 기술에 의해 규정된" 것이라고 (건축가로부터) 배웠다. 그러나 이러한 것들은 단지 양식상의 기호에 구실을 단 것에 불과하다. 근대주의 조형에서는 실제적인 필연성은 없다.(p.8)
>
> (근대주의 건물에 대한) 대중의 냉담함은 대부분 대다수의 사람들이 근대주의 건물의 빈약한 외관을 어떻게 받아들여야 할지 고민하였으며, 건물이 나타내는 지적인 아이디어에 흥미를 갖지 못하는 데에 있다.(p.10)

이와 같은 건축가의 강요는 지역성의 상실로 나타나 정신적인 손실을 초래한다.

② 사회적 강요 Social Impositions

근대주의 건축가는 건축설계와 도시계획에 의해 자기들이 생각해 낸 생활양식을 유일하면서도 정당한 것처럼 일반대중과 다른 민족에게 강요했다. 그 결과 이 외에는 선택할 여지는 없는 것처럼 생각하도록 만들었다.

> …… 어떻게 하든 거기에서 선택이 있을 수 있다고는 전혀 생각할 수 없었다. 왜냐하면 근대주의 건축은 하나의 "양식 style"으로서 표명된 것이 아니기 때문이다. 이것은 오랫동안 「진실 truths」의 운동이라고 생각되어져 왔기 때문에 우리들은 이것을 일련의 임의적인, 그리고 조직된 미적 선택이라고는 생각할 수 없었다. 그래서 이제는 전문가, 비전문가를 불문하고 모두 그 규칙에 사로잡히게 되면, 다 같이 곧바로 하나의 이데올로기의 감옥에 갇히게 된 것이다.(p.13)

---

4) Brant C. Brolin, The Failure of Modern Architecture, 1976

이와 같이 근대주의가 하나의 예술상의 경향(여기에는 「양식」이라고 부르고 있다)에 불과하다는 것을 강조한 점은 블레이크와 같다. 그러나 브롤린은 그 위에 이와 같은 잘못을 범한 「근대주의 건축의 문화적 기초」에 대해서 고찰한다. 이때 먼저 중요한 점은 근대주의자가 예술상의 문제를 윤리상의 문제로 대체한 것이다.

> 그들은 결코 근대주의 건축이 전통적 건축보다 아름다워서 사람들이 이것을 받아들인다고는 하지 않았다. 그들은 하나의 시각적 예술을 이론화한 것이지만, 자기들의 시각적인 선택을 일관되게 도덕적인 언어로 합리화했다.(p.15)
>
> 이와 같은 근대주의 건축가는 본질적으로 특이한 미적 선택을 강요하기 위해서 아무런 합리적인 근거도 없는 시적 연상을 이용하며, 문화적으로 용인된 前提의 도의적 중요성에 의존했다.(Ibid)

그렇다면 왜 이와 같은 위선적인 대체가 일어났던가? 그 원인은 근대주의자가 자기들이 존경하는 기계기술자의 단순한 사고를 아무런 생각 없이 건축과 도시계획에 적용하려고 한 점에 있다. 본래 건축과 도시의 문제는 기계와 같이 단순하지 않다. 이것들은 문화적인 연상과 지각, 또 미와 같은 실제적이지 못한 요인까지도 포함하며, 더구나 이러한 요인은 기계적인 이성에 맞지도 않다.

> 그럼에도 불구하고 건축가는 "합리적 정당화"라고 하는 도구로 무장하고, 건물의 모든 면을 냉혹하게 탐색하고, 하나의 조항에 대해서 명확한 이유가 없는 경우에는 즉석에서 그 조항을 잘라 버렸다.(p.50)

즉 근대주의자는 해결 곤란한 문제를 회피하고, 이것을 단순한 문제로 대체한 것에 불과하다. 따라서,

> (근대주의자가 말하는) "비합리적 irrational"인 도시계획이나 건축 등은 종종 단순히 이것들의 전제가 이해 불가능하다고 생각되는 것에 불과하다. …… 건축 디자인의 결정 요인으로서 이성을 선택한 것은 기술자와 그 합리적 방법의 사용을 우상화한 데에 기인한다.(p.51)

그렇다면 왜 근대주의자는 과학적인 공학과 기계기술을 우상화했는가? 거기에는 「진보사상」의 영향이 나타난다. 이 진보사상은 다윈의 진화론의 잘못된 이해로부터 나온다. 생물체에 있어서 불필요한 기관이 퇴화하는 것처럼 실용성이 없는 장식은 버려진다. 새로운 환경에 적응할 수 없는 생물은 멸망한다. 따라서 모든 과거의 유산은 폐물로 간주되었다. 그 반면에 과학과 공학의 성공은 진보의 전형으로서 숭배되고, 기계는 진보의 가시적 징표로서 영기 aura를 발하게 됐다. 그래서,

> (근대주의자의) 마음은 이러한 (기계기술자의) 업적에 감격하였고, 그들 눈은 그와 같은 진보에

> 대한 포고자의 치밀함과 우아하고 정교한 기하학적 미에 매료되어 있던 것이다.(p.48)

마지막으로 가장 중요한 점은, 처음에 서술했던 것과 같이, 왜 근대주의자는 자기들의 미적 선호와 자기들이 생각해냈던 생활양식을 일반대중과 다른 민족에게 강요했는가 하는 것이다. 브롤린에 의하면, 그 원인은 근대주의자의 독선적인 「선교사적인 태도 Missionary Attitude」에 있다고 한다. 원래 서양인은 기독교만이 유일하고 정당한 종교이며, 서양문명은 가장 진보한 문명이며, 자기들의 도덕과 생활은 최고의 것이므로 세계의 모든 민족이 이것을 보고 배워야 한다고 믿고 있다. 이 교만한 확신은 그들의 식민지 지배의 지도 원리이기도 하였다. 이러한 선교사적인 태도는 이미 르 꼬르뷔제에게서도 나타나며, 근대주의자가 역설한 「구조의 사실」·「재료의 사실」·「형태와 기능의 진실」 등은 일종의 종교상의 「교리문답」이다. 즉,

> 이들의 "진실"은 시대정신으로부터의 논리적 귀결로서 표명되고 있지만, 사실 이러한 것들은 신앙의 개별적 조건이었고, 그 수사적인 서술이 갖는 도덕적 어조는 이러한 것들을 신의 법칙 Divine Law과도 같이 의심할 여지가 없는 것으로 만들었다.(p.45)

더욱이 근대주의자의 독선은 낭만주의의 예술관에 의해 강화되었다. 낭만주의에서는 천재와 창의가 특히 중시되었다(이 책 p.82). 즉 예술가는 항상 비범하지 않으면 안 되었다. 따라서 예술가는 일반사회로부터 분리되어야 하며, 또한 모든 기존 문화에 대해서도 반항하지 않으면 안 된다. 이와 같은 풍조에서 근대주의자의 독선성과 반역사주의는 점점 더 강해졌다. 그리고 자기들의 예술양식을 「보편적 양식 Universal Style」이라고 하여 전 세계에 강요하기에 이른 것이다.(p.58)

이상이 브롤린의 기본적인 생각이다. 그리고 브롤린은 다음 장에서 근대주의자가 어떻게 자기들의 주장을 건축설계와 도시계획을 통해서 강요했는가를 상세하게 검토하고 있다. 거기서는 대중이 실제로 어떤 형태로 생활하고, 어떤 형태에 익숙해 왔던가는 전혀 고려되어 있지 않다. 또 해외에서 서양인 건축가가 어떻게 서양식 근대생활을 현지 사람에게 강요하고, 현지의 전통적인 건축문화를 무시했던가를 지적한다. 그리고 결론에서 이후 필요한 것은 주민의 행동에 관한 면밀한 정보의 수집, 시공자와 거주자의 희망에 대한 존중, 역사적 건조물·가구의 보존이고, 또 창작상 중요한 것은 주민이 이전부터 가지고 있는 건축적 圖像을 이해하고, 기존 환경의 시각적 맥락에 합치되는 건축물을 설계하는 것이라고 한다.

이상의 브롤린의 이론 가운데 건축미학상 가장 중요한 것은, 근대주의자가 예술상의 문제를 도덕상의 문제로 대체한 것을 지적한 점이다. 그러나 같은 것을 이미 20세기 초, 지오프리 스코트에 의해 낭만주의자의 「윤리학적 오인」(이 책 p.190)으로 지적되었던 것으로, 브롤린은 말하자면 이것을 새로운 형태로 재확인한 것이다.

2. 의미론

2.1 벤투리와 그의 협력자

앞 절에서 살펴본 벤투리는 그의 동료들과 더불어 『라스베이거스에서 배운다 – 잊혀져버린 건축형태의 상징주의』[5]라는 책을 저술하였다. 이 책은 그가 『건축의 복합성과 대립성』에서 언명한 건축디자인 방침에 일치하는 규범적인 실례로써 이제까지 극히 속악한 것으로 누구도 뒤돌아보지 않았던 사막 한가운데의 도박도시 라스베이거스를 거론한 것이다. 그리고 그 도시의 디자인 특색을 의미론 혹은 정보전달이론을 도입하여 설명하였다.

즉 라스베이거스의 도박장 겸 호텔 간판은 고속도로를 향해 세워져 고속으로 질주하는 자동차에서도 쉽게 알 수 있도록 크고, 문자 · 그림 · 조각으로 구성되어 있으며, 내용은 일목요연하면서도 낮과 밤 어느 때나 효과적이다. 이러한 건물 또한 앞면은 간판과 같이 장식적이며 잡다한 절충양식으로 되어 있으나 뒷면은 일정한 양식이 없다. 이것은 뒷면이 사막에 연결되어 있어서 누구도 보지 않기 때문이다. 이러한 건물들은 대부분이 저층으로 언뜻 보아 무질서하게 널려져 있다. 이것들은 각종 요소를 포함하고 있으며 인유 allusion 가 풍부하다.

> 과거나 현재에 있어서 우리의 위대한 평범함 또는 오래된 상투적인 어구에 관한 인유와 주석, 聖과 俗의 환경에 있어서의 일상성의 내포 – 그곳에는 지금의 근대건축에서 부족한 것이 있다. 우리들은 이러한 것들을 라스베이거스에서 배울 수 있는 것이다.(p.53)

뒤이어 그들은 건축에 관한 상징적 이미지를 두 종류로 구별한다.

① 오리 duck – 공간 · 구조 · 프로그램의 건축적 체계가 전체에 걸친 심벌 형상 속으로 가라앉고 왜곡된 경우. 예를 들면 오리 모양을 한 드라이브 인과 같이 건물 전체가 조각으로 된 것. 근대주의 건축에는 이러한 종류의 작품이 많다.

② 장식된 가건물 decorated shed – 공간과 구조 체계가 직접 프로그램에 봉사하고 있고, 장식은 이러한 것들로부터 독립되어 있는 경우. 이것은 근대주의자가 허위라고 하여 금지한 수법이지만 벤투리는 오히려 이것을 권장한다.

그런데 이 「오리」의 대표적인 예로써 폴 루돌프 설계의 크로퍼드 매너 아파트(1962~66)를 들고, 「장식된 가건물」의 대표적인 예로써 벤투리 설계의 길드 하우스(1960~63)를 들어 양자를 비교한다. 그리고 크로퍼드 매너로 대표되는 근대주의 건축은 건물의 구조와 실용적 기능에 충실한다는 당초의 원칙에도 불구하고, 건물 전체를 왜곡시키고 말았다고 비판한다. 그러나 길드 하우스에는

---

5) Robert Venturi, Denise Scott Brown and Steven Izenour, Learning from Las Vegas – The Forgotten Symbolism of Architectural Form. 1972 (인용은 1977년판에 의함) ; 김정신 외 옮김, 라스베가스의 교훈, 태림문화사, 1995.

명백한 연상과 지시적인 장식이 있으며, 소박하고 평범하기는 하지만 오늘날의 대중을 위한 건축으로써 가장 적절하다고 주장한다.

즉 그는 이 책에 있어서 근대주의 건축에서 부족한 것은 형태의 상징주의라고 생각하여 이것을 보충할 수 있는 것은 라스베이거스에서 볼 수 있는 선명한 간판이나 관습적인 장식모티브의 대담한 사용이라고 하였다. 이미 한스 제들마이어는 근대문화가 조형의 「의미」를 상실해버린 것을 비판하였지만, 그는 이러한 생각을 다시 부활시키려고 하는 것이다. 따라서 이것은 건축에 있어서의 일종의 정보전달론이라고 할 수 있다. 그러나 이론으로써는 아직 완성된 것은 아니다.

2.2 찰스 젱크스

다음으로 벤투리에게 근접한 입장에 있는 찰스 젱크스(Charles Jencks, 1939~)의 『포스트모던 건축의 언어』[6]에 대해서 살펴보기로 하자.

이 책의 목적은 근대주의 건축을 비판하고 그에 대신할 새로운 건축디자인의 이념을 제창하는 데에 있으며, 이를 기반으로 건축의 정보전달 기능에 중점을 두고 논하고 있다. 이러한 점은 벤투리의 저서와 동일하나, 벤투리가 건축의 「심벌리즘」을 문제시한 반면에 젱크스는 건축을 「언어」로써 다루고 있는 점에서 전자보다 한층 더 정보적 경향이 강하다고 할 수 있다.

이 책은 모두 3부로 구성되어 있는데, 1부는 「근대건축의 죽음」이라는 제목이 붙어 있다. 그는 먼저 서론에서 근대주의 건축은 에스페란토어와 같이 논리적이기는 하지만 비역사적인 것으로 그 언어를 사용해도 즐겁거나 우아하지도 않으며, 기지에 넘치지도 않는다고 한다. 그리고 근대주의 건축을 「一價的 Univalent」인 건축으로 규정하고 그 결함을 지적한다. 이것은 「하나의 (혹은 소수의) 단순화된 가치에 의해서 만들어진 건축」(p.15)을 의미한다.

예를 들면 미스 반 데로 로에의 작품은 그 전형으로 그가 설계한 각종 건물은 그 기능이 각자 다름에도 불구하고 일률적인 형태적 특성을 갖추고 있으며, 일리노이 공과대학의 예배당은 그가 그 대학에 설계한 보일러 플랜트(1945~50)와 혼동될 정도이다. 또 일반적인 사무실이나 주택도 공장과 같이 단순하고 무미건조한 것으로 되고 말았다. 그리고 이러한 획일적인 근대주의 건축이 나타내는 의미내용이라고 하면 대기업의 독점주의나 국제주의, 혹은 呪物崇拜的이라고 할 수 있는 공업화 경향뿐이다. 그 결과 근대주의 건축은 1972년에 사멸하였다고 한다.

2부에서는 건축에 있어서의 정보전달의 여러 가지 사항에 관해서 기술한다. 이때 그는 언어를 모델로써 고찰하여 다음의 네 항목으로 나누어 논한다.

1) 寓意(은유) Metaphor

이것은 건축의 형태를 어떠한 기호 sign 로 간주할 경우의 「의미」이다. 이 경우 형태와 의미

6) Charles Jencks, The Language of Post-Modern Architecture. 1977, 송종석 감수, 현대 포스트모던 건축의 언어, 태림문화사

의 상관관계를 나타내는 것이 「코드 code」이다. 건축에 있어서 우의 코드는 명확하게 규정되어 있지 않으며, 일반적으로 애매하여 보는 사람에 의해 다르다. 예를 들면 시드니 오페라하우스는 球面, 새의 날개, 조개, 돛, 피고 있는 꽃잎, 교미하고 있는 거북이, 생존자가 한 명도 없는 교통사고, 서로 잡아먹으려고 하는 물고기 등으로 보인다고 한다. 그러나 그는 건축에 있어서의 寓意는 다양하면 다양할수록 극적인 효과가 크며, 미미한 시사일수록 신비감은 더욱 커져서 보는 사람의 상상력을 북돋으므로 바람직하다고 하였다. 여기서,

> 언어로서의 건축은 발화되는 언어보다도 훨씬 유연하고 생명이 짧은 코드의 변천에 따르는 것이다. …… 따라서 건축가의 작품이 의도하는 바대로 정보를 전달하고, 급변하는 코드의 변천에도 살아남기 위해서는 대중적인 기호나 우의를 충분히 사용하여 건물을 코드로 가득 채우지 않으면 안 된다.(p.58)

2) 單語 Words

단어는 의미의 단위이다. 그러나 건축의 단위는 발어되는 언어의 경우와 달라서 문맥에 의해 의미가 변하기 쉽고, 예를 들면 고전적 원주는 그에 대한 역사적인 이해의 정도에 따라 다르게 이해된다. 또 근대주의 건축가와 일반 대중 사이에도 의미 부여의 차이가 보이며 사회적 계급에 의해서도 다르다. 즉 노동자는 대체적으로 보수적이면서 관습에 의거하는 의미에 집착하고, 미국의 중산층계급은 개척민 시대와 같은 재치 있는 단어를 좋아하며, 몰락귀족이나 지식인들은 자연존중주의자이다.

3) 構文 Syntax

건축에 있어서 언어의 構文(統語法)에 상당하는 것으로는 수학적 · 물리적 법칙에 기초한 조형상의 규범이 있다. 예를 들면 19세기의 비올레 르 뒤크, 젬퍼, 쇼와지(Auguste Choisy, 1841~1904)[7] 등은 이러한 규범을 이론적으로 확립하려고 노력하였다. 그러나 포스트모디니즘 긴축가는 반대로 이러한 규범을 타파하려 하고 있다.

4) 의미론 Semantics

19세기의 절충주의에 있어서는 어느 건물에 어떤 양식을 채용할 것인가 하는 것이 중요한 문제였으며, 이에 따라 은행건축과 도리스식 오더가 결합하였다. 그러나 1860년경에는 이러한 관습적인 규약이 너무나 복잡화되어 그 때문에 1920년경에는 이러한 것이 문제시되지 않게 되었다. 원래 양식과 의미 사이에는 고정적인 관계가 있을 수 없다. 따라서 일반적으로 말할 수 있

---

7) Auguste Choisy, Histoire de l'Architecture, 1899. 이 책은 비올레 르 뒤크의 영향을 받아 쇼와지가 쓴 建築構造技術史이며, 이 책에서 그는 건축사를 본질적으로 構築術의 역사로 파악함으로써 건축에 대한 구조적인 접근방식을 취하였다.

는 것은 「형태와 의미와의 관계는 대체적으로 편의적이다」(p.77)라는 점이다. 그리고 그의 입장에서 보면 오히려 여러 가지 양식을 혼용하는 것이 정보 내용을 풍부하게 한다는 점에서 바람직한 것이 된다.

다음으로 제3부에서는 포스트모던 건축은 「多價的 建築 Multivalent Architecture」이지 않으면 안 된다고 한다. 이것은 「다양한 의미를 갖는 건축」이다. 이러한 건축을 위해서 건축가는 앞으로 다음과 같은 조건을 만족시킬 필요가 있다고 하였다.

> 건축가는 네다섯 가지 정도의 다른 양식에 관하여 익숙해지고, 또한 인류학자 혹은 적어도 자질이 있는 저널리스트로서 훈련되지 않으면 안 된다. 이것은 어느 대도시에도 고착되어 있는 하위문화에서 현저한 특수한 건축 코드를 배워서 이것을 활용할 수 있도록 하기 위해서이다.(p.97)

그리고 건축가는 궁극적으로 「철저한 정신병자이지 않으면 안 된다」(Ibid.)라고 하였다. 더욱이 그는 마지막에서 참다운 복수언어를 사용하여 多價的 건축을 창조한 인물은 안토니오 가우디라고 하였다.

이상이 찰스 젱크스의 저서를 요약한 것이지만, 그는 근대주의 건축디자인의 획일성과 완고함, 그리고 무표정함과 냉정함을 비난하고, 보다 자유롭고 보다 풍부하며 보다 인간적인 것을 추구하려고 하였다는 점은 벤투리나 블레이크의 경우와 같이 시대의 추이를 잘 반영한 것으로 이해할 수 있다.

그러나 그가 이러한 주장을 전개해 나가는 논술의 골격으로써 언어를 모델로 하는 정보전달이론을 채용한 점과 그 채용 방법에는 문제가 있다. 예를 들면 그가 건축에 있어서의 「형태와 의미의 관계는 편의적이다」라든가 「건축의 코드는 언어의 코드보다도 훨씬 유연하고 생명이 짧다」고 하였는데, 이것은 건축이 언어로써 불완전하다고 하는 것, 다시 말하면 건축의 비언어적인 성격을 지적하고 있는 것이 된다.

또 그가 권장하는 「의미의 다양성」이나 「의미의 불명료성」도 모두 이 건축의 비언어적 성격에서 오는 것이다. 따라서 결과적으로 그는 언어를 모델로써 건축을 논하면서도 건축의 비언어적 성격을 칭찬하고 있는 것이다. 이 점은 건축조형의 본질을 생각하는 데에 있어서 재검토할 필요가 있다.

3. 역사주의 · 지역주의

3.1 브루스 알숍

브루스 알숍(Bruce Allsopp, 1912~)은 영국의 건축가 겸 건축교육가이다. 그는 저서 『建築新

論』[8]에서 근대주의 건축의 비인간적 성격을 비판하고, 사람들과 그 토지와 역사에 기초한 「인간적 건축 Humane architecture」을 제창했다.

그는 이 책에서 건축을 어떻게 디자인해야 하는가를 설명하고 있지만, 결코 특정 방향으로의 길이나 규칙을 제시하려는 것이 아니며, 학습과 사색을 위한 전망을 주려고 한다는 것을 분명히 밝히고 있다. 그리고 거기에 제시된 사상은 그가 원숙한 건축가 · 건축교육자로서의 경험에 의한 것이다. 이 책은 「고찰」 · 「시사」 · 「디자인 활동」의 3부로 나누어져 있지만, 논술은 앞뒤가 뒤바뀐 것이 많고, 동일한 주지가 반복되고 있다. 그러나 여기서는 이러한 점은 무시하고 문제점별로 내용을 소개하기로 한다.

1) 근대주의 비판

근대주의에 대한 알솝의 반대론의 주지는 이미 소개한 여러 작가들의 주장과 거의 같다. 그러나 예를 드는 방법이나 표현력에 있어서 독특한 점도 적지 않으므로 그 요지를 소개한다.

① 기능주의의 부정

「기능적인 것은 아름답다」고 하는 근대주의자의 주장은 다음과 같은 이유에 의해 부정되어야 한다.

a. 이 사상은 미는 각각의 사물에 고유한 성질이라고 하는 잘못된 선입관에 기인한 것으로, 이 점은 르네상스 시대의 고전적 미학과 다르지 않다.(p.47, 96)

b. 아름답다고 하는 것은 기능을 상실하고도 아름답다. 즉,

> 기능적으로 설계된 현미경은 보이지 않는 내부의 고장으로 쓸모없게 되고서도 아름답지 않게 되는 것은 아니다. 마찬가지로 롤스로이스 실버코스트도 기어상자를 제거하거나 엔진을 제거해도 보는 사람에게는 역시 아름답다. 충분히 쓸모가 있도록 설계되어 있다면, 쓸모가 없게 되어서도 아름답다고 하는 주장은 어리석은 것이다. 그 잘못은 미학의 문제인 외관의 미와 실용상의 문제인 기능을 혼동한 데에 있다.(p.96)

c. 기능주의는 건물의 기능을 단일한 것으로 간주하지만, 실제로는 기능은 변화한다. 예를 들면 예배당이 융단공장으로 되거나 저택이 소년원으로도 되는 것이다. 그런데,

> 건축에서는 기능적 유용성으로부터 독립했다. 그리고 아마 그 이상의 무엇인가가 있다. 중세의 성은 포화에 의해서 그 유용성을 잃었지만 역시 건축이고, 파르테논은 병기고로 전용되어 그 심장부가 날아가 버린 뒤에도 여전히 건축이다.(p.47)

---

8) Bruce Allsopp, A Modern Theory of Architecture, 1977 ; 윤대한역, 부루스 알솝의 건축론, 태림문화사

그래서 그는 기능과 예술의 관계를 다음과 같이 정의한다.

> "형태는 기능을 따르지 않는다"고 하면, 이것은 지나치게 단순화된 조잡한 말이다. 오히려 디자인은 기능을 예술로 변화시킨다. 예술은 감정과 창조활동에 의해 자연을 탐색하고 해석하고 변형하는 것이다.(p.28)

②「진실의 표현」이라고 하는 슬로건의 부정

> 콘크리트를 콘크리트답게 보이는 것이 인간을 행복하게 한다고 하는 교의에 경의를 표하는 것은 정말 어렵다. 더구나 이것은 여러분들이 철의 푸른 녹을 진실의 증거라고 인정하지 않는 한 철근콘크리트 구조는 항상 허위라고 하는 것을 별도로 하더라도 그렇다. 그러나 실제로 모든 건축에 있어서 진실이 아닌 표현 요소가 있다는 것은 인체를 비롯해서 모든 생물에 있어서도 마찬가지다. "진실의 표현 truthful expression"이라고 하는 교의는 무의미하다. 왜냐하면 이것은 본래 실행 불가능할 뿐만 아니라, 인간의 감정과 욕구를 물질적 외견에 종속시키는 것을 의미하기 때문이다.(p.27)
>
> 기술은 주인이 아니라 시녀이며, 또 건축가의 노리개도 아니다.(p.35)

③ 근대주의자에 의한 미학과 윤리의 혼동

이와 같은 기능주의의 사고나 「진실의 표현」에 대한 주장도 마찬가지이지만, 일반적으로 근대주의자는 건축의 문제를 윤리의 문제로 바꿔 생각하려고 하는 경향이 있었다. 예를 들어 건물의 용도에 대해서 보면, 초등학교와 도박장의 사회적 의의에 관한 문제는 건축의 문제가 아니다. 도덕상 문제가 있는 인물에 의해 좋지 못한 목적을 위해서 만들어진 건물이라고 하더라도 건축으로서는 훌륭한 것이 적지 않다. 어떤 사회적 맥락에 있어서 어떤 사무소단지 또는 쇼핑센터가 도덕적으로 비난받아 마땅하다고 하여, 그 건물이 좋은 디자인이여서는 안된다고 하는 것은 있을 수 없다.(p.11)

또 19세기의 사람들에 의해 천개와 장식물이 붙은 증기기관차는 매력적인 것이었지만, 근대주의자는 이것을 「죄악」이라고 한다.(p.96) 그러나 건축가에게 이것을 금지하는 자격이 있는 것일까?

> 건축가는 한사람의 시민으로써 그가 도덕적으로 반대하는 활동에 가담하는 것을 거부할 수 있다. (이것은 그 자신의 양심의 문제) 그렇지만 이와 같은 윤리적인 문제는 우리들의 현재 건축론의 연구영역으로부터는 제외되어야 할 것이다. …… 미학적인 고려와 윤리적인 고려는 될 수 있는 한 명확하게 구분할 필요가 있다.(p.11)

④ 근대주의자의 독선성

19세기 중기 이후 예술가의 직무는 작품에 「자기 자신을 표현하는」 것이라는 사상이 일반화되고, 건축가도 그 영향을 받았다. 그 결과 건축가는 대중의 요구를 무시하고, 단일 양식의 전체주의 Totalitarianism 를 강요했다.

2) 인간적 건축의 제창

알솝은 이제까지의 건축에는 「민속건축」·「통속건축」·「정신적 건축」·「기념건축」·「실용건축」 등이 있다고 하고, 그 다음 여섯 번째로 「인간적 건축」을 제안한다.

> 인간적 건축이라고 하는 것은 전체주의 건축의 반대이다. 이것은 외부로부터 규정된 것이 아니라 오히려 내부로부터 질서가 부여된 것이다. 이것은 단지 조화적이고 협동적인 성격에 대한 요구에 의해 규제된다. 이와 같은 태도는 거의 모든 종류의 디자인에 적용 가능하고, 또 실천에 있어서는 인간적 스케일, 환경과의 관련, 의미가 있는 외관, 위안, 순응성, 사회의 풍습과 관례와의 합치 및 이용자의 성격에 대한 적합성을 요구한다. 거기에는 반드시 세련과 우아함은 없지만, 적합성과 개성이 있다.(p.44)

그는 이와 같은 인간적 건축을 창조하기 위한 실마리로써 건축의 각종 「형태」를 연구하도록 장려한다. 「형태」에는 다음과 같은 종류가 있다.

a. 기능의 형태 – 호텔·교회·공장 등

b. 디자인 체계의 형태 – 르네상스의 비례체계, 모듈러 체계 등

c. 양식의 형태 – 역사상 각 시대양식·지역양식, 근대주의양식 등

d. 도형 Parttern 의 형태 – 結晶 등의 자연형태, 대칭형식

이들 형태의 대부분은 선인의 경험과 지혜의 집약으로서 존중해야 할 것이다. 이것을 선택하고 채용하여 세련되게 함으로써 건축의 「질 quality」이 향상되고, 그리고 이것이 성숙할 때 비로소 위대한 작품이 탄생한다는 것이다. 더욱이 그는 실제 디자인 활동에 있어서 무엇보다도 중요한 것은 건축가와 건축주(혹은 지역주민)와의 대화와 합의에 있다는 것을 강조하고, 이와 함께 건축 활동 전반에 있어서 건축주의 역할의 중요성과 건축주가 건축적 지식을 가질 필요성을 설명하고 있다.

3.2 파올 포토게시

다음으로 주목해야 할 것은 이탈리아 건축가·도시계획가인 파올 포토게시(Paolo Portoghesi, 1931~)의 저서 『포스트모던–공업시대 이후 사회의 건축』[9]이다. 이 책이 지금까지 살펴본 여러 저자들과 다른 것은 과거 건축의 형식적인 요소를 적극적으로 채용하도록 명확하게 주장하고 있는

점이다.

이 책은 1980년에 베네치아에서 열린 비엔날레의 일환으로 서양의 포스트모던 건축가 그룹에 의해 전시된 작품의 취지서 혹은 해설서의 성격을 갖는다. 그들의 작품군을 일괄하여 「최신의 가로 Strada Novissima」라고 하였고, 또 「과거의 現前 The Presence of the Past」이라고 하는 표어를 수반하는 것이었다. 그리고 동일한 주제의 전람회는 파리 및 샌프란시스코에서도 계속 개최되었다.

포토게시는 먼저 「포스트모던이라고 하는 것은 무엇인가?」 하는 점에 대해 다음과 같이 적는다.

> …… 그리고 지금 우리들 대부분이 이제는 더 이상 기대하지 않는 것은 케케묵은 근대주의와 그 일군의 공식이다. …… 그 공식의 주된 항목은 틀림없이 전통을 전멸시키는 것이고, 改新을 강요하는 것이며, 새로움의 신학이고, 자율적 가치로써의 相違性의 신학이었다.(p.7)
>
> 반세기가 넘도록 강요된 기억상실 후에 이 기억의 회복은 풍습과 의장(민족적 · 일상적 혹은 각종의 복고풍)이나 역사와 그 소산에 관한 흥미의 보급으로 나타나며, 혹은 기계문명에 대립하는 듯이 보이는 자연과의 靜觀的인 경험과 접촉에 대한 점진적인 광범위한 요구에도 나타나고 있다.(Ibid)
>
> 포스트모던 건축가는 아직 수세기에 걸친 경험과 실패에 의해 생겨난 법칙과 규범에 관한 겸허함과 지혜를 다시 배울 필요가 있다는 것을 깨닫고 있다. 그리고 또 장소의 성격 the character of a place 은 우리가 활용해야 할 유산으로 부주의하게 낭비해서는 안 된다는 것도 깨닫고 있다. 이리하여 이 일종의 新르네상스는 과거의 어떤 국면의 회복을 의도하는 것이며, 역사를 중단하는 대신에 역사의 마비를 각성시키는 의도를 갖는 것이라고 요약할 수 있다.(p.8)

여기에서 포토게시의 기본적인 입장을 알 수 있다. 포스트모던 건축가는 건축의 원형 archetype을 제1차 산업혁명 이전과 이후로 구별하지 않고, 과거 건축의 역사적 계열 전체로부터 추출하려고 한다. 그리고 근대주의자가 세운 금단의 장벽을 허물고, 새로운 물과 오래된 물을 혼합시킨다고 하는 것이다. 거기에서 추출되는 건축의 원형은 개개의 인간이 사는 장소 places 와 이제까지의 관행 institutions 과 밀접하게 연결되며, 건축에 대한 정보전달의 귀중한 도구가 된다. 즉,

> 장소와 전통으로부터 분리된 공학과 형태학의 채용에 의해 건축에 발생하는 급격한 불모화를 깨달은 결과는 정보전달의 귀중한 도구로서의 건축적 원형을 다시 눈앞에 나타나도록 하는 것이 되었다. 이러한 건축적 원형은 인간의 일상생활과 기억의 집적에 기인하는 건축의 언어와 실천의 기본적인 관행이다. 이것들은 우리들이 살고, 우리들의 공간적 경험이 형성되는 장소에 의해 크게 달라진다. 따라서 포스트모던 건축은 모든 원형의 재현에 의해, 또는 건축적인 관습의 재통일에 의해 이해할 수 있다. 즉 이것은 정보전달의 건축, 이미지의 문명을 위한 이미지의 건축을 창조하는 것을 약속하는 것으로써 이해할 수 있다.(p.11)

---

9) Paolo Portoghesi, Postmodern－The Architecture of the Postindustrial Society. 1983(원판은 이탈리아어 1982)

이와 같은 생각의 근원은 다른 반근대주의자와 같이 건축을 정보전달의 매체라고 생각하는 점은 벤투리나 젱크스와 마찬가지고, 또 인간이 사는 「장소」의 특성을 중시하는 태도는 노베르그 슐츠(이 책 p.203)와 그 밖의 다른 사람들의 사상과 일련의 관계에 있다. 그리고 포토게시에 의하면, 「건축이라고 하는 것은 대지 earth 를 인간의 필요에 적합하게 하는 기술」이며, 그 재료는 대지의 일부인 모래·흙·돌 등이므로, 바꾸어 말하면 「건축은 인간에 의해 변형된 대지」이다. 따라서 그 결과가 장소에 의해 달라지는 것은 당연하며, 그 차이는 예를 들면 「도시의 색 The color of city」으로서 나타난다는 것을 지적한다.(p.59)

다음으로 그는 그가 속한 그룹의 주장과 작품에 대한 비판 등 여러 가지 문제점에 대해서 설명하고 있다. 그 가운데 두세 가지를 살펴보기로 한다.

1) 고전주의와의 차이

> 우리들이 요구하는 과거의 現前이라는 것은 (고전주의자와 같은) 하나의 황금시대로 되돌아가려는 것은 아니다.(p.26)
>
> 역사는 논리적·구축적으로 취급하기 위한 "재료"이며, 그 목적은 단지 확실하게 효과가 있는 정보전달의 메커니즘에 의해 현실과 이상을 결합하는 재료로 삼는 것이다.(Ibid.)
>
> 즉 포스트모던은 19세기의 「新○○主義」처럼 과거의 특정 양식을 무비판적으로 모방하는 것이 아니라, 과거라고 하는 별개의 입장에 서서 그들의 요소를 자유롭게 이용하는 것이다. 이것은 마치 고대 그리스인이 각각 다른 유래를 갖는 각종 오더를 자유롭게 선택하고 구사한 것과 같다.(p.33)

2) 포스트모던과 이데올로기

건축 형태와 정치적 이데올로기는 기계적으로 연결되는 것은 아니다. 이 의미에 있어서 포스트모던은 사회주의나 파시즘과는 관계가 없다.(p.39) 또 우리들의 방침을 역사를 역행하는 것으로 보는 사람도 있지만, 우리들의 의도는 오히려 자기를 과거로부터 구별하려는 데에 있다.(p.40)

3) 도시 재개발에 대해서

도시 = 진보, 발전 = 행복이라는 예전의 신화에 의거하여 도시는 계속 팽창되고, 거대도시는 묘지화 되어가고 있다. 이제는 중소도시의 재평가가 시급히 이루어져야 한다. 또 도시 중심부와 주변부를 하나의 유기체로써 통일하고, 집합적 가치를 도시의 네트워크 전체로 순환시키는 것이 필요하다.(p.77)

이상이 포토게시의 이론적 부분이고, 이 책의 후반은 세계적으로 같은 경향을 나타내는 건축가의 작품의 소개에 할당하고 있다. 그 가운데 특히 알도 로시 설계의 해상실험극장인 「세계극장 Teatro del Mondo」이 높이 평가되고 있다.

4. 구조주의

언어학에 있어서의 소쉬르(이 책 p.213)와 민속학에 있어서의 레비스트로스(이 책 p.214)의 영향을 받은 사상 · 예술상의 주장을 일반적으로 「構造主義 Structuralism」라고 하는데, 건축에서도 반근대주의의 입장에 선 건축가들 중에서 구조주의자라고 지칭하는 집단이 있다. 그러나 건축에 있어서의 구조주의란 무엇인가? 또 구조주의 건축의 특색은 어떠한 점에 있는가? 하는 점은 적어도 현시점에서 있어서는 분명하지 않다. 단지 이 점에 관해서 약간 참고가 되는 것은 아눌프 뤼힝거(Arnulf Lüchinger)의 저서인 『건축과 도시계획에 있어서의 구조주의』[10]이다. 여기서는 이 책에 의거하여 구조주의에 대해 약간 소개하기로 한다.

뤼힝거의 저서는 전반부가 이론편이고, 후반부는 관계 작품의 소개이다. 이 책에서의 구조주의 이론은 네덜란드 건축가 알도 반 아이크(Aldo van Eyck, 1918~), 헬만 헬스베르거(Herman Hertzberger, 1932~) 등의 글을 주축으로 하여 성립된 것이다. 이론편은 모두 10장으로 되어 있는데 여기서는 문제점별로 요약하기로 한다.

저자는 먼저 서론부에서 건축에 있어서의 구조주의는 1920년부터 1960년까지 한창 유행한 기능주의에 대한 반동으로써 일어난 것으로, 1960년 이후 오늘에 이르는 사이에 일어난 가장 중요한 전위운동이라고 위치를 부여하고 있다.

1) 구조주의의 사고방식

구조주의 사고방식의 기본적인 특색에는 다음과 같다.

① 소쉬르는 각 개인의 「말 parole」보다도 이러한 개개의 「말」의 집합적 체계인 「언어 langue」의 조합, 즉 언어의 구조 그 자체가 중요하다고 하였다. 다시 말하면 여러 요소의 관계가 각 요소 그 자체보다도 우선한다. 우리는 언어의 조합을 알지도 못하면서도 말한다고 하는 것은 불가능한 것처럼 사회의 구조를 무시하고서 살아갈 수는 없다. 인간은 사르트르가 말한 것처럼 자유로운 것만은 아니며, 언제나 구조에 의해서 속박되어 있다. 건축이나 도시계획에 있어서 언어의 구조에 상당한 것은 「질서 order」이고, 따라서 질서의 탐구가 중요하다.

② 레비스트로스는 미개사회의 연구를 통하여 인간은 언제나 어디에서나 동일하다고 주장하고, 문명진보의 사상에 반대하였다. 인간의 재능은 과거 몇 천 년 간 증대도 감소도 하지 않고 있다. 따라서 우리가 살아나가기 위해서는 단지 순간적인 현재의 지식에 의거하여 행동하는 것만으로는 불완전하며, 우리 자신의 마음속을 비워 과거 · 현재 · 미래를 통일적인 연속으로써 받아들이지 않으면 안 된다. 이를 위해서는 먼저 세계 각지의 미개사회의 건축과 도시를 조사하고, 인간사회와 구축환경의 근원적인 관계를 배워서 이것을 받아들일 필요가 있다.

---

10) Arulf Lüchinger, Strukturalismus in Architektur und Städtebau, 1981

2) 건축 · 도시계획의 기본방침

① 중요한 것은 공간이 아니라 「장소 place」이며, 시간이 아니라 「경우 occasion」이다. 단순한 공간과 시간에는 의미가 없지만, 장소와 경우에는 각각 의미가 있으며, 이러한 것들은 인간을 「에워싼다 include」. 장소와 경우를 확보하기 위해서는 집이나 건물의 출입구나 가로할 것 없이 모두 「외부 Outside」여서는 곤란하다. 건축과 도시계획은 「내부 Interior」를 창조하는 작업이다.

② 예전부터 기능주의자는 도시계획을 과학이라고 생각하였다. 그러나 도시계획은 형태에 의존하며, 형태 없이는 생각할 수 없음으로 당연히 예술로써 발전할 것이다.

③ 대부분의 인간이 거주하는 장소에는 群集이 있고, 운동성이 있으며, 또한 성장과 변화가 있다. 그곳에는 「수의 미학」이 존재한다. 그러나 도시는 단순한 무정형의 혼돈이여서는 안된다. 그곳에는 질서가 필요하다. 혼돈과 질서의 공동연주가 필요한 것이다. 즉 「조직된 카스바 casbah organisée」[11)]가 바람직하다.

④ 그러나 전체로서의 질서와 함께 각 건물에 있어서의 거주자의 개성의 표현, 즉 「특정성 identity」이 중요하다. 이 질서와 특정성의 관계는 만인 공통의 「언어」와 각 개인의 「말」의 관계와 동일하다.

3) 구조주의의 형태적 특색

① 구조주의는 가끔 격자를 기본 골격으로 사용하여 배치계획을 하지만, 이 격자는 음악에 있어서의 리듬과 같이 전체에 질서를 부여하는 것이다. 이 점이 무정형주의 amorphism 와 다르다.

② 구조주의에서는 건물의 단순한 기하학적 블록을 될 수 있는 한 작은 단위로 분해하여 그들 단위를 자유롭게 배치한다. 거기에는 성장과 변화가 가능하며 건물과 그 주위의 경계선도 애매하다(그림 37).

③ 건물도 실도 모두 多價的 muitivalent 이며, 많은 사람이 각자 자유롭게 해석할 수 있는 가능성을 갖지 않으면 안 된다. 또 이에 의해서 거주자의 특정성을 최고도로 발휘하지 않으면 안 된다.

4) 실례

실례에서는 질서의 골격을 이루는 단위의 크기 등에 의해 여러 작품을 분류하였다.

① 단위 건물로 이루어진 건조물 : 르 꼬르뷔제의 샹디가르 미술건축대학(1969) 등

② 건물군으로 이루어진 건조물 : 몬트리올 박람회에 있어서의 모세 세프디(Moshe Safdie)의 집합주택(1967) 등

---

11) casbah 북아프리카 도시. 미로와 같은 아랍인 거주지역.

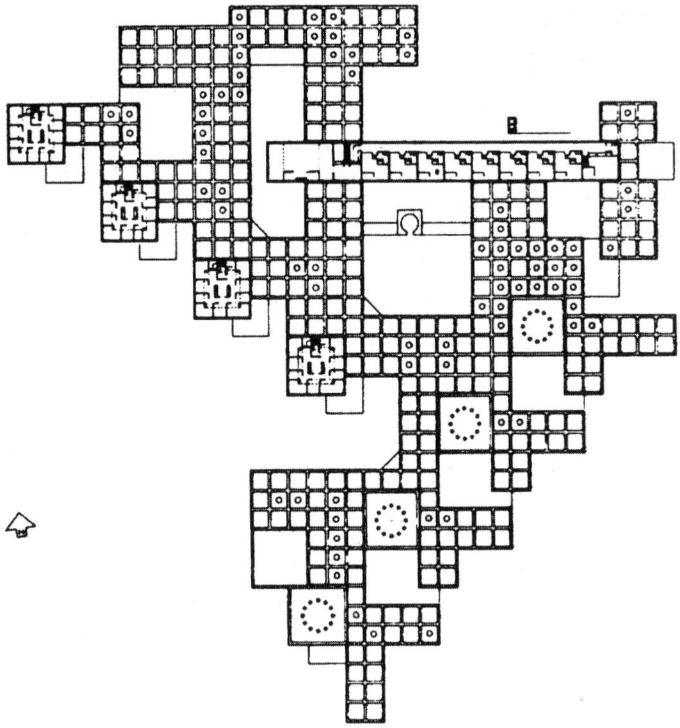

그림 37 알도 반 아이크 설계의 「어린이 집」 평면도(암스테르담, 1960)

③ 구조 단위로 이루어진 건조물 : 알바 알토의 취리히 · 알토슈텟테 신교교회 커뮤니티센터 (1967) 등

④ 커뮤니케이션 단위로 이루어진 건조물 : 丹下健三에 의한 메카 근교의 무나 천막도시계획안(1974) 등

이미 논한 바와 같이 반근대주의의 건축가들 중에서 언어를 모델로써 이론을 세운 사람들은 모두 언어의 「의미」를 건축에 적용하려고 하였으나, 구조주의자만은 언어의 「구조」에 주목하여 이것을 건축에 적용하려고 한 점에 독자성이 있다. 그러나 앞의 뤼힝거의 설명에 의하면, 구조주의 건축도 기본적으로는 다른 반근대주의자가 주장하는 것과 별로 다르지 않으며, 단지 「질서」를 중시하고, 그 질서를 지키기 위하여 격자나 단위 요소를 사용하여 계획하는 것이 최대의 특색이라 하였다. 그러면 이러한 격자 등을 사용한 배치계획과 언어구조의 사이에는 어떤 관계가 있는가 하는 의문이 생긴다. 또 그 이유만으로 「구조주의」라고 부를 수 있을지 의심의 여지가 있다. 이러한 점들은 재고할 필요가 있다.

5. 해체주의

해체주의(Deconstructivism)는 해체주의 철학을 사상적 기초로 하고, 러시아 구성주의(Constructivism)의 영향을 받아 1980년대 후반부터 시작된 최근의 건축 동향이다. 해체주의의 두 가지 이해의 틀은 공시적인 견지에서 해체주의 건축을 철학과 문학에서 논의되고 있는 자크 데리다(Jacques Derrida, 1930~2004)의 해체주의와 연관시키고, 다른 시각은 통시적 견지에서 러시아 구성주의와 연관시킨다.[12)]

데리다는 후설의 현상학을 배운 후에 구조주의의 방법을 철학에 도입하였다. 언어의 기호체계가 자의적인 것이라는 인식에서 언어 위에 조립된 논리학을 재검토하여, 전통적인 서구철학에 대한 구조해체를 주장하였다. 소크라테스, 플라톤, 데카르트, 헤겔 뿐만 아니라 후설, 하이데거 등 모든 철학적 전통을 형이상학이라고 규정하였고 새로운 해석을 위해 해체작업이 동반되어야 한다고 제시하여 해체이론을 주장했다.

데리다의 해체주의를 대표하는 저서 『문자론에 대해서』[13)]는 루소와 루소를 자신의 인류학적 연구에 영감을 불어넣는 스승으로 여긴 레비스트로스(이 책 p.214)에 대한 비판적 연구이다.

서구의 민족중심주의를 감추고 있는 대표적 예가 바로 레비스트로스의 인류학이다. 레비스트로스는 서구적 이성의 특권에 맞서서, 인류의 삶을 보편적으로 지탱하는 서구적 이성 이전적인 「구조」를 밝힌 사람이다. 또한 그는 야생적 세계에 대한 서구인의 침략을 분노와 슬픔과 더불어 기록한 사람이다. 이상하지 않은가? 왜 데리다는 이런 레비스트로스의 「구조주의」를 서구중심주의를 비판하기 위한 표적으로 택했을까? 그는 이렇게 설명한다.

> 서구 사상의 장, 특히 프랑스에서 지배적인 담론(그것을 '구조주의'라고 부르자)은 오늘날 너무 성급히 자신이 뛰어넘었다고 주장하는 형이상학(로고스중심주의)에서 그 성층화의 한 단층에 의해, 때로 가장 풍성한 형이상학의 단층에 의해 사로잡혀 있다.(p.275)

서구 형이상학이 지닌 로고스중심주의, 순수한 목소리 내지 유럽적 표음문자 중심주의가 암암리에 구조주의를 지배하고 있으며, 그 대표적인 예가 레비스트로스라는 것이다.

레비스트로스는 그의 저서 『슬픈 열대』[14)]에서 자신이 연구한 브라질의 남비크와라족이 지닌 야생의 순수함에서 인간적 애정의 가장 감동적이고 가장 진실한 표현 같은 무엇을 느낀다고 하였다. 그런데 이런 순수한 사회를 망쳐놓은 것이 문자라는 것이다. 이런 사고방식은 서구문명에 대한 비판과 야생적 사회에 대한 긍정을 표현하고 있는 것처럼 보인다. 그러나 심층에는 서구적인 「순수성의 신화」가 자리 잡고 있으며, 바로 이것이 데리다의 비판이 가 닿는 지점이다. 야생사회는 타락한 문명(문자) 이전의 순수함을 가지고 있었는데, 서구가 이를 오염시켰다는 것이다.

한 마디로 레비스트로스에 대한 데리다의 비판은, 레비스트로스의 인류학적 평등주의와 양심

---

12) Deconstruction - Omnibus Volume, Ed. by Andreas Papadakis, Catherine Cooke & Andrew Benjamin, Foreword

13) Jacques Derrida, De La grammatologie, 1967 : 김성도 옮김, 그라마톨로지, 2010, 민음사

14) Claude Lévi-Strauss, Tristes tropiques, 1955

배후에, 순수한 기원을 배타적으로 유지하려는 서구적 사고방식이 숨겨져 있다는 것이며, 이렇게 문자라는 오염 이전의 순수한 삶, 자신의 마음과 정확히 동일한 목소리만 가지고 사는 사회는 없고, 문자는 모든 삶의 방식에 애초부터 침입해 있다는 것이 데리다의 생각이며, 이 서구적 사고방식이 그 자신 안에 자신의 존립 근거를 가지고 있는 것이 아니라는 것을 폭로하는 작업이라는 점에서 「해체」라 불린다.

이러한 데리다의 해체이론은 문학, 건축, 시각예술 등 다양한 분야로 확산되었는데, 해체주의가 건축에서 모습을 보이게 된 것은 1988년 3월 런던에서 건축의 해체주의 심포지엄이 개최되면서부터이다. 그 후 1988년 여름 뉴욕미술관에서 「해체주의 건축전」이라는 전시회를 통해서 해체주의라는 용어가 널리 알려지는 계기가 되었다.[15)]

해체주의 건축의 기본개념은 기존의 미학이나 거주, 공간, 기능성과 같은 것을 어느 정도 배제하고 새로운 개념의 공간과 형태, 건물의 새로운 형태를 추구하는 방법들로 이루어지며 새로운 가치를 부여하려는 것으로 건축이론가인 제프리 브로드벤트(Geoffrey Broadbent)에 따르면 해체주의 건축에 있어 해체행위는 다음과 같이 세 가지 형태로 나타난다.[16)]

1) 건축적 텍스트의 해체 : 텍스트의 해체란 양식의 해체로 해석될 수 있다. 해체주의 건축은 철학적 개념을 차용하는 데서 그치지 않고 그것들을 건축 안에서 재해석하며, 여러 가지 새로운 어휘를 만들어냄으로써 역으로 다른 분야에 영향을 준다. 이 유형의 대표적인 건축가는 피터 아이젠만(Peter Eisenman, 1932~)이다.
2) 건축 프로그램의 해체 : 프로그램의 해체란 기능의 해체나 맥락 context 의 해체로 나타난다. 방법은 기능의 거부나 맥락의 단절 등으로 나타나기도 하지만, 기존의 방법과는 다른 차원의 기능을 해속하거나 맥락을 해석하기도 한다.
3) 건축 형태의 해체 : 기능주의를 비판하면서 이제까지 소외되었던 「형태」의 의미를 부각시키는 디자인 방법이다. 해체주의 건축가들은 기존의 형태를 파괴, 단편화하거나 단편들을 콜라주 collage 하면서 단순한 형태를 변형 · 조합 · 중첩 · 회전 · 전치시켜 다양한 의미를 탐구한다. 이를 대표하는 건축가는 프랭크 게리(Frank Gehry, 1929~)이다.

해체주의 건축은 이전 근대주의가 지향한 지나친 기능주의를 타파하기 위해 다양한 시도를 해왔다. 그 결과 새롭고 미학적인 건축을 지향할 수 있었겠지만 데리다가 권고한 바와 같이 건축의 「해체」란 단어를 부정적인 파괴가 아니라 건축의 숨어 있는 가능성을 찾아내어 「더불어 있음」으로 확장하여 이해했어야 하나, 지나치게 기능과 실용이라는 건축의 기본 개념을 외면하였고, 형태의미의 불확정성을 추구한 나머지 한때의 유행으로 지나가는 듯하며, 건축미학에서 보면 실용적인 면과 미적인 면의 어느 한쪽으로 지나치게 치우치는 경향이 강해지면 다시 다른 쪽을 고려하게 된다는 사실을 다시 한 번 깨닫게 해준다.

---

15) Philip Johnson & Mark Wigley, Deconstructivist Architecture, The Museum of Art, Exhibition Catalogue, 1988, New York
16) Geoffrey Broadbent, Deconstructivism, 1997 ; 제프리 브로드벤트, 건축과 해체, 세진사, 2000

제10장 결론

이상 9장에 걸쳐서 근대건축미학에 대해서 개관하였다. 여기서 각 장의 요점을 정리하면 다음과 같다.

1. 근세 건축미학

1) 회화 등 모사적 미술에서는 사실성이 극도로 추구되었다.
2) 비트루비우스의 『건축서』에는 형식적 요소의 「조합」과 치수간의 「비례」가 건축미의 기본원리로 되어 있다. 그러나 여기에는 간단한 정수의 신비성에 대한 신앙이 나타나 있다.
3) 다른 건축서들도 마찬가지로 고대 로마식 원주의 설명이 건축미학의 주체이고, 특히 그 비례관계가 최대 관심사였다. 비트루비우스의 영향으로 간단한 정수에 대한 신앙은 강하게 지속되었고, 건물의 비례를 음의 조화의 원리와 성서의 이야기와 결부시킨 이론도 나타났다. 그러나 클로드 페로는 이것들을 모두 부정하고 있다.
4) 수학 · 자연과학의 발달의 영향에 의해 일반예술에 관해서는 「眞理 = 美」라는 이성주의 미학사상이 각국에 퍼지게 되었다.
5) 고대부터 중세를 거쳐 근세에 이르는 건축미학을 종합적으로 살펴보면, 「善 = 美」 · 「神 = 美」 · 「眞理 = 美」 등의 사상이 역사상 반복되어 나타난다.

2. 미의 독립과 예술의 자율

1) 경험을 중시하는 영국의 사상가와 미술가에 의해 미와 예술의 문제를 실제의 체험과 상식에 의거하여 고찰하는 것이 점차적으로 성행하게 되었다.
2) 이와 같은 생각은 칸트의 『판단력 비판』에 의해서 체계화되고, 미는 선과 진리와는 다른 별개의 가치가 있으며, 예술은 논리나 과학과는 독립된 인간의 영위라는 것이 밝혀졌다.
3) 독일 관념론의 철학자는 예술을 인간정신의 표현으로서 높이 평가하였고, 헤겔은 예술미가 자연미보다 우수하다고 주장하였다. 그리고 각 철학자의 건축에 대한 이론을 소개하였다.

3. 절충주의 건축미학

1) 신고전주의 건축가는 주로 형태의 단순명쾌성을 요구하였다.

2) 낭만주의자는 기독교와의 관계로부터 고딕건축의 부활을 희망하고, 고딕건축을 규범으로 하여 재료·구조의 「진실성」을 표현해야 한다고 역설했다.
3) 영국에서 벌어진 「철의 문제」는 전통적인 사상이 여전히 영향을 주지만, 새로운 건축 문제를 합리적으로 접근하려는 접근 방식과 이를 통한 「근대성」의 체험이었다.

4. 과학주의 미학

1) 자연과학의 영향을 받아 미와 예술을 자연과학에 준하는 방법에 의해 연구하려는 사회학적 미학·인류학적 미학·심리학적 미학 등의 시도가 이루어졌다.
2) 특히 건축미학 분야에 있어서 객관적·과학적 방법을 채용한 연구로서는 고트프리드 젬퍼와 아돌프 괼러의 업적을 살펴보았으며, 괼러의 이론은 오늘날에도 중요하다.

5. 반절충주의에서 근대주의로

1) 제임스 퍼거슨은 건축사학의 견지에서, 그리너와 설리번은 기독교적 신념에서, 그리고 오토 와그너는 혁신적 건축가로서의 입장에서 각각 과거의 모방이던 절충주의를 버리고 새로운 건축예술을 창조해야 한다고 주장하였다.
2) 아돌프 로스, 르 꼬르뷔제, 월터 그로피우스, 모이세이 긴즈버그에 의해서 근대주의 건축의 이론이 형성되었다. 그들 이론의 기본명제는 「기능적인 것은 아름답다」라는 것이지만, 이것은 고대의 「善=美」 혹은 「유용성=미」라는 공식의 반복에 지나지 않았다.

6. 양식론

1) 미술사상 어떤 시대나 어느 지역의 작품에나 공통되는 예술적 특징을 「양식」이라고 하였고, 이것을 관찰하고 분석하여 그 배경과 원인을 탐구하는 것이 19세기 말부터 성행하였다. 그 중심인물은 알로이스 리글과 하인리히 뵐플린이다.
2) 리글 학파는 주로 중세미술과 서양 이외의 미술을 거론하여, 그러한 것들이 르네상스 이후 서양미술과 어떻게 근본적으로 다른가를 지적하고, 그 정신적 배경의 차이를 논하였다.
3) 뵐플린 학파는 주로 서양 근세미술에 관해 그 시대적 변화를 문제시하고, 그 변화의 원인을 인간의 감각·감정의 변화에서 찾았다. 그리고 지오프리 스코트는 이러한 이론을 건축미학으로 종합하였다.

7. 공간론

1) 건축공간론은 아우구스트 슈마르조에서 시작되어, 지크프리트 기디온에 의해 근대건축에 적용되었으며, 노베르그 슐츠에 의해서 새로이 전개되었다.
2) 건축공간론의 전체적인 흐름을 살펴보면, 근본적으로는 공간과 형태의 관계를 어떻게 받아들일 것인가에 따라서 일원론적 공간개념, 일원론적인 형태개념, 이원론적 공간개념, 다원론적 공간개념 등 여러 가지 유형으로 분류할 수 있었다.
3) 건축에 있어서 공간과 형태의 관계는 개별적인 것이 아니라 「내용」과 「형식」의 상호 보완적인 관계로 이해하여야 한다.

8. 다양한 이론의 전개

이 장은 20세기에 있어서의 근대주의 · 양식론 · 공간론 · 반근대주의 등 여러 방면으로 전개되는 도시 · 건축미학을 개관한 것이다.

1) 도시미학은 카밀로 지테에서 시작되고, 파울 주커에 의해 역사적으로 연구되었으며, 케빈 린치에 의해 새로이 전개되었다.
2) 중세 · 근세건축의 신비적 · 주술적인 「의미」에 대해서 논했던 루돌프 비트코워와 한스 제들마이어의 이론을 소개했다.
3) 건축 조형에 관한 여러 가지 문제를 취급했던 비교적 새로운 저술로서 스틴 에일러 라스무센, 루돌프 아른하임, 웨르그 그뤼터, 크리스토퍼 알렉산더의 이론을 소개했다.

9. 반근대주의

1) 1960년대부터 로버트 벤투리, 피터 블레이크, 브랜트 브롤린 등에 의해 근대주의 건축에 대한 비판이 연달아 나오게 됐다. 그들 비판에서 가장 주목해야 할 것은, 근대주의자를 실제로 움직이게 했던 것은 건축의 기능이나 기술이 아닌 미적욕망에 있었던 것을 지적했던 점이다.
2) 반근대주의자에 의한 의미론 · 역사주의 · 지역주의의 예를 소개하고, 마지막으로 건축에 있어서의 구조주의와 해체주의에 대해서 언급했다.

이상은 각 장의 요점이며, 다음으로 이 책에서 소개했던 고대 이래의 다수의 연구업적 중에서 건축미학의 진보에 가장 크게 공헌했던 것은 무엇이었던가를 생각해보기로 한다. 저자의 개인적인 생각에 의하면, 건축미학에 가장 크게 기여했던 것은 다음 두 그룹에 속한 업적이다.

1) 미의 독립과 예술의 자율에 관한 연구

이것은 고대부터 자주 나타난 「善 = 美」(또는 「有用性 = 美」), 「神 = 美」, 「眞理 = 美」라고 하는 공식적인 사고를 부정했던 일련의 연구이다. 이와 같은 사고에 대한 반성이 이미 플라톤에게도 나타났지만, 명확하게 부정될 수 있게 된 것은 18세기부터이며, 영국경험론 사상가들의 힘입은 바가 크다. 그리고 이것을 완성한 철학자가 칸트이다. 칸트 등의 연구에 의해 미는 선이나 진리와는 다른 개별적인 가치를 갖고, 예술은 윤리와 과학과는 별개의 영역을 이룬다는 것이 명백해졌다. 따라서 건축의 미적 가치는 그 독자적인 의의를 갖는 것이며, 미와 실용적인 가치(기능)나 미와 기술적인 합리성(진리)과의 사이에는 아무런 필연적인 관계가 없다는 것이 분명해졌다. 즉 그들의 업적은 「미라는 것은 무엇 무엇도 아니다」라는 것을 명시했던 것이다. 이것은 건축미학의 기초가 되는 가장 중요한 사항이다.

이 계열의 연구는 주로 철학자에 의해 행해졌던 것이므로, 그 업적은 철학 측에서의 건축미학에 대한 최대의 공헌이라고 할 수 있다.

2) 양식론 연구

1900년 전후에 리글, 뵐플린 등에 의해 기초가 만들어졌던 미술양식론 연구는 미술작품의 형태적 특색의 면밀한 관찰 · 비교 · 분석을 통해 그런 것들을 제작했던 인간의 감각 · 감정 · 사상과 작품의 특성과의 관계를 고찰 · 연구하는 방법을 확립했다.

이와 같은 연구방법은 건축 연구에 가장 유효하게 적용되어, 건축 분야에 있어서 특히 풍부한 성과를 얻을 수 있었다. 그뿐만 아니라 그 후 발전한 건축공간론 · 도시미론 · 건축의미론 등도 이러한 건축양식론을 기초로 해서 그 연장선상에서 전개되었던 것이다. 따라서 건축양식론에 관계된 업적은 적어도 현재까지는 건축미학의 구체적인 면에 관한 가장 크고 가장 중요한 성과라고 하지 않으면 안 된다. 즉 그들의 업적은 「건축미라는 것은 무엇인가?」라고 하는 명제에 대해 시사한 바 크며, 미래 건축미학의 구축을 위한 토대가 될 것이다.

이 계열의 연구는 주로 미술사학자에 의해 추진된 것이므로, 그 업적은 미술사 측에서의 건축미학에 대한 최대의 공헌이라고 할 수 있다.

다음으로 개개의 이론서에서 최근 주의해야 할 것을 들면, 17세기에는 클로드 페로, 18세기에는 에드먼드 버크, 19세기에는 아돌프 필러, 20세기 전반에는 지오프리 스코트의 이론이며, 또 20세기 후반 반근대주의의 입장에 선 피터 블레이크, 브랜트 브롤린, 브루스 알솝 등의 이론도 아주 중요하다. 우리들은 이후 그들의 업적을 발판으로 삼아 이전과 같은 허위와 미신에 빠지는 것을 피할 수 있을 것이다.

그리고 마지막으로 우리들이 지금까지 살펴본 근대건축미학에서는 어떤 것이 가장 부족한가를 생각해 보도록 하자.

저자의 개인적인 생각으로는 현재까지 건축미학의 업적에서 가장 불충분한 것은 자연과학적 방법에 의한 건축미의 연구이다. 특히 통계적 또는 실험적인 연구가 부족하다. 자연과학을 모방한 방법에 의한 미학의 시도로서는 이미 이 책 제4장에서 약간 예를 들었다. 그 가운데에서 예를 들면 페히너의 실험심리학적 방법에 의한 미학 연구는 미학의 정량과학화를 목표로 했던 것으로 방법론상 획기적인 것이었다. 그러나 그 성과에서는 특기할 만한 것은 없다(이 책 p.120). 그리고 그 후에도 이 방면의 연구 성과가 그다지 없다.

그러나 이후 건축미학의 발전에는 통계적 또는 실험적 방법에 의한 기초 확립이 불가결하다고 생각된다. 예를 들면 일반 사람들의 디자인 기호에 대한 정량적 연구는 주택산업의 마케팅 조사를 겸한 통계적 조사 등에 의해서 추진할 수 있다. 또 간단한 도형과 색채, 공간 등의 지각에 관한 실험적 연구는 이제까지도 행해져 왔지만, 이후에는 좀 더 복잡한 건축적 형태와 미의식과의 관계에 대해서 실험적인 연구를 추진할 필요가 있다. 만약 이에 대한 구체적인 데이터가 축적되고 체계화된다면, 이것은 건축미학에 있어서 중요한 하나의 영역을 형성할 수 있다고 생각된다. 이렇게 하면 건축미학은 철학적 방법 · 역사학적 방법 · 자연과학적 방법의 세 가지 방법론에 의해 지지되고, 그 때 처음으로 건축미학은 진정한 의미에서 건축미학이 되는 것이다.

이러한 점에서 저자가 2007년에 쓴 『공간의 이해와 인간공학』은 인간을 위한 공간 창조에 있어서 인간공학과 심리학적 · 행동과학적 이론 등이 공간디자인에 어떻게 응용될 수 있는지를 이해하는데 도움이 될 수 있을 것이다. 이 책은 공간의 본질이나 철학적인 문제를 다루고자 한 것이 아니라, 실천적인 공간관, 다시 말하면 우리의 생활공간을 통하여 디자인하는 입장에서 파악할 수 있는 공간, 그리고 인간의 의식에 의해 파악되고 이해할 수 있는 공간을 이야기하고 있다.

참고문헌

각 시대별로 개개의 저작에 대해서는 본문에서 소개했으므로 여기에서는 건축미학 혹은 건축예술론을 역사적으로 살펴 본 저작 혹은 그러한 내용을 포함한 저작만을 들었다.

阿部公正 ; 建築美學 (「건축학대계 7」, 1959, 新訂版 1969)

上松佑二 ; 建築空間論の系譜とその成果についての研究VI, 日本建築學會論文報告集 第315號, 1982. 5.

Assunt, Rosario ; Die Theorie des Schönen im Mittelalter. 1963

Blunt, Anthony ; Artistic Theory in Italy, 1450~1600. 1940

Borissavli vitch, Miloutine ; Les théories de l'architecture. 1926

Bucher, François ; Architector - The Lodge Books and Sketchbooks of Medieval Architects I. 1979

Fichet, Françoise ; La théorie architecturale á l'âge classique - Essai d;anthologie critique. 1979

Germann, Georg ; Einführung in die Geschichte der Architekturtheorie. 1980

Grassi, Ernesto ; Die Theorie des Schönen in der Architekturtheorie. 1980

G nther, Hubertus ; Deutsche Architekturtheorie zwischen Gotik und Renaissance. 1988

Holt, Elizabeth Gilmore(Selected and Edited) ; Documentary History of Art Ⅰ. 1957, Ⅱ. 1958

Holt, Elizabeth Gilmore(Selected and Edited) ; A Documentary History of Art and Architecture in the Nineteenth Century. 1966

Jonson, Paul-Alan ; The Theory of Architecture - Concepts, Themes & Practices. 1994

Kruft, Hanno-Walter ; A History of Architectural Theory - From Vitruvius to The Present, 1994

Schlosser, Julius ; Die Kunstliteratur - Ein Handbuch zur Quellenkunde der Neueren Kunstgeschichte. 1924

Schumacher, Fritz ; Der Geist der Baukunst. 1938

Sörgel, Herman ; Architektur = Ästhetik. 3te Aufl. 1921

Tatarkievicz, Wladyslaw ; History of Aesthetics Ⅰ, Ⅱ. 1970, Ⅲ. 1974

저자 소개

신태양(申太洋)

〈약력〉

- 전남대학교 건축공학과 졸업
- 요코하마국립대학 대학원 수료/공학박사
- London University Courtauld Institute of Art 연구원
- 서울대학교 건축학과 Post-Doc.
- 전) (사)한국공간디자인협회 회장
- 현) 광주광역시 문화재전문위원
- 현) 광주광역시 경관관리위원회 위원
- 현) 호남대학교 교수

〈주요 저서〉

- 건축 · 인테리어 용어 유래사전, 도서출판국제, 1995
- 권력과 건축공간(공역), Spacetime, 2006
- 공간의 이해와 인간공학, 도서출판국제, 2007,
  2008년도 문화관광부 우수학술도서 선정
- 광주건축사, 전남대학교출판부, 2011
- 근대건축미학, 태림문화사, 2012

근대건축미학

2012년 04월 05일 초판 인쇄
2012년 04월 10일 초판 발행

저 자 신 태 양
발행인 정 헌 준
발행처 태림문화사
서울 영등포구 문래동 1가 39번지
센터플러스 1022호
TEL (02) 714-2478 / 716-2473
FAX (02) 718-4580
E-mail taerim79@hanmail.net
홈페이지 http://taerim.dabori.com
등 록 1979. 3.27 (2-679)

ISBN 978-89-8205-238-5 정가 20,000 원